科学出版社"十四五"普通高等教育研究生规划教材

不确定系统鲁棒控制
——时域方法

胡 军 于 浍 陈东彦 编著

科学出版社
北 京

内 容 简 介

本书系统地介绍鲁棒控制理论中的时域方法，综合国内外相关文献资料，结合作者多年的教学与研究实践，以 Lyapunov 稳定性理论为基础，基于矩阵代数 Riccati 方程和线性矩阵不等式(LMI)方法，从不确定系统到不确定时滞系统，深入浅出地阐述不确定系统鲁棒稳定性分析与鲁棒控制器设计的基本方法。

全书共 9 章，第 1 章：绪论；第 2～5 章：不确定系统的鲁棒稳定性分析、鲁棒控制器设计、鲁棒 $H\infty$ 控制器设计、滑模控制器设计；第 6～9 章：不确定时滞系统鲁棒稳定性分析、鲁棒控制器设计、鲁棒 $H\infty$ 控制器设计、鲁棒滑模控制器设计。各章针对主要结论均提供了相应的数值算例及其仿真结果，用以检验所得主要结论的可行性和有效性。

本书可作为理工科高等院校应用数学、运筹学与控制论、控制科学与工程及其相关专业方向的研究生和高年级本科生的教材或参考书，也可作为相关专业领域的工程技术人员和科研工作者的参考书。

图书在版编目（CIP）数据

不确定系统鲁棒控制：时域方法 / 胡军，于浍，陈东彦编著. —北京：科学出版社，2024.10

科学出版社"十四五"普通高等教育研究生规划教材

ISBN 978-7-03-078447-6

Ⅰ. ①不… Ⅱ. ①胡… ②于… ③陈… Ⅲ. ①不确定系统–鲁棒控制–高等学校–教材 Ⅳ. ①TP273

中国国家版本馆 CIP 数据核字（2024）第 086400 号

责任编辑：阚 瑞 / 责任校对：胡小洁
责任印制：师艳茹 / 封面设计：蓝正设计

科 学 出 版 社 出版

北京东黄城根北街 16 号
邮政编码：100717
http://www.sciencep.com

北京中石油彩色印刷有限责任公司印刷

科学出版社发行 各地新华书店经销

*

2024 年 10 月第 一 版 开本：720×1000 1/16
2024 年 10 月第一次印刷 印张：15 3/4
字数：317 000

定价：129.00 元

（如有印装质量问题，我社负责调换）

前　言

在工程控制领域中，由于实际被控对象的复杂性，其动态特性一般很难用精确的数学模型进行刻画，总存在着由未建模动态或外部扰动带来的不确定性；有时，即使能够建立被控对象的精确数学模型，但由于模型过于复杂或存在非线性，现有控制方法很难得以实现，不得不对模型进行适当的简化或线性化处理，因此带来了模型误差，误差通常是不确定的；同时，工作环境的变化、系统元器件的老化等也常常使得系统参数发生微小变化，从而带来了参数的不确定性。总之，不确定性是工程实际系统中不可避免的现象，基于数学模型对系统进行稳定性分析和控制器设计时不能忽略不确定性的存在和影响。另一方面，很多实际系统都包含着时滞现象，如生物系统、化工系统、机械系统等，通常表现为系统状态的变化不仅与当前时刻状态有关还受过去某些时刻或某些时段内状态的影响。现实中，系统中的时滞有时来自于传感器测量过程，有时来自于信号传输或反馈过程，而且在网络化环境下时滞现象更是难以避免。值得注意的是，系统中的时滞也常常是变化的或不确定的。实践表明，不确定性和时滞对于控制系统来说都是使得系统性能变差甚至是不稳定的重要因素，同时也给系统性能分析和控制器设计带来了困难和挑战。原有的基于系统精确数学模型的现代控制理论已不再适合于带有不确定性或时滞的复杂系统的分析与控制设计问题，而鲁棒控制理论为解决这类问题提供了有效的方法。

本书综合国内外相关文献资料，系统地阐述了鲁棒控制理论中的时域方法，以 Lyapunov 稳定性理论为基础，基于矩阵代数 Riccati 方程、线性矩阵不等式 (LMI) 方法，系统地介绍了不确定系统鲁棒稳定性分析与鲁棒控制器设计的基本方法和基本结论。全书共 9 章。第 1 章绪论，介绍不确定系统及其鲁棒性分析和鲁棒控制器设计问题、不确定系统的时域模型及系统中不确定性的数学描述；第 2 章不确定系统鲁棒稳定性分析，介绍基于 Lyapunov 稳定性理论和 LMI 方法的鲁棒稳定性判别条件；第 3 章不确定系统鲁棒控制器设计，介绍基于矩阵代数 Riccati 方程和 LMI 方法的鲁棒控制器设计方法，包括鲁棒镇定控制、鲁棒二次镇定控制和保成本控制，控制器设计涉及线性状态反馈、观测器状态反馈和动态输出反馈；第 4 章不确定系统鲁棒 H_∞ 控制器设计，介绍基于矩阵代数 Riccati 方程和 LMI 方法的鲁棒 H_∞ 控制器设计方法，包括不确定系统的 H_∞ 性能分析与 H_∞ 控制器设计；第 5 章不确定系统滑模控制器设计，介绍滑模控制基本概念、线性及非线性系统滑模控制器设计方法和不确定线性系统鲁棒滑模控制器设计方法；第 6 章不确定时滞系统鲁棒稳定性分析，介绍基于时滞 Lyapunov 稳定性理论和LMI 方法的鲁棒稳定性判别条件，包括时滞无关稳定性判别条件和时滞相关稳定性判别条件；第 7 章不确定时滞系统鲁棒控制器设计，介绍指定衰减度鲁棒镇定控制器设计、鲁棒二次镇定控制器设计和鲁棒保成本控制器设计等方法；第 8 章不确定时滞系统鲁棒 H_∞ 控制器设计，介绍时滞无关和时滞相关鲁棒 H_∞ 控制器设计方法；第 9 章不确定时滞系统鲁棒滑模控制器设计，介绍针对匹配不确定性和非匹配不确定性的鲁棒滑模控制器设计方法。在每一章中，针对所给出的鲁棒稳定性判别条件和鲁棒控制器设计方法均提供了相应的数值算例，通过数值计算和模拟仿真对所获结果的可行性和有效性进行了分析和检验。本书内容的撰写融合了作者多年来的研究实践与教学经验，力求理论叙述严谨、方法介绍系统、公式推导简洁、算例展示清晰。

　　　本书的出版得到了教育部课程思政示范项目(研-2021-0038)、国家自然科学基金面上项目(12071102)、黑龙江省自然科学基金优秀青年基金项目(YQ2023G004)等资助。感谢国家级一流本科专业建设点"信息与计算科学"、哈尔滨理工大学产业学院合作单位汇川技术有限公司对本书出版提供的支持。感谢2021 级数学专业博士研究生赵海瑞同学在本书文稿编排和数值仿真中所做的各项辅助工作。

　　　由于作者水平所限，书中难免有不妥和错误之处，恳请读者批评指正！

作　者

2024 年 2 月

符 号 列 表

符号	含义	说明
R	实数域	
R^n	n 维实向量空间	
$R^{m \times n}$	$m \times n$ 阶实矩阵空间	
$x, y, z, \cdots$	适当维数的列向量	
$A, B, C, \cdots$	适当维数的矩阵	
I	适当维数的单位矩阵	
$(\cdot)^T$、$(\cdot)^{-1}$	矩阵 $(\cdot)$ 的转置矩阵、逆矩阵	
$\mathrm{diag}\{\cdots\}$	对角矩阵或分块对角矩阵	
$\|A\|$	矩阵 A 的模矩阵	由实矩阵 A 中各元素的绝对值对应构成的矩阵
$A \ll B$	矩阵 A 小于等于矩阵 B	矩阵 A 的每个元素都小于等于矩阵 B 的对应元素
$\|A\|_*$	矩阵 A 的*-范数	*通常取 1、2、F 和∞
$(A)_s$	由矩阵 A 生成的对称矩阵	$(A)_s = \dfrac{1}{2}(A + A^T)$
$(A)_i$	矩阵 A 的第 i 行	
$A^\perp$	矩阵 A 的正交矩阵	$(A^\perp)^T A = 0$,　$(A^\perp)^T A^\perp = I$
$P > 0 \, (P \geqslant 0)$	P 为对称正定(半正定)矩阵	
$P < 0 \, (P \leqslant 0)$	P 为对称负定(半负定)矩阵	
$P > Q \, (P \geqslant Q)$	矩阵 P 在正定(半正定)意义下大于(大于等于)矩阵 Q	$P - Q$ 为对称正定(半正定)矩阵
$P < Q \, (P \leqslant Q)$	矩阵 P 在正定(半正定)意义下小于(小于等于)矩阵 Q	$P - Q$ 为对称负定(半负定)矩阵
$\lambda_i(A)$	矩阵 A 的第 i 个特征值	
$\lambda_{\min}(A)$、$\lambda_{\max}(A)$	矩阵 A 的最小、最大特征值	
$\sigma_i(A)$	矩阵 A 的第 i 个奇异值	

符号	含义	说明
$\sigma_{\min}(A)$、$\sigma_{\max}(A)$	矩阵 A 的最小、最大奇异值	
$\rho(A)$	矩阵 A 的谱半径	
$\dot{V}(t, x(t))$	函数 $\dot{V}(t, x(t))$ 沿轨迹 $x(t)$ 对 t 的全导数	$\dot{V}(t, x(t)) = \dfrac{\mathrm{d}V(t, x(t))}{\mathrm{d}t}$
$\begin{bmatrix} X & Y \\ * & Z \end{bmatrix}$	分块对称矩阵	$\begin{bmatrix} X & Y \\ Y^{\mathrm{T}} & Z \end{bmatrix}$
$\mathrm{Sat}_{\delta}(s)$	标量幅值饱和函数，δ 为幅值	$\mathrm{Sat}_{\delta}(s) = \begin{cases} \delta, & s > \delta \\ s, & |s| \leqslant \delta \\ -\delta, & s \leqslant \delta \end{cases}$
$\mathrm{sgn}(s)$	标量符号函数	$\mathrm{sgn}(s) = \begin{cases} 1, & s > 0 \\ 0, & s = 0 \\ -1, & s < 0 \end{cases}$

目　　录

第1章　绪　　论

1.1　引　　言

无论是自然界还是人类社会，不确定性都是一个普遍存在的现象。对控制技术而言，不确定性的存在对其提出了一个重要的课题：在被控对象(即控制系统)具有某种不确定性的情况下，如何设计控制器使系统尽可能地接近理想的设计指标[1]？该问题对于现代控制系统设计理论显得更为突出。尽管现代控制理论能够用完美的数学工具给出精确满足理想品质要求的控制器，如线性系统理论[2]、最优控制理论[3]，但真正应用在工程实际时，只要用于设计的系统模型不能准确无误地描述被控对象的动态特性，这种理想的性能品质要求就不能得以实现。同时，由于控制系统中的不确定性有多种情况，如有来自系统内部的参数或结构不确定性和来自系统外部的扰动不确定性，因此，针对不同情况的不确定性都需要发展相应的分析理论和设计方法。

在自然科学和工程技术中，时滞现象不能忽略，如弹性力学中的弹性滞后效应、医学中的传染病潜伏期、复杂网络中的信息传输延迟等，在对相关问题进行建模时，模型中可能出现时滞。时滞表现在一些物理和生物现象中就是：被控对象当前状态的变化率不仅依赖于当前状态还依赖于过去某个时刻(某些时刻或时段)的状态，被控对象的这种特性被称为动态系统的时滞特性[4]。同时，时滞特性在许多工程实际中也普遍存在，如机械传动系统、流体传输系统、冶金工业过程及化工系统等。具有时滞的动态系统被称为时滞系统。无论系统中的时滞是定常的或时变的、已知的或未知的、确定的或随机的，时滞通常都是使系统性能变差的主要因素之一，并经常会造成系统的震荡甚至是不稳定，同时时滞的存在又使原有的控制系统分析和设计理论不再适用。因此，在被控对象具有时滞特性的情况下,如何分析系统的性能及如何设计控制器使其尽可能地接近预期的设计指标，都是我们亟待解决的重要问题。

随着实际问题的复杂化，在现代工程领域，既有时滞又具有不确定性的动态系统(简称不确定时滞系统)广泛存在，相关的控制系统分析与设计同样具有重要的理论意义和实际价值。鲁棒控制理论为解决上述问题提供了有效方法。鲁棒控制理论包含两类问题：鲁棒性分析和鲁棒控制器设计。鲁棒性分析就是根据给定的不确定系统(或不确定时滞系统)，找出保证系统满足期望的性能指标所需的鲁棒性条件；而鲁棒控制器设计则是根据给定的不确定系统的鲁棒性条件设计控制器，使相应的闭环系统满足期望的性能指标要求[5, 6]。本书从时域方法的角度，介绍关于不确定系统的鲁棒性分析和鲁棒控制器设计的相关理论和方法，同时关注相应问题的最新研究成果。

1.2 不确定(时滞)系统概述

不确定系统(uncertain system)是指存在各种不确定性的动态系统。在控制系统分析与设计过程中，首先要获得被控对象的系统模型，在建立系统模型过程中，往往要忽略许多因素，比如：对同步轨道卫星的姿态进行控制时不考虑轨道运动的影响、对振动系统的控制过程中不考虑高阶模态的影响等。如果这样处理后得到的系统模型仍太复杂，则要经过降阶处理，有时还要对非线性环节进行线性化处理、对时变参数进行定常化处理等，最后得到一个适合控制系统设计使用的系统模型。经过以上处理后得到的系统模型已经不能完全描述原来的被控对象物理系统，仅是原系统的一种近似刻画。因此，称用这样的模型刻画的系统为标称系统(nominal system)，而称真实的物理系统为实际系统(practice system)，实际系统与标称系统的偏差称为模型误差。

例 1.1 设质量为 m 的汽车在摩擦系数为 μ 的路面上行驶，行驶速度为 $v(t)$，所受拉力为 $f(t)$，则汽车的运动方程为

$$m\dot{v}(t) + \mu v(t) = f(t) \tag{1-1}$$

如果考虑到汽车的质量会随车载负荷发生变化，摩擦系数 μ 也会随路面状况的不同而变化，则运动方程中的参数 m 和 μ 就具有一定的不确定性。一般假设 m 和 μ 在某范围内取值，如 $m \in [m_0 - \delta_1, m_0 + \delta_1]$，$\mu \in [\mu_0 - \delta_2, \mu_0 + \delta_2]$，$m_0$、$\mu_0$ 和 $\delta_i > 0 (i = 1, 2)$ 均为给定的常数。于是，实际的汽车运动方程为

$$(m_0 + \Delta m(t))\dot{v}(t) + (\mu_0 + \Delta \mu(t))v(t) = f(t) \tag{1-2}$$

其中，$\Delta m(t)$ 和 $\Delta \mu(t)$ 满足 $|\Delta m(t)| \leq \delta_1$ 和 $|\Delta \mu(t)| \leq \delta_2$。

式(1-2)称为汽车运动的实际系统模型，而式

$$m_0 \dot{v}(t) + \mu_0 v(t) = f(t) \tag{1-3}$$

称为汽车运动的标称系统模型。

若立足标称系统，可认为标称系统经摄动后变成实际系统，这时模型误差(model error)可视为对标称系统的摄动(perturbation)。若立足实际系统，可认为实际系统由两部分组成，即已知的标称系统和未知的模型误差。如果模型的未知部分并非完全不知道，而是不确切知道，如仅知道未知部分具有某种形式的界限(如

范数或模的上界),则称未知部分为实际系统中的不确定性(uncertainty),也称实际系统中存在不确定性。存在不确定性的系统即为不确定系统,实际系统多为不确定系统。一般来说,不确定性包括:参数不确定性、结构不确定性及干扰不确定性等。例如,在例 1.1 中汽车运动系统为参数不确定性系统,Δm、$\Delta \mu$ 为不确定性参数,$\delta_i > 0$ $(i = 1,2)$ 为不确定性参数的界限。如果模型中存在未建模动态和未知函数,则为结构不确定性;如果模型中存在外部扰动或环境噪声,则为干扰不确定性。

在对动态系统建立模型过程中,如果研究对象的某些时滞特性不能被忽略,则所建模型中就应含时滞信息,这种含有时滞的系统称为时滞系统(time-delay systems)。而不确定时滞系统(uncertain time-delay systems)则是既有时滞又有不确定性的动态系统。

例 1.2 设质量为 m 的船舶在水中航行,船舶与水面法向垂直方向的倾斜角为 $\theta(t)$,所受力为 $f(t)$,则船舶的摆动方程为

$$m\ddot{\theta}(t) + c\dot{\theta}(t) + k\theta(t) = f(t) \tag{1-4}$$

为减少摇摆,除增大阻尼系数 c 外,有的船舶两侧还设有水泵,由水泵把水从一舱输入另一舱增加阻尼项 $q\theta(t)$。但由于控制系统的伺服作出响应总有滞后量,故式(1-4)在实际中会变成

$$m\ddot{\theta}(t) + c\dot{\theta}(t) + q\theta(t-\tau) + k\theta(t) = f(t) \tag{1-5}$$

其中,$\tau > 0$ 是滞后量(即时滞)。式(1-5)是典型的时滞系统模型。

若再考虑模型中各参数具有不确定性,则可以给出不确定时滞系统模型

$$(m + \Delta m(t))\ddot{\theta}(t) + (c + \Delta c(t))\dot{\theta}(t) + (q + \Delta q(t))\theta(t-\tau) + (k + \Delta k(t))\theta(t) = f(t) \tag{1-6}$$

其中,$\Delta m(t)$、$\Delta c(t)$、$\Delta q(t)$、$\Delta k(t)$ 为不确定参数,一般假设它们有界。

式(1-6)可视为船舶摆动的实际系统,而式(1-5)可视为船舶摆动的标称系统。

例 1.3 在经典的传染病 SEIR 仓室模型中,将人群分为易感者(S)、潜伏者(E)、感染者(I)和康复者(R)。易感者为健康人,接触疾病传染源后可被传染而成为患者;潜伏者为已感染的患者,但不具备传染力;感染者为已感染的患者,且具备传染力;康复者为已被感染并治愈或未被感染但具备免疫力的人。SEIR 仓室模型为

$$\begin{aligned}
\dot{S}(t) &= bN(t) - dS(t) - cS(t)I(t) \\
\dot{E}(t) &= cS(t)I(t) - (d+e)E(t) \\
\dot{I}(t) &= eE(t) - (a+d+g)I(t) \\
\dot{R}(t) &= gI(t) - dR(t) \\
\dot{N}(t) &= (b-d)N(t) - aI(t)
\end{aligned} \tag{1-7}$$

其中，$S(t)$、$E(t)$、$I(t)$、$R(t)$ 分别表示 t 时刻易感者人数、潜伏者人数、感染者人数和康复者人数；$N(t)$ 表示 t 时刻总人数，且 $N(t) = S(t) + E(t) + I(t) + R(t)$。参数 b 和 d 分别代表人的自然出生率和死亡率，e 代表潜伏者转化为感染者的概率，g 代表感染者康复的概率，a 代表疾病导致的死亡率，c 代表传染系数。

在实际中，一般会考虑疫苗接种、潜伏期和参数变化。假设 $u(t)$ 代表 t 时刻易感人群接种疫苗的比率，$f(t)$ 代表接种者获得免疫的概率，τ 表示易感者被传染后成为潜伏者的潜伏期，传染系数 c 常常随着季节、气候等发生变化。此外，免疫概率 $f(t)$ 也会随时间或人群中的个体而发生改变，对 e、g、a 的估计也未必准确。因此，模型(1-7)实际应为

$$\dot{S}(t) = bN(t) - dS(t) - c(t)S(t-\tau)I(t-\tau) - f(t)S(t)u(t)$$
$$\dot{E}(t) = c(t)S(t-\tau)I(t-\tau) - (d+e+\Delta e(t))E(t)$$
$$\dot{I}(t) = (e+\Delta e(t))E(t) - (a+\Delta a(t)+d+g+\Delta g(t))I(t) \qquad (1\text{-}8)$$
$$\dot{R}(t) = (g+\Delta g(t))I(t) - dR(t) + f(t)S(t)u(t)$$
$$\dot{N}(t) = (b-d)N(t) - (a+\Delta a(t))I(t)$$

其中，$c(t)$、$f(t)$ 将选择一些特定的已知函数，$\Delta e(t)$、$\Delta g(t)$ 和 $\Delta a(t)$ 将满足一定的限制条件。

模型(1-8)为不确定时滞系统，可视为传染病问题的一个实际系统模型，模型(1-7)可视为其标称系统。在实际情况中，潜伏期 τ 可能随时间变化，且人们对它的掌握也不一定十分准确，即 τ 一般是时变、未知但有界的函数 $\tau(t)$，假设满足 $\tau_m \leqslant \tau(t) \leqslant \tau_M$，$\tau_m$、$\tau_M$ 为已知常数。总之，随着考虑因素的增加，实际的传染病模型也将会变得更加复杂。

1.3　不确定(时滞)系统鲁棒性分析

鲁棒性(robustness)泛指事物"抗干扰"的能力，鲁棒性分析就是分析事物是否具有抗干扰能力及抗干扰能力的大小[2]。控制系统的鲁棒性特指控制系统在不确定性影响下保持其原有性质的能力，主要包括两个方面：鲁棒稳定性(robust stability)和性能鲁棒性(performance robustness)，同时涉及两个问题：控制系统的"原有性质"和"不确定性"。鲁棒稳定性，指控制系统的稳定性的鲁棒性，即控制系统在不确定性影响下保持其稳定性的能力；性能鲁棒性，指控制系统的性能的鲁棒性，即控制系统在不确定性影响下保持其性能的能力，如鲁棒 H_∞ 性能(robust H_∞ performance)指系统在不确定性影响下保持其 H_∞ 性能的能力。

分析控制系统是否具有鲁棒性的问题称为系统的鲁棒性分析，如鲁棒稳定性分析(the analysis of robust stability)、性能鲁棒性分析(the analysis of performance robustness)(如鲁棒 H_∞ 性能分析(the analysis of robust H_∞ performance))。鲁棒性分析又可分为两类：第一鲁棒性分析，已知系统的某种性质和所存在的不确定性形式，但不确定性范围未知，鲁棒性分析的目的是求得不确定性范围，使得当系统中的不确定性在此范围内变化时仍然具有该性质；第二鲁棒性分析，已知系统的某种性质和所存在的不确定性形式及不确定性范围，判断系统在此不确定性影响下是否还具有该性质。

鲁棒性分析问题在数学相关问题研究中也经常遇到,如矩阵的扰动分析问题。

例 1.4 矩阵的可逆性质关于其参数变化的鲁棒性问题。设 $A \in \mathbf{R}^{n \times n}$ 为可逆矩阵，$\Delta A(t) \in \mathbf{R}^{n \times n}$ 为其扰动，分析矩阵 A 受到扰动 $\Delta A(t)$ 后是否仍为可逆矩阵？

鲁棒性分析：在矩阵 A 可逆条件下，问扰动 $\Delta A(t)$ 满足什么条件时矩阵 $A + \Delta A(t)$ 仍是可逆的？或者，已知矩阵 A 可逆且扰动 $\Delta A(t)$ 满足一定条件，判断矩阵 $A + \Delta A(t)$ 是否仍为可逆的。

例 1.5 对称矩阵的正定性关于其参数变化的鲁棒性问题。设 $P \in \mathbf{R}^{n \times n}$ 为对称正定矩阵，$\Delta P(t) \in \mathbf{R}^{n \times n}$ 为其扰动，分析矩阵 P 受到扰动 $\Delta P(t)$ 后是否仍为对称正定矩阵？

鲁棒性分析：在对称矩阵 P 为正定的条件下，问扰动 $\Delta P(t)$ 满足什么条件时 $P + \Delta P(t)$ 仍是对称正定矩阵？或者，已知矩阵 P 是对称正定的且扰动 $\Delta P(t)$ 满足一定的条件，判断矩阵 $P + \Delta P(t)$ 是否仍为对称正定的。

上述例 1.4 和例 1.5 中的问题在数学上已有完整的理论结果[2,7]。

鲁棒稳定性分析在控制领域的经典例子包括实系数区间多项式的稳定性。

例 1.6 实系数多项式的鲁棒稳定性问题。设 n 阶实系数多项式 $p(s)$ 是 Hurwitz 稳定的(其 n 个根均位于复平面的左半平面内)，$\Delta p(s)$ 为其扰动，分析多项式 $p(s)$ 受到扰动 $\Delta p(s)$ 后是否仍为 Hurwitz 稳定的？

鲁棒性分析：在 n 阶实系数多项式 $p(s)$ 为 Hurwitz 稳定的条件下，问当扰动多项式 $\Delta p(s)$ 满足什么条件时，$p(s) + \Delta p(s)$ 仍是 Hurwitz 稳定的？或者,已知 n 阶实系数多项式 $p(s)$ 是 Hurwitz 稳定的且扰动多项式 $\Delta p(s)$ 满足一定的条件，判断多项式 $p(s) + \Delta p(s)$ 是否仍为 Hurwitz 稳定的。

上述例 1.6 中的问题在控制中已有完美结果,这就是著名的 Kharitonov 定理[8]。

事实上，鲁棒稳定性是对一个实际控制系统正常工作的基本要求。传统的分析与设计方法通常不具有保证系统鲁棒稳定性的能力。从 20 世纪 90 年代起，大多数飞机、导弹、航天器等的设计都提出了鲁棒稳定性的要求，从理论上解决不确定系统的鲁棒稳定性分析问题也具有重要的实际意义。常用的鲁棒稳定性分析方法有：矩阵特征值方法、矩阵测度方法和 Lyapunov 方法[9-11]，前两者适用于标称系统为线性定常系统且不确定性为定常的参数不确定性情形，后者适用于各种不确定系统及不确定性情形。

在很多实际问题中，不确定系统仅满足鲁棒稳定性要求也是不够的，要达到高精度控制要求，必须使受控系统的暂态指标及稳态指标都达到要求，即不确定系统除满足鲁棒稳定性外还要满足其他性能指标要求(如保成本指标、H_∞性能指标等)。

1.4　不确定(时滞)系统鲁棒控制器设计

经典的控制系统设计方法要求有一个精确的系统模型，以往在对控制系统要求不太高时系统模型中存在的不确定性往往被忽略。事实上，对许多要求不太高的系统，在标称系统模型基础上进行分析与设计已经能够满足工程要求；对一些精度和可靠性要求较高的系统，也可以先对标称系统模型进行分析和设计，然后考虑模型误差，再用仿真的方法来检验实际系统的性能(如稳定性、暂态性能)是否能被满足。如导弹控制系统设计时，首先按标称系统模型设计一个控制系统，然后反复调整设计参数，直到达到系统性能要求为止。显然，这样的设计方法依赖于标称系统的精准性、设计者经验的丰富性，并且要耗费大量的人力和物力，最终仍然具有偶然性。

为了解决不确定系统的控制设计问题，提出了鲁棒控制理论(robust control theory)。鲁棒控制(robust control)是使受到不确定性影响的控制系统保持其原有性质的控制技术，其核心工作是设计系统的鲁棒控制器。鲁棒控制的目的就是：对给定的受某种不确定性影响的控制系统，求取系统的某种形式的控制律，使得当不确定性不存在时在该控制律作用下的闭环系统具有某种希望的性质(或性能)，而当不确定性存在时闭环系统仍然能保持所希望的性质(或性能)[12]。

鲁棒控制涉及诸多因素：受控系统、不确定性、控制律形式、闭环系统的希望性质或性能等，这些因素的不同组合就形成了不同的鲁棒控制问题。如，受控系统分为：不确定线性或非线性系统、不确定定常或时变系统等；不确定性包括：参数不确定性、结构不确定性和外部扰动不确定性等；控制律包括：状态反馈控制律、输出反馈控制律和观测器状态反馈控制律；闭环系统性质或性能包括：稳定性、保成本、H_∞性能等。

常见的鲁棒控制问题有鲁棒镇定控制、鲁棒二次镇定控制、鲁棒保成本控制、鲁棒 H_∞ 控制、鲁棒滑模控制等，并形成了相应的控制器设计方法。

时域方法下不确定系统的鲁棒控制器设计(robust controller design)。

(1) 基于不确定性界限的鲁棒控制器设计。已知标称系统及不确定性界限，设计一个控制器使得闭环系统满足稳定性或性能指标要求。这类方法有：鲁棒镇定控制(robust stabilization control)，保成本控制(guaranteed cost control)，Lyapunov

最大-最小方法(Lyapunov max-min method)，变结构控制(variable structure control，VSC)(滑模控制(sliding mode control，SMC))[13-16]等。

(2) 基于灵敏度指标的鲁棒控制器设计。控制器针对标称系统设计，然后应用一些与灵敏度相关的性能指标，设计控制器使所设定的性能指标最优，如 H_∞ 控制[17]。

1.5 不确定(时滞)系统模型及不确定性描述

1.5.1 不确定(时滞)系统模型

1. 参数不确定系统

如果系统中的不确定性可以由某些参数来刻画，则称为参数不确定系统。在参数不确定系统中，常用被控对象模型的参数摄动表示不确定性，这类不确定性一般不改变模型的结构(如模型动态的阶次等)。一般参数不确定非线性系统

$$\dot{x}(t) = f(x(t), u(t), t, \theta)$$
$$y(t) = g(x(t), u(t), t, \theta) \tag{1-9}$$

其中，$x(t) \in \mathrm{R}^n$、$y(t) \in \mathrm{R}^p$、$u(t) \in \mathrm{R}^m$ 分别是系统的状态、测量输出和控制输入，f、g 是相应维数的向量函数，$\theta = (\theta_1, \theta_2, \cdots, \theta_s)^{\mathrm{T}} \in \Omega \subset \mathrm{R}^s$ 为未知参数向量(可以是时变的)，Ω 为包含原点的紧集。当 $\theta = 0$ 时，系统无参数摄动，得标称系统(一般非线性系统)

$$\dot{x}(t) = f(x(t), u(t), t)$$
$$y(t) = g(x(t), u(t), t)$$

特别地，当 f 和 h 均是 x、u 的线性函数时，得参数不确定线性系统

$$\dot{x}(t) = A(t, \theta)x(t) + B(t, \theta)u(t)$$
$$y(t) = C(t, \theta)x(t) + D(t, \theta)u(t) \tag{1-10}$$

其中，$A(t, \theta)$、$B(t, \theta)$、$C(t, \theta)$、$D(t, \theta)$ 是相应维数的关于未知参数向量 $\theta \in \mathrm{R}^s$ 的矩阵函数。当 $\theta = 0$ 时，得标称系统(一般线性系统)

$$\dot{x}(t) = A(t)x(t) + B(t)u(t)$$
$$y(t) = C(t)x(t) + D(t)u(t)$$

若上述系统(1-9)～系统(1-10)中的状态变化率均与状态的时滞信息有关，比如受时变时滞 $d(t)$ 的影响，则得到相应的参数不确定非线性(或线性)时滞系统

$$\dot{x}(t) = f(x(t), x(t-d(t)), u(t), t, \theta)$$
$$y(t) = g(x(t), x(t-d(t)), u(t), t, \theta) \tag{1-11}$$

$$\dot{x}(t) = A(t,\theta)x(t) + A_d(t,\theta)x(t-d(t)) + B(t,\theta)u(t)$$
$$y(t) = C(t,\theta)x(t) + C_d(t,\theta)x(t-d(t)) + D(t,\theta)u(t) \tag{1-12}$$

其中，时变时滞 $d(t)$ 为非负连续函数且有界或非负连续可微函数且函数及其导数均有界。特殊情况是定常时滞系统，即时滞 $d(t)$ 恒为常值 h。

若上述系统(1-9)～系统(1-10)及系统(1-11)～系统(1-12)中的右端函数 f、h 及矩阵 A、B、C、D 均与时间 t 无关(即均为定常的)，则得到

参数不确定定常非线性系统

$$\dot{x}(t) = f(x(t), u(t), \theta)$$
$$y(t) = g(x(t), u(t), \theta) \tag{1-13}$$

参数不确定定常线性系统

$$\dot{x}(t) = A(\theta)x(t) + B(\theta)u(t)$$
$$y(t) = C(\theta)x(t) + D(\theta)u(t) \tag{1-14}$$

参数不确定定常非线性时滞系统

$$\dot{x}(t) = f(x(t), x(t-d(t)), u(t), \theta)$$
$$y(t) = g(x(t), x(t-d(t)), u(t), \theta) \tag{1-15}$$

参数不确定定常线性时滞系统

$$\dot{x}(t) = A(\theta)x(t) + A_d(\theta)x(t-d(t)) + B(\theta)u(t)$$
$$y(t) = C(\theta)x(t) + C_d(\theta)x(t-d(t)) + D(\theta)u(t) \tag{1-16}$$

2. 非参数不确定系统

如果不确定性的影响不能仅用参数摄动来表示，而需要用未知的摄动函数或未知的动态方程表示，则称这种不确定性为非参数不确定性。具体如下。

不确定非线性系统

$$\dot{x}(t) = f(x(t), u(t), t) + \Delta f(x(t), u(t), t)$$
$$y(t) = g(x(t), u(t), t) + \Delta g(x(t), u(t), t) \tag{1-17}$$

不确定仿射非线性系统

$$\dot{x}(t) = f(x(t), t) + \Delta f(x(t), t) + (f_u(x(t), t) + \Delta f_u(x(t), t))u(t)$$
$$y(t) = g(x(t), t) + \Delta g(x(t), t) + (g_u(x(t), t) + \Delta g_u(x(t), t))u(t) \tag{1-18}$$

其中，$x(t) \in \mathbf{R}^n$、$y(t) \in \mathbf{R}^p$、$u(t) \in \mathbf{R}^m$ 分别是系统的状态、测量输出和控制输入；f、f_u、g、g_u 是相应维数的已知向量(或矩阵)函数；Δf、Δf_u、Δg、Δg_u 为相应维

数的未知向量(或矩阵)函数,表示系统中的函数不确定性。当 Δf、Δf_u、Δg、Δg_u 均为 0 时,系统(1-17)和系统(1-18)的标称系统为一般非线性系统和一般仿射非线性系统

$$\dot{x}(t) = f(x(t),u(t),t)$$
$$y(t) = g(x(t),u(t),t)$$

与

$$\dot{x}(t) = f(x(t),t) + f_u(x(t),t)u(t)$$
$$y(t) = g(x(t),t) + g_u(x(t),t)u(t)$$

如果 $f(x(t),t) = A(t)x(t)$、$g(x(t),t) = C(t)x(t)$ 是关于状态的线性函数,$f_u(x(t),t) = B(t)$ 和 $g_u(x(t),t) = D(t)$ 是与状态无关的矩阵,则系统(1-18)成为

$$\dot{x}(t) = A(t)x(t) + \Delta f(x(t),t) + (B(t) + \Delta f_u(x(t),t))u(t)$$
$$y(t) = C(t)x(t) + \Delta g(x(t),t) + (D(t) + \Delta g_u(x(t),t))u(t)$$
(1-19)

进一步,如果 $\Delta f(x(t),t) = \Delta A(t)x(t)$,$\Delta g(x(t),t) = \Delta C(t)x(t)$,$\Delta f_u(x(t),t) = \Delta B(t)$,$\Delta g_u(x(t),t) = \Delta D(t)$,则系统(1-19)成为不确定线性系统

$$\dot{x}(t) = (A(t) + \Delta A(t))x(t) + (B(t) + \Delta B(t))u(t)$$
$$y(t) = (C(t) + \Delta C(t))x(t) + (D(t) + \Delta D(t))u(t)$$
(1-20)

其中,$\Delta A(t)$、$\Delta B(t)$、$\Delta C(t)$、$\Delta D(t)$ 是相应维数的不确定矩阵。此时,系统常称为矩阵参数不确定线性系统,称 $\Delta A(t)$、$\Delta B(t)$、$\Delta C(t)$、$\Delta D(t)$ 是不确定性参数矩阵。

以上系统中的摄动都是静态摄动,这些不确定性不改变系统的状态维数,即不确定性并不增加系统状态的个数。但在实际系统中,有些不确定性因素自身具有动态特性或者系统存在未建模动态,必须用独立的状态来描述。对于仿射非线性系统,如下系统就是具有这类不确定性的系统

$$\dot{x}(t) = f(x(t),\eta(t)) + f_u(x(t),\eta(t))u(t)$$
$$\dot{\xi}(t) = q(x(t),\xi(t))$$
$$\eta(t) = p(\xi(t))$$
(1-21)

其中,$\xi(t) \in \mathrm{R}^l$ 是不确定的未知状态,$\eta(t) \in \mathrm{R}^s$ 是未知状态的函数,$q: \mathrm{R}^n \times \mathrm{R}^l \to \mathrm{R}^l$ 和 $p: \mathrm{R}^l \to \mathrm{R}^s$ 是未知的向量函数。

1.5.2　不确定性描述

如何描述系统中的不确定性是鲁棒性分析及控制器设计的重要环节,也是减少分析与设计结果保守性的关键。常见的时域不确定性有如下几种描述[9-12](以不确定性参数矩阵 $\Delta A(t)$ 和不确定性函数 $\Delta f(x(t))$ 为例)。

1. 非结构不确定性(non-structural uncertainty)

假设

$$\|\Delta A(t)\| \leqslant \delta \ \text{或}\ \sigma_{\max}(\Delta A(t)) \leqslant \delta$$

其中，$\|\cdot\|$ 表示矩阵范数，$\sigma_{\max}(\cdot)$ 表示矩阵最大奇异值，$\delta \geqslant 0$ 是常数(已知或未知)。

2. 强结构不确定性(strongly structural uncertainty)

假设

$$|\Delta A(t)| \ll D$$

其中，$\Delta A(t) = (\Delta a_{ij}(t))$，$|\Delta A(t)| = (|\Delta a_{ij}(t)|)$ (称为 $\Delta A(t)$ 的模矩阵)，$D = (d_{ij})$，且 $|\Delta A(t)| \ll D$ 当且仅当 $|\Delta a_{ij}(t)| \leqslant d_{ij}$，$d_{ij} \geqslant 0$ 为非负常数。称 $D = (d_{ij})$ 为非负常值矩阵。

3. 矩阵多胞型结构不确定性(matrix polytope structural uncertainty)

假设

$$\Delta A(t) = \sum_{i=1}^{N} r_i(t) E_i$$

其中，E_i 是已知的常值矩阵，$r_i(t)$ 是不确定参数且满足 $\underline{r_i} \leqslant r_i(t) \leqslant \overline{r_i}$ ($\underline{r_i}$, $\overline{r_i}$ 是已知或未知常数)或 $|r_i(t)| \leqslant \overline{r_i} \leqslant \overline{r}$ ($\overline{r_i}$、$\overline{r}$ 是已知或未知非负常数)。

特别地，若

$$\Delta A(t) = \sum_{i=1}^{N} \alpha_i A_i(t)$$

其中，$A_i(t) \in \mathrm{R}^{n \times n} (i = 1, 2, \cdots, N)$ 是已知常值矩阵，$\alpha \in \Omega = \left\{ \alpha = (\alpha_1, \alpha_2, \cdots, \alpha_N)^{\mathrm{T}} \in \mathrm{R}^N \,\middle|\, \alpha_i \geqslant 0, \sum_{i=1}^{N} \alpha_i = 1 \right\}$，则称 $\Delta A(t)$ 满足凸多面体不确定性。

以上三种不确定性描述都适用于如下不确定线性系统(控制输入通道无不确定性)

$$\dot{x}(t) = (A + \Delta A(t))x(t) + Bu(t) \tag{1-22}$$

因为在状态反馈控制 $u(t) = Kx(t)$ 作用下，闭环系统

$$\dot{x}(t) = (A_c + \Delta A(t))x(t) \tag{1-23}$$

仍具有与系统(1-22)相同的不确定性描述。其中，$K \in \mathrm{R}^{m \times n}$ 是反馈增益矩阵，

$A_c = A + BK$ 。

4. 范数有界不确定性(norm bounded uncertainty)

假设

$$\Delta A(t) = DF(t)E$$

其中，D 和 E 是适当维数的常值矩阵，$F(t)$ 是相应维数的未知(时变)矩阵，其元素是 Lebesgue 可测的，且满足条件 $F^{\mathrm{T}}(t)F(t) \leqslant I$。$I$ 为相应维数的单位矩阵。

该不确定性适用于如下不确定线性系统(控制输入通道具有不确定性)

$$\dot{x}(t) = (A + \Delta A(t))x(t) + (B + \Delta B)u(t) \tag{1-24}$$

其中，$\Delta A(t) = DF(t)E_1$，$\Delta B(t) = DF(t)E_2$，D、E_1 和 E_2 是适当维数的常值矩阵，$F(t)$ 满足 $F^{\mathrm{T}}(t)F(t) \leqslant I$。系统(1-24)在状态反馈控制 $u(t) = Kx(t)$ 下的闭环系统为

$$\dot{x}(t) = (A_c + \Delta A_c(t))x(t) \tag{1-25}$$

该系统仍是一个具有范数有界不确定性的线性系统。其中 $\Delta A_c = DF(t)(E_1 + E_2K)$。

5. 非线性不确定性(nonlinear uncertainty)

假设

$$\|\Delta f(x(t))\| \leqslant \delta_f \|x(t)\|$$

其中，$\delta_f \geqslant 0$ 是已知或未知的常数。

这种不确定性适合于描述非参数不确定系统中的非线性未知函数。

在研究中，上述不确定性还有很多其他的表现形式，如下所示。

(1) **非结构不确定性**。假设 $\Delta A(t) \in \Gamma$，$\Gamma \subset \mathrm{R}^{n \times n}$ 为包含原点的紧集；或者假设 $\Delta A(t) \in \Gamma$，$\Gamma = \{\Delta A(t) : \Delta A^{\mathrm{T}}(t)\Delta A(t) < U\}$，$U$ 为对称正定矩阵。

(2) **秩-1 型结构不确定性**。假设 $\Delta A(t) = \sum_{i=1}^{N} r_i(t)E_i$，其中 $E_i = d_i e_i^{\mathrm{T}}$，$d_i$、$e_i$ 是已知的列向量，$r_i(t)$ 满足 $\underline{r}_i \leqslant r_i(t) \leqslant \overline{r}_i$ 或 $|r_i(t)| \leqslant \overline{r}_i \leqslant \overline{r}$。秩-1 型不确定性是一类特殊的多胞型不确定性。

在上述各种不确定性描述中，未知参数/矩阵/函数的界限 δ、d_{ij}、$\overline{r}_i$、$\underline{r}_i$、$\overline{r}$、δ_f、U 等都称为不确定性界限。在相关问题研究中，既可以通过理论分析去寻找不确定性界限的最大允许值，也可以根据实际问题通过适当的方法获得相关的不确定性界限，具体如下。

(1) 分析的方法——对不确定性逐项分析、确定界限。

(2) 实验的方法——在给定的工作条件下，找到最坏工作条件对应的不确定

性参数,并确定其界限。

(3) 仿真的方法——在最坏的工作条件下,由计算机仿真结果确定界限。

(4) 辨识的方法——利用参数辨识的方法,找出参数不确定性界限。

1.6　本章小结

本章概括地介绍了不确定系统及其稳定性分析与控制器设计的一般描述、基本问题和常用方法,介绍了不确定(时滞)系统模型及其不确定性描述,使读者对本书的研究对象、研究内容有一个概括的了解。本书的后续内容以不确定线性(时滞)系统及其鲁棒稳定性分析与控制器设计的相关问题和研究方法的介绍为主。

第 2 章　不确定系统鲁棒稳定性分析

对不确定线性系统鲁棒稳定性的研究开始于 20 世纪 70 年代，标志性的成果如 Patel 和 Toda 在 1980 年的工作[9]，随后国内外学者相继提出了多种不同的分析方法，如适用于标称系统为定常线性系统的矩阵特征值方法、矩阵测度方法及适用于标称系统为一般线性或非线性系统的 Lyapunov 方法等[10, 11]。鲁棒稳定性分析的目的在于建立保证不确定系统满足鲁棒稳定性的判别条件，并使所得判别条件具有更小的保守性。在 20 世纪 90 年代至 21 世纪初，相关研究十分活跃且成果丰硕[18-21]，对系统中不确定性的刻画也更加贴近客观实际，为不确定系统鲁棒控制研究奠定了基础。特别是，基于 Lyapunov 稳定性理论的研究方法后来又被推广应用于不确定时滞系统等的鲁棒控制问题[22-24]。

本章以不确定线性系统为研究对象，重点介绍鲁棒稳定性分析中的 Lyapunov 方法及其判别条件，以及基于线性矩阵不等式(LMI)表示的鲁棒稳定性判别条件。

2.1　基于 Lyapunov 方法的鲁棒稳定性判据

考虑参数不确定线性系统

$$\dot{x}(t) = (A + \Delta A(t))x(t) \tag{2-1}$$

其中，$x(t) \in \mathbf{R}^n$ 为系统的状态向量，$A \in \mathbf{R}^{n \times n}$ 为已知的系统矩阵，$\Delta A(t) \in \mathbf{R}^{n \times n}$ 为不确定矩阵。假设 $\Delta A(t)$ 满足某种不确定性条件(如第 1 章所述，称为系统的容许不确定性)。

定义 2.1　如果不确定系统(2-1)对所有的容许不确定性 $\Delta A(t)$ 都是渐近稳定的，则称系统(2-1)是鲁棒渐近稳定的。

2.1.1　非结构不确定性

定理 2.1　假设系统矩阵 A 是 Hurwitz 稳定的，且不确定矩阵 $\Delta A(t)$ 满足非结构不确定性，即 $\sigma_{\max}(\Delta A(t)) \leqslant \delta$，$\delta > 0$ 为常值。如果不确定界限 δ 满足

$$\delta < \frac{\lambda_{\min}(Q)}{2\lambda_{\max}(P)} \triangleq \delta_{\max} \tag{2-2}$$

则不确定系统(2-1)是鲁棒渐近稳定的。其中，Q 为任意给定的对称正定矩阵，对

称正定矩阵 P 满足矩阵 Lyapunov 方程

$$A^T P + PA = -Q \tag{2-3}$$

称 $\delta_{\max}$ 为非结构不确定性鲁棒度。

证：根据矩阵 A 是 Hurwitz 稳定的，利用定常线性系统 Lyapunov 稳定性定理(定理 A.6)，必存在对称正定矩阵 P 满足矩阵 Lyapunov 方程(2-3)。

选取 Lyapunov 函数 $V(t, x(t)) = x^T(t) P x(t)$ ，则沿系统(2-1)的状态轨迹，有

$$\begin{aligned} \dot{V}(t, x(t))\big|_{(2-1)} &= \{\dot{x}^T(t) P x(t) + x^T(t) P \dot{x}(t)\}\big|_{(2-1)} \\ &= x^T(t)\{-Q + \Delta A^T(t) P + P \Delta A(t)\} x(t) \end{aligned} \tag{2-4}$$

根据 Lyapunov 稳定性定理(定理 A.3)，若对所有容许的不确定矩阵 $\Delta A(t)$ 都有

$$\dot{V}(t, x(t))\big|_{(2-1)} < 0 \text{(负定)}$$

则系统(2-1)是鲁棒渐近稳定性的。而 $\dot{V}(t, x(t))\big|_{(2-1)} < 0$ 的充要条件是

$$x^T(t)\{\Delta A^T(t) P + P \Delta A(t)\} x(t) < x^T(t) Q x(t) \tag{2-5}$$

利用 Rayleigh 定理(定理 B.1)，有

$$x^T(t)\{\Delta A^T(t) P + P \Delta A(t)\} x(t) \leqslant \lambda_{\max}(\Delta A^T(t) P + P \Delta A(t)) x^T(t) x(t)$$

$$\lambda_{\min}(Q) x^T(t) x(t) \leqslant x^T(t) Q x(t)$$

因此，式(2-5)成立的充分条件是

$$\lambda_{\max}(\Delta A^T(t) P + P \Delta A(t)) < \lambda_{\min}(Q) \tag{2-6}$$

再利用矩阵特征值与谱半径和最大奇异值的关系及最大奇异值的性质(定理 B.5)，有

$$\begin{aligned} \lambda_{\max}(\Delta A^T(t) P + P \Delta A(t)) &\leqslant \rho(\Delta A^T(t) P + P \Delta A(t)) \\ &\leqslant \sigma_{\max}(\Delta A^T(t) P + P \Delta A(t)) \leqslant 2\sigma_{\max}(P \Delta A(t)) \\ &\leqslant 2\sigma_{\max}(P)\sigma_{\max}(\Delta A(t)) = 2\lambda_{\max}(P)\sigma_{\max}(\Delta A(t)) \end{aligned} \tag{2-7}$$

于是，式(2-6)成立的充分条件是

$$2\sigma_{\max}(\Delta A(t))\lambda_{\max}(P) < \lambda_{\min}(Q) \tag{2-8}$$

再根据非结构不确定性条件 $\sigma_{\max}(\Delta A(t)) \leqslant \delta$ ，若条件式(2-2)成立，则式(2-6)必成立，进而 $\dot{V}(t, x(t))\big|_{(2-1)} < 0$ (负定)。

特别地，在定理 2.1 中取 $Q = 2I$ 可得如下推论。

推论 2.1[9] 在定理 2.1 的假设下，如果不确定界限 δ 满足

$$\delta < \frac{1}{\lambda_{\max}(P)} \triangleq \delta_{\max}^I \tag{2-9}$$

则不确定系统(2-1)是鲁棒渐近稳定的。其中，对称正定矩阵 P 满足矩阵 Lyapunov 方程

$$A^{\mathrm{T}}P + PA = -2I \tag{2-10}$$

例 2.1 在不确定系统(2-1)中，设系统矩阵为

$$A = \begin{bmatrix} -3 & -2 \\ 1 & 0 \end{bmatrix}$$

不确定矩阵 $\Delta A(t)$ 满足 $\sigma_{\max}(\Delta A(t)) \leqslant \delta$ ，求系统的非结构不确定性鲁棒度。

解： 容易验证矩阵 A 是 Hurwitz 稳定的。

(1) 取 $Q = 2I$ ，解矩阵 Lyapunov 方程(2-10)，得 $P = \begin{bmatrix} 0.5 & 0.5 \\ 0.5 & 2.5 \end{bmatrix}$ 。由推论 2.1 中条件(2-9)，得 $\delta_{\max}^I = 0.3819$ 。

(2) 取 $Q = \begin{bmatrix} 5 & 0.5 \\ 0.5 & 2 \end{bmatrix}$ ，解矩阵 Lyapunov 方程(2-4)，得 $P = \begin{bmatrix} 1 & 0.5 \\ 0.5 & 3 \end{bmatrix}$ 。由定理 2.1 中条件(2-2)，得 $\delta_{\max} = 0.3077$ 。

比较 $\delta_{\max}^I$ 与 $\delta_{\max}$ 可知，非结构不确定性鲁棒度与矩阵 Q 的选取有关，且 $\delta_{\max}^I > \delta_{\max}$ 。相比于定理 2.1，推论 2.1 所得判别条件的保守性更小。

2.1.2 强结构不确定性

定理 2.2 假设系统矩阵 A 是 Hurwitz 稳定的，且不确定矩阵 $\Delta A(t)$ 满足强结构不确定性，即 $|\Delta A(t)| \ll D$ ， $D = (d_{ij})_{n \times n}$ 为非负矩阵且 $|\Delta a_{ij}(t)| \leqslant d_{ij}$ 。令 $\varepsilon = \max_{i,j}\{d_{ij}\}$ 。如果不确定界限 ε 满足

$$\varepsilon < \frac{\lambda_{\min}(Q)}{2\sqrt{h}\lambda_{\max}(P)} \triangleq \varepsilon_{\max} \tag{2-11}$$

则不确定系统(2-1)是鲁棒渐近稳定的。其中， Q 为任意给定的对称正定矩阵， P 是矩阵 Lyapunov 方程(2-3)的对称正定解，h 是 $\Delta A(t)$ 中非零元素的个数。称 $\varepsilon_{\max}$ 为强结构不确定性鲁棒度。

证： 结合定理 2.1 的证明，由式(2-8)可知，当 $\sigma_{\max}(\Delta A(t)) < \frac{\lambda_{\min}(Q)}{2\lambda_{\max}(P)}$ 时，系统(2-1)是鲁棒渐近稳定的。注意到

$$\sigma_{\max}(\Delta A(t)) = \sqrt{\lambda_{\max}(\Delta A^{\mathrm{T}}(t)\Delta A(t))} \leqslant \sqrt{\mathrm{tr}(\Delta A^{\mathrm{T}}(t)\Delta A(t))}$$

$$= \left(\sum_{i,j=1}^{n}\Delta a_{ij}^2(t)\right)^{1/2} \leqslant \left(\sum_{i,j=1}^{n}d_{ij}^2\right)^{1/2} \leqslant \sqrt{h}\varepsilon$$

所以，当式(2-11)成立时，不确定系统(2-1)是鲁棒渐近稳定的。

类似于推论 2.1，有如下推论 2.2。

推论 2.2[9]　在定理 2.2 的假设下，如果不确定界限 ε 满足

$$\varepsilon < \frac{1}{\sqrt{h}\lambda_{\max}(P)} \triangleq \varepsilon_{\max}^I \tag{2-12}$$

则不确定系统(2-1)是鲁棒渐近稳定的。其中，P 是矩阵 Lyapunov 方程(2-10)的对称正定解。

注意到，在定理 2.1(定理 2.2)的证明中，对式(2-6)左端做了多次放大，可能会导致过于保守的鲁棒稳定性分析结果。为了减少这种保守性，下面建立新的判别条件。

定理 2.3　在定理 2.2 的假设下，如果不确定界限 ε 满足

$$\varepsilon < \frac{\lambda_{\min}(Q)}{2\sigma_{\max}((|P|U_e)_s)} \triangleq \varepsilon_{\max,1} \tag{2-13}$$

则系统(2-1)是鲁棒渐近稳定的。其中，Q 为任意给定的对称正定矩阵，P 是矩阵 Lyapunov 方程(2-3)的对称正定解，$U_e = \frac{1}{\varepsilon}D$，$(\cdot)_s = \frac{(\cdot)^{\mathrm{T}}+(\cdot)}{2}$ 表示矩阵 $(\cdot)$ 的对称部分。

证：结合定理 2.1 的证明，式(2-6)左端有

$$\lambda_{\max}(\Delta A^{\mathrm{T}}(t)P + P\Delta A(t)) = 2\lambda_{\max}((P\Delta A(t))_s) \leqslant 2\rho((P\Delta A(t))_s)$$

利用矩阵谱半径性质(定理 B.7)，$\rho(AB) \leqslant \rho(|AB|) \leqslant \rho(|A||B|)$，得

$$\rho((P\Delta A(t))_s) \leqslant \rho((|P|D)_s) \leqslant \varepsilon\sigma_{\max}((|P|U_e)_s)$$

所以，式(2-13)成立可保证 $\dot{V}(t,x(t))\big|_{(2-1)} < 0$(负定)，因此不确定系统(2-1)是鲁棒渐近稳定的。

推论 2.3[10]　在定理 2.3 的假设条件下，如果不确定界限 ε 满足

$$\varepsilon < \frac{1}{\sigma_{\max}((|P|U_e)_s)} \triangleq \varepsilon_{\max,1}^I \tag{2-14}$$

则系统(2-1)鲁棒渐近稳定。其中，P 是矩阵 Lyapunov 方程(2-10)的对称正定解。

例 2.2　在不确定系统(2-1)中，设系统矩阵及不确定矩阵为

$$A = \begin{bmatrix} -3 & -2 \\ 1 & 0 \end{bmatrix}, \quad \Delta A(t) = \begin{bmatrix} \Delta a_{11}(t) & \Delta a_{12}(t) \\ \Delta a_{21}(t) & 0 \end{bmatrix}$$

且

$$|\Delta a_{11}(t)| \leqslant 0.6, \quad |\Delta a_{12}(t)| \leqslant 0.4, \quad |\Delta a_{21}(t)| \leqslant 0.2$$

分析不确定系统(2-1)的鲁棒渐近稳定性。

解：易知，$|\Delta A(t)| \ll D = \begin{bmatrix} 0.6 & 0.4 \\ 0.2 & 0 \end{bmatrix}$，$\varepsilon = 0.6$，$U_e = \begin{bmatrix} 1 & 2/3 \\ 1/3 & 0 \end{bmatrix}$，且 $h = 3$。

(1) 利用例 2.1 中计算的 $P = \begin{bmatrix} 0.5 & 0.5 \\ 0.5 & 2.5 \end{bmatrix}$，由推论 2.2 中式 (2-12) 得 $\varepsilon_{\max}^I = 0.2205$，由推论 2.3 中式 (2-14) 得 $\varepsilon_{\max,1}^I = 0.7408$。

(2) 利用例 2.1 中计算的 $P = \begin{bmatrix} 1 & 0.5 \\ 0.5 & 3 \end{bmatrix}$。由定理 2.2 中式 (2-11) 有 $\varepsilon_{\max} = 0.1776$，由定理 2.3 中式 (2-13) 有 $\varepsilon_{\max,1} = 0.5021$。

利用推论 2.3，不确定界限 $\varepsilon = 0.6$ 满足条件(2-14)，即 $\varepsilon = 0.6 < \varepsilon_{\max,1}^I = 0.7408$，因此，可以判定系统(2-1)是鲁棒渐近稳定的。但是，不确定界限 $\varepsilon = 0.6$ 不满足推论 2.2 中条件(2-12)，即 $\varepsilon = 0.6 > \varepsilon_{\max}^I = 0.2205$，也不满足定理 2.2 和定理 2.3 中的相应条件(2-11)和(2-13)，因此，利用推论 2.2、定理 2.2 和定理 2.3 都无法判断该系统的鲁棒渐近稳定性。

注 2.1　此例说明，对具有强结构不确定性的线性系统(2-1)，定理 2.3 及其推论 2.3 的保守性小于定理 2.2 及其推论 2.2 的保守性（$\varepsilon_{\max}^I < \varepsilon_{\max,1}^I$，$\varepsilon_{\max} < \varepsilon_{\max,1}$）。

2.1.3　矩阵多胞型结构不确定性

定理 2.4　假设系统矩阵 A 是 Hurwitz 稳定的，且不确定矩阵 $\Delta A(t)$ 满足矩阵多胞型结构不确定性，即 $\Delta A(t) = \sum_{i=1}^{m} r_i(t) E_i$，$E_i$ 为已知的常值矩阵，$|r_i(t)| \leqslant \bar{r}_i$，$\bar{r} = \max_i\{\bar{r}_i\}$。如果不确定界限 $\bar{r}$ 或 $\bar{r}_i$ 满足下列三个条件之一

$$\bar{r} < \frac{\lambda_{\min}(Q)}{2\sigma_{\max}\left(\sum_{i=1}^{m}|P_i|\right)} \triangleq \bar{r}_{\max} \tag{2-15}$$

$$\sum_{i=1}^{m} \bar{r}_i \sigma_{\max}(P_i) < \frac{1}{2}\lambda_{\min}(Q) \tag{2-16}$$

$$\sqrt{\sum_{i=1}^{m}\overline{r}_i^{\,2}} < \frac{\lambda_{\min}(Q)}{2\sigma_{\max}(P_e)} \tag{2-17}$$

则系统(2-1)是鲁棒渐近稳定的。其中，Q 为任意给定的对称正定矩阵，P 是矩阵 Lyapunov 方程 (2-3) 的 对 称 正 定 解 ，$P_i = (PE_i)_s = \frac{1}{2}(E_i^{\mathrm{T}}P + PE_i)$，$P_e = [P_1^{\mathrm{T}} \ P_2^{\mathrm{T}} \ \cdots \ P_m^{\mathrm{T}}]^{\mathrm{T}}$。$\overline{r}_{\max}$ 称为多胞型不确定性鲁棒度。

证： 结合定理 2.1 的证明，由式(2-4)可知

$$\dot{V}(t,x(t))\big|_{(2\text{-}1)} = -x^{\mathrm{T}}(t)Qx(t) + 2x^{\mathrm{T}}(t)\sum_{i=1}^{m}r_i(t)P_i x(t)$$

且 $\dot{V}(t,x(t))\big|_{(2\text{-}1)} < 0$ 只需 $\lambda_{\max}\left(\sum_{i=1}^{m}r_i(t)P_i\right) < \frac{1}{2}\lambda_{\min}(Q)$。

而 $\lambda_{\max}\left(\sum_{i=1}^{m}r_i(t)P_i\right) \leqslant \rho\left(\sum_{i=1}^{m}r_i(t)P_i\right)$，于是系统(2-1)是鲁棒渐近稳定的充分条件是：

$$\rho\left(\sum_{i=1}^{m}r_i(t)P_i\right) < \frac{1}{2}\lambda_{\min}(Q) \tag{2-18}$$

利用矩阵谱半径、最大奇异值的性质，有

$$\rho\left(\sum_{i=1}^{m}r_i(t)P_i\right) \leqslant \rho\left(\sum_{i=1}^{m}|r_i(t)|\,\|P_i\|\right) \leqslant \overline{r}\,\sigma_{\max}\left(\sum_{i=1}^{m}|P_i|\right)$$

结合条件(2-18)得充分条件(2-15)。

由 $\rho\left(\sum_{i=1}^{m}r_i(t)P_i\right) \leqslant \sigma_{\max}\left(\sum_{i=1}^{m}r_i(t)P_i\right) \leqslant \sum_{i=1}^{m}\overline{r}_i\sigma_{\max}(P_i)$，结合条件(2-18)得充分条件(2-16)。

记 $I_r^{\mathrm{T}}(t) = [r_1(t)I \ \ r_2(t)I \ \cdots \ r_m(t)I]$，$P_e^{\mathrm{T}} = [P_1^{\mathrm{T}} \ P_2^{\mathrm{T}} \ \cdots \ P_m^{\mathrm{T}}]$，有

$$\rho\left(\sum_{i=1}^{m}r_i(t)P_i\right) \leqslant \sigma_{\max}\left(\sum_{i=1}^{m}r_i(t)P_i\right) = \sigma_{\max}(I_r^{\mathrm{T}}(t)P_e) \leqslant \sigma_{\max}(I_r^{\mathrm{T}}(t))\sigma_{\max}(P_e)$$

$$= \sigma_{\max}(P_e)\sqrt{\sum_{i=1}^{m}r_i^2(t)} \leqslant \sigma_{\max}(P_e)\sqrt{\sum_{i=1}^{m}\overline{r}_i^{\,2}}$$

再结合条件(2-18)得充分条件(2-17)。

推论 2.4[11]　在定理 2.4 的假设条件下，如果不确定界限 $\overline{r}$ 或 $\overline{r}_i$ 满足下列三个条件之一

$$\overline{r} < \frac{1}{\sigma_{\max}\left(\sum\limits_{i=1}^{m}|P_i|\right)} \triangleq \overline{r}_{\max}^I \tag{2-19}$$

$$\sum_{i=1}^{m} \overline{r}_i \sigma_{\max}(P_i) < 1 \tag{2-20}$$

$$\sqrt{\sum_{i=1}^{m} \overline{r}_i^2} < \frac{1}{\sigma_{\max}(P_e)} \tag{2-21}$$

则不确定系统(2-1)鲁棒渐近稳定。其中，P 是矩阵 Lyapunov 方程(2-10)的对称正定解，P_i 和 P_e 见定理 2.4。

例 2.3　在不确定系统(2-1)中，设系统矩阵及不确定矩阵分别为

$$A = \begin{bmatrix} -2 & 0 & -1 \\ 0 & -3 & 0 \\ -1 & -1 & -4 \end{bmatrix}, \quad \Delta A(t) = \sum_{i=1}^{2} r_i(t) E_i$$

其中，$E_1 = \begin{bmatrix} 1 & 0 & 1 \\ 0 & 0 & 0 \\ 1 & 1 & 1 \end{bmatrix}$，$E_2 = \begin{bmatrix} 0 & 0 & 0 \\ 0 & 1 & 0 \\ 0 & 1 & 0 \end{bmatrix}$，分析不确定系统(2-1)的鲁棒渐近稳定性。

解：易于验证矩阵 A 是 Hurwitz 稳定的。求解矩阵 Lyapunov 方程(2-10)，得

$$P = \begin{bmatrix} 0.5714 & 0.0378 & -0.1429 \\ 0.0378 & 0.3487 & -0.0462 \\ -0.1429 & -0.0462 & 0.2857 \end{bmatrix}$$

根据推论 2.4 中式(2-19)～式(2-21)，给出不确定界限分别满足：

① $\overline{r} < 1.3131$，进而 $\overline{r}_i < 1.3131$（$i = 1,2$）；② $0.6053\overline{r}_1 + 0.3512\overline{r}_2 < 1$；③ $\overline{r}_1^2 + \overline{r}_2^2 < 2.7240$。

三个条件给出的不确定参数所在的区域图如图 2.1 所示(相应曲线与坐标轴围成①矩形、②三角形和③四分之一圆盘)。由图 2.1 可见，三个区域互不包含，说明推论 2.4 中三个判别条件的保守性不能相互比较。

另一方面，以条件(2-19)为例，若将不确定矩阵 $\Delta A(t)$ 用强结构不确定性刻画，则

$$\Delta A(t) = \begin{bmatrix} r_1(t) & 0 & r_1(t) \\ 0 & r_2(t) & 0 \\ r_1(t) & r_1(t)+r_2(t) & r_1(t) \end{bmatrix}, \quad |r_i(t)| \leqslant \overline{r}, \quad |\Delta A(t)| \ll D = \begin{bmatrix} \overline{r} & 0 & \overline{r} \\ 0 & \overline{r} & 0 \\ \overline{r} & 2\overline{r} & \overline{r} \end{bmatrix}$$

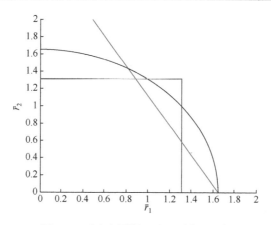

图 2.1　不确定界限 $\bar{r}_1$ 和 $\bar{r}_2$ 所围区域

此时，不确定界限 $\varepsilon = 2\bar{r}$。根据推论 2.2 中式(2-12)，得 $\varepsilon_{\max}^I = 0.5681$，于是 $\bar{r}_{\max}^I = 0.28405$；根据推论 2.3 中式(2-14)，得 $\varepsilon_{\max,1}^I = 1.5103$，于是 $\bar{r}_{\max}^I = 0.75515$。可见，推论 2.2 和推论 2.3 得到的不确定性鲁棒度相比于推论 2.4 的结果 $\bar{r} < 1.3131 = \bar{r}_{\max}^I$ 保守性都大很多，即推论 2.4 的保守性更小。这说明，当系统中的不确定性可以用不同的不确定性结构描述时，适当的选择会得到更好的判别结果。

将定理 2.4 的方法应用于凸多面体结构不确定性情形，又可以给出下面的结果。

定理 2.5　假设系统矩阵 A 是 Hurwitz 稳定的，且不确定矩阵 $\Delta A(t)$ 满足凸多面体不确定性，即 $\Delta A(t) = \sum_{i=1}^{m} \alpha_i(t) A_i$，$A_i$ 为已知的常值矩阵，$0 < \alpha_i(t) < 1$，$\sum_{i=1}^{m} \alpha_i(t) = 1$。如果下列三个条件之一成立

$$\sigma_{\max}\left(\sum_{i=1}^{m} |P_i|\right) < \frac{1}{2}\lambda_{\min}(Q) \tag{2-22}$$

$$\sum_{i=1}^{m} \sigma_{\max}(P_i) < \frac{1}{2}\lambda_{\min}(Q) \tag{2-23}$$

$$\sigma_{\max}(P_e) < \frac{1}{2\sqrt{m}}\lambda_{\min}(Q) \tag{2-24}$$

则不确定系统(2-1)是鲁棒渐近稳定的。其中，Q 为任意给定的对称正定矩阵，P 是矩阵 Lyapunov 方程(2-3)的对称正定解，$P_i = (PA_i)_s = \frac{1}{2}(A_i^{\mathrm{T}} P + PA_i)$，$P_e = [P_1^{\mathrm{T}} \ P_2^{\mathrm{T}} \ \cdots \ P_m^{\mathrm{T}}]^{\mathrm{T}}$。

推论 2.5 　在定理 2.5 的假设下，如果下列三个条件之一成立

$$\sigma_{\max}\left(\sum_{i=1}^{m}|P_i|\right)<1 \tag{2-25}$$

$$\sum_{i=1}^{m}\sigma_{\max}(P_i)<1 \tag{2-26}$$

$$\sigma_{\max}(P_e)<\frac{1}{\sqrt{m}} \tag{2-27}$$

则不确定系统(2-1)是鲁棒渐近稳定的。其中，P 是矩阵 Lyapunov 方程(2-10)的对称正定解，P_i 和 P_e 如定理 2.5 所示。

例 2.4 　在系统(2-1)中，设系统矩阵及不确定矩阵分别为

$$A=\begin{bmatrix} -2 & 0 & -1 \\ 0 & -3 & 0 \\ -1 & -1 & -4 \end{bmatrix}, \quad \Delta A(t)=\sum_{i=1}^{2}\alpha_i(t)A_i$$

其中，$A_1=\begin{bmatrix} 1 & 0 & 1 \\ 0 & 0 & 0 \\ 1 & 1 & 1 \end{bmatrix}, A_2=\begin{bmatrix} 0 & 0 & 0 \\ 0 & 1 & 0 \\ 0 & 1 & 0 \end{bmatrix}$，$0<\alpha_1(t)$，$\alpha_2(t)<1$ 且 $\alpha_1(t)+\alpha_2(t)=1$，试分析系统(2-1)的鲁棒稳定性。

解： 利用例 2.3 的相关计算结果，可算得

$$\sigma_{\max}\left(\sum_{i=1}^{2}|P_i|\right)=0.7615<1, \quad \sigma_{\max}(P_1)+\sigma_{\max}(P_2)=0.6053+0.3512<1, \quad \sigma_{\max}(P_e)=0.3671<\frac{1}{\sqrt{2}}$$

即推论 2.5 的三个条件都满足，因此系统(2-1)是鲁棒渐近稳定的。

与图 2.1 比较可知，对于 $\bar{r}_i=1$，由推论 2.5 也可以判定系统(2-1)是鲁棒渐近稳定的。

2.1.4　范数有界不确定性

定理 2.6 　假设系统矩阵 A 是 Hurwitz 稳定的，且不确定矩阵 $\Delta A(t)$ 满足范数有界不确定性，即 $\Delta A(t)=DF(t)E$，D,E 为已知的常值矩阵，$F(t)$ 为未知不确定矩阵且满足 $F^{\mathrm{T}}(t)F(t)\leqslant I$。如果

$$\sigma_{\max}([E^{\mathrm{T}}\ PD])\sigma_{\max}\left(\begin{bmatrix} D^{\mathrm{T}}P \\ E \end{bmatrix}\right)<\lambda_{\min}(Q) \tag{2-28}$$

则不确定系统(2-1)是鲁棒渐近稳定的。其中，Q 为任意给定的对称正定矩阵，P 是矩阵 Lyapunov 方程(2-3)的对称正定解。

证：结合定理 2.1 的证明，由式(2-4)可知

$$\dot{V}(t,x(t))\big|_{(2-1)} = x^{\mathrm{T}}(t)\left\{-Q + [E^{\mathrm{T}}\ PD]\begin{bmatrix} F^{\mathrm{T}}(t) & 0 \\ 0 & F(t) \end{bmatrix}\begin{bmatrix} D^{\mathrm{T}}P \\ E \end{bmatrix}\right\}x(t)$$

且 $\dot{V}(t,x(t))\big|_{(2-1)} < 0$ 只需 $\sigma_{\max}\left([E^{\mathrm{T}}\ PD]\begin{bmatrix} F^{\mathrm{T}}(t) & 0 \\ 0 & F(t) \end{bmatrix}\begin{bmatrix} D^{\mathrm{T}}P \\ E \end{bmatrix}\right) < \lambda_{\min}(Q)$。

注意到

$$\sigma_{\max}\left([E^{\mathrm{T}}\ PD]\begin{bmatrix} F^{\mathrm{T}}(t) & 0 \\ 0 & F(t) \end{bmatrix}\begin{bmatrix} D^{\mathrm{T}}P \\ E \end{bmatrix}\right) \leqslant \sigma_{\max}([E^{\mathrm{T}}\ PD])\sigma_{\max}\left(\begin{bmatrix} D^{\mathrm{T}}P \\ E \end{bmatrix}\right)$$

因为 $\sigma_{\max}\left(\begin{bmatrix} F^{\mathrm{T}}(t) & 0 \\ 0 & F(t) \end{bmatrix}\right) = \sigma_{\max}(F(t)) = \sqrt{\lambda_{\max}(F^{\mathrm{T}}(t)F(t))} \leqslant 1$。故式(2-28)成立可

保证系统(2-1)是鲁棒渐近稳定的。

推论 2.6　在定理 2.6 的假设条件下，如果

$$\sigma_{\max}([E^{\mathrm{T}}\ PD])\sigma_{\max}\left(\begin{bmatrix} D^{\mathrm{T}}P \\ E \end{bmatrix}\right) < 2 \tag{2-29}$$

则系统(2-1)是鲁棒渐近稳定的。其中，P 是矩阵 Lyapunov 方程(2-10)的对称正定解。

例 2.5　在系统(2-1)中，设系统矩阵及不确定矩阵分别为

$$A = \begin{bmatrix} -2 & 0 & -1 \\ 0 & -3 & 0 \\ -1 & -1 & -4 \end{bmatrix},\quad \Delta A(t) = DF(t)E$$

其中，$D = \begin{bmatrix} 0.2 \\ 0 \\ 0.5 \end{bmatrix}$, $E = [1\ \ 0.3\ \ 0.4]$, $F(t) = \sin t$，分析系统(2-1)的鲁棒渐近稳定性。

解：利用例 2.3 中计算的矩阵 P，进一步算得

$$\sigma_{\max}([E^{\mathrm{T}}\ PD])\sigma_{\max}\left(\begin{bmatrix} D^{\mathrm{T}}P \\ E \end{bmatrix}\right) = 1.2557 < 2$$

满足式(2-29)，因此系统(2-1)是鲁棒渐近稳定性的。

2.1.5　非线性不确定性

考虑具有非线性不确定性的系统

$$\dot{x}(t) = Ax(t) + \Delta f(x(t),t) \tag{2-30}$$

其中，$x(t) \in \mathbb{R}^n$ 为系统的状态向量，$A \in \mathbb{R}^{n \times n}$ 为已知的系统矩阵，$\Delta f(x(t),t) \in \mathbb{R}^n$ 是未知但有界的非线性向量函数，且对任意时刻 $t \geqslant t_0$ 有 $f(0,t) \equiv 0$。

定理 2.7　假设系统矩阵 A 是 Hurwitz 稳定的，且非线性函数不确定性满足条件

$$\left\| \Delta f(x(t),t) \right\| \leqslant \delta_f \left\| x(t) \right\|, \quad \delta_f > 0$$

如果不确定界限 δ_f 满足

$$\delta_f < \frac{\lambda_{\min}(Q)}{2\lambda_{\max}(P)} \triangleq \delta_{f,\max} \tag{2-31}$$

则不确定系统(2-30)的零解是鲁棒渐近稳定的。其中，Q 为任意给定的对称正定矩阵，P 是矩阵 Lyapunov 方程(2-3)的对称正定解。称 $\delta_{f,\max}$ 为非线性不确定性鲁棒度。

证：类似于定理 2.1 的证明，取 $V(t,x(t)) = x^{\mathrm{T}}(t)Px(t)$，则沿系统(2-30)的状态轨迹，有

$$\begin{aligned}
\dot{V}(t,x(t))\Big|_{(2-30)} &= -x^{\mathrm{T}}(t)Qx(t) + 2x^{\mathrm{T}}(t)P\Delta f(x(t),t) \\
&\leqslant -\lambda_{\min}(Q)\left\| x(t) \right\|^2 + 2\lambda_{\max}(P)\left\| x(t) \right\|\left\| \Delta f(x(t),t) \right\|
\end{aligned}$$

当式(2-31)成立时，有 $\dot{V}(t,x(t))\Big|_{(2-30)} < 0$（负定）。因此，根据 Lyapunov 稳定性定理 A.3，系统(2-30)的零解是鲁棒渐近稳定的。

推论 2.7[9]　在定理 2.7 的假设下，如果不确定界限 δ_f 满足

$$\delta_f < \frac{1}{\lambda_{\max}(P)} \triangleq \delta_{f,\max}^I \tag{2-32}$$

则不确定系统(2-30)的零解是鲁棒渐近稳定的。其中，P 是矩阵 Lyapunov 方程(2-10)的对称正定解。

例 2.6　在系统(2-30)中，设系统矩阵为

$$A = \begin{bmatrix} -2 & 0 & -1 \\ 0 & -3 & 0 \\ -1 & -1 & -4 \end{bmatrix}$$

求系统中非线性不确定性鲁棒度。

解：利用例 2.3 的相关计算结果知 $\lambda_{\max}(P) = 0.6402$，由式(2-32)得非线性不确定性鲁棒度为 $\delta_{f,\max}^I = 1.5620$。

注 2.2　在上述定理 2.1～定理 2.7 的证明中,多次应用矩阵特征值、谱半径、奇异值以及模矩阵的相关性质对 Lyapunov 函数的导数进行放大,由于不等式放大的过程是不唯一的,不同的不等式放大过程将会得出不同的判别条件,给出不同的不确定性鲁棒度。另外,对称正定矩阵 Q 的选择直接影响矩阵 Lyapunov 方程的解 P,进而影响不确定性鲁棒度。因此,上述例子中不能判断是鲁棒渐近稳定的系统也可能具有鲁棒渐近稳定性,这就是所得结果保守性的体现。鲁棒稳定性研究的主要目标还包括不断减少判别结果的保守性[10, 14-16]。

2.2　对 Lyapunov 方法的进一步讨论

2.2.1　矩阵 Lyapunov 方程中 Q 的选取

在 2.1 节的讨论中,利用 Lyapunov 方法给出的鲁棒渐近稳定性判别条件均涉及求解矩阵 Lyapunov 方程(2-3)或方程(2-10)。在方程(2-3)中 Q 是任意给定的对称正定矩阵,在方程(2-10)中选取 $Q=2I$。为什么选择 $Q=2I$？下面以定理 2.1 为例进行讨论。

令 $\delta_{\max}=\dfrac{\lambda_{\min}(Q)}{2\lambda_{\max}(P)}$,根据定理 2.1,$\delta_{\max}$ 为非结构不确定性鲁棒度。显然其与 Q 的选取有关。下面证明,当 $Q=2I$ 时,$\delta_{\max}$ 值最大。

为了方便,考虑下面两个矩阵 Lyapunov 方程

$$A^{\mathrm{T}}P+PA=-Q \tag{*}$$

$$A^{\mathrm{T}}\hat{P}+\hat{P}A=-\hat{Q} \tag{**}$$

假设 $\hat{Q}=wQ$,$w>0$。首先,证明 $\delta_{\max}$ 是 w 的不变量。

将 $\hat{Q}=wQ$ 代入式(**)有

$$\frac{1}{w}A^{\mathrm{T}}\hat{P}+\frac{1}{w}\hat{P}A=-Q$$

比较上式与式(*),由矩阵 Lyapunov 方程对称正定解的唯一性,得到 $\hat{P}=wP$。将 $\hat{P}$ 与 $\hat{Q}$ 代入 $\delta_{\max}$ 表达式,并记此时的 $\delta_{\max}$ 为 $\hat{\delta}_{\max}$,则有

$$\hat{\delta}_{\max}=\frac{\lambda_{\min}(\hat{Q})}{2\lambda_{\max}(\hat{P})}=\frac{\lambda_{\min}(Q)}{2\lambda_{\max}(P)}=\delta_{\max}$$

即 $\delta_{\max}$ 是 w 的不变量。特别地,当 $w=\dfrac{2}{\lambda_{\min}(Q)}$ 时,有 $\lambda_{\min}(\hat{Q})=w\lambda_{\min}(Q)=2$。

其次,记 $Q=2I$ 时 Lyapunov 方程(*)的解为 $\tilde{P}$,往证 $\hat{P}\geqslant\tilde{P}$。

根据定理 B.10，Lyapunov 方程(*)和(**)的解分别为

$$\tilde{P} = \int_0^\infty e^{A^{\mathrm{T}}t} 2I e^{At} \mathrm{d}t \ , \quad \hat{P} = \int_0^\infty e^{A^{\mathrm{T}}t} \hat{Q} e^{At} \mathrm{d}t$$

于是

$$\hat{P} - \tilde{P} = \int_0^\infty e^{A^{\mathrm{T}}t} (\hat{Q} - 2I) e^{At} \mathrm{d}t$$

因为 $\lambda_{\min}(\hat{Q}) = 2$ ，所以 $\hat{Q} - 2I \geqslant 0$ ，从而 $\hat{P} - \tilde{P} \geqslant 0$ ， $\hat{P} \geqslant \tilde{P}$ 。

最后，由 $\hat{P} \geqslant \tilde{P}$ 知 $\lambda_{\max}(\hat{P}) \geqslant \lambda_{\max}(\tilde{P})$ ，因此

$$\hat{\delta}_{\max} = \frac{\lambda_{\min}(\hat{Q})}{2\lambda_{\max}(\hat{P})} = \frac{1}{\lambda_{\max}(\hat{P})} \leqslant \frac{1}{\lambda_{\max}(\tilde{P})} = \delta_{\max}^I$$

这说明，当取 $Q = 2I$ 时， $\delta_{\max}$ 值最大。

注 2.3　(1)上述讨论说明，对于非结构不确定性，选择 $Q = 2I$ ，即利用推论 2.1 获得的不确定性鲁棒度保守性是最小的；(2)上述讨论仅适用于不确定性为非结构不确定性或非线性不确定性情况，而对其他三种不确定性描述，没有理论证明取 $Q = 2I$ 是最好的，在推论 2.2～2.6 中选取 $Q = 2I$ 仅是为了计算方便。

2.2.2　减少判别条件保守性的方法

从上述各定理的证明过程可以看到，为了得到定理中的鲁棒稳定性条件，都经过了多次加强不等式运算，使得给出的结果都带有一定的保守性。为了减小这种保守性，有以下两种处理方法。

1. 状态变换方法

设非奇异矩阵 M ，令 $y(t) = M^{-1} x(t)$ ，则系统(2-1)变成

$$\dot{y}(t) = (A_1 + \Delta A_1(t)) y(t) \tag{2-33}$$

其中， $A_1 = M^{-1} A M$ ， $\Delta A_1(t) = M^{-1} \Delta A(t) M$ 。系统(2-1)与系统(2-33)的鲁棒稳定性等价。

设对称正定矩阵 $\bar{P}$ 满足矩阵 Lyapunov 方程 $A_1^{\mathrm{T}} \bar{P} + \bar{P} A_1 = -Q$ ，按照定理 2.3 的证明过程，由于

$$\rho((\bar{P} \Delta A_1(t))_s) = \rho((\bar{P} M^{-1} \Delta A(t) M)_s) \leqslant \rho\left(\varepsilon\left(\left|\bar{P} M^{-1}\right| U_e |M|\right)_s\right)$$
$$\leqslant \varepsilon \sigma_{\max}\left(\left(\left|\bar{P} M^{-1}\right| U_e |M|\right)_s\right)$$

因此，可以获得充分条件

$$\varepsilon < \frac{\lambda_{\min}(Q)}{2\sigma_{\max}\left(\left(\left|\bar{P}M^{-1}\right|U_e|M|\right)_s\right)} \triangleq \varepsilon_{\max,2} \tag{2-34}$$

特别地，取 $Q = 2I$ ，则有充分条件

$$\varepsilon < \frac{1}{\sigma_{\max}\left(\left(\left|\hat{P}M^{-1}\right|U_e|M|\right)_s\right)} \triangleq \varepsilon_{\max,2}^{I} \tag{2-35}$$

其中，$\hat{P}$ 满足矩阵 Lyapunov 方程 $A_1^{\mathrm{T}}\hat{P} + \hat{P}A_1 = -2I$ 。

另一方面，由于

$$\left|\Delta A_1(t)\right| \ll \left|M^{-1}\right|\left|\Delta A(t)\right|\left|M\right| \ll \varepsilon\left|M^{-1}\right|U_e|M|$$

因此，直接由推论 2.3 可得

$$\varepsilon < \frac{1}{\sigma_{\max}\left(\left(\left|\hat{P}\right|\left|M^{-1}\right|U_e|M|\right)_s\right)} \triangleq \tilde{\varepsilon}_{\max,2}^{I} \tag{2-36}$$

注意到，由 $\left|\hat{P}M^{-1}\right| \ll \left|\hat{P}\right|\left|M^{-1}\right|$ ，有

$$\rho\left(\varepsilon\left(\left|\hat{P}M^{-1}\right|U_e|M|\right)_s\right) \leqslant \rho\left(\varepsilon\left(\left|\hat{P}\right|\left|M^{-1}\right|U_e|M|\right)_s\right) \leqslant \varepsilon\sigma_{\max}\left(\left(\left|\hat{P}\right|\left|M^{-1}\right|U_e|M|\right)_s\right)$$

由此也可以得到条件(2-36)。但是，$\varepsilon_{\max,2}^{I}$ 与 $\tilde{\varepsilon}_{\max,2}^{I}$ 的大小关系不确定。

注 2.4　在例 2.2 中，若选取 $M = \begin{bmatrix} 1 & 0 \\ 0 & 2.2 \end{bmatrix}$ ，由式(2-35)得到 $\varepsilon_{\max,2}^{I} = 0.8809$ ，

而直接用推论 2.3 方法得到 $\varepsilon_{\max,1}^{I} = 0.7408$ 。可见，状态变换可以有效地减小鲁棒稳定性条件的保守性。但是，状态变换矩阵如何选取才好或更好，并没有一个通用的方法。

2. 选择适当的矩阵 Q

对应于矩阵 Q ，令 $A^{\mathrm{T}}P + PA = -Q = -2M^{-\mathrm{T}}M^{-1}$ ，其中 $M = \sqrt{2}Q^{-1/2}$ 。于是

$$M^{\mathrm{T}}A^{\mathrm{T}}PM + M^{\mathrm{T}}PAM = -2I$$

记 $A_1 = M^{-1}AM$ ，$\hat{P} = M^{\mathrm{T}}PM$ ，则 $A_1^{\mathrm{T}}\hat{P} + \hat{P}A_1 = -2I$ 。注意到 $\hat{P} = \frac{1}{2}Q^{-1/2}PQ^{-1/2}$ ，以及

$$\Delta A_1(t) = M^{-1}\Delta A(t)M = Q^{1/2}\Delta A(t)Q^{-1/2} , \quad \left|\Delta A_1(t)\right| \ll \varepsilon\left|Q^{1/2}\right|U_e\left|Q^{-1/2}\right|$$

则由式(2-35)可得

$$\varepsilon < \frac{1}{2\sigma_{\max}\left(\left(\left|Q^{-1/2}P\left|U_e\right|Q^{-1/2}\right|\right)_s\right)} \triangleq \varepsilon_{\max,3}^I \tag{2-37}$$

而由式(2-36)可得

$$\varepsilon < \frac{1}{2\sigma_{\max}\left(\left(\left|Q^{-1/2}PQ^{-1/2}\right|\left\|Q^{1/2}\left|U_e\right|Q^{-1/2}\right|\right)_s\right)} \triangleq \tilde{\varepsilon}_{\max,3}^I \tag{2-38}$$

这也是直接利用推论 2.3 的结果。同样，$\varepsilon_{\max,3}^I$ 与 $\tilde{\varepsilon}_{\max,3}^I$ 的大小关系也不确定。

综上，适当选择 Q 也可能减小鲁棒性分析的保守性，但同样没有通用的选择 Q 的方法。

2.3 基于 LMI 方法的鲁棒稳定性判据

仍考虑参数不确定系统(2-1)，在不确定参数满足不同假设下分别建立基于 LMI 的鲁棒稳定性判据。

定理 2.8 假设系统矩阵 A 是 Hurwitz 稳定的，且不确定矩阵 $\Delta A(t)$ 满足非结构不确定性，即 $\sigma_{\max}(\Delta A(t)) \leqslant \delta$，$\delta > 0$ 为常值。如果存在正数 ε 和对称正定矩阵 P 满足如下 LMI

$$\begin{bmatrix} A^{\mathrm{T}}P + PA + \varepsilon\delta^2 I & P \\ P & -\varepsilon I \end{bmatrix} < 0 \tag{2-39}$$

则不确定系统(2-1)是鲁棒渐近稳定的。

证： 设 P 是对称正定矩阵，选取 Lyapunov 函数 $V(t,x(t)) = x^{\mathrm{T}}(t)Px(t)$，得

$$\dot{V}(t,x(t))\Big|_{(2-1)} = x^{\mathrm{T}}(t)(A^{\mathrm{T}}P + PA)x(t) + 2x^{\mathrm{T}}(t)P\Delta A(t)x(t)$$

利用引理 B.4，取 $R = \varepsilon^{-1}I$，$\varepsilon > 0$，有

$$2x^{\mathrm{T}}(t)P\Delta A(t)x(t) \leqslant x^{\mathrm{T}}(t)\{\varepsilon^{-1}P^2 + \varepsilon\Delta A^{\mathrm{T}}(t)\Delta A(t)\}x(t)$$

于是

$$\dot{V}(t,x(t))\Big|_{(2-1)} \leqslant x^{\mathrm{T}}(t)\{A^{\mathrm{T}}P + PA + \varepsilon^{-1}P^2 + \varepsilon\Delta A^{\mathrm{T}}(t)\Delta A(t)\}x(t) \tag{2-40}$$

注意 $\sigma_{\max}(\Delta A(t)) \leqslant \delta$ 等价于 $\Delta A^{\mathrm{T}}(t)\Delta A(t) \leqslant \delta^2 I$，所以

$$\dot{V}(t,x(t))\Big|_{(2-1)} \leqslant x^{\mathrm{T}}(t)\{A^{\mathrm{T}}P + PA + \varepsilon^{-1}P^2 + \varepsilon\delta^2 I\}x(t)$$

根据定理 A.3，若

$$A^\mathrm{T}P + PA + \varepsilon^{-1}P^2 + \varepsilon\delta^2 I < 0$$

则 $\dot{V}(t,x(t))\big|_{(2\text{-}1)} < 0$(负定),从而系统(2-1)是鲁棒渐近稳定的。由 Schur 补引理(引理 B.1),上不等式等价于 LMI(2-39)。

例 2.7 在系统(2-1)中,系统矩阵同例 2.1,即

$$A = \begin{bmatrix} -3 & -2 \\ 1 & 0 \end{bmatrix}$$

不确定矩阵 $\Delta A(t)$ 满足非结构不确定性 $\sigma_{\max}(\Delta A(t)) \leqslant \delta = 0.3$,判断系统(2-1)的鲁棒渐近稳定性。

解: 根据定理 2.8,利用 MATLAB 软件求解 LMI(2-39),得可行解

$$P = \begin{bmatrix} 0.2245 & 0.1307 \\ 0.1307 & 0.5576 \end{bmatrix}, \quad \varepsilon = 1.0817$$

因此系统(2-1)是鲁棒渐近稳定的。进一步,求解优化问题

$$\max \ \delta^2$$
$$\text{s.t. 式(2-39)成立}$$

得到 δ 的最大值为 0.5401(该结果较例 2.1 中给出的 $\delta_{\max}^I = 0.3819$ 保守性有所减小)。

定理 2.9 假设系统矩阵 A 是 Hurwitz 稳定的,且不确定矩阵 $\Delta A(t)$ 满足强结构不确定性,即 $|\Delta A(t)| \ll D$,$D = (d_{ij})_{n\times n}$ 为非负常值矩阵且 $|\Delta a_{ij}(t)| \leqslant d_{ij}$。如果存在正数 ε 和对称正定矩阵 P 满足如下 LMI

$$\begin{bmatrix} A^\mathrm{T}P + PA + \varepsilon\rho(D^\mathrm{T}D)I & P \\ P & -\varepsilon I \end{bmatrix} < 0 \tag{2-41}$$

则不确定系统(2-1)鲁棒渐近稳定。

证: 根据定理 2.8 的证明,注意在式(2-40)中有

$$\Delta A^\mathrm{T}(t)\Delta A(t) \leqslant \lambda_{\max}(\Delta A^\mathrm{T}(t)\Delta A(t))I \leqslant \rho(\Delta A^\mathrm{T}(t)\Delta A(t))I \leqslant \rho(D^\mathrm{T}D)I$$

因此

$$\dot{V}(t,x(t))\big|_{(2\text{-}1)} \leqslant x^\mathrm{T}(t)\{A^\mathrm{T}P + PA + \varepsilon^{-1}P^2 + \varepsilon\rho(D^\mathrm{T}D)I\}x(t)$$

根据定理 A.3,若

$$A^\mathrm{T}P + PA + \varepsilon^{-1}P^2 + \varepsilon\rho(D^\mathrm{T}D)I < 0$$

则 $\dot{V}(t,x(t))\big|_{(2\text{-}1)} < 0$(负定),从而系统(2-1)是鲁棒渐近稳定的。由 Schur 引理(引理 B.1),上述不等式等价于 LMI(2-41)有对称正定解。

例 2.8 在系统(2-1)中，系统矩阵同例 2.2，即

$$A = \begin{bmatrix} -3 & -2 \\ 1 & 0 \end{bmatrix}, \quad \Delta A(t) = \begin{bmatrix} \Delta a_{11}(t) & \Delta a_{12}(t) \\ \Delta a_{21}(t) & 0 \end{bmatrix}$$

且 $|\Delta a_{11}(t)| \leqslant 0.6$，$|\Delta a_{12}(t)| \leqslant 0.4$，$|\Delta a_{21}(t)| \leqslant 0.2$，分析系统(2-1)的鲁棒渐近稳定性。

解： 易知 $D = \begin{bmatrix} 0.6 & 0.4 \\ 0.2 & 0 \end{bmatrix}$，但此时 LMI(2-41)没有可行解，因此，由定理 2.9 不能判定系统(2-1)是否是鲁棒渐近稳定的。这一结果也说明定理 2.9 结果的保守性比推论 2.3 大。

令 $|\Delta a_{11}(t)| \leqslant 3r$，$|\Delta a_{12}(t)| \leqslant 2r$，$|\Delta a_{21}(t)| \leqslant r$，$r$ 为未知常数，则

$$D = \begin{bmatrix} 3r & 2r \\ r & 0 \end{bmatrix} = r \begin{bmatrix} 3 & 2 \\ 1 & 0 \end{bmatrix} \triangleq rD_0$$

利用定理 2.9，求解优化问题

$$\max r^2$$
$$\text{s.t. 式(2-41)成立}$$

即

$$\max r^2$$
$$\text{s.t.} \begin{bmatrix} A^{\mathrm{T}}P + PA + \varepsilon r^2 \rho(D_0^{\mathrm{T}}D_0)I & P \\ P & -\varepsilon I \end{bmatrix} < 0$$

得 r 的最大值为 0.1457(按例 2.2，$\varepsilon = 3r \leqslant 0.4371$，该结果较例 2.2 中给出的 $\varepsilon_{\max} = 0.2205$ 保守性小，但比 $\varepsilon_{\max}^I = 0.7408$ 保守性大)。

定理 2.10 假设系统矩阵 A 是 Hurwitz 稳定的，且不确定矩阵 $\Delta A(t)$ 满足矩阵多胞型结构不确定性，即 $\Delta A(t) = \sum_{i=1}^{m} r_i(t)E_i$，$E_i$ 为已知的常值矩阵，$|r_i(t)| \leqslant \bar{r}_i$，$\bar{r}_i$ 为常值。如果存在正数 ε 和对称正定矩阵 P 满足如下 LMI

$$\begin{bmatrix} A^{\mathrm{T}}P + PA + \varepsilon \sum_{i=1}^{m} \bar{r}_i^2 I & P\bar{E} \\ \bar{E}^{\mathrm{T}}P & -\varepsilon I \end{bmatrix} < 0 \tag{2-42}$$

则不确定系统(2-1)是鲁棒渐近稳定的。其中，$\bar{E} = [E_1 \ E_2 \ \cdots \ E_m]$。

证： 设 P 是对称正定矩阵，选取 Lyapunov 函数 $V(t, x(t)) = x^{\mathrm{T}}(t)Px(t)$，利用引理 B.4，得

$$\dot{V}(t,x(t))\big|_{(2\text{-}1)} = x^{\mathrm{T}}(t)(A^{\mathrm{T}}P + PA)x(t) + \sum_{i=1}^{m} 2x^{\mathrm{T}}(t)r_i(t)PE_i x(t)$$

$$\leqslant x^{\mathrm{T}}(t)(A^{\mathrm{T}}P + PA)x(t) + \sum_{i=1}^{m} x^{\mathrm{T}}(t)(\varepsilon^{-1}PE_iE_i^{\mathrm{T}}P + \varepsilon\overline{r_i}^2 I)x(t)$$

根据定理 A.3，若

$$A^{\mathrm{T}}P + PA + \sum_{i=1}^{m}(\varepsilon^{-1}PE_iE_i^{\mathrm{T}}P + \varepsilon\overline{r_i}^2 I) < 0$$

则 $\dot{V}(t,x(t))\big|_{(2\text{-}1)} < 0$（负定），从而系统(2-1)是鲁棒渐近稳定的。由 Schur 补引理(引理 B.1)，上述不等式等价于 LMI(2-42)。

例 2.9　在系统(2-1)中，系统矩阵同例 2.3，即

$$A = \begin{bmatrix} -2 & 0 & -1 \\ 0 & -3 & 0 \\ -1 & -1 & -4 \end{bmatrix}, \quad \Delta A(t) = \sum_{i=1}^{2} r_i(t)E_i$$

其中，$E_1 = \begin{bmatrix} 1 & 0 & 1 \\ 0 & 0 & 0 \\ 1 & 1 & 1 \end{bmatrix}$，$E_2 = \begin{bmatrix} 0 & 0 & 0 \\ 0 & 1 & 0 \\ 0 & 1 & 0 \end{bmatrix}$，$|r_i(t)| \leqslant 0.5$，判断系统(2-1)的鲁棒渐近稳定性。

解：利用 MATLAB 软件求解 LMI(2-42)，得可行解

$$P = \begin{bmatrix} 11.4326 & 1.0077 & -3.2033 \\ 1.0077 & 7.6949 & 1.2179 \\ -3.2033 & 1.2179 & 6.0397 \end{bmatrix}, \quad \varepsilon = 28.1860$$

因此系统(2-1)是鲁棒渐近稳定的。如果令 $\overline{r_i} = \overline{r}$，求解优化问题

$$\max \ \overline{r}^2$$
$$\text{s.t. 式(2-42)成立}$$

即

$$\max \ \overline{r}^2$$
$$\text{s.t.} \begin{bmatrix} A^{\mathrm{T}}P + PA + 2\varepsilon\overline{r}^2 I & P\overline{E} \\ \overline{E}^{\mathrm{T}}P & -\varepsilon I \end{bmatrix} < 0$$

得不确定界限 $\overline{r}$ 的最大值为 1.0995($\overline{r} \leqslant 1.0995$ 比例 2.3 中的结果 $\overline{r} < 1.3131$ 保守性大)。

由定理 2.10 易得下面的定理 2.11。

定理 2.11　假设系统矩阵 A 是 Hurwitz 稳定的，且不确定矩阵 $\Delta A(t)$ 满足凸多面体不确定性，即 $\Delta A(t) = \sum_{i=1}^{m} \alpha_i(t) A_i$ ，A_i 为已知的常值矩阵，$0 < \alpha_i(t) < 1$ ，$\sum_{i=1}^{m} \alpha_i(t) = 1$ 。如果存在正数 ε 和对称正定矩阵 P 满足如下 LMI

$$\begin{bmatrix} A^{\mathrm{T}}P + PA + \varepsilon mI & P\overline{A} \\ \overline{A}^{\mathrm{T}}P & -\varepsilon I \end{bmatrix} < 0 \tag{2-43}$$

则不确定系统(2-1)鲁棒渐近稳定。其中，$\overline{A} = [A_1 \ A_2 \ \cdots \ A_m]$ 。

定理 2.12　在定理 2.11 的假设条件下，如果存在对称正定矩阵 P 满足如下线性矩阵不等式组(LMIs)(也称矩阵 Lyapunov 不等式组)

$$(A + A_i)^{\mathrm{T}}P + P(A + A_i) < 0 , \quad i = 1, 2, \cdots, m \tag{2-44}$$

则系统(2-1)是鲁棒渐近稳定的。

证：设 P 是对称正定矩阵，选取 Lyapunov 函数 $V(t, x(t)) = x^{\mathrm{T}}(t) P x(t)$ ，则

$$\dot{V}(t, x(t))\big|_{(2\text{-}1)} = \sum_{i=1}^{m} \alpha_i(t) x^{\mathrm{T}}(t) \{(A + A_i)^{\mathrm{T}}P + P(A + A_i)\} x(t)$$

于是，利用不确定参数 $\alpha_i(t)$ 满足条件 $0 < \alpha_i(t) < 1$ ，$\sum_{i=1}^{m} \alpha_i(t) = 1$ ，知 $\dot{V}(t, x(t))\big|_{(2\text{-}1)} < 0$ 当且仅当 $x^{\mathrm{T}}(t)((A + A_i)^{\mathrm{T}}P + P(A + A_i)) x(t) < 0$ ，$i = 1, 2, \cdots, m$ ，即条件(2-44)成立。

定理 2.13　假设系统矩阵 A 是 Hurwitz 稳定的，且不确定矩阵 $\Delta A(t)$ 满足范数有界不确定性，即 $\Delta A(t) = DF(t)E$ ，D，E 为已知的常值矩阵，$F(t)$ 为未知不确定矩阵且满足 $F^{\mathrm{T}}(t)F(t) \leqslant I$ 。如果存在正数 ε 和对称正定矩阵 P 满足如下 LMI

$$\begin{bmatrix} A^{\mathrm{T}}P + PA + \varepsilon E^{\mathrm{T}}E & PD \\ D^{\mathrm{T}}P & -\varepsilon I \end{bmatrix} < 0 \tag{2-45}$$

则不确定系统(2-1)是鲁棒渐近稳定的。

证：设 P 是对称正定矩阵，选取 Lyapunov 函数 $V(t, x(t)) = x^{\mathrm{T}}(t) P x(t)$ ，则

$$\dot{V}(t, x(t))\big|_{(2\text{-}1)} = x^{\mathrm{T}}(t)(A^{\mathrm{T}}P + PA + E^{\mathrm{T}}F^{\mathrm{T}}(t)D^{\mathrm{T}}P + PDF(t)E) x(t)$$

由于对任意正数 ε ，有

$$(\varepsilon^{-1/2}PD - \varepsilon^{1/2}E^{\mathrm{T}}F^{\mathrm{T}}(t))(\varepsilon^{-1/2}PD - \varepsilon^{1/2}E^{\mathrm{T}}F^{\mathrm{T}}(t))^{\mathrm{T}} \geqslant 0$$

即

$$PDF(t)E + E^{\mathrm{T}}F^{\mathrm{T}}(t)D^{\mathrm{T}}P \leqslant \varepsilon^{-1}PDD^{\mathrm{T}}P + E^{\mathrm{T}}F^{\mathrm{T}}(t)F(t)E$$

$$\leqslant \varepsilon^{-1}PDD^{\mathrm{T}}P + \varepsilon E^{\mathrm{T}}E$$

因此

$$\left. \dot{V}(t,x(t)) \right|_{(2-1)} \leqslant x^{\mathrm{T}}(t)(A^{\mathrm{T}}P + PA + \varepsilon^{-1}PDD^{\mathrm{T}}P + \varepsilon E^{\mathrm{T}}E)x(t)$$

故 $\left. \dot{V}(t,x(t)) \right|_{(2-1)} < 0$ 的充分条件是 $A^{\mathrm{T}}P + PA + \varepsilon^{-1}PDD^{\mathrm{T}}P + \varepsilon E^{\mathrm{T}}E < 0$。由 Schur 补引理(引理 B.1)，上述不等式等价于 LMI(2-45)。

例 2.10　在系统(2-1)中，系统矩阵同例 2.5，即

$$A = \begin{bmatrix} -2 & 0 & -1 \\ 0 & -3 & 0 \\ -1 & -1 & -4 \end{bmatrix}, \quad \Delta A(t) = DF(t)E$$

其中，$D = \begin{bmatrix} 0.2 \\ 0 \\ 0.5 \end{bmatrix}$, $E = [1 \quad 0.3 \quad 0.4]$, $F(t) = \sin t$，分析系统(2-1)的鲁棒渐近稳定性。

解： 利用 MATLAB 软件求解 LMI(2-45)，得可行解

$$P = \begin{bmatrix} 0.8712 & 0.1167 & -0.0913 \\ 0.1167 & 0.3213 & -0.0303 \\ -0.0913 & -0.0303 & 0.2654 \end{bmatrix}, \quad \varepsilon = 1.6033$$

因此系统(2-1)是鲁棒渐近稳定的。该判别结果与例 2.5 一致。

下面的定理利用向量范数的性质易证。

定理 2.14　假设系统矩阵 A 是 Hurwitz 稳定的，非线性不确定性满足 $\|f(t,x(t))\| \leqslant \delta_f \|x(t)\|$，$\delta_f > 0$。如果存在正数 ε 和对称正定矩阵 P 满足如下 LMI

$$\begin{bmatrix} A^{\mathrm{T}}P + PA + \varepsilon\delta_f^2 I & P \\ P & -\varepsilon I \end{bmatrix} < 0 \tag{2-46}$$

则系统(2-30)的零平衡点鲁棒渐近稳定。

例 2.11　在系统(2-30)中，系统矩阵同例 2.6，为

$$A = \begin{bmatrix} -2 & 0 & -1 \\ 0 & -3 & 0 \\ -1 & -1 & -4 \end{bmatrix}$$

非线性不确定性界限 $\delta_f = 0.5$，判断系统(2-30)的鲁棒渐近稳定性。

解： 利用 MATLAB 软件求解 LMI(2-46)，得可行解

$$P = \begin{bmatrix} 0.5677 & 0.0317 & -0.1335 \\ 0.0317 & 0.3719 & -0.0458 \\ -0.1335 & -0.0458 & 0.2991 \end{bmatrix}, \quad \varepsilon = 1.6476$$

因此系统(2-30)是鲁棒渐近稳定的。

进一步求解优化问题

$$\min \ \delta_f^2$$

s.t. 式(2-46)成立

得到保证系统鲁棒渐近稳定的不确定界限 δ_f 的最大值为 1.5679，该结果较例 2.6 中给出的鲁棒度 1.5620 也有所改善。

注 2.5　在定理 2.8~定理 2.14 的证明中，也同样涉及应用一些不等式对 Lyapunov 函数的导数进行放大(加强)，由于不等式放大的方法是不唯一的，因此上述定理中给出的判别条件(LMI)也不是唯一的。如何得到保守性更小的条件一直是学者们关注的重要课题。

注 2.6　根据算例 2.7~算例 2.11，基于 LMI 的鲁棒稳定性判断常借助于计算软件的帮助(如 MATLAB 之 LMI 工具箱)，但所得结果与 2.1 节中的结果在保守性上各有优劣。

2.4　本 章 小 结

本章主要介绍了针对不确定线性系统鲁棒稳定性分析的 Lyapunov 方法，详细阐述了鲁棒稳定性分析的前提条件、分析过程及相应的判别条件，并对应用 Lyapunov 方法中的相关问题进行了讨论；简单介绍了基于 LMI 技术进行鲁棒稳定性分析的基本方法。

第3章　不确定系统鲁棒控制器设计

不确定系统的鲁棒控制研究一直备受关注，其目的是设计适当的反馈控制器以保证相应的闭环系统具有期望的鲁棒稳定性或者同时满足其他鲁棒性能要求。关于不确定系统鲁棒稳定性分析的方法及结果是研究不确定系统鲁棒控制的重要基础，相关工作自 20 世纪 70 年代开始已广受关注，至 20 世纪末，针对不确定线性系统的鲁棒控制器设计方法已经成熟，有大量的研究结果刊登在国际重要学术期刊上，代表性成果包括 Leitmann，Gutman，Barmish，Petersen 等学者发表的论文[12, 25, 26]。鲁棒控制器设计方法已经拓展到更复杂的系统[5, 6, 27-30]。本章介绍三种典型的时域鲁棒控制器设计方法：鲁棒镇定控制方法[31-34]、鲁棒二次镇定控制方法[35-40]和保成本控制方法[14, 41]。

3.1　鲁棒镇定控制器

考虑参数不确定线性系统

$$\begin{aligned}\dot{x}(t) &= (A + \Delta A(t))x(t) + (B + \Delta B(t))u(t), \ x(0) = x_0 \\ y(t) &= Cx(t)\end{aligned} \tag{3-1}$$

其中，$x(t) \in \mathrm{R}^n$、$y(t) \in \mathrm{R}^p$、$u(t) \in \mathrm{R}^m$ 分别为系统的状态向量、测量输出和控制输入，$A \in \mathrm{R}^{n \times n}$、$B \in \mathrm{R}^{n \times m}$ 和 $C \in \mathrm{R}^{p \times n}$ 为已知的参数矩阵，$\Delta A(t)$ 和 $\Delta B(t)$ 为相应维数的不确定矩阵。

鲁棒镇定控制问题　针对不确定系统(3-1)，假设矩阵对 (A,B) 能控、(A,C) 能观，且不确定矩阵 $\Delta A(t)$ 和 $\Delta B(t)$ 满足一定的不确定性条件，设计反馈控制律 $u(t)$ 使得相应的闭环系统是鲁棒渐近稳定的。这样的反馈控制问题称为系统(3-1)的鲁棒镇定控制问题或鲁棒稳定化控制问题，所设计的反馈控制律称为鲁棒镇定反馈控制律或鲁棒稳定化反馈控制律。

根据线性系统理论，反馈控制律通常可以选择为状态反馈律、输出反馈律或观测器状态反馈律等形式。常用的反馈控制器设计方法包括矩阵代数 Riccati 方程方法和 LMI 方法。

3.1.1　状态反馈鲁棒镇定控制器设计

假设系统(3-1)中的状态信息可直接观测，研究其状态反馈控制问题。

问题　针对不确定系统(3-1)，假设矩阵对 (A, B) 能控、(A, C) 能观，设计状态反馈控制律

$$u(t) = Kx(t) \tag{3-2}$$

使得闭环系统

$$\dot{x}(t) = (A + BK + \Delta A(t) + \Delta B(t)K)x(t),\ x(0) = x_0 \tag{3-3}$$

是鲁棒渐近稳定的。其中，$K \in \mathrm{R}^{n \times m}$ 是待设计的反馈增益矩阵。

定义 3.1　如果存在状态反馈控制律(3-2)使得闭环系统(3-3)是鲁棒渐近稳定的，则称系统(3-1)可用状态反馈控制鲁棒镇定，称控制律(3-2)是系统(3-1)的状态反馈鲁棒镇定控制律。

1. 匹配不确定性情形

假设 3.1　系统(3-1)中不确定矩阵 $\Delta A(t)$ 和 $\Delta B(t)$ 由参数 $q(t)$ 和 $s(t)$ 表示，即 $\Delta A(t) = \Delta A(q(t))$ 和 $\Delta B(t) = \Delta B(s(t))$，简记为 $\Delta A(q)$ 和 $\Delta B(s)$，且满足匹配不确定性

$$[\Delta A(q)\ \ \Delta B(s)] = B[D(q)\ \ E(s)] \tag{3-4}$$

其中，$q \triangleq q(t) \in \Omega_1 \subset \mathrm{R}^{l_1}$，$s \triangleq s(t) \in \Omega_2 \subset \mathrm{R}^{l_2}$，$\Omega_1$ 和 Ω_2 为紧集，$D(q) \in \mathrm{R}^{m \times n}$ 和 $E(s) \in \mathrm{R}^{m \times m}$ 为连续矩阵函数，且满足

$$2I + E(s) + E^{\mathrm{T}}(s) > 0 \tag{3-5}$$

注 3.1　在假设 3.1 下，系统(3-1)可以写成

$$\dot{x}(t) = Ax(t) + B(u(t) + D(q)x(t) + E(s)u(t)),\ x(0) = x_0$$

它表明系统中的不确定性都是通过"控制输入通道""匹配"进入的。

定理 3.1　在匹配不确定性条件式(3-4)~式(3-5)下，若存在正数 $\delta > 0$ 使得

$$2I + E(s) + E^{\mathrm{T}}(s) \geqslant \delta I，对任意 s \in \Omega_2 \tag{3-6}$$

则不确定系统(3-1)可用线性状态反馈控制律(3-2)鲁棒镇定，且

$$u(t) = -\gamma B^{\mathrm{T}} Px(t) \tag{3-7}$$

是一个鲁棒镇定状态反馈控制律。其中，$\gamma > 0$ 满足 $\gamma\delta > 1$，矩阵 P 是代数 Riccati 方程

$$A^{\mathrm{T}}P + PA - PBR^{-1}B^{\mathrm{T}}P + Q = 0 \tag{3-8}$$

的对称正定解。其中

$$R = \frac{1}{\gamma\delta - 1}I，\ Q \geqslant D^{\mathrm{T}}(q)D(q) + \varepsilon I，对某个 \varepsilon > 0 和任意 q \in \Omega_1 \tag{3-9}$$

证：系统(3-1)在控制律(3-7)作用下的闭环系统为

$$\dot{x}(t) = (A + BD(q) - \gamma BB^{\mathrm{T}}P - \gamma BE(s)B^{\mathrm{T}}P)x(t) \tag{3-10}$$

在矩阵对(A,B)能控条件下，对由式(3-9)确定的矩阵R、Q，代数 Riccati 方程(3-8)一定存在对称正定解P。选择 Lyapunov 函数$V(t,x(t)) = x^{\mathrm{T}}(t)Px(t)$，沿闭环系统(3-10)对$V(t,x(t))$求导得

$$\begin{aligned}\dot{V}(t,x(t))\big|_{(3-10)} &= x^{\mathrm{T}}(t)\{A^{\mathrm{T}}P + PA + D^{\mathrm{T}}(q)B^{\mathrm{T}}P + PBD(q) \\ &\quad - 2\gamma PBB^{\mathrm{T}}P - \gamma PB(E(s) + E^{\mathrm{T}}(s))B^{\mathrm{T}}P\}x(t)\end{aligned} \tag{3-11}$$

利用基本不等式(引理 B.4)，有

$$2x^{\mathrm{T}}(t)PBD(q)x(t) \leqslant x^{\mathrm{T}}(t)PBB^{\mathrm{T}}Px(t) + x^{\mathrm{T}}(t)D^{\mathrm{T}}(q)D(q)x(t)$$

则式(3-11)加强为

$$\begin{aligned}\dot{V}(t,x(t))\big|_{(3-10)} &\leqslant x^{\mathrm{T}}(t)\{A^{\mathrm{T}}P + PA + PBB^{\mathrm{T}}P + D^{\mathrm{T}}(q)D(q) \\ &\quad - \gamma PB(2I + E(s) + E^{\mathrm{T}}(s))B^{\mathrm{T}}P\}x(t)\end{aligned}$$

再利用 Riccati 方程(3-8)、不等式(3-6)和式(3-9)，有

$$\begin{aligned}\dot{V}(t,x(t))\big|_{(3-10)} &\leqslant x^{\mathrm{T}}(t)\{A^{\mathrm{T}}P + PA - PBR^{-1}B^{\mathrm{T}}P + Q - \varepsilon I\}x(t) \\ &= -\varepsilon\|x(t)\|^2\end{aligned}$$

因此，对任意不确定参数$q \in \Omega_1$和$s \in \Omega_2$，闭环系统(3-10)是鲁棒渐近稳定的。

注 3.2　在定理 3.1 中，参数γ、ε均是可选择的，只需满足条件$\gamma\delta > 1$及$\varepsilon > 0$即可。因此，最终设计的控制律(3-7)依赖于参数γ和ε的选择。

2. 非匹配不确定性情形

不满足匹配不确定性条件(3-4)的不确定性均称为非匹配不确定性。

假设 3.2　系统(3-1)中不确定矩阵$\Delta A(t)$和$\Delta B(t)$满足非结构不确定性

$$\sigma_{\max}(\Delta A(q(t))) \leqslant \delta_a, \ \sigma_{\max}(\Delta B(s(t))) \leqslant \delta_b \tag{3-12}$$

其中，δ_a、δ_b为非负常数。

定理 3.2　在非结构不确定性条件(3-12)下，若存在正数$\gamma > 0$、$\varepsilon > 0$，使得代数 Riccati 方程

$$A^{\mathrm{T}}P + PA - PRP + Q = 0 \tag{3-13}$$

有对称正定解P，则系统(3-1)可用线性状态反馈控制律(3-2)鲁棒镇定，且

$$u(t) = -\gamma B^{\mathrm{T}}Px(t) \tag{3-14}$$

是一个鲁棒镇定状态反馈控制律。其中，$R = \gamma BB^{\mathrm{T}} - (1 + \gamma \delta_b^2)I$，$Q = (\delta_a^2 + \varepsilon)I$。

证： 系统(3-1)在控制律(3-14)作用下的闭环系统为

$$\dot{x}(t) = (A - \gamma BB^{\mathrm{T}}P + \Delta A(q) - \gamma \Delta B(s)B^{\mathrm{T}}P)x(t) \tag{3-15}$$

选择 Lyapunov 函数 $V(t, x(t)) = x^{\mathrm{T}}(t)Px(t)$，其中 P 是代数 Riccati 方程(3-13)的对称正定解。沿闭环系统(3-15)对 $V(t, x(t))$ 求导，得

$$\begin{aligned}
\dot{V}(t, x(t))\big|_{(3-15)} = x^{\mathrm{T}}(t)\{ & A^{\mathrm{T}}P + PA - 2\gamma PBB^{\mathrm{T}}P + \Delta A^{\mathrm{T}}(q)P + P\Delta A(q) \\
& - \gamma PB\Delta B^{\mathrm{T}}(s)P - \gamma P\Delta B(s)B^{\mathrm{T}}P\}x(t)
\end{aligned} \tag{3-16}$$

利用基本不等式(引理 B.4)，有

$$2x^{\mathrm{T}}(t)P\Delta A(q)x(t) \leqslant x^{\mathrm{T}}(t)\{PP + \Delta A^{\mathrm{T}}(q)\Delta A(q)\}x(t) \leqslant x^{\mathrm{T}}(t)(PP + \delta_a^2 I)x(t)$$

$$-2\gamma x^{\mathrm{T}}(t)P\Delta B(s)B^{\mathrm{T}}Px(t) \leqslant \gamma x^{\mathrm{T}}(t)P(\Delta B(s)\Delta B^{\mathrm{T}}(s) + BB^{\mathrm{T}})Px(t)$$

$$\leqslant \gamma x^{\mathrm{T}}(t)P(\delta_b^2 I + BB^{\mathrm{T}})Px(t)$$

则式(3-16)加强为

$$\dot{V}(t, x(t))\big|_{(3-15)} \leqslant x^{\mathrm{T}}(t)\{A^{\mathrm{T}}P + PA - \gamma PBB^{\mathrm{T}}P + (1 + \gamma\delta_b^2)PP + \delta_a^2 I\}x(t)$$

再利用 Riccati 方程(3-13)有 $\dot{V}(t, x(t))\big|_{(3-15)} \leqslant -\varepsilon\|x(t)\|^2$。因此，闭环系统(3-15)是鲁棒渐近稳定的。

假设 3.3 系统(3-1)中不确定矩阵 $\Delta A(t)$ 和 $\Delta B(t)$ 满足矩阵多胞型结构不确定性

$$\Delta A(t) = \sum_{i=1}^{m} r_i(t)E_i，\quad \Delta B(t) = \sum_{j=1}^{p} s_j(t)G_j \tag{3-17}$$

其中，E_i、G_j 为已知的常值矩阵，$|r_i(t)| \leqslant \bar{r}_i$，$|s_j(t)| \leqslant \bar{s}_j$，$\bar{r} = \max_i\{\bar{r}_i\}$，$\bar{s} = \max_j\{\bar{s}_j\}$。

定理 3.3 在矩阵多胞型结构不确定性条件(3-17)下，若存在正数 $\gamma > 0$, $\varepsilon > 0$，使得代数 Riccati 方程

$$A^{\mathrm{T}}P + PA - PRP + Q = 0 \tag{3-18}$$

有对称正定解 P，则系统(3-1)可用线性状态反馈控制律(3-2)鲁棒镇定，且

$$u(t) = -\frac{\gamma}{2}B^{\mathrm{T}}Px(t) \tag{3-19}$$

是一个鲁棒镇定状态反馈控制律。其中

$$R = \gamma BB^{\mathrm{T}} - \frac{\gamma}{2}(\bar{s}^2 \bar{G}_1 \bar{G}_1^{\mathrm{T}} + B\bar{G}_2^{\mathrm{T}}\bar{G}_2 B^{\mathrm{T}}) - \bar{E}_1\bar{E}_1^{\mathrm{T}}，\quad Q = \bar{r}^2 \bar{E}_2^{\mathrm{T}}\bar{E}_2 + \varepsilon I$$

$E_i = E_{i1}E_{i2}$、$G_j = G_{j1}G_{j2}$ 分别是 E_i、G_j 的满秩分解，且

$$\bar{E}_1 = [E_{11}, E_{21}, \cdots, E_{m1}], \quad \bar{E}_2^{\mathrm{T}} = [E_{12}^{\mathrm{T}}, E_{22}^{\mathrm{T}}, \cdots, E_{m2}^{\mathrm{T}}]$$

$$\bar{G}_1 = [G_{11}, G_{21}, \cdots, G_{p1}], \quad \bar{G}_2^{\mathrm{T}} = [G_{12}^{\mathrm{T}}, G_{22}^{\mathrm{T}}, \cdots, G_{p2}^{\mathrm{T}}]$$

证： 矩阵多胞型结构不确定系统(3-1)在控制律(3-19)作用下的闭环系统为

$$\dot{x}(t) = \left(A - \frac{\gamma}{2} BB^{\mathrm{T}}P + \sum_{i=1}^{m} r_i(t)E_i - \frac{\gamma}{2} \sum_{j=1}^{p} s_j(t)G_j B^{\mathrm{T}}P \right) x(t) \tag{3-20}$$

选择 Lyapunov 函数 $V(t, x(t)) = x^{\mathrm{T}}(t)Px(t)$，其中 P 是矩阵代数 Riccati 方程(3-18)的对称正定解。沿闭环系统(3-20)对 $V(t, x(t))$ 求导得

$$
\begin{aligned}
\dot{V}(t, x(t))\big|_{(3\text{-}20)} &= x^{\mathrm{T}}(t)\{A^{\mathrm{T}}P + PA - \gamma PBB^{\mathrm{T}}P + \sum_{i=1}^{m} r_i(t)(E_i^{\mathrm{T}}P + PE_i) \\
&\quad - \frac{\gamma}{2} \sum_{j=1}^{p} s_j(t)P(G_j B^{\mathrm{T}} + B G_j^{\mathrm{T}})P\}x(t)
\end{aligned}
\tag{3-21}
$$

利用基本不等式(引理 B.4)，有

$$
\begin{aligned}
2x^{\mathrm{T}}(t)P\sum_{i=1}^{m} r_i(t)E_i x(t) &\leqslant x^{\mathrm{T}}(t)\sum_{i=1}^{m}(PE_{i1}E_{i1}^{\mathrm{T}}P + r_i^2(t)E_{i2}^{\mathrm{T}}E_{i2})x(t) \\
&\leqslant x^{\mathrm{T}}(t)(P\bar{E}_1\bar{E}_1^{\mathrm{T}}P + \bar{r}^2\bar{E}_2^{\mathrm{T}}\bar{E}_2)x(t)
\end{aligned}
$$

$$
\begin{aligned}
-\gamma x^{\mathrm{T}}(t)P\sum_{j=1}^{p} s_j(t)G_j B^{\mathrm{T}}Px(t) &\leqslant \frac{\gamma}{2}x^{\mathrm{T}}(t)P\sum_{j=1}^{p}(\bar{s}_j^2 G_{j1}G_{j1}^{\mathrm{T}} + B G_{j2}^{\mathrm{T}}G_{j2}B^{\mathrm{T}})Px(t) \\
&\leqslant \frac{\gamma}{2}x^{\mathrm{T}}(t)P(\bar{s}^2\bar{G}_1\bar{G}_1^{\mathrm{T}} + B\bar{G}_2^{\mathrm{T}}\bar{G}_2 B^{\mathrm{T}})Px(t)
\end{aligned}
$$

则式(3-21)加强为

$$
\begin{aligned}
\dot{V}(t, x(t))\big|_{(3\text{-}20)} &\leqslant x^{\mathrm{T}}(t)\{A^{\mathrm{T}}P + PA - \gamma PBB^{\mathrm{T}}P + P\bar{E}_1\bar{E}_1^{\mathrm{T}}P + \bar{r}^2\bar{E}_2^{\mathrm{T}}\bar{E}_2 \\
&\quad + \frac{\gamma}{2}P(\bar{s}^2\bar{G}_1\bar{G}_1^{\mathrm{T}} + B\bar{G}_2^{\mathrm{T}}\bar{G}_2 B^{\mathrm{T}})P\}x(t)
\end{aligned}
$$

再利用 Riccati 方程(3-18)，有 $\dot{V}(t, x(t))\big|_{(3\text{-}20)} \leqslant -\varepsilon \|x(t)\|^2$。因此，闭环系统(3-20)是鲁棒渐近稳定的。

假设 3.4　系统(3-1)中的不确定矩阵 $\Delta A(t)$ 和 $\Delta B(t)$ 满足范数有界不确定性

$$[\Delta A(t) \quad \Delta B(t)] = DF(t)[E_1 \quad E_2] \tag{3-22}$$

其中，D、E_1、E_2 为适当维数的已知矩阵，$F(t)$ 为相应维数的未知矩阵，满足 $F^{\mathrm{T}}(t)F(t) \leqslant I$。

定理 3.4 在范数有界不确定性条件(3-22)下，如果存在正数 $\gamma > 0$ 和 $\varepsilon > 0$，使得代数 Riccati 方程

$$\left(A - \frac{\gamma}{2}BE_2^{\mathrm{T}}E_1\right)^{\mathrm{T}}P + P\left(A - \frac{\gamma}{2}BE_2^{\mathrm{T}}E_1\right) - PRP + Q = 0 \tag{3-23}$$

有对称正定解 P，则系统(3-1)可用线性状态反馈控制律(3-2)鲁棒镇定，且

$$u(t) = -\frac{\gamma}{2}B^{\mathrm{T}}Px(t) \tag{3-24}$$

其中，$R = \gamma BB^{\mathrm{T}} - \dfrac{\gamma^2}{4}BE_2^{\mathrm{T}}E_2B^{\mathrm{T}} - DD^{\mathrm{T}}$，$Q = E_1^{\mathrm{T}}E_1 + \varepsilon I$。

证： 范数有界不确定系统(3-1)在线性状态反馈控制律(3-2)下的闭环系统为

$$\dot{x}(t) = \left(A - \frac{\gamma}{2}BB^{\mathrm{T}}P + DF(t)\left(E_1 - \frac{\gamma}{2}E_2B^{\mathrm{T}}P\right)\right)x(t) \tag{3-25}$$

选择 Lyapunov 函数 $V(t,x(t)) = x^{\mathrm{T}}(t)Px(t)$，其中 P 是代数 Riccati 方程(3-23)的对称正定解。沿闭环系统(3-25)的解对 $V(t,x(t))$ 求导得

$$\dot{V}(t,x(t))\big|_{(3-25)} = x^{\mathrm{T}}(t)(A^{\mathrm{T}}P + PA - \gamma PBB^{\mathrm{T}}P)x(t) + 2x^{\mathrm{T}}(t)PDF(t)\left(E_1 - \frac{\gamma}{2}E_2B^{\mathrm{T}}P\right)x(t)$$

由于

$$2x^{\mathrm{T}}(t)PDF(t)\left(E_1 - \frac{\gamma}{2}E_2B^{\mathrm{T}}P\right)x(t)$$

$$\leqslant x^{\mathrm{T}}(t)\left(PDD^{\mathrm{T}}P + \left(E_1 - \frac{\gamma}{2}E_2B^{\mathrm{T}}P\right)^{\mathrm{T}}\left(E_1 - \frac{\gamma}{2}E_2B^{\mathrm{T}}P\right)\right)x(t)$$

因此

$$\dot{V}(t,x(t))\big|_{(3-25)} \leqslant x^{\mathrm{T}}(t)\{A^{\mathrm{T}}P + PA - \gamma PBB^{\mathrm{T}}P + PDD^{\mathrm{T}}P$$

$$+ \left(E_1 - \frac{\gamma}{2}E_2B^{\mathrm{T}}P\right)^{\mathrm{T}}\left(E_1 - \frac{\gamma}{2}E_2B^{\mathrm{T}}P\right)\}x(t) = -\varepsilon\|x(t)\|^2$$

从而闭环系统(3-25)是鲁棒渐近稳定的。

注 3.3 由定理 3.2～定理 3.4 可知，针对三种常见的非匹配不确定性情形，相应的代数 Riccati 方程变得复杂了，即使在矩阵对 (A,B) 能控的条件下，其解的存在及唯一性仍需要参数 γ 满足一定的条件。因此，在鲁棒镇定控制器设计中需要对参数 γ 进行适当的调节。

下面给出利用 LMI 表示的鲁棒控制器设计结果，以范数有界不确定性情形为例。

定理 3.5　　在范数有界不确定性条件(3-22)下，如果存在对称正定矩阵 $X > 0$、矩阵 Y 及正数 $\varepsilon > 0$ 使得如下 LMI

$$\begin{bmatrix} XA^{\mathrm{T}} + AX - Y^{\mathrm{T}}B^{\mathrm{T}} - BY + \varepsilon DD^{\mathrm{T}} & (E_1 X - E_2 Y)^{\mathrm{T}} \\ * & -\varepsilon I \end{bmatrix} < 0 \qquad (3\text{-}26)$$

成立，则系统(3-1)存在状态反馈鲁棒镇定控制律 $u(t) = -Kx(t)$，且控制增益矩阵

$$K = YX^{-1} \qquad (3\text{-}27)$$

证：对范数有界不确定系统(3-1)，设计状态反馈控制律 $u(t) = -Kx(t)$，则相应的闭环系统为

$$\dot{x}(t) = (A - BK + DF(t)(E_1 - E_2 K))x(t) \qquad (3\text{-}28)$$

其中，K 为待定的增益矩阵。

选择 Lyapunov 函数 $V(t, x(t)) = x^{\mathrm{T}}(t)Px(t)$，其中 P 为待定的对称正定矩阵。沿闭环系统(3-28)对 $V(t, x(t))$ 求导，得

$$\dot{V}(t, x(t))\big|_{(3\text{-}28)} = x^{\mathrm{T}}(t)(A^{\mathrm{T}}P + PA - K^{\mathrm{T}}B^{\mathrm{T}}P - PBK)x(t) + 2x^{\mathrm{T}}(t)PDF(t)(E_1 - E_2 K)x(t)$$

由于

$$2x^{\mathrm{T}}(t)PDF(t)(E_1 - E_2 K)x(t) \leqslant x^{\mathrm{T}}(t)\{\varepsilon PDD^{\mathrm{T}}P + \varepsilon^{-1}(E_1 - E_2 K)^{\mathrm{T}}(E_1 - E_2 K)\}x(t)$$

因此

$$\dot{V}(t, x(t))\big|_{(3\text{-}28)} \leqslant x^{\mathrm{T}}(t)\{A^{\mathrm{T}}P + PA + \varepsilon PDD^{\mathrm{T}}P - K^{\mathrm{T}}B^{\mathrm{T}}P - PBK \\ + \varepsilon^{-1}(E_1 - E_2 K)^{\mathrm{T}}(E_1 - E_2 K)\}x(t)$$

于是，$\dot{V}(t, x(t))\big|_{(3\text{-}28)} < 0$(负定)的充分条件是

$$A^{\mathrm{T}}P + PA + \varepsilon PDD^{\mathrm{T}}P - K^{\mathrm{T}}B^{\mathrm{T}}P - PBK + \varepsilon^{-1}(E_1 - E_2 K)^{\mathrm{T}}(E_1 - E_2 K) < 0 \quad (3\text{-}29)$$

利用 Schur 补引理(引理 B.1)，式(3-29)等价于不等式

$$\begin{bmatrix} A^{\mathrm{T}}P + PA - K^{\mathrm{T}}B^{\mathrm{T}}P - PBK + \varepsilon PDD^{\mathrm{T}}P & (E_1 - E_2 K)^{\mathrm{T}} \\ * & -\varepsilon I \end{bmatrix} < 0 \qquad (3\text{-}30)$$

用 $\mathrm{diag}\{P^{-1}\ I\}$ 对式(3-30)做合同变换，得到等价的不等式

$$\begin{bmatrix} P^{-1}A^{\mathrm{T}} + AP^{-1} - P^{-1}K^{\mathrm{T}}B^{\mathrm{T}} - BKP^{-1} + \varepsilon DD^{\mathrm{T}} & P^{-1}E_1^{\mathrm{T}} - P^{-1}K^{\mathrm{T}}E_2^{\mathrm{T}} \\ * & -\varepsilon I \end{bmatrix} < 0 \quad (3\text{-}31)$$

在式(3-31)中，令 $P^{-1} = X$，$KP^{-1} = Y$，即得 LMI(3-26)。因此，若定理条件成立，则 $\dot{V}(t, x(t))\big|_{(3-28)} < 0$(负定)，从而闭环系统(3-28)是鲁棒渐近稳定的。故系

统(3-1)存在状态反馈鲁棒镇定控制律 $u(t) = -Kx(t)$ 且 $K = YX^{-1}$ 。

注 3.4　在定理 3.5 中，控制增益矩阵的设计依赖于 LMI(3-26)的解 X、Y，只要式(3-26)有可行解就可以用式(3-27)获得增益矩阵 K 。同时，正数 $\varepsilon > 0$ 也由求解 LMI(3-26)获得，不需要调整参数，并且其求解问题可以利用 MATLAB 软件实现。

例 3.1　考虑不确定系统(3-1)，设系统参数矩阵及不确定矩阵为

$$A = \begin{bmatrix} 0 & 1 \\ 1 & -2 \end{bmatrix}, \quad B = \begin{bmatrix} 2 \\ 2 \end{bmatrix}, \quad \Delta A = \begin{bmatrix} q(t) & q(t) \\ q(t) & q(t) \end{bmatrix}, \quad \Delta B = \begin{bmatrix} s(t) \\ s(t) \end{bmatrix}$$

且不确定参数满足 $|q(t)| \leqslant 0.1$ 和 $|s(t)| \leqslant 0.1$ ，设计系统的状态反馈鲁棒镇定控制律。

解：分别利用定理 3.1～定理 3.5 给出的结果设计状态反馈控制律。

(1) 利用定理 3.1，将不确定矩阵写成匹配不确定性形式

$$\Delta A(q(t)) = BD(q(t)), \Delta B(s(t)) = BE(s(t)), \quad D(q(t)) = \frac{1}{2}[q(t) \quad q(t)], E(s(t)) = \frac{1}{2}s(t)$$

验证假设 3.1，显然满足式(3-5)，这是因为 $2I + E(s(t)) + E^{\mathrm{T}}(s(t)) = 2 + s(t) > 0$ 。

选取 $\delta = 1.9$ 使得式(3-6)成立。选定 $\gamma = 1$ ，满足 $\gamma\delta = 1.9 > 1$ ，进而 $R = \frac{10}{9}I$ 。

取 $\varepsilon = 0.1$ ，及 $Q = 0.12I \geqslant D^{\mathrm{T}}(q(t))D(q(t)) + \varepsilon I$ ，求解代数 Riccati 方程(3-8)得

$$P = \begin{bmatrix} 0.7460 & 0.2988 \\ 0.2988 & 0.1485 \end{bmatrix}$$

由式(3-7)设计鲁棒镇定状态反馈控制律为

$$u_1(t) = -[2.0895 \quad 0.8945]x(t) = -2.0895x_1(t) - 0.8945x_2(t)$$

(2) 利用定理 3.2，将不确定矩阵写成非结构不确定性形式

$$\sigma_{\max}(\Delta A(q(t))) = 2|q(t)| \leqslant 0.2 = \delta_a, \quad \sigma_{\max}(\Delta B(s(t))) = \sqrt{2}|s(t)| \leqslant 0.1\sqrt{2} = \delta_b$$

取 $\gamma = 1$ 及 $\varepsilon = 0.1$ ，解 Riccati 方程(3-13)得

$$P = \begin{bmatrix} 0.2187 & 0.0726 \\ 0.0726 & 0.0567 \end{bmatrix}$$

由式(3-14)设计鲁棒镇定状态反馈控制律为

$$u_2(t) = -0.5825x_1(t) - 0.2586x_2(t)$$

(3) 利用定理 3.3，将不确定矩阵写成矩阵多胞型结构不确定性形式

$$\Delta A(q(t)) = q(t)\begin{bmatrix} 1 & 1 \\ 1 & 1 \end{bmatrix} \triangleq q(t)E_1, \Delta B(s(t)) = s(t)\begin{bmatrix} 1 \\ 1 \end{bmatrix} \triangleq s(t)G_1$$

$$|q(t)| \leqslant 0.1 = \bar{r}, |s(t)| \leqslant 0.1 = \bar{s}, \quad E_1 = \begin{bmatrix} 0.1 \\ 0.1 \end{bmatrix}[10 \quad 10] \triangleq E_{11}E_{12}, \quad G_1 = \begin{bmatrix} 1 \\ 1 \end{bmatrix}I_1 \triangleq G_{11}G_{12}$$

于是 $\bar{E}_1 = E_{11}$, $\bar{E}_2^{\mathrm{T}} = E_{12}^{\mathrm{T}}$, $\bar{G}_1 = G_{11}$, $\bar{G}_2^{\mathrm{T}} = G_{12}^{\mathrm{T}}$。取 $\gamma = 1$ 及 $\varepsilon = 0.1$，求解 Riccati 方程 (3-18)得

$$P = \begin{bmatrix} 0.6026 & 0.3518 \\ 0.3518 & 0.2635 \end{bmatrix}$$

由式(3-19)设计鲁棒镇定状态反馈控制律为

$$u_3(t) = -0.9544x_1(t) - 0.6153x_2(t)$$

(4) 利用定理 3.4 和定理 3.5，将不确定矩阵写成范数有界不确定性形式

$$\Delta A(q(t)) = \begin{bmatrix} 1 & 0 & 1 & 0 \\ 0 & 1 & 0 & 1 \end{bmatrix} \begin{bmatrix} 10q(t) & 0 & 0 & 0 \\ 0 & 10q(t) & 0 & 0 \\ 0 & 0 & 10s(t) & 0 \\ 0 & 0 & 0 & 10s(t) \end{bmatrix} \begin{bmatrix} 0.1 & 0.1 \\ 0.1 & 0.1 \\ 0 & 0 \\ 0 & 0 \end{bmatrix}$$

$$\Delta B(s(t)) = \begin{bmatrix} 1 & 0 & 1 & 0 \\ 0 & 1 & 0 & 1 \end{bmatrix} \begin{bmatrix} 10q(t) & 0 & 0 & 0 \\ 0 & 10q(t) & 0 & 0 \\ 0 & 0 & 10s(t) & 0 \\ 0 & 0 & 0 & 10s(t) \end{bmatrix} \begin{bmatrix} 0 \\ 0 \\ 0.1 \\ 0.1 \end{bmatrix}$$

① 取 $\gamma = 1$ 及 $\varepsilon = 0.1$，求解 Riccati 方程(3-23)，得

$$P = \begin{bmatrix} 0.2389 & 0.0890 \\ 0.0890 & 0.0585 \end{bmatrix}$$

因此，由式(3-24)得鲁棒镇定状态反馈控制律为

$$u_4(t) = -0.3279x_1(t) - 0.1475x_2(t)$$

② 求解 LMI(3-26)，得

$$X = \begin{bmatrix} 128.5777 & 8.6212 \\ 8.6212 & 114.1646 \end{bmatrix}, \quad Y = [112.3818 \quad -1.4981], \quad \varepsilon = 144.0729$$

因此，由式(3-27)得鲁棒镇定状态反馈控制律为

$$u_5(t) = -0.8794x_1(t) + 0.0795x_2(t)$$

如上结果说明，对同一个不确定系统，在不同的不确定性假设描述下所设计的鲁棒镇定控制律通常是不同的，甚至有些假设下无法设计控制器。因此，选择合适的不确定性假设描述十分重要。

假设系统的初始状态 $x_0 = [1 \ -1]^{\mathrm{T}}$，在上述控制律下的闭环系统状态轨迹如图 3.1～图 3.5 所示。从图中也可以看出控制效果之间的差异。

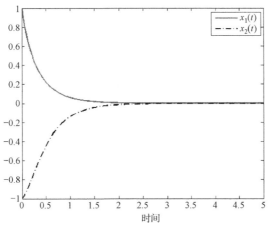

图 3.1　在控制律 $u_1(t)$ 下的闭环系统状态轨迹

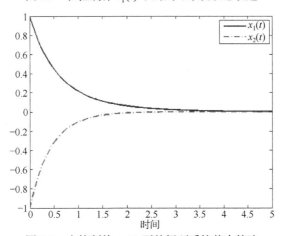

图 3.2　在控制律 $u_2(t)$ 下的闭环系统状态轨迹

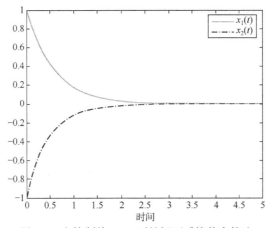

图 3.3　在控制律 $u_3(t)$ 下的闭环系统状态轨迹

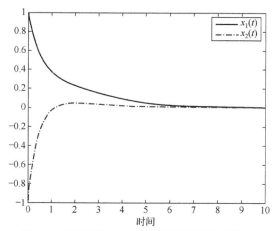

图 3.4　在控制律 $u_4(t)$ 下的闭环系统状态轨迹

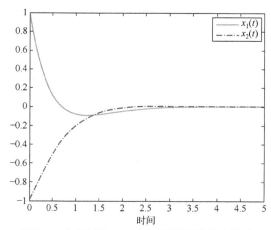

图 3.5　在控制律 $u_5(t)$ 下的闭环系统状态轨迹

3.1.2　观测器状态反馈鲁棒镇定控制器设计

当不确定系统的状态不可获得时，通常先设计状态观测器对系统的状态进行估计，然后再利用观测器状态设计反馈控制器。这种方法称为观测器状态反馈控制方法。

问题　针对不确定系统(3-1)，设计全维状态观测器及其反馈控制律

$$\dot{\hat{x}}(t) = A\hat{x}(t) + Bu(t) + L(y(t) - C\hat{x}(t))$$
$$u(t) = -K\hat{x}(t) \tag{3-32}$$

使得增广闭环系统

$$\begin{bmatrix} \dot{x}(t) \\ \dot{e}(t) \end{bmatrix} = \begin{bmatrix} A - BK + \Delta A(t) - \Delta B(t)K & (B + \Delta B(t))K \\ \Delta A(t) - \Delta B(t)K & A - LC + \Delta B(t)K \end{bmatrix} \begin{bmatrix} x(t) \\ e(t) \end{bmatrix} \tag{3-33}$$

是鲁棒渐近稳定的。其中，$\hat{x}(t) \in \mathbf{R}^n$ 是观测器状态(称为 $x(t)$ 的状态估计)；L、K 是待设计的增益矩阵，$e(t) = x(t) - \hat{x}(t)$ 为观测器估计误差。

定理 3.6 在范数有界不确定性条件(3-22)下，如果存在正数 $\varepsilon, \varepsilon_0$ 使得如下两个代数 Riccati 方程

$$(A - 2BE_2^{\mathrm{T}}E_1)^{\mathrm{T}}P + P(A - 2BE_2^{\mathrm{T}}E_1) - \varepsilon PRP + Q = 0 \tag{3-34}$$

$$A^{\mathrm{T}}P_0 + P_0A + P_0R_0P_0 + Q_0 = 0 \tag{3-35}$$

存在对称正定解 P、P_0，则系统(3-1)可用观测器状态反馈(3-32)鲁棒镇定，并且增益矩阵分别为 $K = \varepsilon B^{\mathrm{T}}P$ 和 $L = \varepsilon_0 P_0^{-1}C^{\mathrm{T}}$。其中

$$R = B(I - 2E_2^{\mathrm{T}}E_2)B^{\mathrm{T}} - 2DD^{\mathrm{T}}, \quad Q = 2\varepsilon^{-1}E_1^{\mathrm{T}}E_1 + \varepsilon I$$

$$R_0 = 2\varepsilon DD^{\mathrm{T}}, \quad Q_0 = \varepsilon PB(I + 2E_2^{\mathrm{T}}E_2)B^{\mathrm{T}}P - 2\varepsilon_0 C^{\mathrm{T}}C + \varepsilon_0 I$$

证： 选择 Lyapunov 函数

$$V(t, x(t), e(t)) = x^{\mathrm{T}}(t)Px(t) + e^{\mathrm{T}}(t)P_0e(t) \tag{3-36}$$

则沿增广闭环系统(3-33)得

$$\begin{aligned}
\dot{V}(t, x(t), e(t))\big|_{(3-33)} &= x^{\mathrm{T}}(t)\{(A - BK)^{\mathrm{T}}P + P(A - BK)\}x(t) + e^{\mathrm{T}}(t)\{(A - LC)^{\mathrm{T}}P_0 \\
&\quad + P_0(A - LC)\}e(t) + 2x^{\mathrm{T}}(t)P(\Delta A(t) - \Delta B(t)K)x(t) \\
&\quad + 2x^{\mathrm{T}}(t)P(B + \Delta B(t))Ke(t) + 2e^{\mathrm{T}}(t)P_0\Delta B(t)Ke(t) \\
&\quad + 2e^{\mathrm{T}}(t)P_0(\Delta A(t) - \Delta B(t)K)x(t)
\end{aligned}$$

利用基本不等式(引理 B.4)，对正数 $\varepsilon > 0$ 有

$$\begin{aligned}
2x^{\mathrm{T}}(t)P(\Delta A(t) - \Delta B(t)K)x(t) &= 2x^{\mathrm{T}}(t)PDF(t)(E_1 - E_2K)x(t) \\
&\leqslant \varepsilon x^{\mathrm{T}}(t)PDD^{\mathrm{T}}Px(t) + \varepsilon^{-1}x^{\mathrm{T}}(t)(E_1 - E_2K)^{\mathrm{T}}(E_1 - E_2K)x(t)
\end{aligned}$$

$$2x^{\mathrm{T}}(t)PBKe(t) \leqslant \varepsilon x^{\mathrm{T}}(t)PBB^{\mathrm{T}}Px(t) + \varepsilon^{-1}e^{\mathrm{T}}(t)K^{\mathrm{T}}Ke(t)$$

$$\begin{aligned}
2x^{\mathrm{T}}(t)P\Delta B(t)Ke(t) &= 2x^{\mathrm{T}}(t)PDF(t)E_2Ke(t) \\
&\leqslant \varepsilon x^{\mathrm{T}}(t)PDD^{\mathrm{T}}Px(t) + \varepsilon^{-1}e^{\mathrm{T}}(t)K^{\mathrm{T}}E_2^{\mathrm{T}}E_2Ke(t)
\end{aligned}$$

$$\begin{aligned}
2e^{\mathrm{T}}(t)P_0\Delta B(t)Ke(t) &= 2e^{\mathrm{T}}(t)P_0DF(t)E_2Ke(t) \\
&\leqslant e^{\mathrm{T}}(t)(\varepsilon P_0DD^{\mathrm{T}}P_0 + \varepsilon^{-1}K^{\mathrm{T}}E_2^{\mathrm{T}}E_2K)e(t)
\end{aligned}$$

$$\begin{aligned}
2e^{\mathrm{T}}(t)P_0(\Delta A(t) - \Delta B(t)K)x(t) &= 2e^{\mathrm{T}}(t)P_0DF(t)(E_1 - E_2K)x(t) \\
&\leqslant \varepsilon e^{\mathrm{T}}(t)P_0DD^{\mathrm{T}}P_0e(t) + \varepsilon^{-1}x^{\mathrm{T}}(t)(E_1 - E_2K)^{\mathrm{T}}(E_1 - E_2K)x(t)
\end{aligned}$$

故

$$\dot{V}(t,x(t),e(t))\Big|_{(3-33)} = x^{\mathrm{T}}(t)\{(A-BK)^{\mathrm{T}}P + P(A-BK) + \varepsilon PBB^{\mathrm{T}}P$$
$$+2\varepsilon PDD^{\mathrm{T}}P + 2\varepsilon^{-1}(E_1-E_2K)^{\mathrm{T}}(E_1-E_2K)\}x(t)$$
$$+e^{\mathrm{T}}(t)\{(A-LC)^{\mathrm{T}}P_0 + P_0(A-LC) + 2\varepsilon P_0DD^{\mathrm{T}}P_0$$
$$+\varepsilon^{-1}K^{\mathrm{T}}(I+2E_2^{\mathrm{T}}E_2)K\}e(t)$$

选择 $K = \varepsilon B^{\mathrm{T}}P$，$L = \varepsilon_0 P_0^{-1}C^{\mathrm{T}}$，则由 Riccati 方程组(3-34)和(3-35)，得

$$\dot{V}(t,x(t),e(t))\Big|_{(3-33)} \leqslant -\varepsilon \|x(t)\|^2 - \varepsilon_0 \|e(t)\|^2$$

故增广闭环系统(3-33)是鲁棒渐近稳定的。

注 3.5　由定理 3.6 可知，观测器状态反馈控制器设计依赖于两个耦合的代数 Riccati 方程组(3-34)和(3-35)的解，且两个方程比较复杂，即使在矩阵对 (A,B) 能控、(C,A) 能观的条件下，其解的存在及唯一性仍需要参数 ε、ε_0 满足一定的条件。因此，在鲁棒控制器设计中需要对相关参数 ε、ε_0 进行调节。

例 3.2　考虑不确定系统(3-1)，设系统参数矩阵及不确定矩阵

$$A = \begin{bmatrix} 0 & 1 \\ 1 & -2 \end{bmatrix}, \quad B = \begin{bmatrix} 2 \\ 2 \end{bmatrix}, \quad C = \begin{bmatrix} -3 & -1 \\ -1 & -3 \end{bmatrix}, \quad \Delta A(q(t)) = \begin{bmatrix} q(t) & q(t) \\ q(t) & q(t) \end{bmatrix}, \quad \Delta B(s(t)) = \begin{bmatrix} s(t) \\ s(t) \end{bmatrix}$$

且不确定参数满足 $|q(t)| \leqslant 0.1$ 和 $|s(t)| \leqslant 0.1$，试设计观测器状态反馈鲁棒镇定控制律。

解：同例 3.1 之(4)，将不确定矩阵写成范数有界不确定性形式，利用定理 3.6，选择 $\varepsilon = 0.73$ 和 $\varepsilon_0 = 0.01$，解 Riccati 方程组(3-34)和(3-35)得

$$P = \begin{bmatrix} 1.1824 & 0.1316 \\ 0.1316 & 0.2628 \end{bmatrix}, \quad P_0 = \begin{bmatrix} 1.1760 & -0.5135 \\ -0.5135 & 2.8241 \end{bmatrix}$$

因此，增广闭环系统是鲁棒渐近稳定的。相应的观测器状态反馈鲁棒镇定控制律为

$$\dot{\hat{x}}(t) = \begin{bmatrix} -10.3457 & -0.8813 \\ -0.8813 & -6.3080 \end{bmatrix}\hat{x}(t) + \begin{bmatrix} 2 \\ 2 \end{bmatrix}u(t) + \begin{bmatrix} -3.2918 & -0.4702 \\ -0.4702 & 1.1043 \end{bmatrix}y(t)$$
$$u(t) = -[3.8879 \quad 0.7888]\hat{x}(t)$$

取系统的初始状态及初始估计误差为 $x(0) = [1 \quad -1]^{\mathrm{T}}$，$e(0) = [1 \quad -1]^{\mathrm{T}}$，则增广闭环系统的状态轨迹图如图 3.6 所示。

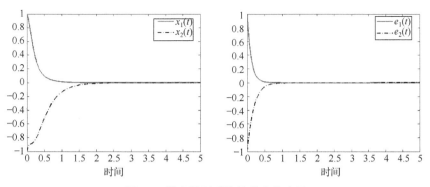

图 3.6　增广闭环系统的状态轨迹图

3.1.3　动态输出反馈鲁棒镇定控制器设计

当不确定系统的状态不可获得，充分利用系统的测量输出信息，设计基于系统测量输出的鲁棒控制律也是鲁棒控制器设计中的重要方法。

问题　针对不确定系统(3-1)，设计动态输出反馈控制律

$$
\begin{aligned}
\dot{\xi}(t) &= A_k \xi(t) + R_k y(t) \\
u(t) &= C_k \xi(t) + D_k y(t)
\end{aligned}
\tag{3-37}
$$

使得增广闭环系统

$$
\dot{\eta}(t) = \left(\begin{bmatrix} A + BD_k C & BC_k \\ B_k C & A_k \end{bmatrix} + \begin{bmatrix} \Delta A(t) + \Delta B(t)D_k C & \Delta B(t)C_k \\ 0 & 0 \end{bmatrix} \right) \eta(t)
$$

是鲁棒渐近稳定的。其中，$\xi(t) \in \mathbf{R}^l$ 是构造的动态变量，$\eta(t) = [x^{\mathrm{T}}(t) \ \ \xi^{\mathrm{T}}(t)]^{\mathrm{T}} \in \mathbf{R}^{n+l}$ 为增广状态，$A_k \in \mathbf{R}^{l \times l}$、$B_k \in \mathbf{R}^{l \times p}$、$C_k \in \mathbf{R}^{m \times l}$、$D_k \in \mathbf{R}^{m \times p}$ 是待设计的增益矩阵。

假设不确定矩阵满足范数有界不确定性(3-22)，则增广闭环系统成为

$$
\dot{\eta}(t) = \left(\begin{bmatrix} A + BD_k C & BC_k \\ B_k C & A_k \end{bmatrix} + \begin{bmatrix} DF(t)(E_1 + E_2 D_k C) & DF(t)E_2 C_k \\ 0 & 0 \end{bmatrix} \right) \eta(t)
\tag{3-38}
$$

定理 3.7　对不确定系统(3-1)，在范数有界不确定性假设(3-22)条件下，如果存在正数 $\varepsilon > 0$ 使得如下不等式组

$$
\begin{bmatrix}
AX + XA^{\mathrm{T}} + B\hat{C} + \hat{C}^{\mathrm{T}}B^{\mathrm{T}} & A + B\hat{D}C + \hat{A}^{\mathrm{T}} & \varepsilon D & XE_1^{\mathrm{T}} + \hat{C}^{\mathrm{T}}E_2^{\mathrm{T}} \\
* & YA + A^{\mathrm{T}}Y + \hat{B}C + C^{\mathrm{T}}\hat{B}^{\mathrm{T}} & \varepsilon YD & E_1^{\mathrm{T}} + C^{\mathrm{T}}\hat{D}^{\mathrm{T}}E_2^{\mathrm{T}} \\
* & * & -\varepsilon I & 0 \\
* & * & * & -\varepsilon I
\end{bmatrix} < 0
\tag{3-39}
$$

$$\begin{bmatrix} X & I \\ * & Y \end{bmatrix} > 0 \tag{3-40}$$

有解。其中，对称正定矩阵 X、$Y \in \mathrm{R}^{n \times n}$ 和矩阵 $\hat{A} \in \mathrm{R}^{n \times n}$、$\hat{B} \in \mathrm{R}^{n \times p}$、$\hat{C} \in \mathrm{R}^{p \times n}$、

$\hat{D} \in \mathrm{R}^{m \times p}$，则反馈控制律(3-37)是系统(3-1)的鲁棒动态输出反馈控制律，并且

$$D_k = \hat{D}, \quad C_k = (\hat{C} - D_k C X)M(M^{\mathrm{T}}M)^{-1}, \quad B_k = (N^{\mathrm{T}}N)^{-1}N^{\mathrm{T}}(\hat{B} - YBD_k)$$

$$A_k = (N^{\mathrm{T}}N)^{-1}N^{\mathrm{T}}(\hat{A} - Y(A + BD_k C)X - YBC_k M^{\mathrm{T}} - NB_k C X)M(M^{\mathrm{T}}M)^{-1}$$

其中，M、$N \in \mathrm{R}^{n \times l}$ 满足 $MN^{\mathrm{T}} = I - XY$，可由 $I - XY$ 的奇异值分解确定。

证： 考察增广闭环系统(3-38)，记

$$\bar{A} = \begin{bmatrix} A + BD_k C & BC_k \\ B_k C & A_k \end{bmatrix}, \quad \bar{D} = \begin{bmatrix} D \\ 0 \end{bmatrix}, \quad \bar{E} = [E_1 + E_2 D_k C \quad E_2 C_k]$$

$$\Delta \bar{A}(t) = \begin{bmatrix} DF(t)(E_1 + E_2 D_k C) & DF(t)E_2 C_k \\ 0 & 0 \end{bmatrix} = \bar{D}F(t)\bar{E}$$

选取 Lyapunov 函数 $V(t, \eta(t)) = \eta^{\mathrm{T}}(t)P\eta(t)$，其中 P 为待定的对称正定矩阵。于是有

$$\dot{V}(t, \eta(t))\big|_{(3\text{-}38)} = \eta^{\mathrm{T}}(t)\{\bar{A}^{\mathrm{T}}P + P\bar{A} + P\bar{D}F(t)\bar{E} + \bar{E}^{\mathrm{T}}F^{\mathrm{T}}(t)\bar{D}^{\mathrm{T}}P\}\eta(t)$$

根据引理 B.8 及 Schur 补引理，$\dot{V}(t, \eta(t))\big|_{(3\text{-}38)} < 0$ 当且仅当存在 $\varepsilon > 0$ 使得

$$\begin{bmatrix} \bar{A}^{\mathrm{T}}P + P\bar{A} & \varepsilon P\bar{D} & \bar{E}^{\mathrm{T}} \\ \varepsilon \bar{D}^{\mathrm{T}}P & -\varepsilon I & 0 \\ \bar{E} & 0 & -\varepsilon I \end{bmatrix} < 0 \tag{3-41}$$

注意到矩阵 $\bar{A}$、$\bar{D}$、$\bar{E}$ 的分块结构，矩阵 P 应具有分块形式，令

$$P = \begin{bmatrix} Y & N \\ N^{\mathrm{T}} & W \end{bmatrix} > 0, \quad P^{-1} = \begin{bmatrix} X & M \\ M^{\mathrm{T}} & Z \end{bmatrix} > 0$$

其中，X、$Y \in \mathrm{R}^{n \times n}$ 与 W、$Z \in \mathrm{R}^{l \times l}$ 是对称正定矩阵，且 M、$N \in \mathrm{R}^{n \times l}$。注意到

$$PP^{-1} = P\begin{bmatrix} X & M \\ M^{\mathrm{T}} & Z \end{bmatrix} = \begin{bmatrix} I & 0 \\ 0 & I \end{bmatrix}, \quad P^{-1}P = P^{-1}\begin{bmatrix} Y & N \\ N^{\mathrm{T}} & W \end{bmatrix} = \begin{bmatrix} I & 0 \\ 0 & I \end{bmatrix}$$

有

$$XY + MN^{\mathrm{T}} = I, \quad N^{\mathrm{T}}X + WM^{\mathrm{T}} = 0 \tag{3-42}$$

及

$$P\begin{bmatrix} X \\ M^{\mathrm{T}} \end{bmatrix} = \begin{bmatrix} I \\ 0 \end{bmatrix}, \quad P^{-1}\begin{bmatrix} Y \\ N^{\mathrm{T}} \end{bmatrix} = \begin{bmatrix} I \\ 0 \end{bmatrix}, \quad P\begin{bmatrix} X & I \\ M^{\mathrm{T}} & 0 \end{bmatrix} = \begin{bmatrix} I & Y \\ 0 & N^{\mathrm{T}} \end{bmatrix} \tag{3-43}$$

令 $F_1 = \begin{bmatrix} X & I \\ M^{\mathrm{T}} & 0 \end{bmatrix}$，$F_2 = \begin{bmatrix} I & Y \\ 0 & N^{\mathrm{T}} \end{bmatrix}$，则 $PF_1 = F_2$，且

$$F_1^{\mathrm{T}} P F_1 = F_1^{\mathrm{T}} F_2 = F_2^{\mathrm{T}} F_1 = \begin{bmatrix} X & I \\ I & Y \end{bmatrix} > 0$$

首先，讨论矩阵 M, N 的选取。

利用 Schur 补引理，由不等式(3-40)等价于 $X^{1/2} Y X^{1/2} - I > 0$，从而

$$I - XY = X^{1/2}(I - X^{1/2} Y X^{1/2}) X^{-1/2}$$

为非奇异矩阵。因此，若不等式组(3-39)~(3-40)有解，则由式(3-42)，利用 $I - XY$ 的奇异值分解可得到满秩矩阵 M、N，使得 $I - XY = MN^{\mathrm{T}}$。

其次，利用 $\mathrm{diag}\{F_1, I, I\}$ 对式(3-41)作合同变换，得

$$\begin{bmatrix} F_1^{\mathrm{T}} \overline{A}^{\mathrm{T}} P F_1 + F_1^{\mathrm{T}} P \overline{A} F_1 & \varepsilon F_1^{\mathrm{T}} P \overline{D} & F_1^{\mathrm{T}} \overline{E}^{\mathrm{T}} \\ \varepsilon \overline{D}^{\mathrm{T}} P F_1 & -\varepsilon I & 0 \\ \overline{E} F_1 & 0 & -\varepsilon I \end{bmatrix} < 0$$

其中

$$F_1^{\mathrm{T}} P \overline{A} F_1 = F_2^{\mathrm{T}} \overline{A} F_1 \triangleq \begin{bmatrix} \Phi_{11} & \Phi_{12} \\ \Phi_{21} & \Phi_{22} \end{bmatrix}, \quad F_1^{\mathrm{T}} P \overline{D} = F_2^{\mathrm{T}} \overline{D} = \begin{bmatrix} D \\ YD \end{bmatrix}, \quad F_1^{\mathrm{T}} \overline{E}^{\mathrm{T}} \triangleq \begin{bmatrix} \Phi_{13} \\ \Phi_{23} \end{bmatrix}$$

$$\Phi_{11} = AX + B(D_k CX + C_k M^{\mathrm{T}}), \quad \Phi_{12} = A + BD_k C$$

$$\Phi_{21} = Y(A + BD_k C)X + YBC_k M^{\mathrm{T}} + NB_k CX + NA_k M^{\mathrm{T}}, \quad \Phi_{22} = YA + (YBD_k + NB_k)C$$

$$\Phi_{13} = XE_1^{\mathrm{T}} + (XC^{\mathrm{T}} D_k^{\mathrm{T}} + MC_k^{\mathrm{T}})E_2^{\mathrm{T}}, \quad \Phi_{23} = E_1^{\mathrm{T}} + C^{\mathrm{T}} D_k^{\mathrm{T}} E_2^{\mathrm{T}}$$

引入符号 $\hat{D} = D_k$，$\hat{C} = D_k CX + C_k M^{\mathrm{T}}$，$\hat{B} = YBD_k + NB_k$，$\hat{A} = \Phi_{21}$，则

$$\Phi_{11} = AX + B\hat{C}, \quad \Phi_{12} = A + B\hat{D}C, \quad \Phi_{21} = \hat{A}, \quad \Phi_{22} = YA + \hat{B}C$$

$$\Phi_{13} = XE_1^{\mathrm{T}} + \hat{C}^{\mathrm{T}} E_2^{\mathrm{T}}, \quad \Phi_{23} = E_1^{\mathrm{T}} + C^{\mathrm{T}} \hat{D}^{\mathrm{T}} E_2^{\mathrm{T}}$$

且 $\Phi_{ij}(i=1,2; j=1,2,3)$ 均是关于 X、Y、$\hat{A}$、$\hat{B}$、$\hat{C}$、$\hat{D}$ 的仿射函数。

因此，得到与式(3-41)等价的不等式

$$\begin{bmatrix} \Phi_{11} + \Phi_{11}^{\mathrm{T}} & \Phi_{12} + \Phi_{21}^{\mathrm{T}} & \varepsilon D & \Phi_{13} \\ \Phi_{21} + \Phi_{12}^{\mathrm{T}} & \Phi_{22} + \Phi_{22}^{\mathrm{T}} & \varepsilon YD & \Phi_{23} \\ \varepsilon D^{\mathrm{T}} & \varepsilon D^{\mathrm{T}} Y & -\varepsilon I & 0 \\ \Phi_{13}^{\mathrm{T}} & \Phi_{23}^{\mathrm{T}} & 0 & -\varepsilon I \end{bmatrix} < 0$$

此即为 LMI(3-39)。

最后，观察得到增益矩阵 A_k、B_k、C_k、D_k 如定理中所示。

注 3.6 由定理 3.7 看出，对于不确定系统的输出反馈控制，利用 LMI 方法比代数 Riccati 方程方法更方便，但是 LMI 方法常伴随着矩阵变量的增多和 LMI 维数的增高。

例 3.3 考虑不确定系统(3-1)，设系统参数矩阵及不确定矩阵

$$A = \begin{bmatrix} 0 & 1 \\ 1 & -2 \end{bmatrix}, \quad B = \begin{bmatrix} 2 \\ 2 \end{bmatrix}, \quad C = \begin{bmatrix} 1 & 1 \end{bmatrix}, \quad \Delta A(q(t)) = \begin{bmatrix} q(t) & q(t) \\ q(t) & q(t) \end{bmatrix}, \quad \Delta B(s(t)) = \begin{bmatrix} s(t) \\ s(t) \end{bmatrix}$$

且不确定参数满足 $|q(t)| \leqslant 0.1$ 和 $|s(t)| \leqslant 0.1$，设计动态输出反馈控制律使增广闭环系统是鲁棒渐近稳定的。

解：同例 3.1 之(4)，将不确定矩阵写成范数有界不确定性形式，利用定理 3.7，选择 $\varepsilon = 0.5$，求解 LMI(3-39)～(3-40)，得

$$X = \begin{bmatrix} 2.7424 & 0.5293 \\ 0.5293 & 2.1263 \end{bmatrix}, \quad Y = \begin{bmatrix} 1.6360 & -0.0193 \\ -0.0193 & 1.6502 \end{bmatrix}, \quad \hat{A} = \begin{bmatrix} -1.6146 & -0.6760 \\ -0.6764 & 0.5998 \end{bmatrix}$$

$$\hat{B} = \begin{bmatrix} -3.3571 \\ 0.1401 \end{bmatrix}, \quad \hat{C} = [-1.8290 \quad 0.3610], \quad \hat{D} = -0.0409$$

进一步，求得 $M = \begin{bmatrix} -3.4764 & -0.8206 \\ -0.8249 & -2.4986 \end{bmatrix}$、$N^{\mathrm{T}} = \begin{bmatrix} 1 & 0 \\ 0 & 1 \end{bmatrix}$，以及

$$D_k = -0.0409, \quad C_k = \begin{bmatrix} 0.5770 & -0.3785 \end{bmatrix}$$

$$B_k = \begin{bmatrix} -3.2248 \\ 0.2735 \end{bmatrix}, \quad A_k = \begin{bmatrix} -0.6693 & 1.9800 \\ 0.7526 & -2.8924 \end{bmatrix}$$

取增广系统的初始状态为 $x(0) = [1 \quad -1]^{\mathrm{T}}$，$\xi(0) = [0 \quad 0]^{\mathrm{T}}$，在动态输出反馈下的增广闭环系统状态轨迹图如图 3.7 所示。

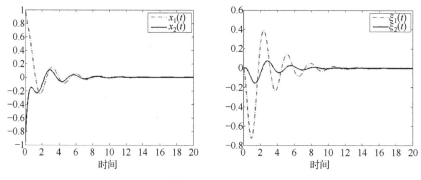

图 3.7 增广闭环系统的状态轨迹图

3.2　鲁棒二次镇定控制器

3.2.1　鲁棒二次镇定控制

考虑不确定线性系统

$$\dot{x}(t) = (A + \Delta A(q(t)))x(t) + (B + \Delta B(s(t)))u(t) \tag{3-44}$$

其中，$x(t) \in \mathbf{R}^n$、$u(t) \in \mathbf{R}^m$ 分别是系统的状态向量和控制输入向量，$A \in \mathbf{R}^{n \times n}$ 和 $B \in \mathbf{R}^{n \times m}$ 是给定的实值矩阵，$\Delta A(q(t))$、$\Delta B(s(t))$ 是相应维数的连续矩阵函数，$q(t) \in \mathbf{R}^{l_1}$、$s(t) \in \mathbf{R}^{l_2}$ 是不确定参数向量，可以是时变的也可以是依赖系统状态的，反映了系统模型中的参数不确定性。假设 $q(t) \in \Omega_1$ 和 $s(t) \in \Omega_2$ 是 Lebesgue 可测的，$\Omega_1 \subset \mathbf{R}^{l_1}$、$\Omega_2 \subset \mathbf{R}^{l_2}$ 为紧集。

在系统(3-44)中，若 $u(t) = 0$，则得不确定系统

$$\dot{x}(t) = (A + \Delta A(q(t)))x(t) \tag{3-45}$$

定义 3.2　对于不确定系统(3-45)，若存在一个对称正定矩阵 $P \in \mathbf{R}^{n \times n}$ 和一个正数 $\alpha > 0$，使得对任意的容许不确定参数 $q(t) \in \Omega_1$，均有

$$L(x(t),t) = 2x^{\mathrm{T}}(t)P(A + \Delta A(q(t)))x(t) \leqslant -\alpha \|x(t)\|^2 \tag{3-46}$$

对所有 $(x(t),t) \in \mathbf{R}^n \times \mathbf{R}$ 成立，则称系统(3-45)是鲁棒二次稳定的。

定义 3.3　对于不确定系统(3-44)，若存在一个线性反馈控制律，使得所对应的闭环系统是鲁棒二次稳定的，则称系统(3-44)是鲁棒二次可镇定的，相应的控制律称为线性反馈鲁棒二次镇定控制律。特别地，若系统(3-44)是鲁棒二次可镇定的，且线性反馈控制律可以选择为状态(或输出)反馈控制律，则称系统(3-44)是可用状态(或输出)反馈控制鲁棒二次镇定的，且称相应的控制律为线性状态(或输出)反馈鲁棒二次镇定控制律。

注 3.7　由定义 3.2，若系统(3-45)是鲁棒二次稳定的，则存在 Lyapunov 函数 $V(t,x(t)) = x^{\mathrm{T}}(t)Px(t)$，使得

$$\dot{V}(t,x(t))\big|_{(3-45)} = L(x(t),t) \leqslant -\alpha \|x(t)\|^2 \tag{3-47}$$

即 $\dot{V}(t,x(t))\big|_{(3-45)}$ 是负定的。根据 Lyapunov 稳定性定理，系统(3-45)是鲁棒全局一致渐近稳定的，即系统的鲁棒二次稳定性可以推出其在 Lyapunov 意义下的鲁棒渐近稳定性。反之则不成立，只有对线性时不变系统，鲁棒二次稳定性与 Lyapunov 意义下的鲁棒渐近稳定性才是等价的。

注 3.8   由定义 3.2,系统的鲁棒二次稳定性要求对所有的容许不确定性,存在一个统一的对称正定矩阵 $P \in \mathrm{R}^{n \times n}$ 或 Lyapunov 函数 $V(t, x(t)) = x^{\mathrm{T}}(t)Px(t)$,使得式(3-46)或式(3-47)成立。显然这个要求是比较苛刻的,由此导出的鲁棒二次稳定性判别条件也必然是比较保守的。但是,这种处理方法仍不失为处理时变不确定性的一种有效方法。

简记 $\Delta A(q(t)) = \Delta A(t)$、$\Delta B(s(t)) = \Delta B(t)$,并假设其满足范数有界不确定性条件

$$[\Delta A(t) \quad \Delta B(t)] = DF(t)[E_1 \quad E_2] \tag{3-48}$$

其中,D、E_1、E_2 是具有适当维数的常值矩阵,$F(t)$ 是具有相应维数及 Lebesgue 可测元素的不确定矩阵,且 $F^{\mathrm{T}}(t)F(t) \leqslant I$。

鲁棒二次镇定问题   对不确定性满足条件(3-48)的不确定系统(3-44),寻求该系统鲁棒二次可镇定的条件及相应的鲁棒二次镇定控制律设计方法。

本节仅讨论状态反馈鲁棒二次镇定问题。

3.2.2 状态反馈鲁棒二次镇定控制器设计

定理 3.8   对于范数有界不确定线性系统(3-44),假设 E_2 为列满秩矩阵,如果存在对称正定矩阵 P 和正数 $\varepsilon > 0$ 满足代数 Riccati 方程

$$
\begin{aligned}
&(A - B(E_2^{\mathrm{T}}E_2)^{-1}E_2^{\mathrm{T}}E_1)^{\mathrm{T}}P + P(A - B(E_2^{\mathrm{T}}E_2)^{-1}E_2^{\mathrm{T}}E_1) \\
&+ P(DD^{\mathrm{T}} - B(E_2^{\mathrm{T}}E_2)^{-1}B^{\mathrm{T}})P + E_1^{\mathrm{T}}(I - E_2(E_2^{\mathrm{T}}E_2)^{-1}E_2^{\mathrm{T}})E_1 + \varepsilon I = 0
\end{aligned} \tag{3-49}
$$

则不确定系统(3-44)可用线性状态反馈控制鲁棒二次镇定,且

$$u(t) = -(E_2^{\mathrm{T}}E_2)^{-1}(E_2^{\mathrm{T}}E_1 + B^{\mathrm{T}}P)x(t) \tag{3-50}$$

是一个状态反馈鲁棒二次镇定控制律。

反之,若系统(3-44)是可用线性状态反馈控制鲁棒二次镇定的,则必存在正数 $\varepsilon^* > 0$,使得对所有 ε 满足 $0 < \varepsilon < \varepsilon^*$,代数 Riccati 方程(3-49)都有一个稳定化的对称正定矩阵解 $P > 0$。

证:若存在对称正定矩阵 P 满足代数 Riccati 方程(3-49),则构造反馈控制律(3-50),得到闭环系统

$$\dot{x}(t) = (A + DF(t)E_1)x(t) - (B + DF(t)E_2)(E_2^{\mathrm{T}}E_2)^{-1}(E_2^{\mathrm{T}}E_1 + B^{\mathrm{T}}P)x(t) \tag{3-51}$$

往证闭环系统(3-51)是鲁棒二次稳定的。

选取 Lyapunov 函数 $V(t, x(t)) = x^{\mathrm{T}}(t)Px(t)$,则

$$
\begin{aligned}
L(x(t), t) &= \dot{V}(t, x(t))\big|_{(3\text{-}51)} \\
&= x^{\mathrm{T}}(t)\{(A - B(E_2^{\mathrm{T}}E_2)^{-1}E_2^{\mathrm{T}}E_1)^{\mathrm{T}}P + P(A - B(E_2^{\mathrm{T}}E_2)^{-1}E_2^{\mathrm{T}}E_1)\}x(t) \\
&\quad - 2x^{\mathrm{T}}(t)PB(E_2^{\mathrm{T}}E_2)^{-1}B^{\mathrm{T}}Px(t) + 2x^{\mathrm{T}}(t)PDF(t) \\
&\quad \cdot (E_1 - E_2(E_2^{\mathrm{T}}E_2)^{-1}(E_2^{\mathrm{T}}E_1 + B^{\mathrm{T}}P))x(t)
\end{aligned} \tag{3-52}
$$

由于

$$2x^T(t)PDF(t)(E_1 - E_2(E_2^T E_2)^{-1}(E_2^T E_1 + B^T P))x(t)$$

$$\leqslant x^T(t)PDD^T Px(t) + x^T(t)(E_1 - E_2(E_2^T E_2)^{-1}(E_2^T E_1 + B^T P))^T$$

$$\cdot (E_1 - E_2(E_2^T E_2)^{-1}(E_2^T E_1 + B^T P))x(t)$$

$$= x^T(t)\{P(DD^T + B(E_2^T E_2)^{-1}B^T)P + E_1^T(I + E_2(E_2^T E_2)^{-1}E_2^T)E_1\}x(t)$$

因此

$$L(x(t),t) \leqslant x^T(t)\{(A - B(E_2^T E_2)^{-1}E_2^T E_1)^T P + P(A - B(E_2^T E_2)^{-1}E_2^T E_1)$$

$$+ P(DD^T - B(E_2^T E_2)^{-1}B^T)P + E_1^T(I + E_2(E_2^T E_2)^{-1}E_2^T)E_1\}x(t)$$

$$= -\varepsilon\|x(t)\|^2$$

由定义 3.2,闭环系统(3-51)是鲁棒二次稳定的,故系统(3-44)是可用线性状态反馈控制(3-50)鲁棒二次镇定的。

反之,假设系统(3-44)是可用线性状态反馈控制鲁棒二次镇定的,则必存在常值矩阵 $K \in R^{m \times n}$,使得在控制律 $u(t) = -Kx(t)$ 下的闭环系统

$$\dot{x}(t) = (A - BK + DF(t)(E_1 - E_2 K))x(t)$$

是鲁棒二次稳定的(首先保证 $A - BK$ 是稳定的)。从而,由定义 3.2,存在对称正定矩阵 $S \in R^{n \times n}$,使得对所有 $(x(t),t) \in R^n \times R$,$x \neq 0$,有

$$x^T(t)\{(A - BK)^T S + S(A - BK)\}x(t) + 2x^T(t)SDF(t)(E_1 - E_2 K)x(t) < 0$$

该式等价于

$$x^T(t)\{(A - BK)^T S + S(A - BK)\}x(t) < -2x^T(t)SDF(t)(E_1 - E_2 K)x(t)$$

进而有(负定二次型的最小上界必为非正)

$$x^T(t)\{(A - BK)^T S + S(A - BK)\}x(t)$$

$$< -2\max\{x^T(t)SDF(t)(E_1 - E_2 K)x(t) : F^T(t)F(t) \leqslant I\} \leqslant 0 \tag{3-53}$$

由式(3-53)并根据引理 B.11,得

$$(x^T(t)\{(A - BK)^T S + S(A - BK)\}x(t))^2$$

$$> 4\max\{(x^T(t)SDF(t)(E_1 - E_2 K)x(t))^2 : F^T(t)F(t) \leqslant I\} \tag{3-54}$$

$$= 4(x^T(t)SDD^T Sx(t))(x^T(t)(E_1 - E_2 K)^T(E_1 - E_2 K)x(t))$$

再根据引理 B.12,由式(3-54),必存在正数 $\lambda > 0$,使得

$$\lambda^2 SDD^T S + \lambda((A - BK)^T S + S(A - BK)) + (E_1 - E_2 K)^T(E_1 - E_2 K) < 0 \tag{3-55}$$

令 $P = \lambda S > 0$,式(3-55)可以写成

$$(A-BK)^{\mathrm{T}}P+P(A-BK)+PDD^{\mathrm{T}}P+(E_1-E_2K)^{\mathrm{T}}(E_1-E_2K)<0 \qquad (3\text{-}56)$$

即

$$A^{\mathrm{T}}P+PA+PDD^{\mathrm{T}}P+E_1^{\mathrm{T}}E_1+K^{\mathrm{T}}E_2^{\mathrm{T}}E_2K-K^{\mathrm{T}}(E_2^{\mathrm{T}}E_1+B^{\mathrm{T}}P)-(E_2^{\mathrm{T}}E_1+B^{\mathrm{T}}P)^{\mathrm{T}}K<0$$

$$(3\text{-}57)$$

由假设 E_2 为列满秩矩阵，则 $E_2^{\mathrm{T}}E_2$ 是可逆的，对式(3-57)关于矩阵 K 配方得

$$A^{\mathrm{T}}P+PA+PDD^{\mathrm{T}}P+E_1^{\mathrm{T}}E_1-(E_2^{\mathrm{T}}E_1+B^{\mathrm{T}}P)^{\mathrm{T}}(E_2^{\mathrm{T}}E_2)^{-1}(E_2^{\mathrm{T}}E_1+B^{\mathrm{T}}P)$$

$$+((E_2^{\mathrm{T}}E_2)K-(E_2^{\mathrm{T}}E_1+B^{\mathrm{T}}P))^{\mathrm{T}}(E_2^{\mathrm{T}}E_2)^{-1}((E_2^{\mathrm{T}}E_2)K-(E_2^{\mathrm{T}}E_1+B^{\mathrm{T}}P))<0$$

因此

$$A^{\mathrm{T}}P+PA+PDD^{\mathrm{T}}P+E_1^{\mathrm{T}}E_1-(E_2^{\mathrm{T}}E_1+B^{\mathrm{T}}P)^{\mathrm{T}}(E_2^{\mathrm{T}}E_2)^{-1}(E_2^{\mathrm{T}}E_1+B^{\mathrm{T}}P)<0 \qquad (3\text{-}58)$$

令 $(E_2^{\mathrm{T}}E_2)K-(E_2^{\mathrm{T}}E_1+B^{\mathrm{T}}P)=0$，则得 $K=(E_2^{\mathrm{T}}E_2)^{-1}(E_2^{\mathrm{T}}E_1+B^{\mathrm{T}}P)$。

下面证明 Riccati 方程(3-49)有稳定化的对称正定解 $P>0$。定义矩阵 $Q>0$ 满足

$$-Q=A^{\mathrm{T}}P+PA+PDD^{\mathrm{T}}P+E_1^{\mathrm{T}}E_1-(E_2^{\mathrm{T}}E_1+B^{\mathrm{T}}P)^{\mathrm{T}}(E_2^{\mathrm{T}}E_2)^{-1}(E_2^{\mathrm{T}}E_1+B^{\mathrm{T}}P)$$

即得代数 Riccati 方程

$$(A-B(E_2^{\mathrm{T}}E_2)^{-1}E_2^{\mathrm{T}}E_1)^{\mathrm{T}}P+P(A-B(E_2^{\mathrm{T}}E_2)^{-1}E_2^{\mathrm{T}}E_1)$$

$$+P(DD^{\mathrm{T}}-B(E_2^{\mathrm{T}}E_2)^{-1}B^{\mathrm{T}})P+E_1^{\mathrm{T}}(I-E_2(E_2^{\mathrm{T}}E_2)^{-1}E_2^{\mathrm{T}})E_1+Q=0 \qquad (3\text{-}59)$$

另外，对 $Q>0$，必存在正数 $\varepsilon^*>0$，使得对所有 $0<\varepsilon<\varepsilon^*$，$\varepsilon I\leqslant Q$。注意到

$$\begin{bmatrix} I \\ E_2^{\mathrm{T}} \end{bmatrix}[I\ \ E_2]=\begin{bmatrix} I & E_2 \\ E_2^{\mathrm{T}} & E_2^{\mathrm{T}}E_2 \end{bmatrix}\geqslant 0$$

利用 Schur 补引理，该式等价于 $I-E_2(E_2^{\mathrm{T}}E_2)^{-1}E_2^{\mathrm{T}}\geqslant 0$，且有

$$0<E_1^{\mathrm{T}}(I-E_2(E_2^{\mathrm{T}}E_2)^{-1}E_2^{\mathrm{T}})E_1+\varepsilon I<E_1^{\mathrm{T}}(I-E_2(E_2^{\mathrm{T}}E_2)^{-1}E_2^{\mathrm{T}})E_1+Q$$

因此，根据定理 B.15，对所有 $0<\tilde{\varepsilon}\leqslant\varepsilon^*$，代数 Riccati 方程(3-59)存在唯一的对称矩阵解 P，且使得

$$A-B(E_2^{\mathrm{T}}E_2)^{-1}E_2^{\mathrm{T}}E_1+(DD^{\mathrm{T}}-B(E_2^{\mathrm{T}}E_2)^{-1}B^{\mathrm{T}})P$$

是渐近稳定的，即 P 是稳定化对称正定解。

注 3.9　注意在定理 3.8 中，将矩阵 E_2 限制为列满秩矩阵，否则设计方法见下面的定理 3.9。同时，在设计中，通常先选定正数 ε，然后求解代数 Riccati 方程(3-49)，再利用解矩阵 P 构造反馈控制律(3-50)，因此正数 ε 可以看成是调节参数。

例 3.4　考虑范数有界不确定系统(3-1)，设系统参数矩阵及不确定矩阵为

$$A = \begin{bmatrix} 0 & 1 \\ 1 & -2 \end{bmatrix}, \quad B = \begin{bmatrix} 2 \\ 2 \end{bmatrix}, \quad \Delta A(t) = DF(t)E_1, \quad \Delta B(t) = DF(t)E_2$$

且 $D = \begin{bmatrix} 1 & 0 \\ 0 & 1 \end{bmatrix}$, $E_1 = \begin{bmatrix} 0 & 0 \\ 0.1 & 0.1 \end{bmatrix}$, $E_2 = \begin{bmatrix} 0 \\ 0.1 \end{bmatrix}$, $F(t) = \begin{bmatrix} \sin t & 0 \\ 0 & \cos t \end{bmatrix}$, 试设计状态反馈鲁棒二次镇定控制律。

解：易见 E_2 是列满秩的。选择正数 $\varepsilon = 0.1$，求解代数 Riccati 方程(3-49)，得

$$P = \begin{bmatrix} 0.0190 & -0.0088 \\ -0.0088 & 0.0136 \end{bmatrix}$$

因此，由式(3-50)得鲁棒二次镇定状态反馈控制律

$$u(t) = -[3.0483 \quad 1.9616]x(t)$$

取初值状态 $x(0) = [1 \ -1]^{\mathrm{T}}$，在此控制律下的闭环系统状态轨迹如图 3.8 所示。

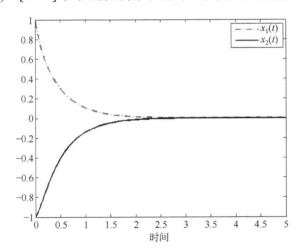

图 3.8　在控制律 $u(t)$ 下的闭环系统状态轨迹

注 3.10　在范数有界不确定性条件(3-48)中，如果 $E_2 \in \mathbf{R}^{s \times m}$ 为非列满秩矩阵，即 $\mathrm{rank}(E_2) = r < m$，则存在 E_2 的满秩分解 $E_2 = U\Sigma$，其中 $U \in \mathbf{R}^{s \times r}$、$\Sigma \in \mathbf{R}^{r \times m}$ 分别为列满秩和行满秩矩阵。此时，$\Sigma\Sigma^{\mathrm{T}}$ 与 $U^{\mathrm{T}}U$ 均为 r 阶可逆矩阵。选择矩阵 $\Phi \in \mathbf{R}^{(m-r) \times m}$ 满足 $\Sigma\Phi^{\mathrm{T}} = 0$ 及 $\Phi\Phi^{\mathrm{T}} = I$，即 Φ^{T} 的列向量组构成了方程组 $\Sigma x = 0$ 的解空间的标准正交基，进而 Φ^{T} 与 Σ^{T} 的列向量组共同构成空间 $\mathbf{R}^m$ 的一组基，即 $T = [\Sigma^{\mathrm{T}} \ \Phi^{\mathrm{T}}]$ 是 m 阶可逆矩阵(如果 Σ 为可逆阵，则 $\Phi = 0$，$T = \Sigma^{\mathrm{T}}$)。

定义矩阵

$$\Xi = \Sigma^T (\Sigma\Sigma^T)^{-1}(U^T U)^{-1}(\Sigma\Sigma^T)^{-1}\Sigma$$

不难验证 $\Xi E_2^T E_2 \Xi = \Xi$。

定理 3.9 对范数有界不确定线性系统(3-44)，假设 E_2 为非列满秩矩阵，U、Σ、Φ、Ξ 的定义如上所述。如果存在正定对称矩阵 P 和正数 $\varepsilon > 0$ 满足代数 Riccati 方程

$$(A - B\Xi E_2^T E_1)^T P + P(A - B\Xi E_2^T E_1) + P(DD^T - B\Xi B^T \\ - \varepsilon^{-1}B\Phi^T\Phi B^T)P + E_1^T(I - E_2\Xi E_2^T)E_1 + \varepsilon I = 0 \tag{3-60}$$

则不确定系统(3-44)可用线性状态反馈鲁棒二次镇定，且

$$u(t) = -\left(\left(\frac{1}{2\varepsilon}\Phi^T\Phi + \Xi\right)B^T P + \Xi E_2^T E_1\right)x(t) \tag{3-61}$$

是一个状态反馈鲁棒二次镇定控制律。

反之，若系统(3-44)是可用线性状态反馈鲁棒二次镇定的，则必存在正数 $\varepsilon^* > 0$，使得对所有满足 $0 < \varepsilon < \varepsilon^*$ 的 ε，代数 Riccati 方程(3-60)有一个稳定化的对称正定解 P。

证：若存在对称正定矩阵 P 和常数 $\varepsilon > 0$ 满足代数 Riccati 方程(3-60)，则可构造状态反馈控制律(3-61)，得闭环系统

$$\dot{x}(t) = (A + DF(t)E_1)x(t) - (B + DF(t)E_2)\left(\left(\frac{1}{2\varepsilon}\Phi^T\Phi + \Xi\right)B^T P + \Xi E_2^T E_1\right)x(t) \tag{3-62}$$

选取 Lyapunov 函数 $V(t,x(t)) = x^T(t)Px(t)$，类似于定理 3.8 的证明，在定理条件下可推得

$$L(x(t),t) = \dot{V}(t,x(t))\big|_{(3-62)} \leqslant -\varepsilon\|x(t)\|^2$$

即闭环系统(3-62)是鲁棒二次稳定的，因此控制律(3-61)是状态反馈鲁棒二次镇定控制律。

反之，按照定理 3.8 的证明过程，在式(3-57)中，令 $K = TL$，$L = \begin{bmatrix} L_1 \\ L_2 \end{bmatrix}$，则 $K = \Sigma^T L_1 + \Phi^T L_2$。注意到，$E_2 T = E_2[\Sigma^T \ \Phi^T] = [E_2\Sigma^T \ 0]$，$E_2 TL = E_2\Sigma^T L_1$，于是

$$K^T E_2^T E_2 K - K^T(E_2^T E_1 + B^T P) - (E_2^T E_1 + B^T P)^T K$$
$$= L^T(E_2 T)^T(E_2 T)L - L^T T^T(E_2^T E_1 + B^T P) - (E_2^T E_1 + B^T P)^T TL$$
$$= L_1^T(\Sigma E_2^T E_2\Sigma^T)L_1 - L_1^T\Sigma(E_2^T E_1 + B^T P) - (E_2^T E_1 + B^T P)^T\Sigma^T L_1 - L_2^T\Phi B^T P - PB\Phi^T L_2$$

再注意到，$\Sigma E_2^T E_2\Sigma^T = (\Sigma\Sigma^T)(U^T U)(\Sigma\Sigma^T)$ 是可逆矩阵，将该式对 L_1 配方得

$$K^\mathrm{T} E_2^\mathrm{T} E_2 K - K^\mathrm{T}(E_2^\mathrm{T} E_1 + B^\mathrm{T} P) - (E_2^\mathrm{T} E_1 + B^\mathrm{T} P)^\mathrm{T} K$$
$$= W^\mathrm{T} W - (E_2^\mathrm{T} E_1 + B^\mathrm{T} P)^\mathrm{T} \Xi (E_2^\mathrm{T} E_1 + B^\mathrm{T} P) - L_2^\mathrm{T} \Phi B^\mathrm{T} P - PB\Phi^\mathrm{T} L_2 \tag{3-63}$$

其中，$W = -U\Sigma\Sigma^\mathrm{T} L_1 + U(U^\mathrm{T} U)^{-1}(\Sigma\Sigma^\mathrm{T})^{-1}\Sigma(E_2^\mathrm{T} E_1 + B^\mathrm{T} P)$。

因此，式(3-57)可以写成

$$A^\mathrm{T} P + PA + PDD^\mathrm{T} P + E_1^\mathrm{T} E_1 + W^\mathrm{T} W - (E_2^\mathrm{T} E_1 + B^\mathrm{T} P)^\mathrm{T} \Xi (E_2^\mathrm{T} E_1 + B^\mathrm{T} P)$$
$$- L_2^\mathrm{T} \Phi B^\mathrm{T} P - PB\Phi^\mathrm{T} L_2 < 0 \tag{3-64}$$

对任意满足 $\Phi B^\mathrm{T} Px = 0$ 的非零向量 $x \neq 0$，从式(3-64)得到

$$x^\mathrm{T}(t)\{A^\mathrm{T} P + PA + PDD^\mathrm{T} P + E_1^\mathrm{T} E_1 - (E_2^\mathrm{T} E_1 + B^\mathrm{T} P)^\mathrm{T} \Xi (E_2^\mathrm{T} E_1 + B^\mathrm{T} P)\}x(t) < 0$$

对此，由引理 B.13，存在常数 $\varepsilon > 0$，使得

$$A^\mathrm{T} P + PA + PDD^\mathrm{T} P + E_1^\mathrm{T} E_1 - (E_2^\mathrm{T} E_1 + B^\mathrm{T} P)^\mathrm{T} \Xi (E_2^\mathrm{T} E_1 + B^\mathrm{T} P) - \varepsilon^{-1} PB\Phi^\mathrm{T} \Phi B^\mathrm{T} P < 0 \tag{3-65}$$

定义矩阵 Q 满足

$$-\varepsilon Q = A^\mathrm{T} P + PA + PDD^\mathrm{T} P + E_1^\mathrm{T} E_1 - (E_2^\mathrm{T} E_1 + B^\mathrm{T} P)^\mathrm{T}$$
$$\cdot \Xi (E_2^\mathrm{T} E_1 + B^\mathrm{T} P) - \varepsilon^{-1} PB\Phi^\mathrm{T} \Phi B^\mathrm{T} P$$

则 $Q > 0$ 且得到代数 Riccati 方程

$$(A - B\Xi E_2^\mathrm{T} E_1)^\mathrm{T} P + P(A - B\Xi E_2^\mathrm{T} E_1) + P(DD^\mathrm{T} - B\Xi B^\mathrm{T}$$
$$- \varepsilon^{-1} B\Phi^\mathrm{T} \Phi B^\mathrm{T})P + E_1^\mathrm{T}(I - E_2\Xi E_2^\mathrm{T})E_1 + \varepsilon Q = 0 \tag{3-66}$$

一方面，对上述确定的矩阵 Q 和常数 $\varepsilon > 0$，存在常数 $\varepsilon^* > 0$，$0 < \varepsilon^* < \varepsilon$，使得对所有 $0 < \tilde\varepsilon \leqslant \varepsilon^*$，$\tilde\varepsilon I < \varepsilon Q$；另一方面，由

$$[I\ \ U]^\mathrm{T}[I\ \ U] = \begin{bmatrix} I & U \\ U^\mathrm{T} & U^\mathrm{T} U \end{bmatrix} > 0$$

得 $I - E_2\Xi E_2^\mathrm{T} = I - U(U^\mathrm{T} U)^{-1} U^\mathrm{T} > 0$，因此对所有 $0 < \tilde\varepsilon \leqslant \varepsilon^*$，有

$$DD^\mathrm{T} - B\Xi B^\mathrm{T} - \tilde\varepsilon^{-1} B\Phi^\mathrm{T} \Phi B^\mathrm{T} < DD^\mathrm{T} - B\Xi B^\mathrm{T} - \varepsilon^{-1} B\Phi^\mathrm{T} \Phi B^\mathrm{T}$$

$$0 < E_1^\mathrm{T}(I - E_2\Xi E_2^\mathrm{T})E_1 + \tilde\varepsilon I < E_1^\mathrm{T}(I - E_2\Xi E_2^\mathrm{T})E_1 + \varepsilon Q$$

由定理 B.15，当代数 Riccati 方程(3-66)成立时，对所有 $0 < \tilde\varepsilon \leqslant \varepsilon^*$，代数 Riccati 方程(3-60)存在一个唯一的对称矩阵解 P，并使得

$$A - B\Xi E_2^\mathrm{T} E_1 + (DD^\mathrm{T} - B\Xi B^\mathrm{T} - \tilde\varepsilon^{-1} B\Phi^\mathrm{T} \Phi B^\mathrm{T})P$$

是渐近稳定的，且 $P > 0$。

最后，在式(3-64)中，令 $W = 0$ 时，可得

$$L_1 = (\Sigma\Sigma^T)^{-1}(U^TU)^{-1}(\Sigma\Sigma^T)^{-1}\Sigma(E_2^TE_1 + B^TP)$$

若再取 $L_2 = (2\varepsilon)^{-1}\Phi B^TP$，则由式(3-64)恰好得到式(3-65)，因此

$$K = \Sigma^TL_1 + \Phi^TL_2 = \Xi(B^TP + E_2^TE_1) + (2\varepsilon)^{-1}\Phi^T\Phi B^TP$$

注 3.11　在定理 3.9 中，若 E_2 为列满秩矩阵，则可选 $U = E_2$、$\Sigma = I$，于是 $\Phi = 0$、$T = I$，且 $\Xi = (E_2^TE_2)^{-1}$。此时，条件式(3-60)和控制律(3-61)均回归为定理 3.8 的结果，即定理 3.8 是定理 3.9 在 E_2 为列满秩矩阵时的特例。

推论 3.1　存在常值矩阵 $K \in \mathrm{R}^{m\times n}$ 和对称正定矩阵 $P \in \mathrm{R}^{n\times n}$，使得矩阵不等式

$$(A - BK)^TP + P(A - BK) + PDD^TP + (E_1 - E_2K)^T(E_1 - E_2K) < 0 \tag{3-67}$$

成立，当且仅当存在常数 $\varepsilon > 0$，使得代数 Riccati 方程(3-60)有一个对称正定解 $P \in \mathrm{R}^{n\times n}$。进而，矩阵 P 和 $K = ((2\varepsilon)^{-1}\Phi^T\Phi + \Xi)B^TP + \Xi E_2^TE_1$ 满足不等式(3-67)。

3.3　保成本控制器

3.3.1　保成本和保成本控制

考虑参数不确定非线性系统

$$\dot{x}(t) = F(x(t), u(t), \theta, t)，\quad t \in [t_0, t_f] \tag{3-68}$$

其中，$x(t) \in \mathrm{R}^n$、$u(t) \in \mathrm{R}^m$、$\theta \in \mathrm{R}^s$ 分别是系统的状态、控制输入和未知参数，t 是时间变量，t_0 是初始时刻，t_f 是终端时刻。$F : \mathrm{R}^n \times \mathrm{R}^m \times \mathrm{R}^s \times \mathrm{R} \to \mathrm{R}^n$ 是满足一定条件的非线性函数，以保证系统(3-68)的解的存在性和唯一性。

我们将讨论系统(3-68)关于性能指标

$$J = \Phi(t_f, x(t_f)) + \int_{t_0}^{t_f} L(x(t), u(t), \theta, t)\mathrm{d}t \tag{3-69}$$

的最优控制问题。其中，$\Phi(t_f, x(t_f))$ 是系统的终端性能值，$L(x(t), u(t), \theta, t)$ 是系统在时刻 t 的性能值。设计控制律 $u(t)$，使性能指标 J 达最小值。

很明显，由于不确定参数 θ 的存在，我们不能用经典的最优控制理论去处理这一问题，需要新的处理方法——保成本控制方法。其思路是：首先保证性能指标 J 有上界，然后寻求该上界的最小化，以此获得 J 的近似最小化。

定义 3.4　对于不确定非线性系统(3-68)和性能指标(3-69)，如果存在一个正数 J^* 和一个控制律 $u(t)$，使得对任意 $\theta \in \Omega \subset \mathrm{R}^s$ 都有 $J \leqslant J^*$，则称 J^* 为系统(3-68)

的一个保成本，$u(t)$ 为系统(3-68)的一个保成本控制。

保成本控制问题　设计保成本控制律 $u(t)$，使性能指标 J 不超过保成本 J^*。

定理 3.10[13]　设 $V(t,x(t))$ 是一个非负标量函数，具有连续的一阶偏导数，如果 $V(t,x(t))$ 对任意 $\theta \in \Omega$ 及 $t \in [t_0 \ \ t_f]$，满足下面不等式

$$L(x(t),u(t),\theta,t) + \dot{V}(t,x(t))\Big|_{(3-68)} \leqslant 0 \tag{3-70}$$

且 $V(t_f,x(t_f)) = \Phi(t_f,x(t_f))$，则 $V(t_0,x(t_0))$ 是系统(3-68)的一个保成本，$u(x(t))$ 是相应的保成本控制。

证：对任意 $\theta \in \Omega$，设 $x^*(t)$ 是系统(3-68)的相应于控制律 $u^*(t) = u^*(x(t),t)$ 的解，那么条件(3-70)式可以写为

$$-\dot{V}(t,x^*(t))\Big|_{(3-68)} \geqslant L(x^*(t),u^*(t),\theta,t)$$

从 t_0 到 t_f 对该式积分，得到

$$-V(t,x^*(t))\Big|_{t_0}^{t_f} \geqslant \int_{t_0}^{t_f} L(x^*(t),u^*(t),\theta,t)\mathrm{d}t$$

因为

$$-V(t,x^*(t))\Big|_{t_0}^{t_f} = V(t_0,x^*(t_0)) - V(t_f,x^*(t_f)) = V(t_0,x^*(t_0)) - \Phi(t_f,x^*(t_f))$$

所以

$$V(t_0,x^*(t_0)) \geqslant \Phi(t_f,x^*(t_f)) + \int_{t_0}^{t_f} L(x^*(t),u^*(t),\theta,t)\mathrm{d}t$$

从而 $J(x^*(t),u^*(t),\theta,t) \leqslant V(t_0,x^*(t_0))$。根据定义 3.4，$V(t_0,x^*(t_0))$ 是系统(3-68)的一个保成本，$u^*(t)$ 是一个保成本控制。

注 3.12　定理 3.10 给出了不确定非线性系统(3-68)保成本 J^* 和保成本控制 $u^*(t)$ 的充分条件，但该条件的应用还依赖于标量函数 $V(t,x(t))$ 的构造。

3.3.2　状态反馈保成本控制器设计

1. 仅系统矩阵具有不确定性情形

考虑不确定线性系统

$$\dot{x}(t) = (A+\Delta A(t))x(t) + Bu(t), \ x(0)=x_0 \tag{3-71}$$

及性能指标

$$J = \frac{1}{2}\int_0^\infty (x^{\mathrm{T}}(t)Qx(t) + u^{\mathrm{T}}(t)Ru(t))\mathrm{d}t \tag{3-72}$$

其中，$Q \in \mathrm{R}^{n \times n}$ 是对称正半定矩阵，$R \in \mathrm{R}^{m \times m}$ 是对称正定矩阵。

保成本控制问题　设计状态反馈控制律 $u(t) = -Kx(t)$，使闭环系统

$$\dot{x}(t) = (A - BK + \Delta A(t))x(t) \tag{3-73}$$

的性能指标 J 有上界 J^*。

定理 3.11　如果存在对称正定矩阵 P 满足下列代数 Riccati 方程

$$A^{\mathrm{T}}P + PA - PBR^{-1}B^{\mathrm{T}}P + Q + \tilde{U}(P, \Delta A(t)) = 0 \tag{3-74}$$

则 $u^*(t) = -R^{-1}B^{\mathrm{T}}Px(t)$ 是系统(3-71)的一个保成本控制，且 $J^* = V(x_0) = \frac{1}{2}x_0^{\mathrm{T}}Px_0$ 是相应于 $u^*(t)$ 和 x_0 的保成本。进一步，保成本控制 $u^*(t)$ 使闭环系统鲁棒渐近稳定。其中 $\tilde{U}(P, \Delta A(t))$ 是满足

$$\Delta A(t)^{\mathrm{T}}P + P\Delta A(t) \leqslant \tilde{U}(P, \Delta A(t)) \tag{3-75}$$

对称半正定矩阵。

证：利用定理 3.10，对照系统(3-68)和性能指标(3-69)，有

$$F(x(t), u(t), \theta, t) = (A + \Delta A(t))x(t) + Bu(t)$$

$$L(x(t), u(t), \theta, t) = \frac{1}{2}(x^{\mathrm{T}}(t)Qx(t) + u^{\mathrm{T}}(t)Ru(t))$$

选择 Lyapunov 函数 $V(t, x(t)) = \frac{1}{2}x^{\mathrm{T}}(t)Px(t)$ 及控制律 $u^*(t) = -R^{-1}B^{\mathrm{T}}Px(t)$，则沿闭环系统(3-73)有

$$L(x(t), u(t), \theta, t) + \dot{V}(t, x(t))\big|_{(3\text{-}73)}$$

$$= \frac{1}{2}x^{\mathrm{T}}(t)\{A^{\mathrm{T}}P + PA - PBR^{-1}B^{\mathrm{T}}P + Q + \Delta A^{\mathrm{T}}(t)P + P\Delta A(t)\}x(t)$$

$$\leqslant \frac{1}{2}x^{\mathrm{T}}(t)\{A^{\mathrm{T}}P + PA - PBR^{-1}B^{\mathrm{T}}P + Q + \tilde{U}(P, \Delta A(t))\}x(t) = 0$$

即式(3-70)成立。另外

$$V(t_0, x^*(t_0)) = V(0, x(0)) = \frac{1}{2}x_0^{\mathrm{T}}Px_0 = J^*$$

根据定理 3.10，$u^*(t)$ 是系统(3-71)的一个保成本控制，J^* 是一个保成本。

进一步，由上述证明过程可知

$$\dot{V}(t,x(t))\Big|_{(3-73)} \leqslant -\frac{1}{2}(x^{\mathrm{T}}(t)Qx(t)+u^{\mathrm{T}}(t)Ru(t))<0\,(负定)$$

因此，由 Lyapunov 稳定性理论知闭环系统(3-73)是鲁棒渐近稳定的。

注 3.13　由定理 3.11 可见，如果能找到式(3-75)中给定的不确定界限 $\tilde{U}(P,\Delta A(t))$，且由代数 Riccati 方程(3-74)获得对称正定矩阵解 P，则可得到保成本控制律。因此，解决保成本控制问题的关键是找界限 $\tilde{U}(P,\Delta A(t))$。一般地，先根据不确定矩阵 $\Delta A(t)$ 的结构信息，确定 $\Delta A^{\mathrm{T}}(t)P+P\Delta A(t)$ 的界限 $\tilde{U}(P,\Delta A(t))$，再依据定理 3.11 给出相应控制器的设计结果。

1) $\Delta A(t)$ 满足非结构不确定性

定理 3.12　对非结构不确定系统(3-71)，即 $\sigma_{\max}(\Delta A(t))\leqslant\delta$，$\delta\geqslant0$ 是一个常数。设 x_0 是系统的初始状态，如果存在唯一对称正定矩阵 P，满足代数 Riccati 方程

$$A^{\mathrm{T}}P+PA-P(BR^{-1}B^{\mathrm{T}}-\varepsilon^{-1}I)P+Q_1=0 \tag{3-76}$$

则 $u^*(t)=-R^{-1}B^{\mathrm{T}}Px(t)$ 是系统(3-71)的一个保成本控制，$J^*=\frac{1}{2}x_0^{\mathrm{T}}Px_0$ 是相应的保成本。其中，$Q_1=Q+\varepsilon\delta^2 I$。

证：首先，对任意的非奇异对称矩阵 Γ，有

$$(\Gamma\Delta A(t)-\Gamma^{-1}P)^{\mathrm{T}}(\Gamma\Delta A(t)-\Gamma^{-1}P)\geqslant0$$

展开该式得

$$\Delta A^{\mathrm{T}}(t)P+P\Delta A(t)\leqslant\Delta A^{\mathrm{T}}(t)\Gamma^2\Delta A(t)+P\Gamma^{-2}P \tag{3-77}$$

选取 $\Gamma=\varepsilon^{1/2}I$，$\varepsilon>0$，代入式(3-77)得到

$$\Delta A^{\mathrm{T}}(t)P+P\Delta A(t)\leqslant\varepsilon\Delta A^{\mathrm{T}}(t)\Delta A(t)+\varepsilon^{-1}P^2\leqslant\varepsilon\lambda_{\max}(\Delta A^{\mathrm{T}}(t)\Delta A(t))I+\varepsilon^{-1}P^2$$
$$\leqslant\varepsilon\delta^2 I+\varepsilon^{-1}P^2\triangleq\tilde{U}_1(P,\Delta A(t))$$

其次，利用定理 3.11，将 $\tilde{U}_1(P,\Delta A(t))=\varepsilon\delta^2 I+\varepsilon^{-1}P^2$ 代入式(3-74)，得到

$$A^{\mathrm{T}}P+PA-PBR^{-1}B^{\mathrm{T}}P+Q+\varepsilon\delta^2 I+\varepsilon^{-1}P^2=0$$

整理即得方程(3-76)。根据定理 3.11 知，若方程(3-76)存在唯一对称正定矩阵解 P，则相应的 $u^*(t)$ 和 J^* 分别是一个保成本控制及相应的保成本。

2) ΔA 满足强结构不确定性

定理 3.13　对强结构不确定系统(3-71)，即 $|\Delta A(t)|=\big(|\Delta a_{ij}(t)|\big)\ll D=(d_{ij})$，且 D 是不可约非负矩阵。设 x_0 是系统的初始状态，如果存在唯一对称正定矩阵 P 满足代数 Riccati 方程

$$A^{\mathrm{T}}P + PA - P(BR^{-1}B^{\mathrm{T}} - \varepsilon^{-1}I)P + Q_2 = 0 \tag{3-78}$$

则 $u^*(t) = -R^{-1}B^{\mathrm{T}}Px(t)$ 是系统(3-71)的一个保成本控制， $J^* = \dfrac{1}{2}x_0^{\mathrm{T}}Px_0$ 是相应的保成本。其中， $Q_2 = Q + \varepsilon\rho(D^{\mathrm{T}}D)I$ 。

证：对强结构不确定矩阵 $\Delta A(t)$ ，由式(3-77)，选取 $\Gamma = \varepsilon^{1/2}I$ ， $\varepsilon > 0$ ，得

$$\begin{aligned}
\Delta A^{\mathrm{T}}(t)P + P\Delta A(t) &\leqslant \varepsilon \Delta A^{\mathrm{T}}(t)\Delta A(t) + \varepsilon^{-1}P^2 \\
&\leqslant \varepsilon\rho(\Delta A^{\mathrm{T}}(t)\Delta A(t))I + \varepsilon^{-1}P^2 \\
&\leqslant \varepsilon\rho\left(\left|\Delta A^{\mathrm{T}}(t)\right|\left|\Delta A(t)\right|\right)I + \varepsilon^{-1}P^2 \\
&\leqslant \varepsilon\rho(D^{\mathrm{T}}D)I + \varepsilon^{-1}P^2 \triangleq \tilde{U}_2(P, \Delta A(t))
\end{aligned}$$

利用定理 3.11，将 $\tilde{U}_2(P, \Delta A(t))$ 代入式(3-74)，即得证。

3) $\Delta A(t)$ 满足多胞型结构不确定性

定理 3.14　对多胞型结构不确定系统(3-71)，即 $\Delta A(t) = \displaystyle\sum_{i=1}^{m} r_i(t)E_i$ ， $\left|r_i(t)\right| \leqslant \bar{r}_i$ ，

$\bar{r}_i$ 是已知常数或未知有界常数， E_i 是已知的矩阵。设 x_0 是系统的初始状态，则有如下结果。

(1) 如果存在唯一对称正定矩阵 P ，满足代数 Riccati 方程

$$A^{\mathrm{T}}P + PA - P(BR^{-1}B^{\mathrm{T}} - m\varepsilon^{-1}I)P + Q_2 = 0 \tag{3-79}$$

则 $u(t) = -R^{-1}B^{\mathrm{T}}Px(t)$ 是系统(3-71)的一个保成本控制。其中， $Q_2 = Q + \varepsilon\displaystyle\sum_{i=1}^{m}\bar{r}_i^2 E_i^{\mathrm{T}}E_i$ 。

(2) 如果存在唯一对称正定矩阵 P ，满足代数 Riccati 方程

$$A_3^{\mathrm{T}}P + PA_3 - PBR^{-1}B^{\mathrm{T}}P + Q + \varepsilon\sum_{i=1}^{m}\bar{r}_i^2 E_i^{\mathrm{T}}PE_i = 0 \tag{3-80}$$

则 $u(t) = -R^{-1}B^{\mathrm{T}}Px(t)$ 是系统(3-71)的一个保成本控制。其中， $A_3 = A + \dfrac{1}{2}m\varepsilon^{-1}I$ 。

(3) 如果存在唯一对称正定矩阵 P ，满足代数 Riccati 方程

$$A^{\mathrm{T}}P + PA - PBR^{-1}B^{\mathrm{T}}P + Q_3 + \varepsilon\sum_{i=1}^{m}\bar{r}_i^2 E_i^{\mathrm{T}}P^2 E_i = 0 \tag{3-81}$$

则 $u(t) = -R^{-1}B^{\mathrm{T}}Px(t)$ 是系统(3-71)的一个保成本控制。其中， $Q_3 = Q + m\varepsilon^{-1}I$ 。

同时， $J^* = \dfrac{1}{2}x_0^{\mathrm{T}}Px_0$ 是上述保成本控制下的保成本。

证：对多胞型结构不确定矩阵 $\Delta A(t)$ ，设 Γ_i 是一个对称的非奇异矩阵，则

$$\Delta A^{\mathrm{T}}(t)P + P\Delta A(t) \leqslant \sum_{i=1}^{m} (\overline{r}_i^2 E_i^{\mathrm{T}} \Gamma_i^2 E_i + P\Gamma_i^{-2} P) \tag{3-82}$$

事实上，由 $\sum_{i=1}^{m} (r_i(t)\Gamma_i E_i - \Gamma_i^{-1}P)^{\mathrm{T}} (r_i(t)\Gamma_i E_i - \Gamma_i^{-1}P) \geqslant 0$ 展开即得到式(3-82)。

分别选取 $\Gamma_i = \varepsilon^{1/2}I$、$\Gamma_i = \varepsilon^{1/2}P^{1/2}$ 和 $\Gamma_i = \varepsilon^{1/2}P$，$\varepsilon > 0$，代入式(3-82)，依次得到

$$\Delta A^{\mathrm{T}}(t)P + P\Delta A(t) \leqslant \varepsilon \sum_{i=1}^{m} \overline{r}_i^2 E_i^{\mathrm{T}} E_i + m\varepsilon^{-1}P^2 \triangleq \tilde{U}_{31}(P,\Delta A(t)) \tag{3-83}$$

$$\Delta A^{\mathrm{T}}(t)P + P\Delta A(t) \leqslant \varepsilon \sum_{i=1}^{m} \overline{r}_i^2 E_i^{\mathrm{T}} P E_i + m\varepsilon^{-1}P \triangleq \tilde{U}_{32}(P,\Delta A(t)) \tag{3-84}$$

$$\Delta A^{\mathrm{T}}(t)P + P\Delta A(t) \leqslant \varepsilon \sum_{i=1}^{m} \overline{r}_i^2 E_i^{\mathrm{T}} P^2 E_i + m\varepsilon^{-1}I \triangleq \tilde{U}_{33}(P,\Delta A(t)) \tag{3-85}$$

利用定理 3.11，将界限 $\tilde{U}_{31}(P,\Delta A(t))$、$\tilde{U}_{32}(P,\Delta A(t))$ 和 $\tilde{U}_{33}(P,\Delta A(t))$ 依次代入式(3-74)，即得代数 Riccati 方程(3-79)~(3-81)，再根据定理 3.11，即得证。

4) $\Delta A(t)$ 满足范数有界不确定性

定理 3.15　对范数有界不确定系统(3-71)，即 $\Delta A(t) = DF(t)E$，其中 D、E 是适当维数的已知矩阵，$F(t)$ 是未知矩阵，满足 $F^{\mathrm{T}}(t)F(t) \leqslant I$。设 x_0 是系统的初始状态，如果存在唯一对称正定矩阵 P，满足代数 Riccati 方程

$$A^{\mathrm{T}}P + PA - P(BR^{-1}B^{\mathrm{T}} - \varepsilon^{-1}DD^{\mathrm{T}})P + Q_4 = 0 \tag{3-86}$$

则 $u(t) = -R^{-1}B^{\mathrm{T}}Px(t)$ 是系统(3-71)的一个保成本控制，$J^* = \frac{1}{2}x_0^{\mathrm{T}}Px_0$ 是相应的保成本。其中，$Q_4 = Q + \varepsilon E^{\mathrm{T}}E$。

证： 对范数有界不确定矩阵 $\Delta A(t)$，设 $\varepsilon > 0$ 是一个标量，则

$$\Delta A^{\mathrm{T}}(t)P + P\Delta A(t) \leqslant \varepsilon E^{\mathrm{T}}E + \varepsilon^{-1}PDD^{\mathrm{T}}P \triangleq \tilde{U}_4(P,\Delta A(t)) \tag{3-87}$$

事实上，设 Γ 是一个非奇异的对称矩阵，有

$$(\Gamma FE - \Gamma^{-1}D^{\mathrm{T}}P)^{\mathrm{T}}(\Gamma FE - \Gamma^{-1}D^{\mathrm{T}}P) \geqslant 0$$

展开得

$$\Delta A^{\mathrm{T}}(t)P + P\Delta A(t) \leqslant E^{\mathrm{T}}F^{\mathrm{T}}\Gamma^2 FE + PD\Gamma^{-2}D^{\mathrm{T}}P$$

选择 $\Gamma = \varepsilon^{1/2}I$，代入该式可得式(3-87)。

利用定理 3.13，将界限 $\tilde{U}_4(P,\Delta A(t))$ 代入式(3-74)，即得代数 Riccati 方程(3-86)，再根据定理 3.11，即得证。

2. 系统矩阵与控制输入矩阵均具有不确定性情形

考虑不确定线性系统

$$\dot{x}(t) = (A + \Delta A(t))x(t) + (B + \Delta B(t))u(t) \tag{3-88}$$

其性能指标仍由式(3-72)给出，即

$$J = \frac{1}{2}\int_0^\infty (x^{\mathrm{T}}(t)Qx(t) + u^{\mathrm{T}}(t)Ru(t))\mathrm{d}t$$

保成本控制问题　设计状态反馈控制律 $u(t) = -Kx(t)$，使闭环系统

$$\dot{x}(t) = (A - BK + \Delta A(t) - \Delta B(t)K)x(t) \tag{3-89}$$

的性能指标 J 具有上界 J^*。

下面分别对两种不确定性假设进行讨论。

1) 多胞型结构不确定性

假设系统(3-88)中不确定矩阵 $\Delta A(t)$ 和 $\Delta B(t)$ 满足矩阵多胞型结构不确定性

$$\Delta A(t) = \sum_{i=1}^{m} r_i(t)E_i, \quad \Delta B(t) = \sum_{j=1}^{p} s_j(t)G_j \tag{3-90}$$

其中，E_i, G_j 为已知的常值矩阵，$|r_i(t)| \leqslant \overline{r_i}$，$|s_j(t)| \leqslant \overline{s_j}$，$\overline{r} = \max_i\{\overline{r_i}\}$，$\overline{s} = \max_j\{\overline{s_j}\}$。

设 $E_i = E_{i1}E_{i2}, G_j = G_{j1}G_{j2}$ 分别是 E_i, G_j 的满秩分解，且记

$$\overline{E}_1 = [E_{11}\ E_{21}\ \cdots\ E_{m1}], \overline{E}_2^{\mathrm{T}} = [E_{12}^{\mathrm{T}}\ E_{22}^{\mathrm{T}}\ \cdots\ E_{m2}^{\mathrm{T}}]$$

$$\overline{G}_1 = [G_{11}\ G_{21}\ \cdots\ G_{p1}], \overline{G}_2^{\mathrm{T}} = [G_{12}^{\mathrm{T}}\ G_{22}^{\mathrm{T}}\ \cdots\ G_{p2}^{\mathrm{T}}]$$

则

$$\begin{aligned} \Delta A(t) &= \overline{E}_1\mathrm{diag}\{r_1(t)I,\cdots,r_m(t)I\}\overline{E}_2 \\ \Delta B(t) &= \overline{G}_1\mathrm{diag}\{s_1(t)I,\cdots,s_p(t)I\}\overline{G}_2 \end{aligned} \tag{3-91}$$

定理 3.16　假设存在一个正数 $\varepsilon > 0$，使得代数 Riccati 方程

$$A^{\mathrm{T}}P + PA - P(B\tilde{R}^{-1}B^{\mathrm{T}} - \varepsilon\overline{r}^2\overline{E}_1\overline{E}_1^{\mathrm{T}} - \varepsilon\overline{s}^2\overline{G}_1\overline{G}_1^{\mathrm{T}})P + Q_1 = 0 \tag{3-92}$$

有唯一的对称正定解 P，则 $u(t) = -\tilde{R}^{-1}B^{\mathrm{T}}Px(t)$ 是系统(3-88)的一个保成本控制，而 $J^* = \frac{1}{2}x_0^{\mathrm{T}}Px_0$ 是相应的保成本。进一步，闭环系统是鲁棒渐近稳定的。其中

$$\tilde{R} = R + \varepsilon^{-1}\overline{G}_2^{\mathrm{T}}\overline{G}_2, \quad Q_1 = Q + \varepsilon^{-1}\overline{E}_2^{\mathrm{T}}\overline{E}_2$$

证：对闭环系统(3-89)，利用定理 3.10，知

$$F(x(t), u(t), \theta, t) = (A - BK + \Delta A(t) - \Delta B(t)K)x(t)$$

$$L(x(t),u(t),\theta,t) = \frac{1}{2}(x^{\mathrm{T}}(t)Qx(t) + u^{\mathrm{T}}(t)Ru(t))$$

设 $V(t,x(t)) = \frac{1}{2}x^{\mathrm{T}}(t)Px(t)$, P 为对称正定矩阵, 则有

$$L(x(t),u(t),\theta,t) + \dot{V}(t,x(t))\Big|_{(3\text{-}89)}$$

$$= \frac{1}{2}x^{\mathrm{T}}(t)\{(A-BK)^{\mathrm{T}}P + P(A-BK) + Q + K^{\mathrm{T}}RK\}x(t)$$

$$+ x^{\mathrm{T}}(t)P\sum_{i=1}^{m}r_i(t)E_ix(t) - x^{\mathrm{T}}(t)P\sum_{i=1}^{p}s_i(t)G_iKx(t)$$

利用基本不等式, 有

$$x^{\mathrm{T}}(t)P\sum_{i=1}^{m}r_i(t)E_ix(t) \leqslant \frac{1}{2}x^{\mathrm{T}}(t)\sum_{i=1}^{m}(\varepsilon\overline{r}_i^2PE_{i1}E_{i1}^{\mathrm{T}}P + \varepsilon^{-1}E_{i2}^{\mathrm{T}}E_{i2})x(t)$$

$$\leqslant \frac{1}{2}x^{\mathrm{T}}(t)(\varepsilon\overline{r}^2P\overline{E}_1\overline{E}_1^{\mathrm{T}}P + \varepsilon^{-1}\overline{E}_2^{\mathrm{T}}\overline{E}_2)x(t)$$

$$-x^{\mathrm{T}}(t)P\sum_{j=1}^{p}s_j(t)G_jKx(t) \leqslant \frac{1}{2}x^{\mathrm{T}}(t)\sum_{j=1}^{p}(\varepsilon\overline{s}_j^2PG_{j1}G_{j1}^{\mathrm{T}}P + \varepsilon^{-1}KG_{j2}^{\mathrm{T}}G_{j2}K)x(t)$$

$$\leqslant \frac{1}{2}x^{\mathrm{T}}(t)(\varepsilon\overline{s}^2P\overline{G}_1\overline{G}_1^{\mathrm{T}}P + \varepsilon^{-1}K^{\mathrm{T}}\overline{G}_2^{\mathrm{T}}\overline{G}_2K)x(t)$$

则

$$L(x(t),u(t),\theta,t) + \dot{V}(t,x(t))\Big|_{(3\text{-}89)}$$

$$\leqslant \frac{1}{2}x^{\mathrm{T}}(t)\{A^{\mathrm{T}}P + PA - K^{\mathrm{T}}B^{\mathrm{T}}P - PBK + K^{\mathrm{T}}(R + \varepsilon^{-1}\overline{G}_2^{\mathrm{T}}\overline{G}_2)K$$

$$+ P(\varepsilon\overline{r}^2\overline{E}_1\overline{E}_1^{\mathrm{T}} + \varepsilon\overline{s}^2\overline{G}_1\overline{G}_1^{\mathrm{T}})P + \varepsilon^{-1}\overline{E}_2^{\mathrm{T}}\overline{E}_2 + Q\}x(t)$$

$$= \frac{1}{2}x^{\mathrm{T}}(t)\{A^{\mathrm{T}}P + PA - P(B\tilde{R}^{-1}B^{\mathrm{T}} - \varepsilon\overline{r}^2\overline{E}_1\overline{E}_1^{\mathrm{T}} - \varepsilon\overline{s}^2\overline{G}_1\overline{G}_1^{\mathrm{T}})P$$

$$+ \varepsilon^{-1}\overline{E}_2^{\mathrm{T}}\overline{E}_2 + Q + (\tilde{R}K - B^{\mathrm{T}}P)^{\mathrm{T}}\tilde{R}^{-1}(\tilde{R}K - B^{\mathrm{T}}P)\}x(t)$$

当 $K = \tilde{R}^{-1}B^{\mathrm{T}}P$ 时

$$L(x(t),u(t),\theta,t) + \dot{V}(t,x(t))\Big|_{(3\text{-}89)}$$

$$\leqslant \frac{1}{2}x^{\mathrm{T}}(t)\{A^{\mathrm{T}}P + PA - P(B\tilde{R}^{-1}B^{\mathrm{T}} - \varepsilon\overline{r}^2\overline{E}_1\overline{E}_1^{\mathrm{T}} - \varepsilon\overline{s}^2\overline{G}_1\overline{G}_1^{\mathrm{T}})P + \varepsilon^{-1}\overline{E}_2^{\mathrm{T}}\overline{E}_2 + Q\}x(t)$$

若代数 Riccati 方程(3-92)有对称正定解, 则

$$L(x(t),u(t),\theta,t) + \dot{V}(t,x(t))\Big|_{(3\text{-}89)} \leqslant 0$$

即式(3-70)成立。

2) 范数有界不确定性

假设系统(3-88)中不确定矩阵 $\Delta A(t)$ 和 $\Delta B(t)$ 满足范数有界不确定性，即

$$[\Delta A(t)\ \Delta B(t)] = DF(t)[E_1\ E_2]，\quad F^{\mathrm{T}}(t)F(t) \leqslant I$$

其中，$D \in \mathrm{R}^{n\times h}$、$E_1 \in \mathrm{R}^{h\times n}$ 和 $E_2 \in \mathrm{R}^{h\times m}$ 是已知矩阵，$F(t) \in \mathrm{R}^{h\times h}$ 是不确定矩阵。

定理 3.17　假设存在一个正数 $\varepsilon > 0$，使得代数 Riccati 方程

$$A_1^{\mathrm{T}}P + PA_1 - \varepsilon P(B\tilde{R}^{-1}B^{\mathrm{T}} - DD^{\mathrm{T}})P + Q_1 = 0 \tag{3-93}$$

有唯一的对称正定解 P，则 $u(t) = -\tilde{R}^{-1}(\varepsilon B^{\mathrm{T}}P + E_2^{\mathrm{T}}E_1)x(t)$ 是系统(3-89)的一个保成本控制，而 $J^* = \frac{1}{2}x_0^{\mathrm{T}}Px_0$ 是相应的保成本。进一步，闭环系统是鲁棒渐近稳定的。其中

$$\tilde{R} = \varepsilon R + E_2^{\mathrm{T}}E_2，\quad A_1 = A - B\tilde{R}^{-1}E_2^{\mathrm{T}}E_1，\quad Q_1 = Q + \varepsilon^{-1}E_1^{\mathrm{T}}(\varepsilon I - E_2R^{-1}E_2^{\mathrm{T}})E_1$$

证：对闭环系统(3-89)，利用定理 3.10，有

$$F(x(t),u(t),\theta,t) = (A - BK + DF(t)(E_1 - E_2K))x(t)$$

$$L(x(t),u(t),\theta,t) = \frac{1}{2}(x^{\mathrm{T}}(t)Qx(t) + u^{\mathrm{T}}(t)Ru(t))$$

设 $V(t,x(t)) = \frac{1}{2}x^{\mathrm{T}}(t)Px(t)$，$P$ 为对称正定矩阵，则沿闭环系统(3-89)求导有

$$L(x(t),u(t),\theta,t) + \dot{V}(t,x(t))\Big|_{(3-89)}$$

$$= \frac{1}{2}x^{\mathrm{T}}(t)\{(A-BK)^{\mathrm{T}}P + P(A-BK) + Q + K^{\mathrm{T}}RK\}x(t) + x^{\mathrm{T}}(t)PDF(E_1 - E_2K)x(t)$$

$$\leqslant \frac{1}{2}x^{\mathrm{T}}(t)\{(A-BK)^{\mathrm{T}}P + P(A-BK) + Q + K^{\mathrm{T}}RK$$

$$+ \varepsilon^{-1}(E_1 - E_2K)^{\mathrm{T}}(E_1 - E_2K) + \varepsilon PDD^{\mathrm{T}}P\}x(t)$$

$$= \frac{1}{2}x^{\mathrm{T}}(t)\{A^{\mathrm{T}}P + PA + Q + \varepsilon PDD^{\mathrm{T}}P - \varepsilon^{-1}(\varepsilon B^{\mathrm{T}}P + E_2^{\mathrm{T}}E_1)^{\mathrm{T}}\tilde{R}^{-1}(\varepsilon B^{\mathrm{T}}P + E_2^{\mathrm{T}}E_1)$$

$$+ \varepsilon^{-1}E_1^{\mathrm{T}}E_1 + \varepsilon^{-1}(\tilde{R}K - (\varepsilon B^{\mathrm{T}}P + E_2^{\mathrm{T}}E_1))^{\mathrm{T}}\tilde{R}^{-1}(\tilde{R}K - (\varepsilon B^{\mathrm{T}}P + E_2^{\mathrm{T}}E_1))\}x(t)$$

选取 $K = \tilde{R}^{-1}(\varepsilon B^{\mathrm{T}}P + E_2^{\mathrm{T}}E_1)$，则

$$L(x(t),u(t),\theta,t) + \dot{V}(t,x(t))\Big|_{(3-89)}$$

$$\leqslant \frac{1}{2}x^{\mathrm{T}}(t)\{(A - B\tilde{R}^{-1}E_2^{\mathrm{T}}E_1)^{\mathrm{T}}P + P(A - B\tilde{R}^{-1}E_2^{\mathrm{T}}E_1) - \varepsilon P(B\tilde{R}^{-1}B^{\mathrm{T}} - DD^{\mathrm{T}})P$$

$$+ Q + \varepsilon^{-1}E_1^{\mathrm{T}}(\varepsilon I - E_2\tilde{R}^{-1}E_2^{\mathrm{T}})E_1\}x(t)$$

若存在标量 $\varepsilon > 0$，使得代数 Riccati 方程(3-93)有对称正定解，则

$$L(x(t),u(t),\theta,t) + \dot{V}(t,x(t))\big|_{(3\text{-}89)} \leq 0$$

即式(3-70)成立。

例 3.5　设系统(3-88)中的矩阵参数为

$$A = \begin{bmatrix} 0 & 1 \\ 1 & -2 \end{bmatrix}, \quad B = \begin{bmatrix} 2 \\ 2 \end{bmatrix}, \quad \Delta A(t) = \begin{bmatrix} 0.1\sin t & 0.1\sin t \\ 0.1\cos t & 0.2\cos t \end{bmatrix}, \quad \Delta B(t) = \begin{bmatrix} 0.1\sin t \\ 0.1\cos t \end{bmatrix}$$

初始状态 $x_0 = [1 \quad -1]^{\mathrm{T}}$ 及性能指标(3-72)中的矩阵参数为

$$Q = \begin{bmatrix} 1 & 0 \\ 0 & 0.5 \end{bmatrix}, \quad R = 1$$

求系统的一个保成本控制及保成本。

解： 首先，分解不确定矩阵 $\Delta A(t)$、$\Delta B(t)$ 为范数有界不确定性

$$\Delta A(t) = \begin{bmatrix} 0.1\sin t & 0.1\sin t \\ 0.1\cos t & 0.2\cos t \end{bmatrix} = \begin{bmatrix} 0.1 & 0 \\ 0 & 0.1 \end{bmatrix} \begin{bmatrix} \sin t & 0 \\ 0 & \cos t \end{bmatrix} \begin{bmatrix} 1 & 1 \\ 1 & 2 \end{bmatrix}$$

$$\Delta B(t) = \begin{bmatrix} 0.1\sin t \\ 0.1\cos t \end{bmatrix} = \begin{bmatrix} 0.1 & 0 \\ 0 & 0.1 \end{bmatrix} \begin{bmatrix} \sin t & 0 \\ 0 & \cos t \end{bmatrix} \begin{bmatrix} 1 \\ 1 \end{bmatrix}$$

其次，利用定理 3.17，取 $\varepsilon = 2$，求解代数 Riccati 方程(3-93)得

$$P = \begin{bmatrix} 0.3904 & -0.0571 \\ -0.0571 & 0.1487 \end{bmatrix}$$

因此

$$u(t) = -[0.8333 \quad 0.8416]x(t)$$

是系统的一个保成本控制，相应的保成本为 $J^* = 0.3267$。闭环系统状态轨迹图如图 3.9 所示。

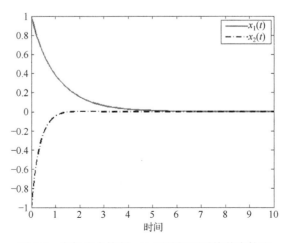

图 3.9　在保成本控制 $u(t)$ 下的闭环系统状态轨迹

3.3.3 相关问题讨论

1. 对称正定矩阵 P 的存在性

在设计状态反馈控制律过程中，我们假设存在一个对称正定矩阵 P 满足代数 Riccati 方程(3-74)。那么，方程(3-74)在什么情况下有对称正定解？

根据最优控制理论，方程(3-74)存在对称正定解的充要条件是矩阵对 $(A,(Q+\tilde{U}(P,\Delta A(t)))^{1/2})$ 是可检的。有学者已证明：如果矩阵对 $(A,Q^{1/2})$ 是可检测的，且 $\tilde{U}(P,\Delta A(t))$ 是对称半正定的，则解 P 存在且是对称正定的。因此，在实际应用中，只要保证 $\tilde{U}(P,\Delta A(t))$ 是对称半正定矩阵即可。

而在设计控制律时，需要相应的代数 Riccati 方程，如方程(3-76)、方程(3-78)～方程(3-81)、方程(3-86)、方程(3-92)～方程(3-93)等存在对称正定解 P，由于某些方程的复杂性，其解的存在性条件不容易讨论。

2. 保成本的最小化

从上述讨论中可以看出，由于可调参数 ε 的存在(如定理 3.13～定理 3.17)导致了保成本控制策略的非唯一性(对称正定解 P 随参数 ε 变化)，而每个保成本控制都能给出一个保成本(随参数 ε 变化)。因此，应该对 ε 进行优化选择，以便得到最小化的保成本。此外，保成本的大小还依赖于初始状态 x_0，我们也希望找到一个保成本控制，使保成本达到最小且不依赖于初始状态 x_0。为了解决这一问题，提出两种解决方法。

1) 随机初始条件法

假设初始状态 x_0 是一个零均值随机变量，并满足 $\mathrm{E}\{x_0 x_0^{\mathrm{T}}\}=I$，那么

$$\mathrm{E}(J) \leqslant \mathrm{E}\left\{\frac{1}{2}x_0^{\mathrm{T}}Px_0\right\} = \mathrm{E}\left\{\mathrm{tr}\left(\frac{1}{2}x_0 x_0^{\mathrm{T}}P\right)\right\} = \frac{1}{2}\mathrm{tr}(P) \tag{3-94}$$

从而问题的解决可以转化为：选择 ε 使 $\mathrm{tr}(P)$ 最小化，即 $\min_{\varepsilon}\mathrm{tr}(P)$。于是，最优保成本控制问题可以处理为：考虑系统(3-71)(或系统(3-88))和性能指标(3-72)，寻找 ε^* 使得相应的代数 Riccati 方程的对称正定解 P 的迹被最小化。

2) 最坏初始条件法

假设初始状态 x_0 是有界的，即 $x_0 \in \Omega_0 \subset \mathrm{R}^n$，我们希望找到这样的 J^*，使得

$$J^* = \min_{\varepsilon}\max_{x_0 \in \Omega_0}\frac{1}{2}x_0^{\mathrm{T}}Px_0 \tag{3-95}$$

因为

$$\max_{x_0 \in \Omega_0}\frac{1}{2}x_0^{\mathrm{T}}Px_0 \leqslant \frac{1}{2}\lambda_{\max}(P)\max_{x_0 \in \Omega_0}x_0^{\mathrm{T}}x_0 \leqslant \frac{\delta^2}{2}\lambda_{\max}(P)$$

其中，$\delta = \max\{\|x_0\|: x_0 \in \Omega_0\}$。所以，可以用最小化 $\lambda_{\max}(P)$ 来代替式(3-95)，即在相应的代数 Riccati 方程中，选择 $\varepsilon > 0$ 使 $\lambda_{\max}(P)$ 被最小化。

3.4　本章小结

本章主要介绍了基于 Lyapunov 稳定性理论的不确定系统鲁棒控制器设计方法，根据控制的目标不同，分为鲁棒镇定控制器设计、鲁棒二次镇定控制器设计和保成本控制器设计三个部分，设计的控制律形式包括状态反馈、观测器状态反馈和静态/动态输出反馈，所用方法有矩阵代数 Riccati 方程方法和 LMI 方法。针对所给出的控制律设计结果，书中提供了相应的数值算例，并对部分相关问题进行了讨论。

第4章 不确定系统鲁棒 H_∞ 控制器设计

鲁棒控制理论发展最突出标志之一是 H_∞ 控制。H_∞ 控制方法始于 1981 年，Zames 提出了最优灵敏度控制方法，把单输入-单输出线性反馈系统的灵敏度问题看作是 H_∞ 最小范数问题，不但考虑了系统的稳定性，还利用优化方法降低了系统对不确定扰动输入的敏感性，首次提出利用控制系统扰动输入到被控输出之间传递函数的 H_∞ 范数作为优化指标[17]。基于 H_∞ 优化设计方法，学者们研究发现，很多有关控制系统的鲁棒性分析和综合问题均可以归结为标准的 H_∞ 控制问题，如鲁棒稳定性、鲁棒镇定、跟踪问题等[42]。1989 年，Doyle 等将标准的 H_∞ 控制问题归结为两个代数 Riccati 方程的求解问题，这是 H_∞ 控制理论研究的重大突破[43]。1994 年，Iwasaki 等将 H_∞ 控制问题进一步归结为 LMI 的求解问题，从而将 H_∞ 控制问题转化为一个凸优化问题[44]。其后，H_∞ 控制方法又被推广到同时具有参数不确定性和扰动输入的控制系统，形成了鲁棒 H_∞ 控制方法。鲁棒 H_∞ 控制器设计通常包括状态反馈控制、输出反馈控制和观测器反馈控制等，研究成果相当丰富[5, 6, 45-53]。

4.1 扰动输入系统的 H_∞ 性能与 H_∞ 控制

4.1.1 H_∞ 性能

考虑带有扰动输入的线性系统

$$\begin{aligned} \dot{x}(t) &= Ax(t) + Bw(t) \\ z(t) &= Cx(t) + Dw(t) \end{aligned} \tag{4-1}$$

其中，$x(t) \in \mathbf{R}^n$、$w(t) \in \mathbf{R}^r$、$z(t) \in \mathbf{R}^q$ 分别是系统的状态向量、扰动输入和被控输出，$A \in \mathbf{R}^{n \times n}$、$B \in \mathbf{R}^{n \times r}$、$C \in \mathbf{R}^{q \times n}$、$D \in \mathbf{R}^{q \times r}$ 是常值矩阵，且扰动输入 $w(t)$ 是能量有限的，即满足条件：

$$\|w\|_2 = \left(\int_0^\infty \|w(t)\|_2^2 \, \mathrm{d}t \right)^{1/2} < \infty \tag{4-2}$$

系统(4-1)的由扰动输入 $w(t)$ 到被控输出 $z(t)$ 的传递函数矩阵为

$$G(s) = C(sI - A)^{-1}B + D \tag{4-3}$$

传递函数矩阵 $G(s) \in \mathrm{C}^{q \times r}$ 是定义在复数域 C 上的函数矩阵，在频域内刻画了系统的扰动输入与被控输出间的传递关系，即 $Z(s) = G(s)W(s)$，其中 $Z(s)$ 和 $W(s)$ 分别是 $z(t)$ 和 $w(t)$ 的 Laplace 变换。同时，传递函数矩阵也反映了系统的扰动输入对被控输出的影响。

对于内稳定的系统(4-1)(即系统在 $w(t)=0$ 时是渐近稳定的)，则其严格真的传递函数矩阵 $G(s)$(此时也称其为稳定的传递函数矩阵)的 H_∞ 范数为

$$\|G\|_\infty = \sup_\omega \sigma_{\max}(G(\mathrm{j}\omega)) \tag{4-4}$$

特别地，当 $G(s)$ 是标量传递函数时，$\|G\|_\infty = \sup_\omega |G(\mathrm{j}\omega)|$。

传递函数矩阵的 H_∞ 范数表示系统增益的最大值，即系统扰动输入对被控输出的最大影响。从系统扰动分析的角度，我们希望这个"最大影响"越小越好，或者至少小于某一容许限度，如 $\|G\|_\infty < \gamma$ ($\gamma > 0$ 为给定的正数)。

另外，从时域的角度，传递函数矩阵 G 的 H_∞ 范数为

$$\|G\|_\infty = \sup_{w \neq 0} \frac{\|z\|_2}{\|w\|_2} \tag{4-5}$$

其中，$\|w\|_2$ 和 $\|z\|_2$ 分别代表扰动输入和被控输出的能量，$\|w\|_2$ 如式(4-2)所示，$\|z\|_2$ 为

$$\|z\|_2 = \left(\int_0^{+\infty} \|z(t)\|_2^2 \,\mathrm{d}t\right)^{1/2}$$

可见，传递函数矩阵在时域内的 H_∞ 范数为被控输出信号与扰动输入信号的能量之比的最大值，同样反映了系统扰动输入对被控输出的最大影响。我们希望这种影响越小越好，或者至少在能容忍的范围之内，如 $\|G\|_\infty < \gamma$ 或 $\|z\|_2 < \gamma\|w\|_2$ ($\gamma > 0$ 为给定的正数)。

定义 4.1 对于系统(4-1)和给定的正数 $\gamma > 0$，若当 $w(t)=0$ 时，系统是渐近稳定的(即系统内稳定或矩阵 A 为 Hurwitz 稳定的)；而当 $w(t) \neq 0$ 时，系统在零初始状态下满足

$$\|G\|_\infty < \gamma \tag{4-6}$$

或

$$\|z\|_2 < \gamma\|w\|_2 \tag{4-7}$$

则称系统(4-1)满足 H_∞ 性能，且 $\gamma > 0$ 称为 H_∞ 性能指标，也称系统(4-1)是具有扰动衰减度 γ 渐近稳定的或 $H_\infty - \gamma$ 渐近稳定的。

4.1.2 H_∞ 性能分析

对于给定的线性系统(4-1)，如何判断其是否满足 H_∞ 性能，关键在于是否有

$\|G\|_\infty < \gamma$ 或 $\|z\|_2 < \gamma \|w\|_2$。

下面的有界实引理从矩阵代数的角度给出了判别 $\|G\|_\infty < \gamma$ 成立的等价条件。

引理 4.1[5]　（有界实引理）　对系统(4-1)和给定的正数 $\gamma > 0$，设矩阵 A 是 Hurwitz 稳定的，则 $\|G\|_\infty < \gamma$ 成立当且仅当

(1)　$R = \gamma^2 I - D^T D > 0$；

(2)　存在对称矩阵 $P = P^T \in \mathrm{R}^{n \times n}$ 满足矩阵代数 Riccati 方程

$$(A + BR^{-1}D^T C)^T P + P(A + BR^{-1}D^T C) + PBR^{-1}B^T P$$
$$+ C^T (I + DR^{-1}D^T)C = 0 \tag{4-8}$$

且使得 $A + BR^{-1}(B^T P + D^T C)$ 是稳定的。如果这样的矩阵 P 存在，则 $P \geqslant 0$（P 称为代数 Riccati 方程(4-8)的稳定化对称半正定解）。

由于引理 4.1 仅能保证解矩阵 P 是对称半正定的，而未必是对称正定的，因此在应用引理 4.1 处理有关问题时会遇到一定的困难。对此，有如下结论。

引理 4.2[5]　对给定的正数 $\gamma > 0$，假设 $R = \gamma^2 I - D^T D > 0$，则下述两个命题等价。

(1)　存在对称正定矩阵 $0 < \tilde{P} \in \mathrm{R}^{n \times n}$，满足

$$A^T \tilde{P} + \tilde{P} A + (B^T \tilde{P} + D^T C)^T R^{-1} (B^T \tilde{P} + D^T C) + C^T C < 0 \tag{4-9}$$

(2)　矩阵 A 是 Hurwitz 稳定的且矩阵代数 Riccati 方程

$$A^T P + PA + (B^T P + D^T C)^T R^{-1} (B^T P + D^T C) + C^T C = 0 \tag{4-10}$$

有一个稳定化的对称半正定解 $0 \leqslant P \in \mathrm{R}^{n \times n}$。

进而，如果上述命题(1)与(2)成立，则 $P > \tilde{P}$。

注 4.1　由于代数 Riccati 方程(4-10)是方程(4-8)的另一种形式，因此，引理 4.2 表明在 $R = \gamma^2 I - D^T D > 0$ 条件下，方程(4-8)存在稳定化对称半正定解与矩阵不等式(4-9)存在对称正定解是等价的。

综合引理 4.1 和引理 4.2，我们给出如下以 LMI 形式表述的结果。

引理 4.3　对给定的正数 $\gamma > 0$，假设 $R = \gamma^2 I - D^T D > 0$，则 $\|G\|_\infty < \gamma$ 的充要条件是：存在对称正定矩阵 $P > 0$，使得如下 LMI 之一成立，即

$$\begin{bmatrix} A^T P + PA & PB & C^T \\ B^T P & -\gamma I & D^T \\ C & D & -\gamma I \end{bmatrix} < 0 \tag{4-11}$$

或

$$\begin{bmatrix} -\gamma I & C & D \\ C^{\mathrm{T}} & A^{\mathrm{T}}P+PA & PB \\ D^{\mathrm{T}} & B^{\mathrm{T}}P & -\gamma I \end{bmatrix} < 0 \qquad (4\text{-}12)$$

证： 由引理 4.1 和引理 4.2，$\|G\|_\infty < \gamma$ 的充要条件是 $R = \gamma^2 I - D^{\mathrm{T}}D > 0$ 且不等式(4-9)具有对称正定解 $\tilde{P} > 0$，即

$$A^{\mathrm{T}}\tilde{P} + \tilde{P}A + (B^{\mathrm{T}}\tilde{P} + D^{\mathrm{T}}C)^{\mathrm{T}} R^{-1}(B^{\mathrm{T}}\tilde{P} + D^{\mathrm{T}}C) + C^{\mathrm{T}}C < 0$$

利用 Schur 补引理(引理 B.1)，上述不等式等价于

$$\begin{bmatrix} A^{\mathrm{T}}\tilde{P} + \tilde{P}A + C^{\mathrm{T}}C & (B^{\mathrm{T}}\tilde{P} + D^{\mathrm{T}}C)^{\mathrm{T}} \\ B^{\mathrm{T}}\tilde{P} + D^{\mathrm{T}}C & -\gamma^2 I + D^{\mathrm{T}}D \end{bmatrix} < 0 \qquad (4\text{-}13)$$

再次利用 Schur 补引理，式(4-13)等价于

$$\begin{bmatrix} A^{\mathrm{T}}\tilde{P} + \tilde{P}A & \tilde{P}B & C^{\mathrm{T}} \\ B^{\mathrm{T}}\tilde{P} & -\gamma^2 I & D^{\mathrm{T}} \\ C & D & -I \end{bmatrix} < 0$$

对该式用 $\mathrm{diag}\{\gamma^{-1/2}I, \gamma^{-1/2}I, \gamma^{1/2}I\}$ 作合同变换，并记 $\gamma^{-1}\tilde{P}$ 为 P，即得等价的 LMI(4-11)。

另外，利用 Schur 补引理，不等式(4-13)等价于

$$\begin{bmatrix} -I & C & D \\ C^{\mathrm{T}} & A^{\mathrm{T}}\tilde{P} + \tilde{P}A & \tilde{P}B \\ D^{\mathrm{T}} & B^{\mathrm{T}}\tilde{P} & -\gamma^2 I \end{bmatrix} < 0$$

再利用 $\mathrm{diag}\{\gamma^{1/2}I, \gamma^{-1/2}I, \gamma^{-1/2}I\}$ 作合同变换，并记 $\gamma^{-1}\tilde{P}$ 为 P，即得等价的 LMI(4-12)。

注 4.2　由引理 4.3，可以给出求最小 γ 值的凸优化问题如下：

$$\min_{P>0,\gamma>0} \gamma \qquad \text{或} \qquad \min_{P>0,\gamma>0} \gamma$$
$$\text{s.t. 式(4-11)成立} \qquad\qquad \text{s.t. 式(4-12)成立}$$

在实际中，有界实引理的另一种表述也常被用到。

引理 4.4[6]　(有界实引理)　下述两个命题是等价的。

(1) $\|G\|_\infty < \gamma$。

(2) 对于一个充分小的正数 $\varepsilon > 0$，矩阵代数 Riccati 方程

$$(A + BR^{-1}D^{\mathrm{T}}C)^{\mathrm{T}}P + P(A + BR^{-1}D^{\mathrm{T}}C) + PBR^{-1}B^{\mathrm{T}}P$$
$$+ C^{\mathrm{T}}(I + DR^{-1}D^{\mathrm{T}})C + \varepsilon I = 0 \tag{4-14}$$

具有对称正定解 $P > 0$ 。

例 4.1　考虑不确定线性系统(4-1)，设系统参数为

$$A = \begin{bmatrix} -0.8 & 0 \\ -1 & -0.9 \end{bmatrix}, \quad B = \begin{bmatrix} 0.5 \\ 1 \end{bmatrix}, \quad C = [0 \ 1], \quad D = 1$$

(1) 给定 $\gamma = 1.8$ ，利用引理 4.1 及引理 4.3 分别判断 $\|G\|_\infty < \gamma$ 是否成立?

(2) 利用注 4.3，求最优的 H_∞ 性能指标 $\gamma_{\min}$ 。

解: (1)利用引理 4.1，求解矩阵代数 Riccati 方程(4-8)，得到对称正定解

$$P = \begin{bmatrix} 0.7302 & -0.6826 \\ -0.6826 & 1.4530 \end{bmatrix}$$

所以，$\|G\|_\infty < 1.8$ 。另外，也可利用引理 4.3 进行判断，因为 LMI(4-11)或(4-12) 有对称正定解

$$P = \begin{bmatrix} 2.4142 & -1.2328 \\ -1.2328 & 1.5517 \end{bmatrix}$$

(2) 利用注 4.3，求解两个凸优化问题，最优的 H_∞ 性能指标均是 $\gamma_{\min} = 1.6203$ 。

4.1.3　线性系统 H_∞ 控制

考虑具有外部扰动输入的线性控制系统

$$\begin{aligned} \dot{x}(t) &= Ax(t) + B_1 w(t) + B_2 u(t) \\ z(t) &= C_1 x(t) + D_{11} w(t) + D_{12} u(t) \\ y(t) &= C_2 x(t) + D_{21} w(t) + D_{22} u(t) \end{aligned} \tag{4-15}$$

其中，$x(t) \in \mathrm{R}^n$、$w(t) \in \mathrm{R}^r$、$u(t) \in \mathrm{R}^m$ 分别是系统的状态向量、扰动输入和控制输入，$z(t) \in \mathrm{R}^q$、$y(t) \in \mathrm{R}^p$ 是系统被控输出和测量输出，$A \in \mathrm{R}^{n \times n}$、$B_1 \in \mathrm{R}^{n \times r}$、$B_2 \in \mathrm{R}^{n \times m}$、$C_1 \in \mathrm{R}^{q \times n}$、$D_{11} \in \mathrm{R}^{q \times r}$、$D_{12} \in \mathrm{R}^{q \times m}$、$C_2 \in \mathrm{R}^{p \times n}$、$D_{21} \in \mathrm{R}^{p \times r}$、$D_{22} \in \mathrm{R}^{p \times m}$ 均是常值矩阵，且扰动输入是能量有限的，即 $w(t)$ 满足条件(4-2)。

H_∞ 控制问题　对于系统(4-15)，设计反馈控制律 $u(t)$ ，使得相应的闭环系统是内稳定(当 $w(t) = 0$ 时渐近稳定)，且在零初始条件下其传递函数矩阵 $G_c(s)$ 的 H_∞ 范数满足 $\|G_c\|_\infty < \gamma$ 或者扰动输入与被控输出满足 $\|z\|_2 < \gamma \|w\|_2$ 。此时，所设计的反馈控制律 $u(t)$ 称为系统(4-15)的 H_∞ 反馈控制律。

具体的，主要包含以下两个方面:

(1) **H_∞ 性能分析**　在 $u(t)=0$ 时，分析系统(4-15)的 H_∞ 性能，给出其满足 H_∞ 性能的判别条件；

(2) **H_∞ 控制器设计**　在 $u(t) \neq 0$ 时，设计系统(4-15)的 H_∞ 反馈控制律 $u(t)$，使得闭环系统满足 H_∞ 性能。

定义 4.2　对于线性控制系统(4-15)和给定的正数 $\gamma > 0$，若存在反馈控制律 $u(t)$，使得闭环系统：(1)当 $w(t) = 0$ 时，是渐近稳定的；(2)当 $w(t) \neq 0$ 时，在零初始状态下满足 $\|G_c\|_\infty < \gamma$ 或 $\|z\|_2 < \gamma \|w\|_2$，则称 $u(t)$ 是系统(4-15)的 H_∞ 反馈控制律。

对系统(4-15)，根据系统的可稳、可检性，可以设计状态反馈 H_∞ 控制律、输出反馈 H_∞ 控制律或观测器状态反馈 H_∞ 控制律。

通常，假设系统(4-15)中的系数矩阵满足以下条件(或部分条件)：

(1) (A, B_1) 和 (A, B_2) 是可稳的；

(2) (A, C_1) 和 (A, C_2) 是可检的。

一般地，条件(1)保证状态反馈 H_∞ 控制问题有解，条件(1)～(2)保证输出反馈 H_∞ 控制问题和观测器状态反馈 H_∞ 控制问题有解。

4.2　基于代数 Riccati 方程的线性系统 H_∞ 控制器

4.2.1　状态反馈 H_∞ 控制器设计

考虑系统(4-15)的特殊情形——系统状态可被直接测量，即 $y(t) = x(t)$，亦即观测输出中的参数满足 $C_2 = I, D_{21} = 0, D_{22} = 0$。此时，系统(4-15)成为

$$
\begin{aligned}
\dot{x}(t) &= Ax(t) + B_1 w(t) + B_2 u(t) \\
z(t) &= C_1 x(t) + D_{11} w(t) + D_{12} u(t) \\
y(t) &= x(t)
\end{aligned}
\tag{4-16}
$$

设计状态反馈控制

$$
u(t) = -Kx(t)
\tag{4-17}
$$

其中，$K \in \mathbf{R}^{m \times n}$ 是待设计的增益矩阵。

相应的闭环系统为

$$
\begin{aligned}
\dot{x}(t) &= (A - B_2 K)x(t) + B_1 w(t) \\
z(t) &= (C_1 - D_{12} K)x(t) + D_{11} w(t)
\end{aligned}
\tag{4-18}
$$

及传递函数矩阵为

$$
G_c(s) = (C_1 - D_{12} K)(sI - (A - B_2 K))^{-1} B_1 + D_{11}
$$

状态反馈 H_∞ 控制问题　设计状态反馈控制律(4-17)，使得闭环系统(4-18)满足

(1) 当 $w(t) \equiv 0$ 时，是渐近稳定的(即 $A - B_2 K$ 稳定)；

(2) 当 $w(t) \neq 0$ 时，在零初始条件下满足 $\|G_c\|_\infty < \gamma$。

如果存在满足条件(1)和(2)的状态反馈控制律(4-18)，则称其为系统(4-15)的状态反馈 H_∞ 控制律或 H_∞ 状态反馈控制律。

在系统(4-16)中，设矩阵 $D_{12} \in \mathrm{R}^{q \times m}$ 满足 $\mathrm{rank}(D_{12}) = s < m$，则存在矩阵 U、Σ，使得 $D_{12} = U\Sigma$ 为矩阵 D_{12} 的满秩分解。于是，存在矩阵 $\Phi_F \in \mathrm{R}^{(m-s) \times m}$ 满足 $\Phi_F \Sigma^\mathrm{T} = 0$ 且 $\Phi_F \Phi_F^\mathrm{T} = I$。下面给出控制器设计的相关结果。

定理 4.1　对于系统(4-16)和给定的正数 $\gamma > 0$，假设 (A, B_2) 可稳，则状态反馈控制(4-17)是一个状态反馈 H_∞ 控制律的充要条件是：$R = \gamma^2 I - D_{11}^\mathrm{T} D_{11} > 0$，并且对于一个充分小的正数 $\varepsilon > 0$，存在对称正定矩阵 $P > 0$ 满足矩阵代数 Riccati 方程

$$\begin{aligned}
&(A_F - B_F \Xi_F F_F^\mathrm{T} C_F)^\mathrm{T} P + P(A_F - B_F \Xi_F F_F^\mathrm{T} C_F) + P(D_F D_F^\mathrm{T} - B_F \Xi_F B_F^\mathrm{T} \\
&- \varepsilon^{-1} B_F \Phi_F^\mathrm{T} \Phi_F B_F^\mathrm{T}) P + C_F^\mathrm{T} (I - F_F \Xi_F F_F^\mathrm{T}) C_F + \varepsilon I = 0
\end{aligned} \tag{4-19}$$

进而，状态反馈增益矩阵

$$K = \left(\frac{1}{2\varepsilon} \Phi_F^\mathrm{T} \Phi_F + \Xi_F \right) B_F^\mathrm{T} P - \Xi_F F_F^\mathrm{T} C_F \tag{4-20}$$

使得 $A - B_2 K$ 是稳定的，且 $\|G_c\|_\infty < \gamma$。其中

$$\bar{R} = I + D_{11}(\gamma^2 I - D_{11}^\mathrm{T} D_{11})^{-1} D_{11}^\mathrm{T} = I + D_{11} R^{-1} D_{11}^\mathrm{T}$$

$$\Xi_F = \Sigma^\mathrm{T} (\Sigma\Sigma^\mathrm{T})^{-1} (U^\mathrm{T} \bar{R} U)^{-1} (\Sigma\Sigma^\mathrm{T})^{-1} \Sigma$$

$$A_F = A + B_1(\gamma^2 I - D_{11}^\mathrm{T} D_{11})^{-1} D_{11}^\mathrm{T} C_1 = A + B_1 R^{-1} D_{11}^\mathrm{T} C_1$$

$$B_F = B_2 + B_1(\gamma^2 I - D_{11}^\mathrm{T} D_{11})^{-1} D_{11}^\mathrm{T} D_{12} = B_2 + B_1 R^{-1} D_{11}^\mathrm{T} D_{12}$$

$$C_F = (I + D_{11}(\gamma^2 I - D_{11}^\mathrm{T} D_{11})^{-1} D_{11}^\mathrm{T})^{1/2} C_1 = \bar{R}^{1/2} C_1$$

$$D_F = B_1(\gamma^2 I - D_{11}^\mathrm{T} D_{11})^{-1/2} = B_1 R^{-1/2}$$

$$F_F = (I + D_{11}(\gamma^2 I - D_{11}^\mathrm{T} D_{11})^{-1} D_{11}^\mathrm{T})^{1/2} D_{12} = \bar{R}^{1/2} D_{12}$$

证：充分性。假设 $R = \gamma^2 I - D_{11}^\mathrm{T} D_{11} > 0$，且存在小正数 $\varepsilon > 0$ 使得代数 Riccati 方程(4-19)存在对称正定解 $P > 0$，以及状态反馈增益矩阵由式(4-20)给出。往证相应的闭环系统(4-18)满足 H_∞ 性能条件(1)与(2)。

首先，处理矩阵代数 Riccati 方程(4-19)的左端各项。将 A_F、B_F、C_F、D_F、F_F、Ξ_F 代入式(4-19)左端，注意到 $\Xi_F F_F^\mathrm{T} F_F \Xi_F = \Xi_F$ 以及闭环系统(4-18)中的各系数矩阵

$$A - B_2 K = A - \frac{1}{2\varepsilon} B_2 \Phi_F^{\mathrm{T}} \Phi_F B_F^{\mathrm{T}} P - B_2 \Xi_F B_F^{\mathrm{T}} P + B_2 \Xi_F F_F^{\mathrm{T}} C_F$$

$$C_1 - D_{12} K = C_1 - \frac{1}{2\varepsilon} D_{12} \Phi_F^{\mathrm{T}} \Phi_F B_F^{\mathrm{T}} P - D_{12} \Xi_F B_F^{\mathrm{T}} P + D_{12} \Xi_F F_F^{\mathrm{T}} C_F$$

整理式(4-19)左端，得

$$
\begin{aligned}
&(A - B_2 K + B_1 (\gamma^2 I - D_{11}^{\mathrm{T}} D_{11})^{-1} D_{11}^{\mathrm{T}} (C_1 - D_{12} K))^{\mathrm{T}} P \\
&+ P(A - B_2 K + B_1 (\gamma^2 I - D_{11}^{\mathrm{T}} D_{11})^{-1} D_{11}^{\mathrm{T}} (C_1 - D_{12} K)) \\
&+ P B_1 (\gamma^2 I - D_{11}^{\mathrm{T}} D_{11})^{-1} B_1^{\mathrm{T}} P + (C_1 - D_{12} K)^{\mathrm{T}} \\
&\cdot (I + D_{11} (\gamma^2 I - D_{11}^{\mathrm{T}} D_{11})^{-1} D_{11}^{\mathrm{T}}) (C_1 - D_{12} K) + \varepsilon I = 0
\end{aligned}
\tag{4-21}
$$

根据引理 4.4 知，$\|G_c\|_\infty < \gamma$。同时，式(4-21)成立保证如下不等式

$$
\begin{aligned}
&(A - B_2 K + B_1 (\gamma^2 I - D_{11}^{\mathrm{T}} D_{11})^{-1} D_{11}^{\mathrm{T}} (C_1 - D_{12} K))^{\mathrm{T}} P \\
&+ P(A - B_2 K + B_1 (\gamma^2 I - D_{11}^{\mathrm{T}} D_{11})^{-1} D_{11}^{\mathrm{T}} (C_1 - D_{12} K)) \\
&+ P B_1 (\gamma^2 I - D_{11}^{\mathrm{T}} D_{11})^{-1} B_1^{\mathrm{T}} P + (C_1 - D_{12} K)^{\mathrm{T}} \\
&\cdot (I + D_{11} (\gamma^2 I - D_{11}^{\mathrm{T}} D_{11})^{-1} D_{11}^{\mathrm{T}}) (C_1 - D_{12} K) \\
&= (A - B_2 K)^{\mathrm{T}} P + P(A - B_2 K) + (C_1 - D_{12} K)^{\mathrm{T}} (C_1 - D_{12} K) \\
&+ (B_1^{\mathrm{T}} P + D_{11}^{\mathrm{T}} (C_1 - D_{12} K))^{\mathrm{T}} (\gamma^2 I - D_{11}^{\mathrm{T}} D_{11})^{-1} (B_1^{\mathrm{T}} P + D_{11}^{\mathrm{T}} (C_1 - D_{12} K)) < 0
\end{aligned}
$$

成立，从而矩阵 $A - B_2 K$ 是稳定的，即闭环系统是内稳定的。

必要性。假设 (A, B_2) 可稳，且 $u(t) = -Kx(t)$ 是一个状态反馈 H_∞ 控制律，则闭环系统(4-18)是内稳定的，即 $A - B_2 K$ 稳定，且满足

$$\|G_c\|_\infty = \left\| (C_1 - D_{12} K)(sI - (A - B_2 K))^{-1} B_1 + D_{11} \right\|_\infty < \gamma \tag{4-22}$$

记 $\bar{A} = A - B_2 K$，$\bar{C}_1 = C_1 - D_{12} K$，由式(4-22)，利用引理 4.1 得 $R = \gamma^2 I - D_{11}^{\mathrm{T}} D_{11} > 0$，并且 Riccati 方程

$$
\begin{aligned}
&(\bar{A} + B_1 R^{-1} D_{11}^{\mathrm{T}} \bar{C}_1)^{\mathrm{T}} X + X(\bar{A} + B_1 R^{-1} D_{11}^{\mathrm{T}} \bar{C}_1) + X B_1 R^{-1} B_1^{\mathrm{T}} X + \bar{C}_1^{\mathrm{T}} (I + D_{11} R^{-1} D_{11}^{\mathrm{T}}) \bar{C}_1 \\
&= (A - B_2 K + B_1 (\gamma^2 I - D_{11}^{\mathrm{T}} D_{11})^{-1} D_{11}^{\mathrm{T}} (C_1 - D_{12} K))^{\mathrm{T}} X + X(A - B_2 K \\
&+ B_1 (\gamma^2 I - D_{11}^{\mathrm{T}} D_{11})^{-1} D_{11}^{\mathrm{T}} (C_1 - D_{12} K)) + X B_1 (\gamma^2 I - D_{11}^{\mathrm{T}} D_{11})^{-1} B_1^{\mathrm{T}} X \\
&+ (C_1 - D_{12} K)^{\mathrm{T}} (I + D_{11} (\gamma^2 I - D_{11}^{\mathrm{T}} D_{11})^{-1} D_{11}^{\mathrm{T}}) (C_1 - D_{12} K) = 0
\end{aligned}
\tag{4-23}
$$

存在对称半正定解 $X \geqslant 0$。

利用引理 4.2，当 $A - B_2 K$ 稳定时，式(4-23)存在对称半正定解 $X \geqslant 0$ 等价于不等式

$$(A - B_2K + B_1(\gamma^2I - D_{11}^TD_{11})^{-1}D_{11}^T(C_1 - D_{12}K))^T P$$
$$+P(A - B_2K + B_1(\gamma^2I - D_{11}^TD_{11})^{-1}D_{11}^T(C_1 - D_{12}K))$$
$$+PB_1(\gamma^2I - D_{11}^TD_{11})^{-1}B_1^TP + (C_1 - D_{12}K)^T$$
$$\cdot(I + D_{11}(\gamma^2I - D_{11}^TD_{11})^{-1}D_{11}^T)(C_1 - D_{12}K) < 0 \tag{4-24}$$

存在对称正定解 $P > 0$ 。

整理不等式(4-24)，得

$$(A + B_1(\gamma^2I - D_{11}^TD_{11})^{-1}D_{11}^TC_1 - (B_2 + B_1(\gamma^2I - D_{11}^TD_{11})^{-1}D_{11}^TD_{12})K)^T P$$
$$+P(A + B_1(\gamma^2I - D_{11}^TD_{11})^{-1}D_{11}^TC_1 - (B_2 + B_1(\gamma^2I - D_{11}^TD_{11})^{-1}D_{11}^TD_{12})K)$$
$$+PB_1(\gamma^2I - D_{11}^TD_{11})^{-1}B_1^TP + (C_1 - D_{12}K)^T(I + D_{11}(\gamma^2I - D_{11}^TD_{11})^{-1}D_{11}^T)$$
$$\cdot(C_1 - D_{12}K) < 0 \tag{4-25}$$

引入符号 A_F、B_F、C_F、D_F、F_F 如定理所述，则式(4-25)成为

$$(A_F - B_FK)^T P + P(A_F - B_FK) + PD_FD_F^TP + (C_F - F_FK)^T(C_F - F_FK) < 0$$

利用推论 3.1，存在矩阵 K 和对称正定矩阵 P 满足上述不等式当且仅当：存在 $\varepsilon > 0$，使代数 Riccati 方程(4-19)有对称正定解 P，且 K 可以设计为式(4-20)的形式。注意到

$$F_F = (I + D_{11}(\gamma^2I - D_{11}^TD_{11})^{-1}D_{11}^T)^{1/2}D_{12} = \overline{R}^{1/2}U\Sigma \triangleq \overline{U}\Sigma$$

显然，$\overline{U}\Sigma$ 为矩阵 F_F 的满秩分解，矩阵 Φ_F 满足 $\Phi_F\Sigma^T = 0$ 及 $\Phi_F\Phi_F^T = I$，且

$$\Xi_F = \Sigma^T(\Sigma\Sigma^T)^{-1}(\overline{U}^T\overline{U})^{-1}(\Sigma\Sigma^T)^{-1}\Sigma = \Sigma^T(\Sigma\Sigma^T)^{-1}(U^T\overline{R}U)^{-1}(\Sigma\Sigma^T)^{-1}\Sigma$$

注4.3 定理4.1在矩阵 D_{12} 为非列满秩的情况下给出了状态反馈 H_∞ 控制律设计的一般方法。若矩阵 D_{12} 为列满秩的，则在满秩分解 $D_{12} = U\Sigma$ 中可取 $U = D_{12}$ 且 $\Sigma = I$，此时 $\Phi_F = 0$ 及 $\Xi_F = (D_{12}^T\overline{R}D_{12})^{-1}$，因此，矩阵代数 Riccati 方程(4-19)和增益矩阵(4-20)分别成为

$$(A_F - B_F\Xi_FF_F^TC_F)^T P + P(A_F - B_F\Xi_FF_F^TC_F) + P(D_FD_F^T - B_F\Xi_FB_F^T)P$$
$$+C_F^T(I - F_F\Xi_FF_F^T)C_F + \varepsilon I = 0 \tag{4-19*}$$

和

$$K = \Xi_F(B_F^TP - F_F^TC_F) \tag{4-20*}$$

下面在另外两种特殊的情况下给出状态反馈 H_∞ 控制律设计得更简洁方法。

定理 4.2 对于系统(4-16)，假设 (A, B_2) 可稳，且 $D_{11} = 0$，$D_{12}^T[C_1 \ D_{12}] = [0 \ I]$，则状态反馈(4-17)是系统(4-16)的状态反馈 H_∞ 控制律的充要条件是：对于一个充分小的正数 $\varepsilon > 0$，存在对称正定矩阵 P 满足矩阵代数 Riccati 方程：

$$A^{\mathrm{T}} P + PA + P(\gamma^{-2} B_1 B_1^{\mathrm{T}} - B_2 B_2^{\mathrm{T}}) P + C_1^{\mathrm{T}} C_1 + \varepsilon I = 0 \tag{4-26}$$

进而，状态反馈增益矩阵

$$K = B_2^{\mathrm{T}} P \tag{4-27}$$

使得 $A - B_2 K$ 是稳定的，且 $\|G_c\|_\infty < \gamma$。

证： 当 $D_{11} = 0$ 时，有 $R = \gamma^2 I > 0$，$\bar{R} = I$，以及 $A_F = A$，$B_F = B_2$，$C_F = C_1$，$D_F = \gamma^{-1} B_1$，$F_F = D_{12}$。由 $D_{12}^{\mathrm{T}}[C_1 \ D_{12}] = [0 \ I]$ 知 D_{12} 列满秩，于是

$$\Phi_F = 0 , \quad \Xi_F = I , \quad F_F^{\mathrm{T}} C_F = 0$$

此时，代数 Riccati 方程(4-19)和增益矩阵(4-20)分别成为式(4-26)和式(4-27)。

或者当 $D_{11} = 0$ 及 $D_{12}^{\mathrm{T}}[C_1 \ D_{12}] = [0 \ I]$ 时，D_{12} 列满秩，$D_{12}^{\mathrm{T}} C_1 = 0$ 且 $D_{12}^{\mathrm{T}} D_{12} = I$。此时，式(4-25)成为

$$(A - B_2 K)^{\mathrm{T}} P + P(A - B_2 K) + \gamma^{-2} P B_1 B_1^{\mathrm{T}} P + C_1^{\mathrm{T}} C_1 + K^{\mathrm{T}} K < 0$$

配方可得 $K = B_2^{\mathrm{T}} P$，且该式成为

$$A^{\mathrm{T}} P + PA + P(\gamma^{-2} B_1 B_1^{\mathrm{T}} - B_2 B_2^{\mathrm{T}}) P + C_1^{\mathrm{T}} C_1 < 0$$

因此，若矩阵代数 Riccati 方程(4-26)有对称正定矩阵解 P，则定理结论成立。

定理 4.3 对于系统(4-16)，假设 (A, B_2) 可稳，且 $D_{11} = 0$，$D_{12} = 0$，则状态反馈(4-17)是系统(4-16)的状态反馈 H_∞ 控制律的充要条件是：对于一个充分小的正数 $\varepsilon > 0$，存在对称正定矩阵 P 满足矩阵代数 Riccati 方程：

$$A^{\mathrm{T}} P + PA + P\left(\gamma^{-2} B_1 B_1^{\mathrm{T}} - \frac{1}{\varepsilon} B_2 B_2^{\mathrm{T}} \right) P + C_1^{\mathrm{T}} C_1 + \varepsilon I = 0 \tag{4-28}$$

进而，状态反馈增益矩阵

$$K = \frac{1}{2\varepsilon} B_2^{\mathrm{T}} P \tag{4-29}$$

使得 $A - B_2 K$ 是稳定的，且 $\|G_c\|_\infty < \gamma$。

证： 当 $D_{11} = 0$，$D_{12} = 0$ 时，有 $R = \gamma^2 I > 0$，$\bar{R} = I$，以及 $A_F = A$，$B_F = B_2$，$C_F = C_1$，$D_F = \gamma^{-1} B_1$，$F_F = 0$，$\Xi_F = 0$。取 $\Phi_F = I$，此时，代数 Riccati 方程(4-19)和增益矩阵(4-20)分别成为式(4-28)和式(4-29)。

或者当 $D_{11} = 0$，$D_{12} = 0$ 时，式(4-25)成为

$$(A - B_2 K)^{\mathrm{T}} P + P(A - B_2 K) - \gamma^{-2} P B_1 B_1^{\mathrm{T}} P + C_1^{\mathrm{T}} C_1 < 0$$

令 $K = \frac{1}{2\varepsilon} B_2^{\mathrm{T}} P$，得

$$A^{\mathrm{T}}P + PA - P\left(\frac{1}{\varepsilon}B_2B_2^{\mathrm{T}} - \gamma^{-2}B_1B_1^{\mathrm{T}}\right)P + C_1^{\mathrm{T}}C_1 < 0$$

因此，若矩阵代数 Riccati 方程(4-28)有对称正定矩阵解 P，则定理结论成立。

例 4.2 考虑不确定系统(4-16)，设系统参数矩阵为

$$A = \begin{bmatrix} 0.8 & 1 \\ 0.3 & -1 \end{bmatrix}, \quad B_1 = \begin{bmatrix} 2 \\ 1 \end{bmatrix}, \quad B_2 = \begin{bmatrix} 3 \\ 1 \end{bmatrix}, \quad C_1 = \begin{bmatrix} 1 & -3 \end{bmatrix}, \quad D_{11} = -1, \quad D_{12} = -2$$

扰动输入 $w(t) = \dfrac{\cos^2 t}{1+t}$，给定 $\gamma = 1.5$，设计状态反馈 H_∞ 控制律。

解： $D_{12} = -2$ 为列满秩矩阵，利用定理 4.1 之注 4.3 设计反馈增益矩阵 K。

取 $\varepsilon = 0.2$，求解矩阵代数 Riccati 方程(4-19*)，并利用式(4-20*)，解得

$$P = \begin{bmatrix} 2.8410 & -2.3436 \\ -2.3436 & 2.1130 \end{bmatrix}, \quad K = \begin{bmatrix} 2.1001 & -2.7550 \end{bmatrix}$$

因此，H_∞ 状态反馈控制律为 $u(t) = 2.1001x_1(t) - 2.7550x_2(t)$，选取系统状态初值为 $x(0) = [0 \ 0]^{\mathrm{T}}$，得到闭环系统状态及 $\|z(t)\|_2 / \|w(t)\|_2$ 轨迹如图 4.1 所示。

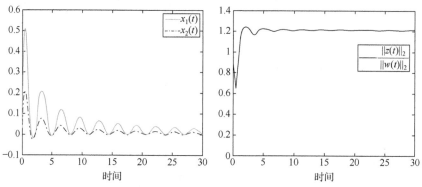

图 4.1　闭环系统状态及 $\|z(t)\|_2 / \|w(t)\|_2$ 轨迹

4.2.2　动态输出反馈 H_∞ 控制器设计

考虑线性系统(4-15)的特殊情形，假设 $D_{11} = 0$, $D_{22} = 0$，即

$$\begin{aligned} \dot{x}(t) &= Ax(t) + B_1w(t) + B_2u(t) \\ z(t) &= C_1x(t) + D_{12}u(t) \\ y(t) &= C_2x(t) + D_{21}w(t) \end{aligned} \tag{4-30}$$

及输出反馈控制律

$$\dot{\xi}(t) = A_k\xi(t) + B_ky(t)$$
$$u(t) = C_k\xi(t) \tag{4-31}$$

得增广闭环系统

$$\dot{\eta}(t) = \bar{A}\eta(t) + \bar{B}w(t)$$
$$z(t) = \bar{C}\eta(t) \tag{4-32}$$

其中，$\eta(t) = [x^{\mathrm{T}}(t)\ \ \xi^{\mathrm{T}}(t)]^{\mathrm{T}}$，且

$$\bar{A} = \begin{bmatrix} A & B_2C_k \\ B_2C_2 & A_k \end{bmatrix}, \quad \bar{B} = \begin{bmatrix} B_1 \\ B_kD_{21} \end{bmatrix}, \quad \bar{C} = \begin{bmatrix} C_1 & D_{12}C_k \end{bmatrix}$$

动态输出反馈 H_∞ 控制问题　设计动态输出反馈控制律(4-31)，使增广闭环系统(4-32)满足：

(1) 当 $w(t) \equiv 0$ 时，是渐近稳定的，即 $\bar{A}$ 是稳定的；

(2) 当 $w(t) \neq 0$ 时，在零初始条件下传递函数矩阵 $\bar{G}_c(s) = \bar{C}(sI - \bar{A})^{-1}\bar{B} + \bar{D}$ 满足 $\|\bar{G}_c\|_\infty < \gamma$。

如果存在满足条件(1)和(2)的动态输出反馈控制律(4-31)，则称其为系统(4-30)的动态输出反馈 H_∞ 控制律或 H_∞ 动态输出反馈控制律。

利用定理 4.1 可以给出如下结果。

定理 4.4[55]　对于线性系统(4-30)，控制律(4-31)是一个动态输出反馈 H_∞ 控制律的充要条件是下述三个条件同时成立。

(1) 存在一个对称半正定矩阵 $X_\infty \geqslant 0$ 满足矩阵代数 Riccati 方程

$$A^{\mathrm{T}}X_\infty + X_\infty A + \gamma^{-2}X_\infty B_1B_1^{\mathrm{T}}X_\infty - X_\infty B_2B_2^{\mathrm{T}}X_\infty + C_1^{\mathrm{T}}C_1 = 0 \tag{4-33}$$

且使矩阵 $A + \gamma^{-2}B_1B_1^{\mathrm{T}}X_\infty - B_2B_2^{\mathrm{T}}X_\infty$ 是稳定的。

(2) 存在一个对称半正定矩阵 $Y_\infty \geqslant 0$ 满足矩阵代数 Riccati 方程

$$AY_\infty + Y_\infty A^{\mathrm{T}} + \gamma^{-2}Y_\infty C_1^{\mathrm{T}}C_1Y_\infty - Y_\infty C_2^{\mathrm{T}}C_2Y_\infty + B_1B_1^{\mathrm{T}} = 0 \tag{4-34}$$

且使矩阵 $A^{\mathrm{T}} + \gamma^{-2}C_1^{\mathrm{T}}C_1Y_\infty - C_1^{\mathrm{T}}C_2Y_\infty$ 是稳定的。

(3) $\rho(X_\infty Y_\infty) < \gamma^2$。

进而，当上述条件成立时，定义

$$F_\infty = -B_2^{\mathrm{T}}X_\infty, \quad L_\infty = -Y_\infty C_2^{\mathrm{T}}, \quad Z_\infty = (I - \gamma^{-2}Y_\infty X_\infty)^{-1}$$

$$A_\infty = A + \gamma^{-2}B_1B_1^{\mathrm{T}}X_\infty + B_2F_\infty + Z_\infty L_\infty C_2$$

则动态输出反馈 H_∞ 控制器参数为

$$A_k = A_\infty, \quad B_k = -Z_\infty L_\infty, \quad C_k = F_\infty \tag{4-35}$$

4.2.3　观测器状态反馈 H_∞ 控制器设计

考虑系统(4-30)，设计全维状态观测器及基于观测器状态的反馈控制律

$$
\begin{aligned}
\dot{\hat{x}}(t) &= \hat{A}\hat{x}(t) + \hat{B}_1 y(t) + \hat{B}_2 u(t) \\
u(t) &= F\hat{x}(t)
\end{aligned}
\tag{4-36}
$$

其中，$\hat{x}(t) \in \mathbf{R}^n$ 是观测器状态，$\hat{A} \in \mathbf{R}^{n \times n}$、$\hat{B}_1 \in \mathbf{R}^{n \times p}$、$\hat{B}_2 \in \mathbf{R}^{n \times m}$、$F \in \mathbf{R}^{m \times n}$ 是待设计的增益矩阵。

在状态观测器及反馈控制律(4-36)下的增广闭环系统为

$$
\begin{aligned}
\dot{x}_o(t) &= \tilde{A}x_o(t) + \tilde{B}w(t) \\
z(t) &= \tilde{C}x_o(t)
\end{aligned}
\tag{4-37}
$$

其中，$x_o(t) = [x^{\mathrm{T}}(t)\ e^{\mathrm{T}}(t)]^{\mathrm{T}}$，$e(t) = x(t) - \hat{x}(t)$，且

$$
\tilde{A} = \begin{bmatrix} A & B_2 F \\ \hat{B}C_2 & \hat{A} + \hat{B}_2 F \end{bmatrix}, \quad \tilde{B} = \begin{bmatrix} B_1 \\ \hat{B}_1 D_{21} \end{bmatrix}, \quad \tilde{C} = \begin{bmatrix} C_1 & D_{12} F \end{bmatrix}
$$

观测器状态反馈 H_∞ 控制问题　设计全维状态观测器及反馈控制(4-36)，使增广闭环系统(4-37)满足：

(1) 当 $w(t) \equiv 0$ 时，是渐近稳定的，即 $\tilde{A}$ 是 Hurwitz 稳定的；

(2) 当 $w(t) \neq 0$ 时，在零初始条件下传递函数矩阵 $\tilde{G}_c(s) = \tilde{C}(sI - \tilde{A})^{-1}\tilde{B} + \tilde{D}$ 满足 $\left\| \tilde{G}_c \right\|_\infty < \gamma$。

如果满足条件(1)和(2)的控制律(4-36)存在，则称其为系统(4-30)的观测器状态反馈 H_∞ 控制律。

定理 4.5[48]　对于线性系统(4-30)，假设 D_{12} 和 D_{21} 分别是列满秩和行满秩的，则控制律(4-36)是一个观测器状态反馈 H_∞ 控制律的充要条件是下述三个条件同时成立。

(1) 存在对称半正定矩阵 $X_\infty \geq 0$ 满足矩阵代数 Riccati 方程

$$
\begin{aligned}
& A^{\mathrm{T}}X_\infty + X_\infty A + \gamma^{-2}X_\infty B_1 B_1^{\mathrm{T}} X_\infty + C_1^{\mathrm{T}} C_1 \\
& -(X_\infty B_2 + C_1^{\mathrm{T}} D_{12})(D_{12}^{\mathrm{T}} D_{12})^{-1}(X_\infty B_2 + C_1^{\mathrm{T}} D_{12})^{\mathrm{T}} = 0
\end{aligned}
\tag{4-38}
$$

(2) 存在一个对称半正定矩阵 $Y_\infty \geq 0$ 满足矩阵代数 Riccati 方程

$$
\begin{aligned}
& Y_\infty A^{\mathrm{T}} + A Y_\infty + \gamma^{-2} Y_\infty C_1^{\mathrm{T}} C_1 Y_\infty + B_1 B_1^{\mathrm{T}} \\
& -(Y_\infty C_2^{\mathrm{T}} + B_1 D_{21}^{\mathrm{T}})(D_{21} D_{21}^{\mathrm{T}})^{-1}(Y_\infty C_2^{\mathrm{T}} + B_1 D_{21}^{\mathrm{T}})^{\mathrm{T}} = 0
\end{aligned}
\tag{4-39}
$$

(3) $X_\infty \geq 0$ 和 $Y_\infty \geq 0$ 满足 $I - \gamma^{-2} Y_\infty X_\infty > 0$。

进而，当上述条件成立时，定义

$$F_\infty = -(D_{12}^\mathrm{T} D_{12})^{-1} (X_\infty B_2 + C_1^\mathrm{T} D_{12})^\mathrm{T}$$

$$L_\infty = -(I - \gamma^{-2} Y_\infty X_\infty)^{-1} (Y_\infty C_2^\mathrm{T} + B_1 D_{21}^\mathrm{T})(D_{21} D_{21}^\mathrm{T})^{-1}$$

$$A_\infty = A + \gamma^{-2} B_1 B_1^\mathrm{T} X_\infty + L_\infty C_2 + \gamma^{-2} L_\infty D_{21} B_1^\mathrm{T} X_\infty$$

则观测器状态反馈 H_∞ 控制器参数为

$$\hat{A} = A_\infty , \quad \hat{B}_1 = -L_\infty , \quad \hat{B}_2 = B_2 , \quad F = F_\infty \tag{4-40}$$

4.3　基于 LMI 的线性系统 H_∞ 控制器

4.3.1　状态反馈 H_∞ 控制器设计

考虑线性系统(4-16)，即

$$\dot{x}(t) = Ax(t) + B_1 w(t) + B_2 u(t)$$
$$z(t) = C_1 x(t) + D_{11} w(t) + D_{12} u(t)$$
$$y(t) = x(t)$$

设计状态反馈控制律：$u(t) = -Kx(t)$，得到闭环系统

$$\dot{x}(t) = (A - B_2 K)x(t) + B_1 w(t)$$
$$z(t) = (C_1 - D_{12} K)x(t) + D_{11} w(t) \tag{4-41}$$

定理 4.6　对于线性系统(4-16)和给定的正数 $\gamma > 0$，假设 $R = \gamma^2 I - D_{11}^\mathrm{T} D_{11} > 0$，则存在一个状态反馈 H_∞ 控制律的充要条件是:存在对称正定矩阵 $X > 0$ 和适当维数的矩阵 V，使得如下 LMI

$$\begin{bmatrix} (AX - B_2 V)^\mathrm{T} + AX - B_2 V & B_1 & (C_1 X - D_{12} V)^\mathrm{T} \\ B_1^\mathrm{T} & -\gamma I & D_{11}^\mathrm{T} \\ C_1 X - D_{12} V & D_{11} & -\gamma I \end{bmatrix} < 0 \tag{4-42}$$

成立。进而，控制律增益矩阵为 $K = VX^{-1}$。

证:　根据引理 4.3 之式(4-11)，闭环系统(4-41)满足 H_∞ 性能的充要条件是，存在对称正定矩阵 $P > 0$，满足

$$\begin{bmatrix} (A - B_2 K)^\mathrm{T} P + P(A - B_2 K) & PB_1 & (C_1 - D_{12} K)^\mathrm{T} \\ B_1^\mathrm{T} P & -\gamma I & D_{11}^\mathrm{T} \\ C_1 - D_{12} K & D_{11} & -\gamma I \end{bmatrix} < 0$$

用矩阵 $\mathrm{diag}\{P^{-1}, I, I\}$ 对该不等式做合同变换，并令 $X = P^{-1}, V = KP^{-1}$ 即得

· 84 ·　　　　　　　不确定系统鲁棒控制——时域方法

到等价的 LMI(4-42)，并且 $K = VX^{-1}$。

例 4.3　考虑不确定系统(4-16)，设系统参数矩阵为

$$A = \begin{bmatrix} 0.8 & 1 \\ 0.3 & -1 \end{bmatrix}, \quad B_1 = \begin{bmatrix} 2 \\ 1 \end{bmatrix}, \quad B_2 = \begin{bmatrix} 3 \\ 1 \end{bmatrix}, \quad C_1 = [1 \quad -3], \quad D_{11} = -1, \quad D_{12} = -2$$

扰动输入 $w(t) = \dfrac{\cos^2 t}{1+t}$，给定 $\gamma = 1.5$，设计状态反馈 H_∞ 控制律。

解： 利用定理 4.6，求解 LMI(4-42)得到

$$X = \begin{bmatrix} 0.8718 & 0.6364 \\ 0.6364 & 0.6420 \end{bmatrix}, \quad V = [1.0623 \quad 0.5608], \quad K = [2.1016 \quad -1.2098]$$

因此，H_∞ 状态反馈控制律为 $u(t) = 2.1016 x_1(t) - 1.2098 x_2(t)$。选取系统状态初值为 $x(0) = [0 \quad 0]^{\mathrm{T}}$，得到闭环系统状态及 $\|z(t)\|_2 / \|w(t)\|_2$ 轨迹图如图 4.2 所示。

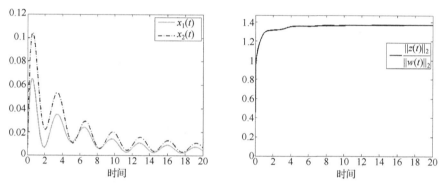

图 4.2　状态反馈控制下的闭环系统状态及 $\|z(t)\|_2 / \|w(t)\|_2$ 轨迹

4.3.2　动态输出反馈 H_∞ 控制器设计

考虑 $D_{22} = 0$ 时的线性系统(4-15)，即

$$\begin{aligned} \dot{x}(t) &= Ax(t) + B_1 w(t) + B_2 u(t) \\ z(t) &= C_1 x(t) + D_{11} w(t) + D_{12} u(t) \\ y(t) &= C_2 x(t) + D_{21} w(t) \end{aligned} \tag{4-43}$$

和动态输出反馈控制律(4-31)

$$\begin{aligned} \dot{\xi}(t) &= A_k \xi(t) + B_k y(t) \\ u(t) &= C_k \xi(t) + D_k y(t) \end{aligned}$$

则增广闭环系统为

$$\begin{aligned} \dot{\eta}(t) &= \bar{A}\eta(t) + \bar{B}w(t) \\ z(t) &= \bar{C}\eta(t) + \bar{D}w(t) \end{aligned} \tag{4-44}$$

其中，$\eta(t) = [x^{\mathrm{T}}(t) \ \xi^{\mathrm{T}}(t)]^{\mathrm{T}}$，且

$$\bar{A} = \begin{bmatrix} A + B_2 D_k C_2 & B_2 C_k \\ B_k C_2 & A_k \end{bmatrix}, \quad \bar{B} = \begin{bmatrix} B_1 + B_2 D_k D_{21} \\ B_k D_{21} \end{bmatrix}$$

$$\bar{C} = [C_1 + D_{12} D_k C_2 \quad D_{12} C_k], \quad \bar{D} = D_{11} + D_{12} D_k D_{21}$$

定理 4.7　对于线性系统(4-43)和给定的正数 $\gamma > 0$，假设 $R = \gamma^2 I - D_{11}^{\mathrm{T}} D_{11} > 0$，则存在动态输出反馈 H_∞ 控制律(4-31)的充要条件是：存在对称正定矩阵 $X, Y > 0$ 满足 $\begin{bmatrix} X & I \\ I & Y \end{bmatrix} > 0$ 及适当维数的矩阵 $\hat{A}$、$\hat{B}$、$\hat{C}$、$\hat{D}$，使得 LMI

$$\begin{bmatrix} \Psi_{11} & \Psi_{12} & \Psi_{13} & \Psi_{14} \\ * & \Psi_{22} & \Psi_{23} & \Psi_{24} \\ * & * & -\gamma I & \Psi_{34} \\ * & * & * & -\gamma I \end{bmatrix} < 0 \tag{4-45}$$

其中

$$\Psi_{11} = \Phi_{11} + \Phi_{11}^{\mathrm{T}} = AX + XA^{\mathrm{T}} + B_2\hat{C} + \hat{C}^{\mathrm{T}} B_2^{\mathrm{T}}, \quad \Psi_{12} = \Phi_{12} + \Phi_{21}^{\mathrm{T}} = A + B_2\hat{D}C_2 + \hat{A}^{\mathrm{T}}$$

$$\Psi_{22} = \Phi_{22} + \Phi_{22}^{\mathrm{T}} = YA + A^{\mathrm{T}}Y + \hat{B}C_2 + C_2^{\mathrm{T}}\hat{B}^{\mathrm{T}}, \quad \Psi_{13} = B_1 + B_2\hat{D}D_{21}, \quad \Psi_{23} = YB_1 + \hat{B}D_{21}$$

$$\Psi_{14} = (C_1 X + D_{12}\hat{C})^{\mathrm{T}}, \quad \Psi_{24} = (C_1 + D_{12}\hat{D}C_2)^{\mathrm{T}}, \quad \Psi_{34} = (D_{11} + D_{12}\hat{D}D_{21})^{\mathrm{T}}$$

进而，可设计反馈增益矩阵为

$$A_k = (N^{\mathrm{T}}N)^{-1}N^{\mathrm{T}}(\hat{A} - Y(A + B_2\hat{D}C_2)X - NB_kC_2X - YB_2C_kM^{\mathrm{T}})M(M^{\mathrm{T}}M)^{-1}$$

$$B_k = (N^{\mathrm{T}}N)^{-1}N^{\mathrm{T}}(\hat{B} - YB_2\hat{D}), \quad C_k = (\hat{C} - \hat{D}C_2X)M(M^{\mathrm{T}}M)^{-1}, \quad D_k = \hat{D}$$

其中，$MN^{\mathrm{T}} = I - XY$ 为 $I - XY$ 的奇异值分解。

证： 由引理 4.3 之式(4-11)知，增广闭环系统(4-44)满足 H_∞ 性能的充要条件是不等式

$$\begin{bmatrix} \bar{A}^{\mathrm{T}}P + P\bar{A} & P\bar{B} & \bar{C}^{\mathrm{T}} \\ \bar{B}^{\mathrm{T}}P & -\gamma I & \bar{D}^{\mathrm{T}} \\ \bar{C} & \bar{D} & -\gamma I \end{bmatrix} < 0 \tag{4-46}$$

有对称正定矩阵解 $0 < P \in \mathrm{R}^{(n+l) \times (n+l)}$ 和 $\gamma > 0$。

类似于定理 3.9 的证明，为了从式(4-46)获得控制律参数的设计方法，做如下处理。

(1) 将矩阵 P 及其逆矩阵进行分块，设

$$P = \begin{bmatrix} Y & N \\ * & W \end{bmatrix}, \quad P^{-1} = \begin{bmatrix} X & M \\ * & Z \end{bmatrix}$$

其中，$X, Y \in \mathbf{R}^{n \times n}$ 和 $W, Z \in \mathbf{R}^{l \times l}$ 均是对称正定矩阵，$M, N \in \mathbf{R}^{n \times l}$。

由 $PP^{-1} = I$ 有

$$XY + MN^{\mathrm{T}} = I , \quad N^{\mathrm{T}}X + WM^{\mathrm{T}} = 0$$

$$P \begin{bmatrix} X \\ M^{\mathrm{T}} \end{bmatrix} = \begin{bmatrix} I \\ 0 \end{bmatrix}, \quad P^{-1} \begin{bmatrix} Y \\ N^{\mathrm{T}} \end{bmatrix} = \begin{bmatrix} I \\ 0 \end{bmatrix}, \quad P \begin{bmatrix} X & I \\ M^{\mathrm{T}} & 0 \end{bmatrix} = \begin{bmatrix} I & Y \\ 0 & N^{\mathrm{T}} \end{bmatrix}$$

定义

$$F_1 = \begin{bmatrix} X & I \\ M^{\mathrm{T}} & 0 \end{bmatrix}, \quad F_2 = \begin{bmatrix} I & Y \\ 0 & N^{\mathrm{T}} \end{bmatrix}$$

则 $PF_1 = F_2$，且

$$F_1^{\mathrm{T}}PF_1 = F_1^{\mathrm{T}}F_2 = F_2^{\mathrm{T}}F_1 = \begin{bmatrix} X & I \\ I & Y \end{bmatrix} > 0$$

(2) 选取矩阵 M, N

利用 Schur 补引理，条件 $\begin{bmatrix} X & I \\ I & Y \end{bmatrix} > 0$ 等价于 $X^{1/2}YX^{1/2} - I > 0$，从而 $I - XY$ 为非奇异矩阵。因此，在获得 LMI(4-45)的一组可行解后，利用 $I - XY$ 的奇异值分解得到满秩矩阵 M, N，使得 $I - XY = MN^{\mathrm{T}}$。

(3) 进一步计算

① $F_1^{\mathrm{T}}P\bar{A}F_1 = F_2^{\mathrm{T}}\bar{A}F_1 \triangleq \begin{bmatrix} \Phi_{11} & \Phi_{12} \\ \Phi_{21} & \Phi_{22} \end{bmatrix}$，其中

$$\Phi_{11} = AX + B_2(D_kC_2X_fC_kM^{\mathrm{T}}), \quad \Phi_{22} = YA + (YB_2D_k + NB_k)C_2$$

$$\Phi_{12} = A + B_2D_kC_2, \quad \Phi_{21} = Y(A + B_2D_kC_2)X + NB_kC_2X + YB_2C_kM^{\mathrm{T}} + NA_kM^{\mathrm{T}};$$

② $F_1^{\mathrm{T}}P\bar{B} = \begin{bmatrix} B_1 + B_2D_kD_{21} \\ YB_1 + (YB_2D_k + NB_k)D_{21} \end{bmatrix};$

③ $F_1^{\mathrm{T}}\bar{C}^{\mathrm{T}} = \begin{bmatrix} C_1X + D_{12}(D_kC_2X + C_kM^{\mathrm{T}})^{\mathrm{T}} \\ (C_1 + D_{12}D_kC_2)^{\mathrm{T}} \end{bmatrix}$。

结合以上结果，定义矩阵变量替换公式

$$\hat{A} = \Phi_{21}, \quad \hat{B} = YB_2D_k + NB_k, \quad \hat{C} = D_kC_2X + C_kM^{\mathrm{T}}, \quad \hat{D} = D_k \qquad (4\text{-}47)$$

则有

$$\Phi_{11} = AX + B_2\hat{C}, \quad \Phi_{12} = A + B_2\hat{D}C_2, \quad \Phi_{21} = \hat{A}, \quad \Phi_{22} = YA + \hat{B}C_2$$

$$F_1^T P \overline{B} = \begin{bmatrix} B_1 + B_2 \hat{D} D_{21} \\ Y B_1 + \hat{B} D_{21} \end{bmatrix}, \quad F_1^T \overline{C}^T = \begin{bmatrix} (C_1 X + D_{12} \hat{C})^T \\ (C_1 + D_{12} \hat{D} C_2)^T \end{bmatrix}, \quad \overline{D} = D_{11} + D_{12} \hat{D} D_{21}$$

④ 用 $\mathrm{diag}\{F_1, I, I\}$ 对式(4-46)作合同变换，得到等价的不等式(4-45)。

(4) 利用不等式(4-45)的解 X、Y、$\hat{A}$、$\hat{B}$、$\hat{C}$、$\hat{D}$，依次给出增益矩阵 D_k、C_k、B_k、A_k。

例 4.4 考虑不确定系统(4-43)，设系统参数矩阵为

$$A = \begin{bmatrix} 0.8 & 0 \\ 0.3 & -1 \end{bmatrix}, \quad B_1 = \begin{bmatrix} 2 \\ 1 \end{bmatrix}, \quad B_2 = \begin{bmatrix} 3 \\ 1 \end{bmatrix}$$

$$C_1 = \begin{bmatrix} 1 & -3 \end{bmatrix}, \quad C_2 = \begin{bmatrix} 1 & -1 \end{bmatrix}, \quad D_{11} = -1, \quad D_{12} = -2, \quad D_{21} = 2$$

并且，输出反馈控制律(4-32)中 $\xi \in \mathbf{R}^1$，扰动输入 $w(t) = \dfrac{\cos^2 t}{1+t}$，给定 $\gamma = 1.5$，设计动态输出反馈 H_∞ 控制律。

解: 依据定理 4.7，通过求解 LMI(4-46)得到

$$X = \begin{bmatrix} 6.2144 & 7.0050 \\ 7.0050 & 8.4051 \end{bmatrix}, \quad Y = \begin{bmatrix} 9.0002 & 5.5955 \\ 5.5955 & 46.4148 \end{bmatrix}$$

$$M = \begin{bmatrix} -94.1271 & -359.9065 \\ -110.0765 & -428.3162 \end{bmatrix}, \quad N = \begin{bmatrix} 1 & 0 \\ 0 & 1 \end{bmatrix}$$

及

$$A_k = \begin{bmatrix} -11.2116 & 2.4368 \\ -21.1328 & 3.6749 \end{bmatrix}, \quad B_k = \begin{bmatrix} -2.8394 \\ -10.9176 \end{bmatrix}$$

$$C_k = \begin{bmatrix} 0.3086 & -0.0579 \end{bmatrix}, \quad D_k = -0.2824$$

选取初值 $x(0) = \begin{bmatrix} 0 & 0 \end{bmatrix}^T$，得到闭环系统状态及 $\|z(t)\|_2 / \|w(t)\|_2$ 轨迹图如图 4.3 所示。

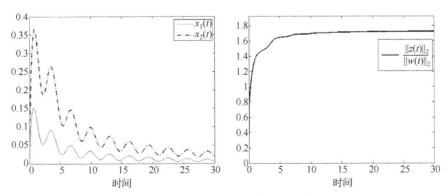

图 4.3 动态输出反馈控制律下的闭环系统状态及 $\|z(t)\|_2 / \|w(t)\|_2$ 轨迹

4.3.3　观测器状态反馈 H_∞ 控制器设计

考虑系统(4-43)，设计观测器状态反馈控制

$$\dot{\hat{x}}(t) = A\hat{x}(t) + B_2 u(t) + L(y(t) - C_2\hat{x}(t))$$
$$u(t) = K\hat{x}(t) \tag{4-48}$$

其中，$\hat{x}(t) \in \mathbf{R}^n$ 为 $x(t)$ 的估计状态，$L \in \mathbf{R}^{n \times p}$、$K \in \mathbf{R}^{m \times n}$ 是待设计的增益矩阵。

令 $e(t) = x(t) - \hat{x}(t)$ 表示观测器估计误差，得增广闭环系统为

$$\dot{x}_o(t) = \tilde{A}x_o(t) + \tilde{B}w(t)$$
$$z(t) = \tilde{C}x_o(t) + \tilde{D}w(t) \tag{4-49}$$

其中，$x_o(t) = [x^{\mathrm{T}}(t) \ e^{\mathrm{T}}(t)]^{\mathrm{T}} \in \mathbf{R}^{2n}$，且

$$\tilde{A} = \begin{bmatrix} A + B_2 K & -B_2 K \\ 0 & A - LC_2 \end{bmatrix}, \quad \tilde{B} = \begin{bmatrix} B_1 \\ B_1 - LD_{21} \end{bmatrix}, \quad \tilde{C} = \begin{bmatrix} C_1 + D_{12}K & -D_{12}K \end{bmatrix}, \quad \tilde{D} = D_{11}$$

定理 4.8　对于线性系统(4-43)和给定的正数 $\gamma > 0$，存在一个观测器状态反馈 H_∞ 控制律的充分条件是：存在对称正定矩阵 $X > 0$ 和矩阵 Y、L，使得 LMI

$$\begin{bmatrix} AX + XA^{\mathrm{T}} + B_2 Y + Y^{\mathrm{T}} B_2^{\mathrm{T}} & -B_2 Y & N_{13} & 0 \\ * & AX + XA^{\mathrm{T}} & N_{23} & N_{24} \\ * & * & N_{33} & 0 \\ * & * & * & -I \end{bmatrix} < 0 \tag{4-50}$$

其中

$$N_{13} = [B_1 \ \ XC_1^{\mathrm{T}} + Y^{\mathrm{T}} D_{12}^{\mathrm{T}}], \quad N_{23} = [B_1 - LD_{21} \ \ -Y^{\mathrm{T}} D_{12}^{\mathrm{T}}]$$

$$N_{24} = [LC_2 \ \ X], \quad N_{33} = \begin{bmatrix} -\gamma I & D_{11}^{\mathrm{T}} \\ D_{11} & -\gamma I \end{bmatrix}$$

进而控制增益矩阵 $K = YX^{-1}$。

证：由引理 4.3 之式(4-11)知，增广闭环系统(4-49)满足 H_∞ 性能的充分必要条件是不等式

$$\begin{bmatrix} \tilde{A}^{\mathrm{T}} P + P\tilde{A} & P\tilde{B} & \tilde{C}^{\mathrm{T}} \\ \tilde{B}^{\mathrm{T}} P & -\gamma I & \tilde{D}^{\mathrm{T}} \\ \tilde{C} & \tilde{D} & -\gamma I \end{bmatrix} < 0 \tag{4-51}$$

有对称正定解 $P > 0$ 和 $\gamma > 0$。根据矩阵 $\tilde{A}$、$\tilde{B}$、$\tilde{C}$、$\tilde{D}$ 的结构，选择 $P = \mathrm{diag}\{P_1, P_1\}$，$P_1 > 0$，式(4-51)成为

$$\begin{bmatrix} \begin{array}{c} P_1A+A^{\mathrm{T}}P_1 \\ +P_1B_2K+K^{\mathrm{T}}B_2^{\mathrm{T}}P_1 \end{array} & -P_1B_2K & P_1B_1 & C_1^{\mathrm{T}}+K^{\mathrm{T}}D_{12}^{\mathrm{T}} \\ -K^{\mathrm{T}}B_2^{\mathrm{T}}P_1 & \begin{array}{c} P_1A+A^{\mathrm{T}}P_1 \\ -P_1LC_2-C_2^{\mathrm{T}}L^{\mathrm{T}}P_1 \end{array} & P_1B_1-P_1LD_{21} & -K^{\mathrm{T}}D_{12}^{\mathrm{T}} \\ B_1^{\mathrm{T}}P_1 & B_1^{\mathrm{T}}P_1-D_{21}^{\mathrm{T}}L^{\mathrm{T}}P_1 & -\gamma I & D_{11}^{\mathrm{T}} \\ C_1+D_{12}K & -D_{12}K & D_{11} & -\gamma I \end{bmatrix} < 0 \quad (4\text{-}52)$$

利用矩阵 $\mathrm{diag}\{P_1^{-1},P_1^{-1},I,I\}$ 对式(4-51)作合同变换，并令 $X=P_1^{-1}$、$Y=KP_1^{-1}$，引用符号 N_{13},N_{23},N_{33} 如定理所述，得到等价的不等式

$$\begin{bmatrix} AX+XA^{\mathrm{T}}+B_2Y+Y^{\mathrm{T}}B_2^{\mathrm{T}} & -B_2Y & N_{13} \\ -Y^{\mathrm{T}}B_2^{\mathrm{T}} & AX+XA^{\mathrm{T}}-LC_2X-XC_2^{\mathrm{T}}L^{\mathrm{T}} & N_{23} \\ N_{13}^{\mathrm{T}} & N_{23}^{\mathrm{T}} & N_{33} \end{bmatrix} < 0$$

再利用不等式

$$-LC_2X-XC_2^{\mathrm{T}}L^{\mathrm{T}} \leqslant LC_2C_2^{\mathrm{T}}L^{\mathrm{T}}+XX$$

以及 Schur 补引理，即得充分条件不等式(4-50)。

例 4.5　考虑不确定系统(4-43)，设系统参数矩阵为

$$A=\begin{bmatrix} -1 & 0 \\ 1 & -1 \end{bmatrix}, \quad B_1=\begin{bmatrix} 0.5 \\ 1 \end{bmatrix}, \quad B_2=\begin{bmatrix} 1 \\ 1 \end{bmatrix}$$

$$C_1=\begin{bmatrix} 0 & 1 \end{bmatrix}, \quad C_2=\begin{bmatrix} 1 & 1 \end{bmatrix}, \quad D_{11}=1, \quad D_{12}=1, \quad D_{21}=1$$

输出反馈控制律(4-32)中 $\xi(t)\in\mathrm{R}^1$，扰动输入 $w(t)=\dfrac{\cos^2 t}{1+t}$，给定 $\gamma=1.8$，设计观测器状态反馈 H_∞ 控制律。

解: 依据定理 4.8，通过求解 LMI(4-51)得到

$$X=\begin{bmatrix} 0.3780 & 0.0363 \\ 0.0363 & 0.5310 \end{bmatrix}, \quad Y=[-0.0488 \ \ -0.1318]$$

及

$$L=\begin{bmatrix} 0.0491 \\ -0.0070 \end{bmatrix}, \quad K=[-0.1060 \ \ -0.2410]$$

选取状态初值 $x(0)=[0 \ \ 0]^{\mathrm{T}}$，得到闭环系统状态及 $\|z(t)\|_2/\|w(t)\|_2$ 轨迹图如图 4.4 所示。

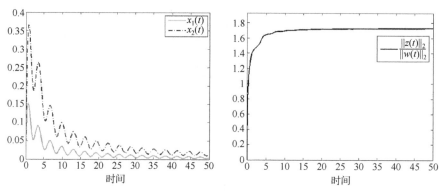

图 4.4　基于观测器反馈控制下的闭环系统状态及 $\|z(t)\|_2/\|w(t)\|_2$ 轨迹

4.4　基于 LMI 的不确定系统鲁棒 H_∞ 控制器

考虑带有扰动输入的不确定线性系统

$$\dot{x}(t) = (A + \Delta A(t))x(t) + (B_1 + \Delta B_1(t))w(t) + (B_2 + \Delta B_2(t))u(t)$$
$$z(t) = (C_1 + \Delta C_1(t))x(t) + (D_{11} + \Delta D_{11}(t))w(t) + (D_{12} + \Delta D_{12}(t))u(t) \qquad (4\text{-}53)$$
$$y(t) = (C_2 + \Delta C_2(t))x(t) + (D_{21} + \Delta D_{21}(t))w(t) + (D_{22} + \Delta D_{22}(t))u(t)$$

其中，不确定矩阵 $\Delta A(t)$、$\Delta B(t)_1$、$\Delta B_2(t)$、$\Delta C_1(t)$、$\Delta D_{11}(t)$、$\Delta D_{12}(t)$、$\Delta C_2(t)$、$\Delta D_{21}(t)$ 和 $\Delta D_{22}(t)$ 具有相应的维数，并假设它们满足范数有界不确定性条件，其他符号同系统(4-15)。

鲁棒 H_∞ 控制问题　对于不确定线性系统(4-53)和给定的正数 $\gamma > 0$，设计反馈控制律 $u(t)$，使得相应的闭环系统是鲁棒内稳定的(当 $w(t) = 0$ 时鲁棒渐近稳定)，且在零初始条件下其传递函数矩阵 $G_c(s)$ 的 H_∞ 范数满足 $\|G_c\|_\infty < \gamma$。相应的反馈控制律 $u(t)$ 称为系统(4-53)的鲁棒 H_∞ 反馈控制律。

4.4.1　鲁棒 H_∞ 性能分析

在不确定线性系统(4-53)中，设 $u(t) = 0$ 且不考虑观测输出，则系统成为

$$\dot{x}(t) = (A + \Delta A(t))x(t) + (B_1 + \Delta B_1(t))w(t)$$
$$z(t) = (C_1 + \Delta C_1(t))x(t) + (D_{11} + \Delta D_{11}(t))w(t) \qquad (4\text{-}54)$$

不确定矩阵满足范数有界不确定性：

$$\begin{bmatrix} \Delta A(t) & \Delta B_1(t) \\ \Delta C_1(t) & \Delta D_{11}(t) \end{bmatrix} = \begin{bmatrix} H \\ H_1 \end{bmatrix} F(t) [E \quad E_1] \qquad (4\text{-}55)$$

其中，H、H_1、E、E_1 是适当维数的常值矩阵，$F(t)$ 是相应维数的不确定矩阵，

且满足 $F^{\mathrm{T}}(t)F(t) \leqslant I$ 。

为叙述简单，记

$$\overline{A} = A + \Delta A(t),\ \overline{B}_1 = B_1 + \Delta B_1(t),\ \overline{C}_1 = C_1 + \Delta C_1(t),\ \overline{D}_{11} = D_{11} + \Delta D_{11}(t)$$

则系统(4-54)简写成

$$\begin{aligned}
\dot{x}(t) &= \overline{A}x(t) + \overline{B}_1 w(t) \\
z(t) &= \overline{C}_1 x(t) + \overline{D}_{11} w(t)
\end{aligned} \tag{4-56}$$

定义 4.3　对于不确定线性系统(4-56)(即系统(4-54))和给定的正数 $\gamma > 0$ ，若当 $w(t) = 0$ 时系统是鲁棒渐近稳定的，而当 $w(t) \neq 0$ 时在零初始状态下对所有允许不确定性满足

$$\|z\|_2 \leqslant \gamma \|w\|_2 \tag{4-57}$$

则称系统(4-56)(即系统(4-54))满足鲁棒 H_∞ 性能，且 $\gamma > 0$ 称为鲁棒 H_∞ 性能指标。同时，也称系统是具有扰动衰减度 γ 鲁棒渐近稳定的或是鲁棒 $H_\infty - \gamma$ 二次稳定的。

引理 4.5　对于系统(4-56)(即系统(4-54))和给定的正数 $\gamma > 0$ ，如果 $\gamma^2 I - \overline{D}_{11}^{\mathrm{T}} \overline{D}_{11} > 0$ ，且存在对称正定矩阵 $P > 0$ ，满足

$$\overline{A}^{\mathrm{T}} P + P\overline{A} + (\overline{B}_1^{\mathrm{T}} P + \overline{D}_{11}^{\mathrm{T}} \overline{C}_1)^{\mathrm{T}} (\gamma^2 I - \overline{D}_{11}^{\mathrm{T}} \overline{D}_{11})^{-1} (\overline{B}_1^{\mathrm{T}} P + \overline{D}_{11}^{\mathrm{T}} \overline{C}_1) + \overline{C}_1^{\mathrm{T}} \overline{C}_1 < 0 \tag{4-58}$$

则系统(4-56)(即系统(4-54))满足鲁棒 H_∞ 性能或鲁棒 $H_\infty - \gamma$ 二次稳定的。

证：若对给定的正数 $\gamma > 0$ ，满足 $\gamma^2 I - \overline{D}_{11}^{\mathrm{T}} \overline{D}_{11} > 0$ ，且存在对称正定矩阵 $P > 0$ 满足不等式(4-58)，则 $\overline{A}^{\mathrm{T}} P + P\overline{A} < 0$ ，即 $\overline{A}$ 是稳定的，从而系统(4-56)当 $w(t) = 0$ 时是鲁棒渐近稳定的。

假设初始状态 $x(0) = 0$ ，引入指标

$$J = \|z\|_2^2 - \gamma^2 \|w\|_2^2 = \int_0^{+\infty} (z^{\mathrm{T}}(t)z(t) - \gamma^2 w^{\mathrm{T}}(t)w(t)) \mathrm{d}t$$

则

$$\begin{aligned}
J &= \int_0^{+\infty} \left(z^{\mathrm{T}}(t)z(t) - \gamma^2 w^{\mathrm{T}}(t)w(t) + \frac{\mathrm{d}(x^{\mathrm{T}}(t)Px(t))}{\mathrm{d}t} \right) \mathrm{d}t - x^{\mathrm{T}}(\infty)Px(\infty) \\
&\leqslant \int_0^{+\infty} \{ (\overline{C}_1 x(t) + \overline{D}_{11} w(t))^{\mathrm{T}} (\overline{C}_1 x(t) + \overline{D}_{11} w(t)) - \gamma^2 w^{\mathrm{T}}(t)w(t) \\
&\quad + x^{\mathrm{T}}(t)(\overline{A}^{\mathrm{T}} P + P\overline{A})x(t) + 2x^{\mathrm{T}}(t)P\overline{B}_1 w(t) \} \mathrm{d}t \\
&= \int_0^{+\infty} x^{\mathrm{T}}(t) \{ \overline{A}^{\mathrm{T}} P + P\overline{A} + \overline{C}_1^{\mathrm{T}} \overline{C}_1 + (\overline{B}_1^{\mathrm{T}} P + \overline{D}_{11}^{\mathrm{T}} \overline{C}_1)^{\mathrm{T}} (\gamma^2 I - \overline{D}_{11}^{\mathrm{T}} \overline{D}_{11})^{-1}
\end{aligned}$$

$$\cdot(\overline{B}_1^{\mathrm{T}}P + \overline{D}_{11}^{\mathrm{T}}\overline{C}_1)\}x(t)\mathrm{d}t - \int_0^{+\infty}\{(\overline{B}_1^{\mathrm{T}}P + \overline{D}_{11}^{\mathrm{T}}\overline{C}_1)x(t) - (\gamma^2 I - \overline{D}_{11}^{\mathrm{T}}\overline{D}_{11})w(t))^{\mathrm{T}}$$

$$\cdot(\gamma^2 I - \overline{D}_{11}^{\mathrm{T}}\overline{D}_{11})^{-1}((\overline{B}_1^{\mathrm{T}}P + \overline{D}_{11}^{\mathrm{T}}\overline{C}_1)x(t) - (\gamma^2 I - \overline{D}_{11}^{\mathrm{T}}\overline{D}_{11})w(t))\}\mathrm{d}t$$

$$\leqslant \int_0^{+\infty}x^{\mathrm{T}}(t)(\overline{A}^{\mathrm{T}}P + P\overline{A} + \overline{C}_1^{\mathrm{T}}\overline{C}_1 + (\overline{B}_1^{\mathrm{T}}P + \overline{D}_{11}^{\mathrm{T}}\overline{C}_1)^{\mathrm{T}}(\gamma^2 I - \overline{D}_{11}^{\mathrm{T}}\overline{D}_{11})^{-1}$$

$$\cdot(\overline{B}_1^{\mathrm{T}}P + \overline{D}_{11}^{\mathrm{T}}\overline{C}_1))x(t)\mathrm{d}t$$

由式(4-58)，得 $J < 0$ ，进而 $\|z\|_2 < \gamma\|w\|_2$ ，故系统(4-56)满足鲁棒 H_∞ 性能。

引理 4.6　对给定的正数 $\gamma > 0$ 及所有满足式(4-55)的允许不确定性，系统(4-56)为鲁棒 $H_\infty - \gamma$ 二次稳定的，如果存在一个正数 $\lambda > 0$ ，使得

$$\begin{bmatrix} -I & 0 & C_1 & D_{11} & \gamma\lambda H_1 \\ 0 & -I & \dfrac{1}{\lambda}E & \dfrac{1}{\lambda}E_1 & 0 \\ C_1^{\mathrm{T}} & \dfrac{1}{\lambda}E^{\mathrm{T}} & A^{\mathrm{T}}P + PA & PB_1 & \gamma\lambda PH \\ D_{11}^{\mathrm{T}} & \dfrac{1}{\lambda}E_1^{\mathrm{T}} & B_1^{\mathrm{T}}P & -\gamma^2 I & 0 \\ \gamma\lambda H_1^{\mathrm{T}} & 0 & \gamma\lambda H^{\mathrm{T}}P & 0 & -\gamma^2 I \end{bmatrix} < 0 \tag{4-59}$$

有对称正定矩阵解 $P > 0$ 。

证：应用引理 4.5，系统(4-56)为鲁棒 $H_\infty - \gamma$ 二次稳定的充分条件是：$\gamma^2 I - \overline{D}_{11}^{\mathrm{T}}\overline{D}_{11} > 0$ ，且不等式(4-58)有对称正定解 $P > 0$ 。利用 Schur 补引理，式(4-58)等价于 LMI

$$\begin{bmatrix} -I & \overline{C}_1 & \overline{D}_{11} \\ \overline{C}_1^{\mathrm{T}} & \overline{A}^{\mathrm{T}}P + P\overline{A} & P\overline{B}_1 \\ \overline{D}_{11}^{\mathrm{T}} & \overline{B}_1^{\mathrm{T}}P & -\gamma^2 I \end{bmatrix} < 0 \tag{4-60}$$

注意到，式(4-60)左边可以写成

$$\begin{bmatrix} -I & \overline{C}_1 & \overline{D}_{11} \\ \overline{C}_1^{\mathrm{T}} & \overline{A}^{\mathrm{T}}P + P\overline{A} & P\overline{B}_1 \\ \overline{D}_{11}^{\mathrm{T}} & \overline{B}_1^{\mathrm{T}}P & -\gamma^2 I \end{bmatrix}$$

$$= \begin{bmatrix} -I & C_1 & D_{11} \\ C_1^{\mathrm{T}} & A^{\mathrm{T}}P + PA & PB_1 \\ D_{11}^{\mathrm{T}} & B_1^{\mathrm{T}}P & -\gamma^2 I \end{bmatrix} + \begin{bmatrix} H_1 \\ PH \\ 0 \end{bmatrix}F[0 \quad E \quad E_1] + \begin{bmatrix} 0 \\ E^{\mathrm{T}} \\ E_1^{\mathrm{T}} \end{bmatrix}F^{\mathrm{T}}[H_1^{\mathrm{T}} \quad H^{\mathrm{T}}P \quad 0]$$

利用引理 B.8，式(4-60)成立等价于：存在正数 $\lambda > 0$ ，使得

$$\begin{bmatrix} -I & C_1 & D_{11} \\ C_1^{\mathrm{T}} & A^{\mathrm{T}}P+PA & PB_1 \\ D_{11}^{\mathrm{T}} & B_1^{\mathrm{T}}P & -\gamma^2 I \end{bmatrix} + \lambda^2 \begin{bmatrix} H_1 \\ PH \\ 0 \end{bmatrix} [H_1^{\mathrm{T}} \quad H^{\mathrm{T}}P \quad 0] + \lambda^{-2} \begin{bmatrix} 0 \\ E^{\mathrm{T}} \\ E_1^{\mathrm{T}} \end{bmatrix} [0 \quad E \quad E_1] < 0$$

对该式利用 Schur 补引理，进一步得等价不等式

$$\begin{bmatrix} -I & C_1 & D_{11} & \lambda\gamma H_1 \\ C_1^{\mathrm{T}} & A^{\mathrm{T}}P+PA & PB_1 & \lambda\gamma PH \\ D_{11}^{\mathrm{T}} & B_1^{\mathrm{T}}P & -\gamma^2 I & 0 \\ \lambda\gamma H_1^{\mathrm{T}} & \lambda\gamma H^{\mathrm{T}}P & 0 & -\gamma^2 I \end{bmatrix} + \begin{bmatrix} 0 \\ \lambda^{-1}E^{\mathrm{T}} \\ \lambda^{-1}E_1^{\mathrm{T}} \\ 0 \end{bmatrix} [0 \quad \lambda^{-1}E \quad \lambda^{-1}E_1 \quad 0] < 0$$

再次利用 Schur 补引理，并交换所得不等式左端矩阵的第 1、2 行和第 1、2 列，即得等价不等式(4-59)。

定理 4.9　对给定的正数 $\gamma > 0$，不确定系统(4-54)为鲁棒 $H_\infty - \gamma$ 二次稳定的，如果存在一个常数 $\lambda > 0$，使得以下系统

$$\dot{x}(t) = Ax(t) + [B_1 \quad \gamma\lambda H] \begin{bmatrix} w(t) \\ \overline{w}(t) \end{bmatrix}$$

$$\begin{bmatrix} z(t) \\ \overline{z}(t) \end{bmatrix} = \begin{bmatrix} C_1 \\ \dfrac{1}{\lambda}E \end{bmatrix} x(t) + \begin{bmatrix} D_{11} & \gamma\lambda H_1 \\ \dfrac{1}{\lambda}E_1 & 0 \end{bmatrix} \begin{bmatrix} w(t) \\ \overline{w}(t) \end{bmatrix} \tag{4-61}$$

是内稳定的，并且在零初始条件下从 $\begin{bmatrix} w(t) \\ \overline{w}(t) \end{bmatrix}$ 到 $\begin{bmatrix} z(t) \\ \overline{z}(t) \end{bmatrix}$ 的闭环传递函数的 H_∞ 范数小于 γ，即系统(4-61)满足 H_∞ 性能。

证：根据引理 4.6 的证明知，不确定系统(4-54)为鲁棒 $H_\infty - \gamma$ 二次稳定的充分条件是式(4-60)有对称正定解 $P > 0$。比照系统(4-61)和式(4-59)知，系统(4-61)满足 H_∞ 性能的充分条件式(4-59)有对称正定解 $P > 0$。而式(4-59)与式(4-60)是等价的，因此，不确定系统(4-54)为鲁棒 $H_\infty - \gamma$ 二次稳定的充分条件是存在一个正数 $\lambda > 0$，使得系统(4-61)满足 H_∞ 性能。

注 4.4　根据定理 4.1，满足范数有界不确定性(4-55)的不确定性系统(4-54)为鲁棒 $H_\infty - \gamma$ 二次稳定的可由确定性系统(4-61)满足 H_∞ 性能来保证。

4.4.2　状态反馈鲁棒 H_∞ 控制器设计

针对带有扰动输入的不确定线性系统(4-53)，假设 $y(t) = x(t)$，即系统

$$\dot{x}(t) = (A + \Delta A(t))x(t) + (B_1 + \Delta B_1(t))w(t) + (B_2 + \Delta B_2(t))u(t)$$
$$z(t) = (C_1 + \Delta C_1(t))x(t) + (D_{11} + \Delta D_{11}(t))w(t) + (D_{12} + \Delta D_{12}(t))u(t) \tag{4-62}$$
$$y(t) = x(t)$$

假设不确定矩阵 $\Delta A(t)$、$\Delta B_1(t)$、$\Delta B_2(t)$、$\Delta C_1(t)$、$\Delta D_{11}(t)$、$\Delta D_{12}(t)$ 满足范数有界不确定性:

$$\begin{bmatrix} \Delta A(t) & \Delta B_1(t) & \Delta B_2(t) \\ \Delta C_1(t) & \Delta D_{11}(t) & \Delta D_{12}(t) \end{bmatrix} = \begin{bmatrix} H \\ H_1 \end{bmatrix} F(t) \begin{bmatrix} E & E_1 & E_2 \end{bmatrix} \tag{4-63}$$

其中, H、H_1、E、E_1、E_2 是适当维数常值矩阵, $F(t)$ 是相应维数不确定矩阵, 且 $F^{\mathrm{T}}(t)F(t) \leqslant I$ 。

设计状态反馈控制 $u(t) = -Kx(t)$, 得闭环系统

$$\dot{x}(t) = (A - B_2 K + \Delta A(t) - \Delta B_2(t)K)x(t) + (B_1 + \Delta B_1(t))w(t)$$
$$z(t) = (C_1 - D_{12}K + \Delta C_1(t) - \Delta D_{12}(t)K)x(t) + (D_{11} + \Delta D_{11}(t))w(t) \tag{4-64}$$

若闭环系统(4-64)为鲁棒 $H_\infty - \gamma$ 二次稳定的, 则称状态反馈 $u(t) = -Kx(t)$ 为鲁棒 $H_\infty - \gamma$ 二次稳定控制律。

定理 4.10　对于不确定性满足式(4-63)的系统(4-62)和给定的正数 $\gamma > 0$, 存在鲁棒 $H_\infty - \gamma$ 二次稳定控制律 $u(t) = -Kx(t)$ 的充分条件是: 存在一个正数 $\lambda > 0$, 使得如下系统

$$\dot{x}(t) = Ax(t) + [B_1 \quad \gamma\lambda H] \begin{bmatrix} w(t) \\ \bar{w}(t) \end{bmatrix} + B_2 u(t)$$

$$\begin{bmatrix} z(t) \\ \bar{z}(t) \end{bmatrix} = \begin{bmatrix} C_1 \\ \dfrac{1}{\lambda}E \end{bmatrix} x(t) + \begin{bmatrix} D_{11} & \gamma\lambda H_1 \\ \dfrac{1}{\lambda}E_1 & 0 \end{bmatrix} \begin{bmatrix} w(t) \\ \bar{w}(t) \end{bmatrix} + \begin{bmatrix} D_{12} \\ \dfrac{1}{\lambda}E_2 \end{bmatrix} u(t) \tag{4-65}$$

存在状态反馈 H_∞ 控制律 $u(t) = -Kx(t)$ 。进而, 如果存在一个正数 $\lambda > 0$, 使得如下 LMI

$$\begin{bmatrix} -I & 0 & C_1 X - D_{12} Y & D_{11} & \gamma\lambda H_1 \\ 0 & -I & \dfrac{1}{\lambda}(EX - E_2 Y) & \dfrac{1}{\lambda}E_1 & 0 \\ (C_1 X - D_{12} Y)^{\mathrm{T}} & \dfrac{1}{\lambda}(EX - E_2 Y)^{\mathrm{T}} & XA^{\mathrm{T}} + AX - Y^{\mathrm{T}}B_2^{\mathrm{T}} - B_2 Y & B_1 & \gamma\lambda H \\ D_{11}^{\mathrm{T}} & \dfrac{1}{\lambda}E_1^{\mathrm{T}} & B_1^{\mathrm{T}} & -\gamma^2 I & 0 \\ \gamma\lambda H_1^{\mathrm{T}} & 0 & \gamma\lambda H^{\mathrm{T}} & 0 & -\gamma^2 I \end{bmatrix} < 0 \tag{4-66}$$

存在对称正定矩阵解 $X > 0$ 和矩阵解 Y , 则控制增益矩阵 $K = YX^{-1}$ 。

证: 将状态反馈 $u(t) = -Kx(t)$ 分别作用于系统(4-62)和系统(4-65), 再利用定理 4.9 即得到本定理结论。进一步, 将引理 4.6 中式(4-59)中 A 、C_1 和 E 分别换成

$A - B_2K$、$C_1 - D_{12}K$ 和 $E - E_2K$，并利用矩阵 $\mathrm{diag}\{I, I, P^{-1}, I, I\}$ 对其作合同变换，再令 $X = P^{-1}$ 和 $Y = KP^{-1}$，即得式(4-66)。

注 4.5　根据定理 4.10，满足范数有界不确定性(4-63)的系统(4-62)的鲁棒 $H_\infty - \gamma$ 二次稳定问题可由确定性系统(4-65)的 H_∞ 控制问题来保证。

例 4.6　考虑不确定系统(4-62)，设系统参数矩阵

$$A = \begin{bmatrix} 1 & 1 \\ 0 & -2 \end{bmatrix}, \quad B_1 = \begin{bmatrix} 1 & 0 \\ 0 & -1 \end{bmatrix}, \quad B_2 = \begin{bmatrix} 1 \\ 1 \end{bmatrix}$$

$$C_1 = \begin{bmatrix} 0 & 0 \\ 1 & 1 \end{bmatrix}, \quad D_{11} = \begin{bmatrix} 1 & 0 \\ 0 & 1 \end{bmatrix}, \quad D_{12} = \begin{bmatrix} 1 \\ 0 \end{bmatrix}$$

$$H = \begin{bmatrix} 0.1 \\ -0.1 \end{bmatrix}, \quad H_1 = \begin{bmatrix} -0.1 \\ 0.1 \end{bmatrix}$$

$$E = [0.1 \ \ 0.1], \quad E_1 = [-0.1 \ \ 0.1], \quad E_2 = 0.1$$

扰动输入 $w(t) = \begin{bmatrix} \dfrac{\cos^2 t}{1+t} & \dfrac{\cos^2 t}{1+t} \end{bmatrix}$，给定 $\gamma = 1$，试设计状态反馈鲁棒 $H_\infty - \gamma$ 二次稳定控制律。

解： 取 $\lambda = 1$，利用定理 4.10 之式(4-68)求得

$$X = \begin{bmatrix} 0.3085 & -0.3299 \\ -0.3299 & 1.2865 \end{bmatrix}, \quad Y = [1.0423 \ \ 0.0188], \quad K = [4.6765 \ \ 1.2137]$$

选取状态初值 $x(0) = [0 \ \ 0]^\mathrm{T}$，得到闭环系统的状态及 $\|z(t)\|_2 / \|w(t)\|_2$ 轨迹图如图 4.5 所示。

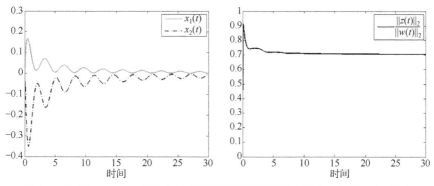

图 4.5　鲁棒 $H_\infty - \gamma$ 二次稳定控制律下的闭环系统状态及 $\|z(t)\|_2 / \|w(t)\|_2$ 轨迹

4.4.3　动态输出反馈鲁棒 H_∞ 控制器设计

针对带有扰动输入的不确定线性系统(4-53)，假设不确定矩阵 $\Delta A(t)$、$\Delta B_1(t)$、$\Delta B_2(t)$、$\Delta C_1(t)$、$\Delta D_{11}(t)$、$\Delta D_{12}(t)$、$\Delta C_2(t)$、$\Delta D_{21}(t)$ 和 $\Delta D_{22}(t)$ 满足范数有界不确定性：

$$\begin{bmatrix} \Delta A(t) & \Delta B_1(t) & \Delta B_2(t) \\ \Delta C_1(t) & \Delta D_{11}(t) & \Delta D_{12}(t) \\ \Delta C_2(t) & \Delta D_{21}(t) & \Delta D_{22}(t) \end{bmatrix} = \begin{bmatrix} H \\ H_1 \\ H_2 \end{bmatrix} F(t) \begin{bmatrix} E & E_1 & E_2 \end{bmatrix} \tag{4-67}$$

其中，H、H_1、H_2、E、E_1、E_2 是适当维数的常值矩阵，$F(t)$ 是相应维数的不确定矩阵，且满足 $F^{\mathrm{T}}(t)F(t) \leqslant I$。

设计动态输出反馈控制律

$$\begin{aligned} \dot{\xi}(t) &= A_k \xi(t) + B_k y(t) \\ u(t) &= C_k \xi(t) \end{aligned} \tag{4-68}$$

得增广闭环系统

$$\begin{aligned} \dot{\eta}(t) &= \bar{\bar{A}}(t)\eta(t) + \bar{\bar{B}}_1(t)w(t) \\ z(t) &= \bar{\bar{C}}_1(t)\eta(t) + \bar{\bar{D}}_{11}(t)w(t) \end{aligned} \tag{4-69}$$

其中，$\eta(t) = [x^{\mathrm{T}}(t)\ \ \xi^{\mathrm{T}}(t)]^{\mathrm{T}}$，且

$$\bar{\bar{A}} = \begin{bmatrix} \bar{A} & \bar{B}_2 C_k \\ B_k \bar{C}_2 & A_k + B_k \bar{D}_{22} C_k \end{bmatrix}, \quad \bar{\bar{B}}_1 = \begin{bmatrix} \bar{B}_1 \\ B_k \bar{D}_{21} \end{bmatrix}, \quad \bar{\bar{C}}_1 = [\bar{C}_1 \ \ \bar{D}_{12} C_k], \quad \bar{\bar{D}}_{11} = \bar{D}_{11}$$

$$\bar{A} = A + \Delta A(t),\ \bar{B}_j = B_j + \Delta B_j(t),\ \bar{C}_i = C_i + \Delta C_i(t),\ \bar{D}_{ij} = D_{ij} + \Delta D_{ij}(t),\quad i, j = 1, 2$$

若增广闭环系统(4-69)为鲁棒 $H_\infty - \gamma$ 二次稳定的，则称输出反馈(4-68)为鲁棒 $H_\infty - \gamma$ 二次稳定动态输出反馈控制律。

定理 4.11　对于不确定性满足条件(4-67)的系统(4-53)和给定的正数 $\gamma > 0$，存在鲁棒 $H_\infty - \gamma$ 二次稳定动态输出反馈控制律(4-68)的充分条件是：存在一个正数 $\lambda > 0$，使得式(4-68)是系统

$$\dot{x}(t) = Ax(t) + [B_1 \ \ \gamma \lambda H] \begin{bmatrix} w(t) \\ \bar{w}(t) \end{bmatrix} + B_2 u(t)$$

$$\begin{bmatrix} z(t) \\ \bar{z}(t) \end{bmatrix} = \begin{bmatrix} C_1 \\ \dfrac{1}{\lambda} E \end{bmatrix} x(t) + \begin{bmatrix} D_{11} & \gamma \lambda H_1 \\ \dfrac{1}{\lambda} E_1 & 0 \end{bmatrix} \begin{bmatrix} w(t) \\ \bar{w}(t) \end{bmatrix} + \begin{bmatrix} D_{12} \\ \dfrac{1}{\lambda} E_2 \end{bmatrix} u(t) \tag{4-70}$$

$$y(t) = C_2 x(t) + [D_{21} \ \ \gamma \lambda H_2] \begin{bmatrix} w(t) \\ \bar{w}(t) \end{bmatrix} + D_{22} u(t)$$

的动态输出反馈 H_∞ 控制律。

证： 在增广闭环系统(4-69)中，有

$$\bar{\bar{A}} = \begin{bmatrix} \bar{A} & \bar{B}_2 C_k \\ B_k \bar{C}_2 & A_k + B_k \bar{D}_{22} C_k \end{bmatrix}$$

$$= \begin{bmatrix} A & B_2 C_k \\ B_k C_2 & A_k + B_k D_{22} C_k \end{bmatrix} + \begin{bmatrix} H \\ B_k H_2 \end{bmatrix} F(t)[E \quad E_2 C_k]$$

$$\bar{\bar{B}}_1 = \begin{bmatrix} \bar{B}_1 \\ B_k \bar{D}_{21} \end{bmatrix} = \begin{bmatrix} B_1 \\ B_k D_{21} \end{bmatrix} + \begin{bmatrix} H \\ B_k H_2 \end{bmatrix} F(t) E_1$$

$$\bar{\bar{C}}_1 = [\bar{C}_1 \quad \bar{D}_{12} C_k] = [C_1 \quad D_{12} C_k] + H_1 F(t)[E \quad E_2 C_k]$$

$$\bar{\bar{D}}_{11} = \bar{D}_{11} = D_{11} + H_1 F(t) E_1$$

根据定理 4.9，闭环系统(4-69)鲁棒 $H_\infty - \gamma$ 二次稳定的充分条件是：存在正数 $\lambda > 0$ ，使得如下确定系统

$$\dot{\eta}(t) = \bar{A}_0 \eta(t) + \bar{B}_{10} \begin{bmatrix} w(t) \\ \bar{w}(t) \end{bmatrix}$$

$$\tilde{z}(t) = \bar{C}_0 \eta(t) + \begin{bmatrix} D_{11} & \gamma\lambda H_1 \\ \dfrac{1}{\lambda} E_1 & 0 \end{bmatrix} \begin{bmatrix} w(t) \\ \bar{w}(t) \end{bmatrix}$$

(4-71)

满足 H_∞ 性能。其中，$\tilde{z}^{\mathrm{T}}(t) = [z^{\mathrm{T}}(t) \quad \bar{z}^{\mathrm{T}}(t)]$ ，且

$$\bar{A}_0 = \begin{bmatrix} A & B_2 C_k \\ B_k C_2 & A_k + B_k D_{22} C_k \end{bmatrix}, \quad \bar{B}_{10} = \begin{bmatrix} B_1 & \gamma\lambda H \\ B_k D_{21} & \gamma\lambda B_k H_2 \end{bmatrix}, \quad \bar{C}_{10} = \begin{bmatrix} C_1 & D_{12} C_k \\ \dfrac{1}{\lambda} E & \dfrac{1}{\lambda} E_2 C_k \end{bmatrix}$$

而系统(4-71)恰为系统(4-70)在控制律(4-68)下的闭环系统。

注 4.6　定理 4.11 中输出反馈控制律(4-68)的设计可以参照定理 4.7 给出。

4.4.4　观测器状态反馈鲁棒 H_∞ 控制器设计

考虑不确定线性系统(4-53)，假设观测输出与控制输入无关，即系统

$$\dot{x}(t) = (A + \Delta A(t))x(t) + (B_1 + \Delta B_1(t))w(t) + (B_2 + \Delta B_2(t))u(t)$$

$$z(t) = (C_1 + \Delta C_1(t))x(t) + (D_{11} + \Delta D_{11}(t))w(t) + (D_{12} + \Delta D_{12}(t))u(t)$$

(4-72)

$$y(t) = (C_2 + \Delta C_2(t))x(t) + (D_{21} + \Delta D_{21}(t))w(t)$$

式中，不确定矩阵满足条件

$$\begin{bmatrix} \Delta A(t) & \Delta B_1(t) & \Delta B_2(t) \\ \Delta C_1(t) & \Delta D_{11}(t) & \Delta D_{12}(t) \end{bmatrix} = \begin{bmatrix} H \\ H_1 \end{bmatrix} F(t)[E \quad E_1 \quad E_2]$$

$$[\Delta C_2(t) \quad \Delta D_{21}(t)] = H_2 F(t)[E \quad E_1] \tag{4-73}$$

其中，H、H_1、H_2、E、E_1、E_2 是适当维数的常值矩阵，$F(t)$ 是相应维数的不确定矩阵，且满足 $F^T(t)F(t) \leqslant I$。

设计观测器状态反馈控制

$$\dot{\hat{x}}(t) = A\hat{x}(t) + B_2 u(t) + L(y(t) - C_2\hat{x}(t))$$

$$u(t) = K\hat{x}(t) \tag{4-74}$$

令 $e(t) = x(t) - \hat{x}(t)$ 表示观测器估计误差，得增广闭环系统

$$\dot{x}_o(t) = (\tilde{A} + \Delta\tilde{A}(t))x_o(t) + (\tilde{B}_1 + \Delta\tilde{B}_1(t))w(t)$$

$$z(t) = (\tilde{C}_1 + \Delta\tilde{C}_1(t))x_o(t) + (\tilde{D}_{11} + \Delta\tilde{D}_{11}(t))w(t) \tag{4-75}$$

其中，$x_o(t) = [x^T(t) \quad e^T(t)]^T$，且

$$\tilde{A} = \begin{bmatrix} A + B_2K & -B_2K \\ 0 & A - LC_2 \end{bmatrix}, \quad \tilde{B}_1 = \begin{bmatrix} B_1 \\ B_1 - LD_{21} \end{bmatrix}, \quad \tilde{C}_1 = [C_1 + D_{12}K \quad -D_{12}K], \quad \tilde{D}_{11} = D_{11}$$

$$\Delta\tilde{A}(t) = \begin{bmatrix} \Delta A(t) + \Delta B_2(t)K & -\Delta B_2(t)K \\ \Delta A(t) + \Delta B_2(t)K - L\Delta C_2(t) & -\Delta B_2(t)K \end{bmatrix}, \quad \Delta\tilde{B}_1(t) = \begin{bmatrix} \Delta B_1(t) \\ \Delta B_1(t) - L\Delta D_{21}(t) \end{bmatrix}$$

$$\Delta\tilde{C}_1(t) = [\Delta C_1(t) + \Delta D_{12}(t)K \quad -\Delta D_{12}(t)K], \quad \Delta\tilde{D}_{11}(t) = \Delta D_{11}(t)$$

若增广闭环系统(4-75)为鲁棒 $H_\infty - \gamma$ 二次稳定的，则称观测器状态反馈(4-74)为鲁棒 $H_\infty - \gamma$ 二次稳定观测器状态反馈控制律。

定理 4.12 对于不确定性满足条件(4-73)的系统(4-72)和给定的正数 $\gamma > 0$，存在鲁棒 $H_\infty - \gamma$ 二次稳定观测器状态反馈控制律(4-74)的充分条件是：存在正数 $\lambda > 0$，使得状态-输出联合反馈控制

$$u(t) = \begin{bmatrix} \bar{K} & 0 \\ 0 & \bar{L} \end{bmatrix} \begin{bmatrix} x_o(t) \\ \tilde{y}(t) \end{bmatrix} \tag{4-76}$$

是系统

$$\dot{x}_o(t) = \hat{A}x_o(t) + [\hat{B}_1 \quad \gamma\lambda\hat{H}]\begin{bmatrix} w(t) \\ \bar{w}(t) \end{bmatrix} + [\hat{B}_2 \quad I]u(t)$$

$$\tilde{z}(t) = \begin{bmatrix} \hat{C}_1 \\ \dfrac{1}{\lambda}\hat{E} \end{bmatrix} x_o(t) + \begin{bmatrix} \hat{D}_{11} & \gamma\lambda\hat{H}_1 \\ \dfrac{1}{\lambda}\hat{E}_1 & 0 \end{bmatrix}\begin{bmatrix} w(t) \\ \bar{w}(t) \end{bmatrix} + [\hat{D}_{12} \quad 0]u(t) \tag{4-77}$$

$$\tilde{y}(t) = \hat{C}_2 x_o(t) + [\hat{D}_{21} \quad \gamma\lambda\hat{H}_2]\begin{bmatrix} w(t) \\ \bar{w}(t) \end{bmatrix}$$

的鲁棒 H_∞ 二次稳定控制。其中，$\tilde{z}^{\mathrm{T}}(t)=[z^{\mathrm{T}}(t)\quad \bar{z}^{\mathrm{T}}(t)]$，且

$$\hat{K}=\begin{bmatrix} K & 0 \\ 0 & K \end{bmatrix},\quad \hat{L}=\begin{bmatrix} L & 0 \\ 0 & L \end{bmatrix}$$

$$\hat{A}=\begin{bmatrix} A & 0 \\ 0 & A \end{bmatrix},\quad \hat{B}_1=\begin{bmatrix} B_1 \\ B_1 \end{bmatrix},\quad \hat{B}_2=\begin{bmatrix} B_2 & -B_2 \\ 0 & 0 \end{bmatrix},\quad \hat{H}=\begin{bmatrix} H & 0 \\ H & 0 \end{bmatrix}$$

$$\hat{C}_1=[C_1\ \ 0],\quad \hat{D}_{11}=D_{11},\quad \hat{H}_1=[H_1\ \ 0],\quad \hat{E}=\begin{bmatrix} E & 0 \\ E & 0 \end{bmatrix},\quad \hat{E}_1=\begin{bmatrix} E_1 \\ E_1 \end{bmatrix}$$

$$\hat{D}_{12}=\begin{bmatrix} D_{12} & -D_{12} \\ \dfrac{1}{\lambda}E_2 & -\dfrac{1}{\lambda}E_2 \\ 0 & 0 \end{bmatrix},\quad \hat{C}_2=\begin{bmatrix} 0 & 0 \\ 0 & -C_2 \end{bmatrix},\quad \hat{D}_{21}=\begin{bmatrix} 0 \\ -D_{21} \end{bmatrix},\quad \hat{H}_2=\begin{bmatrix} 0 & 0 \\ 0 & -H_2 \end{bmatrix}$$

证： 在增广闭环系统(4-75)中，有

$$\Delta\tilde{A}(t)=\begin{bmatrix} \Delta A(t)+\Delta B_2(t)K & -\Delta B_2(t)K \\ \Delta A(t)+\Delta B_2(t)K-L\Delta C_2(t) & -\Delta B_2(t)K \end{bmatrix}$$

$$=\begin{bmatrix} H & 0 \\ H & -LH_2 \end{bmatrix}\begin{bmatrix} F(t) & 0 \\ 0 & F(t) \end{bmatrix}\begin{bmatrix} E+E_2K & -E_2K \\ E & 0 \end{bmatrix}\triangleq \tilde{H}\tilde{F}(t)\tilde{E}$$

$$\Delta\tilde{B}(t)=\begin{bmatrix} \Delta B_1(t) \\ \Delta B_1(t)-L\Delta D_{21}(t) \end{bmatrix}=\begin{bmatrix} H & 0 \\ H & -LH_2 \end{bmatrix}\begin{bmatrix} F(t) & 0 \\ 0 & F(t) \end{bmatrix}\begin{bmatrix} E_1 \\ E_1 \end{bmatrix}\triangleq \tilde{H}\tilde{F}(t)\tilde{E}_1$$

$$\Delta\tilde{C}(t)=[\Delta C_1(t)+\Delta D_{12}(t)K\quad -\Delta D_{12}(t)K]$$

$$=[H_1\ \ 0]\begin{bmatrix} F(t) & 0 \\ 0 & F(t) \end{bmatrix}\begin{bmatrix} E+E_2K & -E_2K \\ E & 0 \end{bmatrix}\triangleq \tilde{H}_1\tilde{F}(t)\tilde{E}$$

$$\Delta\tilde{D}(t)=\Delta D_{11}(t)=H_1F(t)E_1=\tilde{H}_1\tilde{F}(t)\tilde{E}_1$$

其中

$$\tilde{F}(t)=\begin{bmatrix} F(t) & 0 \\ 0 & F(t) \end{bmatrix},\quad \tilde{F}^{\mathrm{T}}(t)\tilde{F}(t)\leqslant I$$

$$\tilde{H}=\begin{bmatrix} H & 0 \\ H & -LH_2 \end{bmatrix},\quad \tilde{E}=\begin{bmatrix} E+E_2K & -E_2K \\ E & 0 \end{bmatrix},\quad \tilde{H}_1=[H_1\ \ 0],\quad \tilde{E}_1=\begin{bmatrix} E_1 \\ E_1 \end{bmatrix}$$

根据定理 4.9，增广闭环系统(4-75)为鲁棒 $H_\infty-\gamma$ 二次稳定的充分条件是：存在正数 $\lambda>0$，使得如下增广闭环系统

$$\dot{x}_o(t) = \tilde{A}x_o(t) + [\tilde{B}_1 \quad \gamma\lambda\tilde{H}]\begin{bmatrix} w(t) \\ \overline{w}(t) \end{bmatrix}$$

$$\tilde{z}(t) = \begin{bmatrix} \tilde{C}_1 \\ \dfrac{1}{\lambda}\tilde{E} \end{bmatrix} x_o(t) + \begin{bmatrix} \tilde{D}_{11} & \gamma\lambda\tilde{H}_1 \\ \dfrac{1}{\lambda}\tilde{E}_1 & 0 \end{bmatrix}\begin{bmatrix} w(t) \\ \overline{w}(t) \end{bmatrix} \tag{4-78}$$

满足鲁棒 H_∞ 性能。

注意到，系统(4-78)恰是系统(4-77)在状态-输出联合反馈控制(4-76)下的闭环系统，定理得证。

4.5　本 章 小 结

本章介绍了传递函数的 H_∞ 范数、系统的 H_∞ 性能，以及判断系统是否满足 H_∞ 性能的有界实引理及其相关结果；介绍了不确定系统鲁棒 H_∞ 控制器设计的代数 Riccati 方程方法和 LMI 方法，针对不确定线性系统，分别给出了基于状态反馈、动态输出反馈和观测器状态反馈的 H_∞ 控制律和鲁棒 $H_\infty - \gamma$ 二次稳定控制律的设计方法。

第5章 不确定系统滑模控制器设计

针对不确定线性系统，前面介绍了基于反馈形式的鲁棒控制器，所设计控制器的结构是不变的，即以一个固定结构的控制器去控制一簇(不确定)系统，控制的保守性不可避免，特别地对非线性系统一般不再适用。变结构控制(variable structure control，VSC)则是以变化结构的控制器去控制不确定系统，即在系统控制过程中控制器的结构是变化的，其在控制系统性能方面具有一些特殊的优势，也是一种重要的控制系统综合方法。具有滑动模态的变结构控制，简称滑模控制(sliding mode control，SMC)，是变结构控制的最主要分支，形成于20世纪70年代[16,54,55]。滑模控制本质上是一类特殊的非线性控制，且控制是不连续的，其不仅对系统中的不确定性具有较强的稳定鲁棒性和抗干扰性，而且可以通过滑动模态的设计获得满意的动态品质[56,57]。滑模控制具有对系统参数变化及扰动的不敏感性(在一定的匹配不确定性条件下具有完全的鲁棒性)，并且滑模控制器设计可以分解为完全独立的两个阶段来完成，即到达阶段(从任意初始状态出发的系统在到达运动控制作用下在有限时间内到达滑动模态)和滑动阶段(系统状态在由滑模面产生的滑动模态运动下趋向于状态空间的原点)。滑模控制已形成较完整的理论体系，并已广泛应用到各工业控制对象之中，在不确定系统控制中也发挥了重要的作用[58-63]。

5.1 滑模控制的基本概念

5.1.1 滑模面、滑动模态和到达运动

考虑一个二阶定常线性系统

$$\ddot{x} + a_2\dot{x} + a_1 x = 0 \tag{5-1}$$

其特征多项式为 $\lambda^2 + a_2\lambda + a_1 = (\lambda + \lambda_1)(\lambda + \lambda_2)$。假设 $\lambda_1 > 0, \lambda_2 < 0$，则该系统不稳定，且原点平衡点为鞍点，相轨迹如图5.1所示。可以看出，存在直线

$$s = \dot{x} + \lambda_1 x = 0 \tag{5-2}$$

把空间 R^2 分成 $s > 0$ 和 $s < 0$ 两个区域。以 $s = 0$ 上的点为起点的相轨迹趋近于原点，因为在 $s = 0$ 上系统满足动态方程 $\dot{x} = -\lambda_1 x$，以指数衰减速率收敛到原点；在

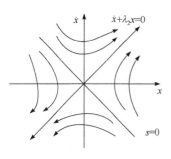

图 5.1　系统(5-1)的相轨迹图

$s=0$ 之外，以其他区域内的任何点为起点的相轨迹都不能收敛到原点。

如果能够设计一个控制器，使从空间 R^2 中直线 $s=0$ 之外的任意一点起始的相轨迹都能被驱动到该直线上，那么系统(5-1)的相轨迹就会沿着直线 $s=0$ 自动地回到原点(滑动到原点)。于是，$s=0$ 称为该系统的**滑模面**，沿着滑模面的运动称为**滑动模态或滑动运动**，到达滑模面的运动称为**到达运动**(在所设计的控制器作用下，从滑模面以外的任意起始点运动到达滑模面的运动过程)。

滑模控制器设计：①设计滑模面，使系统状态在滑模面上能滑动运动到指定的平衡点；②设计到达运动控制律，使系统从状态空间中任意一点(滑模面以外)起始的状态轨迹都能在有限时间到达滑模面(称为滑模面的可达性)，并保持在滑模面上滑动运动到指定的平衡点。

对系统(5-1)，令 $x_1(t)=x(t)$、$x_2(t)=\dot{x}(t)$，且记 $X(t)=[x_1(t)\ x_2(t)]^{\mathrm{T}}$，则得系统状态方程

$$\dot{X}(t)=\begin{bmatrix} 0 & 1 \\ -a_1 & -a_2 \end{bmatrix} X(t)$$

图 5.1 中的相平面 $Ox\dot{x}$ 即状态空间 R^2，滑模面则成为

$$s=\lambda_1 x_1+x_2=C^{\mathrm{T}}X=0$$

其中，$C^{\mathrm{T}}=[\lambda_1\ 1]$。称 $s(t)=C^{\mathrm{T}}X(t)$ 为**滑模函数**，是状态向量 $X(t)$ 的线性函数。

5.1.2　滑模面到达条件

为叙述方便，以单输入系统为例。考虑线性定常系统

$$\dot{x}(t)=Ax(t)+bu(t) \tag{5-3}$$

其中，$x(t)\in\mathrm{R}^n$、$u(t)\in\mathrm{R}$ 分别为系统的状态向量和控制输入，$A\in\mathrm{R}^{n\times n}$、$b\in\mathrm{R}^{n\times 1}$ 是常值矩阵。

设滑模面为状态空间 R^n 中的一个超平面

$$s(t)=C^{\mathrm{T}}x(t)=0 \tag{5-4}$$

其中，$C\in\mathrm{R}^{n\times 1}$ 是待定的常值向量。该超平面将状态空间 R^n 分成 $s(t)>0$ 和 $s(t)<0$ 两个部分，选择控制律

$$u(t) = \begin{cases} u^+, & s(t) > 0 \\ u^-, & s(t) < 0 \end{cases} \tag{5-5}$$

且 u^+、u^- 为常值，则在 $s(t) > 0$ 和 $s(t) < 0$ 两个区域，系统(5-3)成为

$$\begin{aligned} \dot{x}(t) = Ax(t) + bu^+, & \quad s(t) > 0 \\ \dot{x}(t) = Ax(t) + bu^-, & \quad s(t) < 0 \end{aligned} \tag{5-6}$$

注意到，系统(5-6)在 $s(t) = 0$ 上没有定义，所以系统(5-3)在控制律(5-5)作用下是不连续的，其跳跃地穿过滑模面 $s(t) = 0$。如果系统(5-6)在滑模面 $s(t) = 0$ 以外的点都满足：当 $s(t) > 0$ 时 $\dot{s}(t) < 0$ 且当 $s(t) < 0$ 时 $\dot{s}(t) > 0$，那么系统状态就能到达滑模面上，进而实现系统稳定。因此，可以补充定义：$s(t) = 0$ 时 $u(t) = 0$，使得控制律(5-5)及系统(5-6)在全状态空间 $\mathbb{R}^n$ 中均有意义。

在上述控制律(5-5)中，当 $s(t) > 0$ 时 $u = u^+$，当 $s(t) < 0$ 时 $u = u^-$，那么滑模面 $s(t) = 0$ 就像是一个开关，系统状态每一次穿越滑模面 $s(t) = 0$ 都会导致控制律的切换，因此，也称滑模面为切换面。一般地，根据系统模型的具体情况，滑模面可取为线性超平面(5-4)，或非线性超曲面

$$s(t) = s(x, t) = 0 \tag{5-7}$$

其中，$s(x,t)$ 是待设计的非线性函数。

1. 不等式型到达条件

为保证所设计滑模面的可达性，滑模函数需满足一定的条件，常用的到达条件为不等式型到达条件。当 $s(t)$ 为单变量时，如 $s(t) \in \mathbb{R}^1$(有单个滑模面)，到达条件表示为

$$\begin{cases} \dot{s}(t) < 0, & s(t) > 0 \\ \dot{s}(t) > 0, & s(t) < 0 \end{cases} \tag{5-8a}$$

或等价地

$$s(t)\dot{s}(t) < 0 \tag{5-8b}$$

当 $s(t)$ 为多变量时，如 $s(t) \in \mathbb{R}^m$(有 m 个滑模面)，到达条件表示为

$$\begin{cases} \dot{s}_i(t) < 0, & s_i(t) > 0 \\ \dot{s}_i(t) > 0, & s_i(t) < 0 \end{cases}, \quad i = 1, 2, \cdots, m \tag{5-9a}$$

或等价地

$$s_i(t)\dot{s}_i(t) < 0, \quad i = 1, 2, \cdots, m \tag{5-9b}$$

如果上述到达条件(5-8)或条件(5-9)(每个滑模面都满足到达条件)被满足，则

可以保证从状态空间中任意一点出发的状态轨迹在有限时间内到达滑模面。

还有一种不等式型到达条件，称为 Lyapunov 型到达条件。根据 Lyapunov 稳定性理论，选择正定函数 $V(t,s)$

$$V(t,s) = \frac{1}{2} s^{\mathrm{T}} P s > 0 \qquad (5\text{-}10\mathrm{a})$$

并要求其沿着系统的全导数满足条件

$$\dot{V}(t,s(t)) = \dot{s}^{\mathrm{T}}(t) P s(t) < 0 \qquad (5\text{-}10\mathrm{b})$$

其中，P 为对称正定矩阵，也是滑模函数加权矩阵。显然，当 $m=1$ 时(有单个滑模面)，条件(5-10b)可变成条件(5-8b)；当 $P = I_m$ 时(有 m 个滑模面)，条件(5-10b)变成

$$\dot{s}_1(t) s_1(t) + \dot{s}_2(t) s_2(t) + \cdots + \dot{s}_m(t) s_m(t) < 0 \qquad (5\text{-}11)$$

其成立的充分条件是式(5-9b)成立。可见，在条件(5-11)中要求的是综合效果，它允许一些滑模面不满足到达条件，但整体上最终满足到达条件，因此条件(5-11)也称为最终到达条件。若 $P \neq I$，则 P 起到了加权作用，此时的到达条件可能包括与不同的滑模面相关的交叉项 $s_i(t) \dot{s}_j(t)$ ($i \neq j$)，讨论起来更加复杂。

2. 等式型到达条件

通常采用以下两种形式的等式型到达条件(也称为到达律)

$$\dot{s}(t) = -\varepsilon \operatorname{sgn}(s(t)) \qquad (5\text{-}12)$$

或

$$\dot{s}(t) = -K s(t) - \varepsilon \operatorname{sgn}(s(t)) \qquad (5\text{-}13)$$

其中，$\operatorname{sgn}(s(t)) = (\operatorname{sgn}(s_1(t)), \operatorname{sgn}(s_2(t)), \cdots, \operatorname{sgn}(s_m(t)))^{\mathrm{T}}$，$K = \operatorname{diag}\{k_1, k_2, \cdots, k_m\}$ 和 $\varepsilon = \operatorname{diag}\{\varepsilon_1, \varepsilon_2 \cdots, \varepsilon_m\}$ 是待设计的对角矩阵，且 $k_i > 0$、$\varepsilon_i > 0$。

注 5.1 易见，到达律(5-12)或(5-13)满足不等式型到达条件式(5-9)，特别是式(5-13)还可通过选择参量 K 和 ε 保证到达运动的响应品质。一般来说，K 和 ε 分别决定了状态轨迹收敛到滑模面的速度和在滑模面附近的运动状况。由式(5-13)，当 $|s(t)|$ 很大时，$-Ks(t)$ 起主要作用，较大的 K 值可以加大 $s(t)$ 的收敛速度；当 $|s(t)|$ 很小时(接近于 0)，$Ks(t)$ 可以忽略，式(5-13)退化为式(5-12)，当 $s(t) \to 0^+$ 时 $\dot{s}(t) = -\varepsilon < 0$，当 $s(t) \to 0^-$ 时 $\dot{s}(t) = \varepsilon > 0$，均能够保证一定的收敛速度。同时，因为 $\dot{s}(t)$ 不为 0，状态轨迹将会反复穿越滑模面 $s(t) = 0$，这就会产生状态轨迹的振颤现象，而且振动的幅值与 ε 有关。

5.2　线性系统滑模控制器

5.2.1　线性简约型系统

考虑线性定常系统

$$\dot{x}(t) = Ax(t) + Bu(t) \tag{5-14}$$

其中，$x(t) \in \mathrm{R}^n$、$u(t) \in \mathrm{R}^m$ 为系统的状态向量和控制输入，$A \in \mathrm{R}^{n \times n}$、$B \in \mathrm{R}^{n \times m}$ 是常值矩阵，矩阵对 (A, B) 可控且 B 为列满秩。

设计线性滑模面

$$s(t) = C^\mathrm{T} x(t) = 0 \tag{5-15}$$

其中，$s(t) \in \mathrm{R}^m$ 是滑模函数，$C \in \mathrm{R}^{n \times m}$ 是待设计的常值矩阵且满足 $C^\mathrm{T}B$ 非奇异。

矩阵 B 是列满秩的，不妨设 $B = \begin{bmatrix} B_1 \\ B_2 \end{bmatrix}$，$B_1 \in \mathrm{R}^{(n-m) \times m}$，$B_2 \in \mathrm{R}^{m \times m}$，且 B_2 可逆。

于是，将状态 $x(t)$ 及矩阵 A、C 做相应的分块，令

$$x(t) = \begin{bmatrix} x_\mathrm{I}(t) \\ x_\mathrm{II}(t) \end{bmatrix}, \quad A = \begin{bmatrix} A_{11} & A_{12} \\ A_{21} & A_{22} \end{bmatrix}, \quad C = \begin{bmatrix} C_1 \\ C_2 \end{bmatrix}$$

其中，$x_\mathrm{I}(t) \in \mathrm{R}^{n-m}$，$x_\mathrm{II}(t) \in \mathrm{R}^m$，矩阵 A_{ij}、$C_i (i, j = 1, 2)$ 具有相应的维数。

定义变换矩阵 $T = \begin{bmatrix} I_{n-m} & -B_1 B_2^{-1} \\ 0 & I_m \end{bmatrix}$，令 $y(t) = Tx(t)$，则系统(5-14)及滑模面(5-15)分别成为

$$\dot{y}(t) = \tilde{A}y(t) + \tilde{B}u(t) \tag{5-16}$$

和

$$s(t) = \tilde{C}^\mathrm{T} y(t) = 0 \tag{5-17}$$

其中，$\tilde{A} = TAT^{-1} \triangleq \begin{bmatrix} \tilde{A}_{11} & \tilde{A}_{12} \\ \tilde{A}_{21} & \tilde{A}_{22} \end{bmatrix}$，$\tilde{B} = TB = \begin{bmatrix} 0 \\ B_2 \end{bmatrix}$，$\tilde{C}^\mathrm{T} = C^\mathrm{T}T^{-1} \triangleq \begin{bmatrix} \tilde{C}_1^\mathrm{T} & \tilde{C}_2^\mathrm{T} \end{bmatrix}$。

将式(5-16)写成分块形式，得

$$\dot{y}_\mathrm{I}(t) = \tilde{A}_{11} y_\mathrm{I}(t) + \tilde{A}_{12} y_\mathrm{II}(t) \tag{5-18a}$$

$$\dot{y}_\mathrm{II}(t) = \tilde{A}_{21} y_\mathrm{I}(t) + \tilde{A}_{22} y_\mathrm{II}(t) + B_2 u(t) \tag{5-18b}$$

其中，$y(t) = \begin{bmatrix} y_{\mathrm{I}}(t) \\ y_{\mathrm{II}}(t) \end{bmatrix}$，$y_{\mathrm{I}}(t) \in \mathbf{R}^{n-m}$，$y_{\mathrm{II}}(t) \in \mathbf{R}^{m}$。

系统(5-18)称为系统(5-14)的**线性简约型**，可以针对系统(5-18)设计控制器。

下面证明式(5-18a)是**滑动运动方程**，即系统在滑模面上的运动方程。

一方面，对式(5-17)中滑模函数求微分，有

$$
\begin{aligned}
\dot{s}(t) &= \tilde{C}^{\mathrm{T}} \dot{y}(t) = \tilde{C}_1^{\mathrm{T}} \dot{y}_{\mathrm{I}}(t) + \tilde{C}_2^{\mathrm{T}} \dot{y}_{\mathrm{II}}(t) \\
&= \tilde{C}_1^{\mathrm{T}} \tilde{A}_{11} y_{\mathrm{I}}(t) + \tilde{C}_1^{\mathrm{T}} \tilde{A}_{12} y_{\mathrm{II}}(t) + \tilde{C}_2^{\mathrm{T}} \tilde{A}_{21} y_{\mathrm{I}}(t) + \tilde{C}_2^{\mathrm{T}} \tilde{A}_{22} y_{\mathrm{II}}(t) + \tilde{C}_2^{\mathrm{T}} B_2 u(t)
\end{aligned}
$$

如果由式(5-18a)确定的运动轨迹在滑模面 $s(t) = 0$ 上，则有 $\dot{s}(t) = 0$。因此，由 $C^{\mathrm{T}} B = \tilde{C}^{\mathrm{T}} \tilde{B} = \tilde{C}_2^{\mathrm{T}} B_2$ 为可逆矩阵，可求得

$$
u_{eq}(t) = -(\tilde{C}_2^{\mathrm{T}} B_2)^{-1} (\tilde{C}_1^{\mathrm{T}} \tilde{A}_{11} y_{\mathrm{I}}(t) + \tilde{C}_1^{\mathrm{T}} \tilde{A}_{12} y_{\mathrm{II}}(t) + \tilde{C}_2^{\mathrm{T}} \tilde{A}_{21} y_{\mathrm{I}}(t) + \tilde{C}_2^{\mathrm{T}} \tilde{A}_{22} y_{\mathrm{II}}(t))
$$

称 $u_{eq}(t)$ 为**等效控制**，即在此控制下的系统(5-16)的运动等效于系统在滑模面 $s(t) = 0$ 上运动。

将 $u_{eq}(t)$ 代入式(5-18b)，并且两端同乘以 $\tilde{C}_2^{\mathrm{T}}$，得到

$$
\tilde{C}_2^{\mathrm{T}} \dot{y}_{\mathrm{II}}(t) = -\tilde{C}_1^{\mathrm{T}} (\tilde{A}_{11} y_{\mathrm{I}}(t) + \tilde{A}_{12} y_{\mathrm{II}}(t)) \tag{*}
$$

另一方面，如果由式(5-18a)确定的运动轨迹在滑模面 $s(t) = 0$ 上，则有 $\tilde{C}_1^{\mathrm{T}} y_{\mathrm{I}}(t) + \tilde{C}_2^{\mathrm{T}} y_{\mathrm{II}}(t) = 0$，即 $\tilde{C}_2^{\mathrm{T}} y_{\mathrm{II}}(t) = -\tilde{C}_1^{\mathrm{T}} y_{\mathrm{I}}(t)$，由此可得

$$
\tilde{C}_2^{\mathrm{T}} \dot{y}_{\mathrm{II}}(t) = -\tilde{C}_1^{\mathrm{T}} \dot{y}_{\mathrm{I}}(t) \tag{**}
$$

比较上述两个方面的结果，即式(*)与(**)，得到

$$
\tilde{C}_1^{\mathrm{T}} \dot{y}_{\mathrm{I}}(t) = \tilde{C}_1^{\mathrm{T}} (\tilde{A}_{11} y_{\mathrm{I}}(t) + \tilde{A}_{12} y_{\mathrm{II}}(t))
$$

因此，式(5-18a)可保证该式成立，从而保证 $s(t) = 0$ 成立，故为滑动运动方程。

此外，注意到 $\tilde{C}^{\mathrm{T}} \tilde{B}$ 是可逆矩阵，由式(5-17)中滑模函数也有

$$
\dot{s}(t) = \tilde{C}^{\mathrm{T}} \dot{y}(t) = \tilde{C}^{\mathrm{T}} \tilde{A} y(t) + \tilde{C}^{\mathrm{T}} \tilde{B} u(t)
$$

当系统状态在滑模面上时，有 $\dot{s}(t) = 0$，可得相应于系统(5-16)的等效控制为

$$
u_{eq}(t) = -(\tilde{C}^{\mathrm{T}} \tilde{B})^{-1} \tilde{C}^{\mathrm{T}} \tilde{A} y(t) \tag{5-19}
$$

5.2.2　滑模面设计

1. 直接设计方法

首先，由于矩阵对 (A, B) 可控保证了矩阵对 $(\tilde{A}_{11}, \tilde{A}_{12})$ 是可控的，因此，可以对滑动运动方程(5-18a)设计反馈控制律 $y_{\mathrm{II}}(t) = -L y_{\mathrm{I}}(t)$，使得闭环系统

$$\dot{y}_1(t) = (\tilde{A}_{11} - \tilde{A}_{12}L)y_1(t) \tag{5-20}$$

是渐近稳定的，即寻找 L 使 $\tilde{A}_{11} - \tilde{A}_{12}L$ 稳定。

其次，在滑模面 $s(t) = 0$ 上，有 $\tilde{C}_1^T y_1(t) + \tilde{C}_2^T y_{II}(t) = 0$。当 $\tilde{C}_2^T$ 可逆时，$y_{II}(t) = -(\tilde{C}_2^T)^{-1}\tilde{C}_1^T y_1(t)$，将其代入式(5-18a)得

$$\dot{y}_1(t) = (\tilde{A}_{11} - \tilde{A}_{12}(\tilde{C}_2^T)^{-1}\tilde{C}_1^T)y_1(t) \tag{5-21}$$

显然，只要矩阵 $\tilde{A}_{11} - \tilde{A}_{12}(\tilde{C}_2^T)^{-1}\tilde{C}_1^T$ 是稳定的，系统的滑动运动就是渐近稳定的。比较式(5-20)和式(5-21)，令 $(\tilde{C}_2^T)^{-1}\tilde{C}_1^T = L$，则滑模面参数矩阵为

$$\tilde{C}^T = [\tilde{C}_1^T \quad \tilde{C}_2^T] = \tilde{C}_2^T[(\tilde{C}_2^T)^{-1}\tilde{C}_1^T \quad I_m] = \tilde{C}_2^T[L \quad I_m]$$

特别地，若取 $\tilde{C}_2^T = I_m$，则

$$\tilde{C}^T = [L \quad I_m] \tag{5-22}$$

2. Lyapunov 函数方法

考虑滑动运动方程(5-18a)，即

$$\dot{y}_1(t) = \tilde{A}_{11}y_1(t) + \tilde{A}_{12}y_{II}(t)$$

不妨假设 $\tilde{A}_{11}$ 是稳定的(否则，可以先施加控制 $y_{II}(t) = -Ly_1(t) + v$ 使 $\tilde{A}_{11} - \tilde{A}_{12}L$ 稳定，以其替换 $\tilde{A}_{11}$ 即可)，则存在对称正定矩阵 P 满足矩阵 Lyapunov 方程

$$\tilde{A}_{11}^T P + P\tilde{A}_{11} = -Q, \quad Q > 0$$

选择 Lyapunov 函数 $V(t, y_1(t)) = y_1^T(t)Py_1(t)$，则有

$$\dot{V}(t, y_1(t))\big|_{(5\text{-}18a)} = y_1^T(t)(\tilde{A}_{11}^T P + P\tilde{A}_{11})y_1(t) + 2y_1^T P\tilde{A}_{12}y_{II}(t)$$

令 $y_{II}(t) = -\alpha\tilde{A}_{12}^T Py_1(t) \triangleq -Ly_1(t)$，$\alpha > 0$ 是一个常数，则

$$\dot{V}(t, y_1(t))\big|_{(5\text{-}18a)} = -y_1^T(t)Qy_1(t) - 2\alpha\left\|\tilde{A}_{12}^T Py_1(t)\right\|^2 < 0$$

因此，滑动运动是渐近稳定的。

此时，$\alpha\tilde{A}_{12}^T Py_1(t) + y_{II}(t) = 0$，即滑模面

$$s(t) = \alpha\tilde{A}_{12}^T Py_1(t) + y_{II}(t) = 0$$

从而

$$\tilde{C}^T = [\alpha\tilde{A}_{12}^T P \quad I_m] \triangleq [L \quad I_m], \quad L = \alpha\tilde{A}_{12}^T P \tag{5-23}$$

此外，也可以直接考虑系统(5-16)，即

$$\dot{y}(t) = \tilde{A}y(t) + \tilde{B}u(t)$$

不妨假设 $\tilde{A}$ 是稳定的 (否则，在 (A,B) 可控前提下，可先施加控制 $u(t) = -Ky(t) + v$ 使 $\tilde{A} - \tilde{B}K$ 稳定，并以其替换 $\tilde{A}$)，则存在对称正定矩阵 P 满足矩阵 Lyapunov 方程

$$\tilde{A}^{\mathrm{T}}P + P\tilde{A} = -Q, \quad Q > 0$$

选择 Lyapunov 函数 $V(t, y(t)) = y^{\mathrm{T}}(t)Py(t)$ ，有

$$\dot{V}(t, y(t))\big|_{(5\text{-}16)} = y^{\mathrm{T}}(t)(\tilde{A}^{\mathrm{T}}P + P\tilde{A})y(t) + 2y^{\mathrm{T}}(t)P\tilde{B}u(t)$$

选择

$$s(t) = \beta\tilde{B}^{\mathrm{T}}Py(t) = 0 \tag{5-24}$$

为滑模面，即 $\tilde{C}^{\mathrm{T}} = \beta\tilde{B}^{\mathrm{T}}P$ ， $\beta > 0$ 是一个常数。于是，在滑模面 $s(t) = 0$ 上 $\dot{V}(t, y(t))\big|_{(5\text{-}16)} = -y^{\mathrm{T}}(t)Qy(t) < 0$ 。故系统(5-16)在滑模面 $s(t) = 0$ 上是渐近稳定的。

5.2.3 到达运动控制律设计

1. 利用不等式到达条件设计到达运动控制律

根据单输入系统切换控制(5-5)的思想，对系统(5-16)设计控制律

$$u_i(t) = \begin{cases} u_i^+, & s_i(t) > 0 \\ u_i^-, & s_i(t) < 0 \end{cases} \quad (i = 1, 2, \cdots, m) \tag{5-25}$$

将对系统(5-16)的到达控制律 $u(t)$ 设计转化为控制参数 u_i^+ 和 u_i^- ($i = 1, 2, \cdots, m$)的设计，使之满足不等式型到达条件(5-9a)或条件(5-9b)。

对滑模面函数 $s(t) = \tilde{C}^{\mathrm{T}}y(t)$ 求导，得

$$\dot{s}(t) = \tilde{C}^{\mathrm{T}}\dot{y}(t) = \tilde{C}^{\mathrm{T}}\tilde{A}y(t) + \tilde{C}^{\mathrm{T}}\tilde{B}u(t)$$

记 $\tilde{C}^{\mathrm{T}}\tilde{A} = [\alpha_{ij}]$ 及 $\tilde{C}^{\mathrm{T}}\tilde{B} = [\beta_{il}]$ ，则在切换控制(5-25)作用下，到达运动控制参数可由下列不等式组决定：

当 $s_i(t) > 0$ 时， $\sum_{j=1}^{n}\alpha_{ij}y_j(t) + \sum_{l=1}^{m}\beta_{il}u_l < 0$ ， $i = 1, 2, \cdots, m$

当 $s_i(t) < 0$ 时， $\sum_{j=1}^{n}\alpha_{ij}y_j(t) + \sum_{l=1}^{m}\beta_{il}u_l > 0$ ， $i = 1, 2, \cdots, m$

特别地，如果 $\tilde{C}^{\mathrm{T}}\tilde{B}$ 是对角的，则 $\beta_{il} = 0(l \neq i)$ ，很容易解出控制信号。

(1) 若 $\beta_{ii} > 0$，则

$$\begin{cases} u_i^+ < -\beta_{ii}^{-1}\sum_{j=1}^{n}\alpha_{ij}y_j(t),\ s_i(t)>0 \\ u_i^- > -\beta_{ii}^{-1}\sum_{j=1}^{n}\alpha_{ij}y_j(t),\ s_i(t)<0 \end{cases}, \quad i=1,2,\cdots,m \tag{5-26}$$

(2) 若 $\beta_{ii} < 0$，则

$$\begin{cases} u_i^+ > -\beta_{ii}^{-1}\sum_{j=1}^{n}\alpha_{ij}y_j(t),\ s_i(t)>0 \\ u_i^- < -\beta_{ii}^{-1}\sum_{j=1}^{n}\alpha_{ij}y_j(t),\ s_i(t)<0 \end{cases}, \quad i=1,2,\cdots,m \tag{5-27}$$

利用不等式到达条件可以设计出实现到达运动的切换控制(5-25)。

2. 利用等式到达条件设计到达运动控制律

根据到达律(5-12)或(5-13)设计到达运动控制律，并选择适当的对角矩阵 K、ε。

利用到达律(5-13)，即 $\dot{s}(t) = -Ks(t) - \varepsilon\mathrm{sgn}(s(t))$，由滑模函数 $s(t) = \tilde{C}^{\mathrm{T}}y(t)$，有

$$\dot{s}(t) = \tilde{C}^{\mathrm{T}}\dot{y}(t) = \tilde{C}^{\mathrm{T}}\tilde{A}y(t) + \tilde{C}^{\mathrm{T}}\tilde{B}u(t)$$

令上述两个方程的右端相等，即

$$-Ks(t) - \varepsilon\mathrm{sgn}(s(t)) = \tilde{C}^{\mathrm{T}}\tilde{A}y(t) + \tilde{C}^{\mathrm{T}}\tilde{B}u(t)$$

于是到达控制律为

$$u(t) = -(\tilde{C}^{\mathrm{T}}\tilde{B})^{-1}(Ks(t) + \varepsilon\mathrm{sgn}(s(t)) + \tilde{C}^{\mathrm{T}}\tilde{A}y(t)) \tag{5-28a}$$

或者

$$\begin{aligned} u(t) = -(\tilde{C}_2^{\mathrm{T}}B_2)^{-1}[Ks(t) + \varepsilon\mathrm{sgn}(s(t)) + (\tilde{C}_1^{\mathrm{T}}\tilde{A}_{11} + \tilde{C}_2^{\mathrm{T}}\tilde{A}_{21})y_{\mathrm{I}}(t) \\ + (\tilde{C}_1^{\mathrm{T}}\tilde{A}_{12} + \tilde{C}_2^{\mathrm{T}}\tilde{A}_{22})y_{\mathrm{II}}(t)] \end{aligned} \tag{5-28b}$$

例 5.1 考虑线性系统(5-14)，设系统参数矩阵为

$$A = \begin{bmatrix} -4 & -1.5 \\ 4 & 2 \end{bmatrix}, \quad B = \begin{bmatrix} 1 \\ 1 \end{bmatrix}$$

试设计系统的滑模控制器。

解： (1)选择状态变换 $y(t) = Tx(t)$，$T = \begin{bmatrix} 1 & -1 \\ 0 & 1 \end{bmatrix}$，系统化成式(5-16)，即

$$\dot{y}(t) = \begin{bmatrix} -8 & -11.5 \\ 4 & 6 \end{bmatrix} y(t) + \begin{bmatrix} 0 \\ 1 \end{bmatrix} u(t)$$

写成线性简约型系统(5-18)，即为

$$\dot{y}_1(t) = -8y_1(t) - 11.5y_2(t)$$
$$\dot{y}_2(t) = 4y_1(t) + 6y_2(t) + u(t)$$

(2) 利用滑动运动方程 $\dot{y}_1(t) = -8y_1(t) - 11.5y_2(t)$ 设计滑模面，即 $s(t) = \tilde{C}^{\mathrm{T}} y(t)$。

根据 Lyapunov 方法，选择 $Q = 8 > 0$，针对 $\tilde{A}_{11} = -8$，$\tilde{A}_{12} = -11.5$，解矩阵 Lyapunov 方程 $\tilde{A}_{11}^{\mathrm{T}} P + P\tilde{A}_{11} = -Q$，得 $P = 0.5 > 0$。选 $\alpha = 0.5 > 0$，得

$$\tilde{C}^{\mathrm{T}} = [\alpha \tilde{A}_{12}^{\mathrm{T}} P \ \ I] = [L \ \ I] = [-2.875 \ \ 1]$$

因此，滑模面为

$$s(t) = -2.875y_1(t) + y_2(t) = -2.875x_1(t) + 3.875x_2(t) = 0$$

(3) 利用到达律 $\dot{s}(t) = -Ks(t) - \varepsilon \mathrm{sgn}(s(t))$，$K = 2$，$\varepsilon = 5$，根据式(5-28)得

$$u(t) = 21.25y_1(t) - 41.0625y_2(t) - 5\mathrm{sgn}(-2.875y_1(t) + y_2(t))$$
$$= 21.25x_1(t) - 62.3125x_2(t) - 5\mathrm{sgn}(-2.875x_1(t) + 3.875x_2(t))$$

在滑模控制器下，系统在初始状态 $x_0 = [1.5 \ \ 0.5]^{\mathrm{T}}$ 下的运动轨迹如图 5.2 所示。

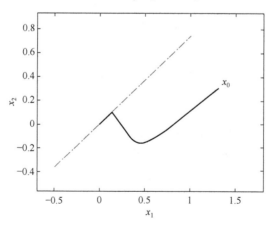

图 5.2　系统的滑模面及到达运动轨迹

5.3　非线性系统滑模控制器

考虑一类仿射非线性系统

$$\dot{x}(t) = f(x) + B(x)u(t) \tag{5-29}$$

其中，$f(x) \in \mathrm{R}^n$ 是非线性向量函数，$B(x)$ 是 $n \times m$ 维函数矩阵。

假设系统(5-29)可以化成如下线性简约型系统

$$\dot{x}(t) = \begin{bmatrix} A_1 x \\ \alpha(x) \end{bmatrix} + \begin{bmatrix} 0 \\ \beta(x) \end{bmatrix} u(x) \tag{5-30}$$

或如下**非线性简约型系统**

$$\dot{x}(t) = \begin{bmatrix} f_1(x) \\ \alpha(x) \end{bmatrix} + \begin{bmatrix} 0 \\ \beta(x) \end{bmatrix} u(t) \tag{5-31}$$

其中，$f_1(x)$、$\alpha(x)$ 为非线性向量函数，$\beta(x)$ 为非线性函数矩阵。

5.3.1　线性简约型系统

1. 滑模面设计

对于线性简约型系统(5-30)，其滑动运动方程为

$$\dot{x}_{\mathrm{I}}(t) = A_1 x(t) = A_{11} x_{\mathrm{I}}(t) + A_{12} x_{\mathrm{II}}(t)$$

其中，$x(t) = [x_{\mathrm{I}}^{\mathrm{T}}(t) \ x_{\mathrm{II}}^{\mathrm{T}}(t)]^{\mathrm{T}}$，$A_1 = [A_{11} \ A_{12}]$。

由于滑动运动方程是线性的，所以滑模面的设计同第 5.2 节中线性系统的情况类似，在 A_{11} 稳定的假设条件下，由式(5-23)设计滑模面参数为

$$C^{\mathrm{T}} = [\alpha A_{12}^{\mathrm{T}} P \ I_m]$$

其中，$\alpha > 0$ 为给定的正数，P 为满足矩阵 Lyapunov 方程 $A_{11}^{\mathrm{T}} P + P A_{11} = -Q$ 的对称正定矩阵，$Q > 0$ 为给定的对称正定矩阵。若 A_{11} 不稳定，在假设 (A_{11}, A_{12}) 可控条件下，可以先设计反馈 $x_{\mathrm{II}}(t) = -L x_{\mathrm{I}}(t) + v$，使得 $A_{11} - A_{12} L$ 稳定(以 $A_{11} - A_{12} L$ 代替 A_{11})。

2. 到达运动控制设计

使用到达律方法，选择到达律为 $\dot{s}(t) = -Ks(t) - \varepsilon \mathrm{sgn}(s(t))$，由式(5-30)知

$$\dot{x}_{\mathrm{II}}(t) = \alpha(x) + \beta(x)u(t)$$

对于选定的滑模函数 $s(t) = C^T x(t)$ ，有

$$\dot{s}(t) = C_1^T \dot{x}_{\mathrm{I}}(t) + C_2^T \dot{x}_{\mathrm{II}}(t) = C_1^T A_1 x(t) + C_2^T (\alpha(x) + \beta(x)u(t))$$

于是

$$-Ks(t) - \varepsilon \mathrm{sgn}(s(t)) = C_1^T A_1 x(t) + C_2^T \alpha(x) + C_2^T \beta(x)u(t)$$

在 $C_2^T \beta(x)$ 可逆的条件下，可求得到达运动控制律

$$u(t) = -(C_2^T \beta(x))^{-1}[Ks(t) + \varepsilon \mathrm{sgn}(s(t)) + C_1^T A_1 x(t) + C_2^T \alpha(x)] \tag{5-32}$$

5.3.2　非线性简约型系统

1. 滑模面设计

对于非线性简约型系统(5-31)，其滑动运动方程为 $\dot{x}_{\mathrm{I}}(t) = f_1(x)$ 。

(1) 如果 $f_1(x)$ 关于 $x_{\mathrm{II}}(t)$ 是线性的，则滑动运动方程成为

$$\dot{x}_{\mathrm{I}}(t) = f_{11}(x_{\mathrm{I}}(t)) + A_{12}x_{\mathrm{II}}(t) \tag{5-33}$$

由反馈律 $x_{\mathrm{II}}(t) = -Lx_{\mathrm{I}}(t)$ 可以得到子系统

$$\dot{x}_{\mathrm{I}}(t) = f_{11}(x_{\mathrm{I}}(t)) - A_{12}Lx_{\mathrm{I}}(t)$$

如果 L 的选择可以使该子系统的零平衡点渐近稳定，则此时仍可选择线性滑模面

$$s(t) = C^T x(t) = 0 , \quad C^T = [L \ I_m]$$

(2) 如果 $f_1(x(t))$ 关于 x_{II} 不是线性的，设计滑模面则比较困难，涉及非线性子系统的镇定问题。事实上，非线性系统的滑模面设计要视具体的对象而定，目前仍没有统一的设计方法。下面对一般的仿射非线性系统(5-29)给出一种设计方法。

假设系统(5-29)的自由系统 $\dot{x}(t) = f(x(t))$ 的零平衡点是渐近稳定的(否则，在系统可镇定的条件下可先镇定该系统，得到零平衡点稳定的自由系统)，根据 Lyapunov 稳定性理论，存在正定函数 $V(t, x(t)) > 0$ ，使其沿该自由系统的全导数是负定的，即

$$\dot{V}(t, x(t))\big|_{\dot{x}=f(x)} = \left(\frac{\partial V(t, x(t))}{\partial x(t)}\right)^T f(x(t)) + \frac{\partial V(t, x(t))}{\partial t} < 0$$

然后，对 $V(t, x(t))$ 沿系统(5-29)求全导数，得

$$\dot{V}(t, x(t))\big|_{(5\text{-}29)} = \left(\frac{\partial V(t, x(t))}{\partial x(t)}\right)^T f(x(t)) + \frac{\partial V(t, x(t))}{\partial t} + \left(\frac{\partial V(t, x(t))}{\partial x(t)}\right)^T B(x(t))u(t)$$

选择滑模面为

$$s(t) = B^{\mathrm{T}}(x(t))\frac{\partial V(t, x(t))}{\partial x(t)} = 0 \tag{5-34}$$

那么在 $s(t) = 0$ 时，有

$$\dot{V}(t, x(t))\Big|_{(5-29)} = \dot{V}(t, x(t))\Big|_{\dot{x}=f(x)} < 0$$

由此可知，在由式(5-34)描述的非线性滑模面上可使系统的零平衡点渐近稳定。

2. 到达运动控制律设计

选择到达律为 $\dot{s}(t) = -Ks(t) - \varepsilon \mathrm{sgn}(s(t))$。

(1) 如果 $f_1(x(t))$ 关于 $x_{\mathrm{II}}(t)$ 是线性的，且线性滑模面函数为 $s(t) = C^{\mathrm{T}} x(t)$，则

$$\dot{s}(t) = C_1^{\mathrm{T}}(f_{11}(x_1(t)) + A_{12}x_{\mathrm{II}}(t)) + C_2^{\mathrm{T}}(\alpha(x) + \beta(x)u(t))$$

令

$$-Ks(t) - \varepsilon \mathrm{sgn}(s(t)) = C_1^{\mathrm{T}}(f_{11}(x_1(t)) + A_{12}x_{\mathrm{II}}(t)) + C_2^{\mathrm{T}}(\alpha(x) + \beta(x)u(t))$$

当 $C_2^{\mathrm{T}}\beta(x(t))$ 可逆时，到达控制律为

$$u(t) = -(C_2^{\mathrm{T}}\beta(x))^{-1}[Ks(t) + \varepsilon \mathrm{sgn}(s(t)) + C_1^{\mathrm{T}}(f_{11}(x_1(t)) + A_{12}x_{\mathrm{II}}(t)) + C_2^{\mathrm{T}}\alpha(x)] \tag{5-35}$$

(2) 如果 $f_1(x(t))$ 关于 $x_{\mathrm{II}}(t)$ 是非线性的，且非线性滑模面为 $s(t) = s(x(t))$，则

$$\dot{s}(t) = S_1^{\mathrm{T}}f_1(x(t)) + S_2^{\mathrm{T}}(\alpha(x) + \beta(x)u(t))$$

其中，$\dfrac{\partial s(x(t))}{\partial x(t)} = \begin{bmatrix} S_1 \\ S_2 \end{bmatrix}$。令

$$-Ks(t) - \varepsilon \mathrm{sgn}(s(t)) = S_1^{\mathrm{T}}f_1(x(t)) + S_2^{\mathrm{T}}(\alpha(x) + \beta(x)u(t))$$

当 $S_2^{\mathrm{T}}\beta(x)$ 可逆时，到达控制律为

$$u(t) = -(S_2^{\mathrm{T}}\beta(x))^{-1}(Ks(t) + \varepsilon \mathrm{sgn}(s(t)) + S_1^{\mathrm{T}}f_1(x(t)) + S_2^{\mathrm{T}}\alpha(x)) \tag{5-36}$$

更一般地，如果 $s(t) = B^{\mathrm{T}}(x(t))\dfrac{\partial V(t, x(t))}{\partial x(t)} \triangleq s(x(t)) = 0$ 是系统(5-29)的非线性滑模面，且 $\left(\dfrac{\partial s(x(t))}{\partial x(t)}\right)^{\mathrm{T}} B(x(t))$ 可逆，则到达控制律为

$$u(t) = -\left(\left(\frac{\partial s(x(t))}{\partial x(t)}\right)^{\mathrm{T}} B(x(t))\right)^{-1}\left(Ks(t) + \varepsilon \mathrm{sgn}(s(t)) + \left(\frac{\partial s(x(t))}{\partial x(t)}\right)^{\mathrm{T}} f(x(t))\right) \tag{5-37}$$

例 5.2　考虑非线性简约型系统(5-31)，设系统模型为

$$\dot{x}(t) = \begin{bmatrix} -x_1^3(t) + x_2(t) \\ -x_2^2(t) \end{bmatrix} + \begin{bmatrix} 0 \\ 1 \end{bmatrix} u(t)$$

试设计滑模控制器。

解：(1)对滑动运动方程 $\dot{x}_1(t) = f_1(x(t)) = -x_1^3(t) + x_2(t)$ ，令 $x_2(t) = -2x_1(t)$ ，得到闭环子系统

$$\dot{x}_1(t) = -x_1^3(t) - 2x_1(t)$$

易证该子系统的零平衡点渐近稳定。因此，滑模面函数为

$$s(t) = 2x_1(t) + x_2(t)$$

(2) 选择到达律 $\dot{s}(t) = -Ks(t) - \varepsilon\,\mathrm{sgn}(s(t))$ ， $K = 2$ ， $\varepsilon = 5$ ，得到达控制律(5-35)为

$$u(t) = 2x_1^3(t) - 4x_1(t) + x_2^2(t) - 4x_2(t) - 5\mathrm{sgn}(2x_1(t) + x_2(t))$$

选择初始状态 $x(0) = [3\ \ -2]^T$ 时，系统在滑模控制作用下的运动轨迹如图 5.3 所示。

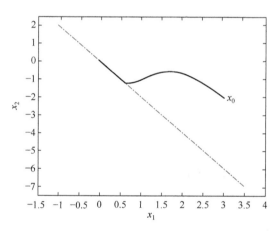

图 5.3　系统的滑模面及到达运动轨迹

例 5.3　考虑非线性系统(5-29)，设系统模型为

$$\dot{x}(t) = \begin{bmatrix} -x_1(t) + x_1(t)x_2^2(t) \\ -2x_1^2(t)x_2(t) - x_2(t) \end{bmatrix} + \begin{bmatrix} 0 \\ 1 \end{bmatrix} u(t)$$

试设计滑模控制器。

解：(1)由于滑动运动方程 $\dot{x}_1(t) = -x_1(t) + x_1(t)x_2^2(t)$ 关于 $x_2(t)$ 是非线性的，且当 $u(t) = 0$ 时非线性系统的零平衡点是渐近稳定的。存在 Lyapunov 函数

$V(t,x(t)) = x_1^2(t) + \dfrac{1}{2}x_2^2(t)$，利用式(5-34)得到滑模面函数 $s(t) = x_2(t)$。

(2) 选择到达律 $\dot{s}(t) = -2s(t) - 0.1\mathrm{sgn}(s(t))$，得到达控制律(5-36)为

$$u(t) = -2s(t) - 0.1\mathrm{sgn}(s(t)) + 2x_1^2(t)x_2(t) + x_2(t)$$
$$= 2x_1^2(t)x_2(t) - x_2(t) - 0.1\mathrm{sgn}(x_2(t))$$

选择初始状态 $x(0) = [3 \quad -1]^{\mathrm{T}}$ 时，系统在滑模控制作用下的运动轨迹如图 5.4 所示。

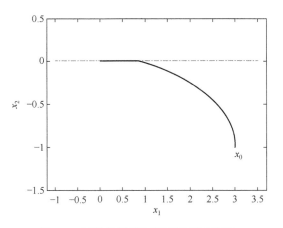

图 5.4　系统的滑模面及到达运动轨迹

5.4　不确定线性系统滑模控制器

5.4.1　外部扰动不确定系统

考虑扰动不确定系统

$$\dot{x}(t) = Ax(t) + Bu(t) + F(x(t),t) \tag{5-38}$$

其中，$x(t) \in \mathrm{R}^n$、$u(t) \in \mathrm{R}^m$ 分别为状态向量和控制输入，$F(x(t),t)$ 是未知的扰动向量，A、B 是适当维数的常值矩阵，(A,B) 可控且 B 为列满秩。假设 $F(x(t),t)$ 满足匹配条件

$$F(x(t),t) = Bf(x(t),t) \tag{5-39}$$

其中，$f(x(t),t) = (f_1(x(t),t) \ f_2(x(t),t) \ \cdots \ f_m(x(t),t))^{\mathrm{T}}$，且 $\left| f_i(x(t),t) \right| \leqslant \rho_i(x(t),t)$，$i = 1,2,\cdots,m$，$\rho_i(x(t),t)$ 是已知的非负函数。

此时，系统(5-38)可以改写为

$$\dot{x}(t) = Ax(t) + B(u(t) + f(x(t),t)) \tag{5-40}$$

将矩阵 A 和 B 分块：$A = \begin{bmatrix} A_{11} & A_{12} \\ A_{21} & A_{22} \end{bmatrix}$，$B = \begin{bmatrix} B_1 \\ B_2 \end{bmatrix}$，并假设 B_2 可逆，利用状态变换

$$y(t) = Tx(t) , \quad T = \begin{bmatrix} I_{n-m} & -B_1 B_2^{-1} \\ 0 & I_m \end{bmatrix}$$

将系统(5-40)变换为

$$\dot{y}(t) = \tilde{A}y(t) + \tilde{B}(u(t) + f(x(t),t)) \tag{5-41}$$

其中，$\tilde{A} = TAT^{-1} = \begin{bmatrix} \tilde{A}_{11} & \tilde{A}_{12} \\ \tilde{A}_{21} & \tilde{A}_{22} \end{bmatrix}$，$\tilde{B} = TB = \begin{bmatrix} 0 \\ B_2 \end{bmatrix}$。

将系统(5-41)分解成两个子系统

$$\dot{y}_{\mathrm{I}}(t) = \tilde{A}_{11} y_{\mathrm{I}}(t) + \tilde{A}_{12} y_{\mathrm{II}}(t) \tag{5-42a}$$

$$\dot{y}_{\mathrm{II}}(t) = \tilde{A}_{21} y_{\mathrm{I}}(t) + \tilde{A}_{22} y_{\mathrm{II}}(t) + B_2(u(t) + f(x(t),t)) \tag{5-42b}$$

可以看出：①滑动运动(5-42a)与扰动无关；②到达运动(5-42b)与扰动有关。也就是说，在未知扰动满足匹配条件时，滑动运动是与扰动无关的线性系统(5-42a)(亦即系统(5-18a))，因此，滑模面的设计仍然可以采用在 5.2.2 节中得到的相关结果。在此只需讨论到达运动控制律的设计。

选择到达律 $\dot{s}(t) = -Ks(t) - \varepsilon \operatorname{sgn}(s(t))$，假设已获得的滑模面为

$$s(t) = \tilde{C}^{\mathrm{T}} y(t) = \tilde{C}_1^{\mathrm{T}} y_{\mathrm{I}}(t) + \tilde{C}_2^{\mathrm{T}} y_{\mathrm{II}}(t) = 0 \tag{5-43}$$

那么

$$\dot{s}(t) = \tilde{C}_1^{\mathrm{T}} (\tilde{A}_{11} y_{\mathrm{I}}(t) + \tilde{A}_{12} y_{\mathrm{II}}(t)) + \tilde{C}_2^{\mathrm{T}} (\tilde{A}_{21} y_{\mathrm{I}}(t) + \tilde{A}_{22} y_{\mathrm{II}}(t) + B_2(u(t) + f(x(t),t))) \tag{5-44}$$

比较式(5-44)和到达律，得到

$$-Ks(t) - \varepsilon \operatorname{sgn}(s(t)) = (\tilde{C}_1^{\mathrm{T}} \tilde{A}_{11} + \tilde{C}_2^{\mathrm{T}} \tilde{A}_{21}) y_{\mathrm{I}}(t) + (\tilde{C}_1^{\mathrm{T}} \tilde{A}_{12} + \tilde{C}_2^{\mathrm{T}} \tilde{A}_{22}) y_{\mathrm{II}}(t)$$
$$+ \tilde{C}_2^{\mathrm{T}} B_2(u(t) + f(x(t),t))$$

当矩阵 $\tilde{C}_2^{\mathrm{T}} B_2$ 可逆时，得

$$u(t) = -(\tilde{C}_2^{\mathrm{T}} B_2)^{-1} [Ks(t) + \varepsilon \operatorname{sgn}(s(t)) + (\tilde{C}_1^{\mathrm{T}} \tilde{A}_{11} + \tilde{C}_2^{\mathrm{T}} \tilde{A}_{21}) y_{\mathrm{I}}(t)$$
$$+ (\tilde{C}_1^{\mathrm{T}} \tilde{A}_{12} + \tilde{C}_2^{\mathrm{T}} \tilde{A}_{22}) y_{\mathrm{II}}(t)] - f(x(t),t) \tag{5-45}$$

由于 $f(x(t),t)$ 是未知的，上述 $u(t)$ 并不能作为实际的控制律，因此，设计

$$u(t) = -(\tilde{C}_2^{\mathrm{T}} B_2)^{-1}[Ks(t) + \varepsilon \mathrm{sgn}(s(t)) + (\tilde{C}_1^{\mathrm{T}} \tilde{A}_{11} + \tilde{C}_2^{\mathrm{T}} \tilde{A}_{21})y_{\mathrm{I}}(t) \\ + (\tilde{C}_1^{\mathrm{T}} \tilde{A}_{12} + \tilde{C}_2^{\mathrm{T}} \tilde{A}_{22})y_{\mathrm{II}}(t) + z(t)] \tag{5-46}$$

其中，$z(t) = (z_1(t)\ z_2(t)\cdots z_m(t))^{\mathrm{T}}$ 是待定的。将式(5-46)代入式(5-44)，得

$$\dot{s}(t) = -Ks(t) - \varepsilon \mathrm{sgn}(s(t)) + \tilde{C}_2^{\mathrm{T}} B_2 f(x(t),t) - z(t)$$

写成分量形式，则有

$$\dot{s}_i(t) = -K_i s_i(t) - \varepsilon_i \mathrm{sgn}(s_i(t)) + v_i f(x(t),t) - z_i(t)，\quad i = 1,2,\cdots,m$$

其中，v_i 表示矩阵 $\tilde{C}_2^{\mathrm{T}} B_2$ 的第 i 个行向量，即 $(\tilde{C}_2^{\mathrm{T}} B_2) = [v_1^{\mathrm{T}}\ v_2^{\mathrm{T}}\ \cdots\ v_m^{\mathrm{T}}]^{\mathrm{T}}$。

下面使用不等式型到达条件(5-9)，即 $s_i(t)\dot{s}_i(t) < 0$ 来确定 $z_i(t)$。由于

$$s_i(t)\dot{s}_i(t) = -K_i s_i^2(t) - \varepsilon_i |s_i(t)| + s_i(t)v_i f(x(t),t) - s_i(t)z_i(t)$$

注意到

$$|s_i(t)v_i f(x(t),t)| \leqslant |s_i(t)| \sum_{j=1}^{m} |v_{ij}| \rho_j(x(t),t) \\ = s_i(t)|v_i|\rho(x(t),t)\mathrm{sgn}(s_i(t))$$

其中，$|v_i| = (|v_{i1}|\ |v_{i2}|\ \cdots\ |v_{im}|)$，$\rho(x(t),t) = (\rho_1(x(t),t)\ \rho_2(x(t),t)\ \cdots\ \rho_m(x(t),t))^{\mathrm{T}}$。

若取

$$z_i(t) = |v_i|\rho(x(t),t)\mathrm{sgn}(s_i(t))，\quad i = 1,2,\cdots,m \tag{5-47}$$

则有

$$s_i(t)\dot{s}_i(t) = -K_i s_i^2(t) - \varepsilon_i |s_i(t)| - (|s_i(t)||v_i|\rho(x(t),t) - s_i(t)v_i f(x(t),t)) \\ \leqslant -K_i s_i^2(t) - \varepsilon_i |s_i(t)| < 0$$

即满足到达条件(5-9)。因此，式(5-46)和式(5-47)构成了到达运动控制律。

例 5.4　考虑扰动不确定系统(5-40)，系统模型为

$$\dot{x}(t) = \begin{bmatrix} -8 & -11.5 \\ 4 & 6 \end{bmatrix} x(t) + \begin{bmatrix} 0 \\ 1 \end{bmatrix}(u(t) + f(x(t)))$$

其中，$f(x)$ 是不确定函数，满足 $|f(x(t))| \leqslant \rho(x) = x_1^2(t) + x_2^2(t)$。试设计系统的滑模控制。

解：当 $f(x) = 0$ 时，该系统为例 5.1 中变换后的简约型系统，因此滑模面为

$$s(t) = \tilde{C}^{\mathrm{T}} x(t) = -2.875x_1(t) + x_2(t) = 0$$

选择到达律 $\dot{s}(t) = -Ks(t) - \varepsilon \mathrm{sgn}(s(t))$，$K = 2$、$\varepsilon = 5$，由式(5-46)及式(5-47)得到达控制律

$$u(t) = -21.25x_1(t) - 41.0625x_2(t) - (x_1^2(t) + x_2^2(t) + 5)\text{sgn}(-2.875x_1(t) + x_2(t))$$

其中，利用了 $v = \tilde{C}_2^{\mathrm{T}} B_2 = 1$ 与 $z = |v|\rho(x(t),t)\text{sgn}(s(t)) = (x_1^2(t) + x_2^2(t))\text{sgn}(s(t))$。

在初始状态 $x_0 = [3 \quad -1]^{\mathrm{T}}$ 下的运动轨迹如图 5.5 所示。

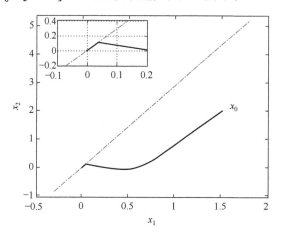

图 5.5　系统滑模面及到达运动轨迹

5.4.2　参数不确定系统

考虑参数不确定系统

$$\dot{x}(t) = (A + \Delta A(t))x(t) + Bu(t) \tag{5-48}$$

其中，$x(t) \in \mathrm{R}^n$、$u(t) \in \mathrm{R}^m$ 分别为状态向量和控制输入，A、B 是适当维数的常值矩阵，且 B 为列满秩矩阵，$\Delta A(t)$ 是不确定矩阵。

1. 不确定矩阵满足匹配不确定条件

假设

$$\Delta A(t) = B\Delta_1(t) \tag{5-49}$$

其中，$\Delta_1(t) \in \mathrm{R}^{m \times n}$ 是不确定矩阵。那么式(5-48)可写成

$$\dot{x}(t) = Ax(t) + B(u(t) + \Delta_1(t)x(t)) \tag{5-50}$$

利用变换

$$y(t) = Tx(t), \quad T = \begin{bmatrix} I_{n-m} & -B_1 B_2^{-1} \\ 0 & I_m \end{bmatrix}$$

则式(5-50)变成

$$\dot{y}(t) = \tilde{A}y(t) + \tilde{B}(u(t) + \tilde{\Delta}_1(t)y(t)) \tag{5-51}$$

其中，$\tilde{A} = TAT^{-1}$，$\tilde{B} = TB = \begin{bmatrix} 0 \\ B_2 \end{bmatrix}$，$\tilde{\Delta}_1(t) = \Delta_1(t)T^{-1}$。

将式(5-51)分成两个子系统

$$\dot{y}_{\mathrm{I}}(t) = \tilde{A}_{11}y_{\mathrm{I}}(t) + \tilde{A}_{12}y_{\mathrm{II}}(t) \tag{5-52a}$$

$$\dot{y}_{\mathrm{II}}(t) = \tilde{A}_{21}y_{\mathrm{I}}(t) + \tilde{A}_{22}y_{\mathrm{II}}(t) + B_2(u(t) + \tilde{\Delta}_1(t)y(t)) \tag{5-52b}$$

显然，滑动运动方程(5-53a)与不确定性无关，因此滑模面的设计仍然可以采用 5.2.2 节中的方法。下面只需要讨论到达运动控制律的设计问题。

选择到达律 $\dot{s}(t) = -Ks(t) - \varepsilon\mathrm{sgn}(s(t))$，设线性滑模面为

$$s(t) = \tilde{C}^{\mathrm{T}}y(t) = \tilde{C}_1^{\mathrm{T}}y_{\mathrm{I}}(t) + \tilde{C}_2^{\mathrm{T}}y_{\mathrm{II}}(t) = 0 \tag{5-53}$$

则

$$\begin{aligned} \dot{s}(t) &= \tilde{C}_1^{\mathrm{T}}(\tilde{A}_{11}y_{\mathrm{I}}(t) + \tilde{A}_{12}y_{\mathrm{II}}(t)) + \tilde{C}_2^{\mathrm{T}}(\tilde{A}_{21}y_{\mathrm{I}}(t) + \tilde{A}_{22}y_{\mathrm{II}}(t)) \\ &\quad + \tilde{C}_2^{\mathrm{T}}B_2u(t) + \tilde{C}_2^{\mathrm{T}}B_2\tilde{\Delta}_1y(t) \end{aligned} \tag{5-54}$$

比较式(5-54)和到达律，可得

$$\begin{aligned} -Ks(t) - \varepsilon\mathrm{sgn}(s(t)) &= (\tilde{C}_1^{\mathrm{T}}\tilde{A}_{11} + \tilde{C}_2^{\mathrm{T}}\tilde{A}_{21})y_{\mathrm{I}}(t) + (\tilde{C}_1^{\mathrm{T}}\tilde{A}_{12} + \tilde{C}_2^{\mathrm{T}}\tilde{A}_{22})y_{\mathrm{II}}(t) \\ &\quad + \tilde{C}_2^{\mathrm{T}}B_2u(t) + \tilde{C}_2^{\mathrm{T}}B_2\tilde{\Delta}_1(t)y(t) \end{aligned}$$

当矩阵 $\tilde{C}_2^{\mathrm{T}}B_2$ 可逆时，有

$$\begin{aligned} u(t) &= -(\tilde{C}_2^{\mathrm{T}}B_2)^{-1}[Ks(t) + \varepsilon\mathrm{sgn}(s(t)) + (\tilde{C}_1^{\mathrm{T}}\tilde{A}_{11} + \tilde{C}_2^{\mathrm{T}}\tilde{A}_{21})y_{\mathrm{I}}(t) \\ &\quad + (\tilde{C}_1^{\mathrm{T}}\tilde{A}_{12} + \tilde{C}_2^{\mathrm{T}}\tilde{A}_{22})y_{\mathrm{II}}(t) + \tilde{C}_2^{\mathrm{T}}B_2\tilde{\Delta}(t)_1y(t)] \end{aligned}$$

因为 $u(t)$ 中有不确定项，是不可实现的。所以，设计 $u(t)$ 如下

$$\begin{aligned} u(t) &= -(\tilde{C}_2^{\mathrm{T}}B_2)^{-1}[Ks(t) + \varepsilon\mathrm{sgn}(s(t)) + (\tilde{C}_1^{\mathrm{T}}\tilde{A}_{11} + \tilde{C}_2^{\mathrm{T}}\tilde{A}_{21})y_{\mathrm{I}}(t) \\ &\quad + (\tilde{C}_1^{\mathrm{T}}\tilde{A}_{12} + \tilde{C}_2^{\mathrm{T}}\tilde{A}_{22})y_{\mathrm{II}}(t) + z(t)] \end{aligned} \tag{5-55}$$

其中，$z(t)$ 待定。

下面利用滑模面到达条件(5-9)来确定 $z(t)$。将式(5-55)代入式(5-54)，得到

$$\dot{s}(t) = -Ks(t) - \varepsilon\mathrm{sgn}(s(t)) + \tilde{C}_2^{\mathrm{T}}B_2\tilde{\Delta}_1(t)y(t) - z(t)$$

该式的分量形式为

$$\dot{s}_i(t) = -K_is_i(t) - \varepsilon_i\mathrm{sgn}(s_i(t)) + v_i\tilde{\Delta}_1(t)y(t) - z_i(t)，\quad i = 1, 2, \cdots, m \tag{5-56}$$

其中，v_i 是 $\tilde{C}_2^{\mathrm{T}}B_2$ 的第 i 个行向量。

下面根据不确定矩阵 Δ_1 的不同描述形式来确定 $z_i(t)$ 的取值。

1) $\Delta_1(t)$ 满足矩阵多胞型不确定性条件

假设 $\Delta_1(t) = \sum\limits_{j=1}^{h} r_j(t)E_j$，$|r_j(t)| \leqslant \bar{r}_j$，$E_j$ 是已知的矩阵。记 $E_j = \begin{bmatrix} E_{j11} & E_{j12} \\ E_{j21} & E_{j22} \end{bmatrix}$，

则

$$\tilde{\Delta}_1(t) = \Delta_1(t)T^{-1} = \sum_{j=1}^{h} r_j(t)G_j , \quad G_j = E_jT^{-1} = \begin{bmatrix} E_{j11} & E_{j11}B_1B_2^{-1} + E_{j12} \\ E_{j21} & E_{j21}B_1B_2^{-1} + E_{j22} \end{bmatrix}$$

此时，$v_i\tilde{\Delta}_1(t)y(t) = \sum_{j=1}^{h} r_j(t)v_iG_jy(t) \leqslant \sum_{j=1}^{h} \overline{r}_j \left| v_iG_jy(t) \right|$，取

$$z_i(t) = \sum_{j=1}^{h} \overline{r}_j \left| v_iG_jy(t) \right| \, \text{sgn}(s_i(t)) \tag{5-57}$$

将式(5-57)代入式(5-56)，得

$$\dot{s}_i(t) = -K_is_i(t) - \varepsilon_i\text{sgn}(s_i(t)) + \sum_{j=1}^{h} v_ir_jG_jy(t) - \sum_{j=1}^{h} \overline{r}_j \left| v_iG_jy(t) \right| \, \text{sgn}(s_i(t))$$

从而

$$s_i(t)\dot{s}_i(t) = -K_is_i^2(t) - \varepsilon_i \left| s_i(t) \right| + \sum_{j=1}^{h} r_j(v_iG_jy(t))s_i(t) - \sum_{j=1}^{h} \overline{r}_j \left| v_iG_jy(t) \right| \left| s_i(t) \right|$$

$$\leqslant -K_is_i^2(t) - \varepsilon_i \left| s_i(t) \right| < 0$$

即到达条件(5-9)被满足。因此，式(5-55)和式(5-57)共同构成了到达运动控制律。

2) $\Delta_1(t)$ 满足范数有界不确定性条件

假设 $\Delta_1(t) = DF(t)E$，D、E 是已知矩阵，$F(t)$ 是未知矩阵且满足 $F^T(t)F(t) \leqslant I$。此时，$\tilde{\Delta}_1(t) = DF(t)ET^{-1}$，$v_i\tilde{\Delta}_1(t)y(t) = v_iDF(t)ET^{-1}y(t)$。注意到

$$v_iDF(t)ET^{-1}y(t) \leqslant \frac{1}{4}\omega y^T(t)T^{-T}E^TET^{-1}y(t) + \omega^{-1}v_iDD^Tv_i^T$$

其中，ω 是选定的正常数。取

$$z_i(t) = (\frac{1}{4}\omega y^T(t)T^{-T}E^TET^{-1}y(t) + \omega^{-1}v_iDD^Tv_i^T) \, \text{sgn}(s_i(t)) \tag{5-58}$$

将式(5-58)代入式(5-56)，有

$$\dot{s}_i(t) = -K_is_i(t) - \varepsilon_i\text{sgn}(s_i(t)) + v_iDFET^{-1}y(t)$$

$$- (\frac{1}{4}\omega y^T(t)T^{-T}E^TET^{-1}y(t) + \omega^{-1}v_iDD^Tv_i^T) \, \text{sgn}(s_i(t))$$

于是

$$s_i(t)\dot{s}_i(t) = -K_is_i^2(t) - \varepsilon_i \left| s_i(t) \right| + s_i(t)v_iDFET^{-1}y(t)$$

$$- \left| s_i(t) \right| (\frac{1}{4}\omega y^T(t)T^{-T}E^TET^{-1}y(t) + \omega^{-1}v_iDD^Tv_i^T)$$

$$\leqslant -K_is_i^2(t) - \varepsilon_i \left| s_i(t) \right| < 0$$

即到达条件(5-9)被满足。因此，式(5-55)和式(5-58)共同构成了到达运动控制律。

例 5.5 考虑不确定系统(5-51)，设系统参数矩阵为

$$A = \begin{bmatrix} -4 & -1.5 \\ 4 & 2 \end{bmatrix}, \quad B = \begin{bmatrix} 1 \\ 1 \end{bmatrix}, \quad \Delta A(t) = B\Delta_1(t), \quad \Delta_1(t) = DF(t)E$$

及 $D = 0.5$ ，$E = [1 \quad -1]$ ，$F(t) = \sin t$ 。设计系统的滑模控制器。

解：利用例 5.1 中的计算结果。

(1) 作状态变换 $y(t) = Tx(t)$ ，$T = \begin{bmatrix} 1 & -1 \\ 0 & 1 \end{bmatrix}$，将系统化成式(5-52)的形式，即

$$\dot{y}_1(t) = -8y_1(t) - 11.5y_2(t)$$
$$\dot{y}_2(t) = 4y_1(t) + 6y_2(t) + u(t) + 0.5y_1(t)\sin t$$

即 $\tilde{A} = \begin{bmatrix} -8 & -11.5 \\ 4 & 6 \end{bmatrix}$，$\tilde{B} = \begin{bmatrix} 0 \\ 1 \end{bmatrix}$，$\tilde{\Delta}_1(t) = \Delta_1(t)T^{-1} = 0.5\sin t [1 \quad 0]$ 。

(2) 利用滑动运动方程 $\dot{y}_1(t) = -8y_1(t) - 11.5y_2(t)$ 设计滑模面(根据例 5.1)

$$s(t) = -2.875y_1(t) + y_2(t) = -2.875x_1(t) + 3.875x_2(t) = 0$$

(3) 利用到达律 $\dot{s}(t) = -Ks(t) - \varepsilon \mathrm{sgn}(s(t))$ ，选择 $K = 2$ ，$\varepsilon = 5$ ，由式(5-55)和式(5-58)得到达运动控制律

$$u(t) = -21.25y_1(t) - 41.0625y_2(t) - (\frac{\omega}{2}y_1^2(t) + \frac{1}{4\omega} + 5)\mathrm{sgn}(-2.875y_1(t) + y_2(t))$$

$$= -21.25x_1(t) - 62.3125x_2(t) - (\frac{\omega}{2}(x_1(t) - x_2(t))^2 + \frac{1}{4\omega} + 5)$$

$$\cdot \mathrm{sgn}(-2.875x_1(t) + 3.875x_2(t))$$

选择 $\omega = 0.1$ ，在初始状态 $x_0 = [1 \quad 0.5]^\mathrm{T}$ 下的运动轨迹如图 5.6 所示。

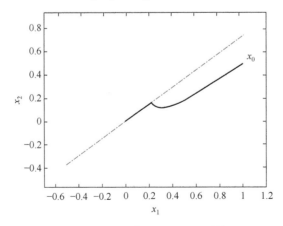

图 5.6 系统的滑模面及到达运动轨迹

2. 不确定参数满足非匹配不确定条件

利用状态变换 $y(t)=Tx(t)$，将系统(5-48)转化成形式

$$\dot{y}(t)=(\tilde{A}+\Delta\tilde{A}(t))y(t)+\tilde{B}u(t) \tag{5-59}$$

其中，$T=\begin{bmatrix}I_{n-m} & -B_1B_2^{-1}\\ 0 & I_m\end{bmatrix}$，$\tilde{A}=\begin{bmatrix}\tilde{A}_{11} & \tilde{A}_{12}\\ \tilde{A}_{21} & \tilde{A}_{22}\end{bmatrix}$，$\Delta\tilde{A}(t)=\begin{bmatrix}\Delta\tilde{A}_{11}(t) & \Delta\tilde{A}_{12}(t)\\ \Delta\tilde{A}_{21}(t) & \Delta\tilde{A}_{22}(t)\end{bmatrix}$，$\tilde{B}=\begin{bmatrix}0\\ B_2\end{bmatrix}$。

将系统(5-59)写成两个子系统的形式

$$\dot{y}_{\mathrm{I}}(t)=(\tilde{A}_{11}+\Delta\tilde{A}_{11}(t))y_{\mathrm{I}}(t)+(\tilde{A}_{12}+\Delta\tilde{A}_{12}(t))y_{\mathrm{II}}(t) \tag{5-60a}$$

$$\dot{y}_{\mathrm{II}}(t)=(\tilde{A}_{21}+\Delta\tilde{A}_{21}(t))y_{\mathrm{I}}(t)+(\tilde{A}_{22}+\Delta\tilde{A}_{22}(t))y_{\mathrm{II}}(t)+B_2u(t) \tag{5-60b}$$

可见在不确定性不满足匹配条件的情况下，滑动运动方程(5-60a)与不确定性相关，滑模面的设计不能再采用 5.2.2 节中的方法。因此，首先需要针对(5-59)设计鲁棒滑模面，然后再根据到达律设计到达运动控制律。

1) 滑模面设计

对不确定系统(5-59)，设计鲁棒滑模面就是针对不确定滑动运动方程(5-60a)设计鲁棒控制器，再依据鲁棒控制器获得鲁棒滑模面。本节利用保成本控制方法设计鲁棒滑模面。选择成本函数

$$J=\frac{1}{2}\int_{t_0}^{\infty}y^{\mathrm{T}}(t)Qy(t)\mathrm{d}t \tag{5-61}$$

其中，Q是对称正定矩阵。

记 $Q=\begin{bmatrix}Q_{11} & Q_{12}\\ Q_{12}^{\mathrm{T}} & Q_{22}\end{bmatrix}$，令 $W(t)=Q_{22}^{-1}Q_{12}^{\mathrm{T}}y_{\mathrm{I}}(t)+y_{\mathrm{II}}(t)$，则

$$J=\frac{1}{2}\int_{t_0}^{\infty}(y_{\mathrm{I}}^{\mathrm{T}}(t)(Q_{11}-Q_{12}Q_{22}^{-1}Q_{12}^{\mathrm{T}})y_{\mathrm{I}}(t)+W^{\mathrm{T}}(t)Q_{22}W(t))\mathrm{d}t$$

$$=\frac{1}{2}\int_{t_0}^{\infty}(y_{\mathrm{I}}^{\mathrm{T}}(t)Q_{11}^{*}y_{\mathrm{I}}(t)+W^{\mathrm{T}}(t)Q_{22}W(t))\mathrm{d}t$$

同时，方程(5-60a)可改写为

$$\dot{y}_{\mathrm{I}}(t)=(\tilde{A}_{11}+\Delta\tilde{A}_{11}(t))y_{\mathrm{I}}(t)+(\tilde{A}_{12}+\Delta\tilde{A}_{12}(t))(W(t)-Q_{22}^{-1}Q_{12}^{\mathrm{T}}y_{\mathrm{I}}(t))$$

$$=(\tilde{A}_{11}-\tilde{A}_{12}Q_{22}^{-1}Q_{12}^{\mathrm{T}}+\Delta\tilde{A}_{11}(t)-\Delta\tilde{A}_{12}(t)Q_{22}^{-1}Q_{12}^{\mathrm{T}})y_{\mathrm{I}}(t)+(\tilde{A}_{12}+\Delta\tilde{A}_{12}(t))W(t)$$

$$\triangleq(\tilde{A}_{11}^{*}+\Delta\tilde{A}_{11}^{*}(t))y_{\mathrm{I}}(t)+(\tilde{A}_{12}+\Delta\tilde{A}_{12}(t))W(t)$$

其中，$Q_{11}^{*}=Q_{11}-Q_{12}Q_{22}^{-1}Q_{12}^{\mathrm{T}}$，$\tilde{A}_{11}^{*}=\tilde{A}_{11}-\tilde{A}_{12}Q_{22}^{-1}Q_{12}^{\mathrm{T}}$，$\Delta\tilde{A}_{11}^{*}(t)=\Delta\tilde{A}_{11}(t)-\Delta\tilde{A}_{12}(t)Q_{22}^{-1}Q_{12}^{\mathrm{T}}$。

于是，系统(5-59)的鲁棒滑模面设计问题转变成系统

$$\dot{y}_{\mathrm{I}}(t)=(\tilde{A}_{11}^{*}+\Delta\tilde{A}_{11}^{*}(t))y_{\mathrm{I}}(t)+(\tilde{A}_{12}+\Delta\tilde{A}_{12}(t))W(t) \tag{5-62}$$

的具有成本函数

$$J = \frac{1}{2}\int_{t_0}^{\infty}(y_1^{\mathrm{T}}(t)Q_{11}^{*}y_1(t) + W^{\mathrm{T}}(t)Q_{22}W(t))\mathrm{d}t \tag{5-63}$$

的保成本控制器设计问题。

可利用第 3 章 3.3.2 节中的定理 3.19 和定理 3.20 给出的设计方法，下面针对不确定参数的不同情况给出设计结果。

(1) 不确定矩阵满足矩阵多胞型结构不确定性

假设 $\Delta A(t) = \sum_{j=1}^{h} r_j(t)E_j$，$|r_j(t)| \leqslant \bar{r}_j \leqslant \bar{r}$，$E_j$ 是已知的，则

$$\Delta \tilde{A}(t) = \sum_{j=1}^{h} r_j(t)TE_jT^{-1} \triangleq \sum_{j=1}^{h} r_j(t)H_j$$

其中，$H_j = TE_jT^{-1}$。记 $E_j = \begin{bmatrix} E_{j11} & E_{j12} \\ E_{j21} & E_{j22} \end{bmatrix}$，$H_j = \begin{bmatrix} H_{j11} & H_{j12} \\ H_{j21} & H_{j22} \end{bmatrix}$，则

$$\Delta\tilde{A}_{11}(t) = \sum_{j=1}^{h} r_j(t)H_{j11}, \ \ \Delta\tilde{A}_{12}(t) = \sum_{j=1}^{h} r_j(t)H_{j12}, \ \ \Delta\tilde{A}_{11}^{*}(t) = \sum_{j=1}^{h} r_j(t)(H_{j11} - H_{j12}Q_{22}^{-1}Q_{12}^{\mathrm{T}})$$

若有满秩分解形式 $H_{j11} = H_{j111}H_{j112}$，$H_{j12} = H_{j121}H_{j122}$，则

$$\tilde{H}_j \triangleq H_{j11} - H_{j12}Q_{22}^{-1}Q_{12}^{\mathrm{T}} = [H_{j111} \ \ H_{j121}]\begin{bmatrix} H_{j112} \\ -H_{j122}Q_{22}^{-1}Q_{12}^{\mathrm{T}} \end{bmatrix} \triangleq \tilde{H}_{j1}\tilde{H}_{j2}$$

且

$$\Delta\tilde{A}_{11}^{*}(t) = \sum_{j=1}^{h} r_j(t)(H_{j11} - H_{j12}Q_{22}^{-1}Q_{12}^{\mathrm{T}}) \triangleq \sum_{j=1}^{h} r_j(t)\tilde{H}_j = \sum_{j=1}^{h} r_j(t)\tilde{H}_{j1}\tilde{H}_{j2}$$

$$\Delta\tilde{A}_{12}(t) = \sum_{j=1}^{h} r_j(t)H_{j12} = \sum_{j=1}^{h} r_j(t)H_{j121}H_{j122}$$

令

$$\tilde{H}_1 = [\tilde{H}_{11}, \tilde{H}_{21}, \cdots, \tilde{H}_{h1}], \ \tilde{H}_2 = [\tilde{H}_{12}^{\mathrm{T}}, \tilde{H}_{22}^{\mathrm{T}}, \cdots, \tilde{H}_{h2}^{\mathrm{T}}]^{\mathrm{T}}$$

$$\bar{H}_{11} = [H_{1121}, H_{2121}, \cdots, H_{h121}], \ \bar{H}_{12} = [H_{1122}^{\mathrm{T}}, H_{2122}^{\mathrm{T}}, \cdots, H_{h122}^{\mathrm{T}}]^{\mathrm{T}}$$

利用定理 3.19 给出如下结果。

定理 5.1　如果

$$\tilde{C}^{\mathrm{T}} = [\tilde{C}_1^{\mathrm{T}} \ \ \tilde{C}_2^{\mathrm{T}}] = [(Q_{22} + \bar{H}_{12}^{\mathrm{T}}\bar{H}_{12})^{-1}\tilde{A}_{12}^{\mathrm{T}}P + Q_{22}^{-1}Q_{12}^{\mathrm{T}} \ \ I] \tag{5-64}$$

则超平面 $s(t) = \tilde{C}^T y(t) = 0$ 是系统(5-59)的一个保成本滑模面，并具有保成本 $J = \dfrac{1}{2} y_I^T(0) P y_I(0)$。其中，$P$ 是对称正定矩阵，且满足如下扰动 Riccati 方程

$$A_{11}^{*T} P + P A_{11}^* - P(\tilde{A}_{12} \tilde{R}^{-1} \tilde{A}_{12}^T - \bar{r}^2 \tilde{H}_1 \tilde{H}_1^T - \bar{r}^2 \bar{H}_{11} \bar{H}_{11}^T) P + Q_1 = 0 \qquad (5\text{-}65)$$

式中，$\tilde{R} = Q_{22} + \bar{H}_{12}^T \bar{H}_{12}$，$Q_1 = Q_{11}^* + \tilde{H}_2^T \tilde{H}_2$。

证： 在多胞型不确定性假设下，系统(5-62)的具体形式为

$$\dot{y}_I(t) = (\tilde{A}_{11}^* + \sum_{j=1}^h r_j \tilde{H}_j) y_I(t) + (\tilde{A}_{12} + \sum_{j=1}^h r_j H_{j12}) W(t) \qquad (5\text{-}66)$$

根据保成本控制方法(定理 3.19)，可得到保成本控制律

$$W'(t) = -(Q_{22} + \bar{H}_{12}^T \bar{H}_{12})^{-1} \tilde{A}_{12}^T P y_I(t) \qquad (5\text{-}67)$$

及保成本 $J^* = \dfrac{1}{2} y_I^T(t_0) P y_I(t_0)$。比较变换 $W(t) = Q_{22}^{-1} Q_{12}^T y_I(t) + y_{II}(t)$ 和保成本控制 (5-67)，由两者的一致性，即有

$$-(Q_{22} + \bar{H}_{12}^T \bar{H}_{12})^{-1} \tilde{A}_{12}^T P y_I(t) = Q_{22}^{-1} Q_{12}^T y_I(t) + y_{II}(t)$$

于是滑模面为

$$s(t) = ((Q_{22} + \bar{H}_{12}^T \bar{H}_{12})^{-1} \tilde{A}_{12}^T P + Q_{22}^{-1} Q_{12}^T) y_I(t) + y_{II}(t) = 0$$

(2) 范数有界不确定性

假设 $\Delta A(t) = DF(t)E$，D、E 为适当维数的已知矩阵，$F(t)$ 为未知不确定矩阵且满足 $F^T(t)F(t) \leqslant I$。于是 $\Delta \tilde{A}(t) = TDF(t)ET^{-1}$。

记 $D = \begin{bmatrix} D_1 \\ D_2 \end{bmatrix}$，$E = \begin{bmatrix} E_1 & E_2 \end{bmatrix}$，由 $T = \begin{bmatrix} I_{n-m} & -B_1 B_2^{-1} \\ 0 & I_m \end{bmatrix}$，$T^{-1} = \begin{bmatrix} I_{n-m} & B_1 B_2^{-1} \\ 0 & I_m \end{bmatrix}$，得

$$\Delta \tilde{A}_{11}(t) = \tilde{D}_1 F(t) E_1，\quad \Delta \tilde{A}_{12}(t) = \tilde{D}_1 F(t) \tilde{E}_2，\quad \Delta \tilde{A}_{11}^*(t) = \tilde{D}_1 F(t) \tilde{E}_1$$

其中，$\tilde{D}_1 = D_1 - B_1 B_2^{-1} D_2$，$\tilde{E}_1 = E_1 - (E_1 B_1 B_2^{-1} + E_2) Q_{22}^{-1} Q_{12}^T$，$\tilde{E}_2 = E_1 B_1 B_2^{-1} + E_2$。

利用定理 3.20 给出如下结果。

定理 5.2　如果

$$\tilde{C}^T = [\tilde{C}_1^T \quad \tilde{C}_2^T] = [\varepsilon \tilde{A}_{12}^T P + \tilde{E}_2^T \tilde{E}_1 + \tilde{Q}_{22} Q_{22}^{-1} Q_{12}^T \quad \tilde{Q}_{22}] \qquad (5\text{-}68)$$

则超平面 $s(t) = \tilde{C}^T y(t) = 0$ 是系统(5-59)的一个保成本滑模面，并具有保成本 $J = \dfrac{1}{2} y_I^T(t_0) P y_I(t_0)$。其中，$\varepsilon > 0$ 为给定常数，P 为满足如下扰动 Riccati 方程的对称正定矩阵

$$\tilde{A}_1^{*T}P + P\tilde{A}_1^* - \varepsilon P(\tilde{A}_{12}\tilde{Q}_{22}^{-1}\tilde{A}_{12}^T - \tilde{D}_1\tilde{D}_1^T)P + \tilde{Q}_1 = 0 \tag{5-69}$$

式中，$\tilde{Q}_{22} = \varepsilon Q_{22} + \tilde{E}_2^T\tilde{E}_2$，$\tilde{A}_1^* = \tilde{A}_{11} - \tilde{A}_{12}\tilde{Q}_{22}^{-1}\tilde{E}_2^T\tilde{E}_1$，$\tilde{Q}_1 = Q_{11}^* + \varepsilon^{-1}\tilde{E}_1^T(\varepsilon I - \tilde{E}_2 Q_{22}^{-1}\tilde{E}_2^T)\tilde{E}_1$。

　　证：利用定理 3.20，系统(5-62)的具有成本函数(5-63)的保成本控制律为

$$W'(t) = -\tilde{Q}_{22}^{-1}(\varepsilon \tilde{A}_{12}^T P + \tilde{E}_2^T\tilde{E}_1)y_1(t) \tag{5-70}$$

且保成本为 $J = \dfrac{1}{2}y_1^T(t_0)Py_1(t_0)$。比较变换 $W(t) = Q_{22}^{-1}Q_{12}^T y_1(t) + y_{\text{II}}(t)$ 与保成本控制 (5-70)，两者应该一致，即

$$Q_{22}^{-1}Q_{12}^T y_1(t) + y_{\text{II}}(t) = -\tilde{Q}_{22}^{-1}(\varepsilon \tilde{A}_{12}^T P + \tilde{E}_2^T\tilde{E}_1)y_1(t)$$

从而得滑模面

$$s(t) = (\varepsilon \tilde{A}_{12}^T P + \tilde{E}_2^T\tilde{E}_1 + \tilde{Q}_{22}Q_{22}^{-1}Q_{12}^T)y_1(t) + \tilde{Q}_{22}y_{\text{II}}(t) = 0 \tag{5-71}$$

　　2) 到达运动控制律设计

　　针对线性简约型系统(5-60)，选择到达律 $\dot{s}(t) = -Ks(t) - \varepsilon\text{sgn}(s(t))$。由滑模函数 $s(t) = \tilde{C}^T y(t) = \tilde{C}_1^T y_1(t) + \tilde{C}_2^T y_{\text{II}}(t)$，得

$$\begin{aligned}
\dot{s}(t) = &(\tilde{C}_1^T\tilde{A}_{11} + \tilde{C}_2^T\tilde{A}_{21})y_1(t) + (\tilde{C}_1^T\tilde{A}_{12} + \tilde{C}_2^T\tilde{A}_{22})y_{\text{II}}(t) \\
&+ (\tilde{C}_1^T\Delta\tilde{A}_{11}(t) + \tilde{C}_2^T\Delta\tilde{A}_{21}(t))y_1(t) + (\tilde{C}_1^T\Delta\tilde{A}_{12}(t) + \tilde{C}_2^T\Delta\tilde{A}_{22}(t))y_{\text{II}}(t) + \tilde{C}_2^T B_2 u(t)
\end{aligned}$$

当矩阵 $\tilde{C}_2^T B_2$ 可逆时，可得

$$\begin{aligned}
u(t) = -(\tilde{C}_2^T B_2)^{-1}[&Ks(t) + \varepsilon\text{sgn}(s(t)) + (\tilde{C}_1^T\tilde{A}_{11} + \tilde{C}_2^T\tilde{A}_{21})y_1(t) \\
&+ (\tilde{C}_1^T\tilde{A}_{12} + \tilde{C}_2^T\tilde{A}_{22})y_{\text{II}}(t) + z(t)]
\end{aligned} \tag{5-72}$$

其中，$z(t) = (z_1(t)\ z_2(t)\ \cdots\ z_m(t))^T$ 待定。将式(5-72)代入关于 $\dot{s}(t)$ 的方程，得

$$\begin{aligned}
\dot{s}(t) = &-Ks(t) - \varepsilon\text{sgn}(s(t)) + (\tilde{C}_1^T\Delta\tilde{A}_{11} + \tilde{C}_2^T\Delta\tilde{A}_{21})y_1(t) \\
&+ (\tilde{C}_1^T\Delta\tilde{A}_{12} + \tilde{C}_2^T\Delta\tilde{A}_{22})y_{\text{II}}(t) - z(t)
\end{aligned} \tag{5-73}$$

　　下面根据不确定性的不同结构设计 $z(t)$，进而得到具体的到达控制律。

　　(1) 矩阵多胞型不确定性

　　由式(5-73)可得

$$\begin{aligned}
\dot{s}(t) = &-Ks(t) - \varepsilon\text{sgn}(s(t)) \\
&+ \sum_{j=1}^{h} r_j(t)((\tilde{C}_1^T H_{j11} + \tilde{C}_2^T H_{j21})y_1(t) + (\tilde{C}_1^T H_{j12} + \tilde{C}_2^T H_{j22})y_{\text{II}}(t)) - z(t)
\end{aligned}$$

记

$$\tilde{C}_1^T H_{j11} + \tilde{C}_2^T H_{j21} = [h_{j1}^T\ \cdots\ h_{jm}^T]^T，\quad \tilde{C}_1^T H_{j12} + \tilde{C}_2^T H_{j22} = [f_{j1}^T\ \cdots\ f_{jm}^T]^T$$

その他、h_{ji} 和 f_{ji} 分别表示 $\tilde{C}_1^{\mathrm{T}}H_{j11}+\tilde{C}_2^{\mathrm{T}}H_{j21}$ 和 $\tilde{C}_1^{\mathrm{T}}H_{j12}+\tilde{C}_2^{\mathrm{T}}H_{j22}$ 的第 i 行。

将 $\dot{s}(t)$ 写成分量的形式

$$\dot{s}_i(t)=-K_is_i(t)-\varepsilon_i\mathrm{sgn}(s_i(t))+\sum_{j=1}^{h}r_j(h_{ji}y_{\mathrm{I}}(t)+f_{ji}y_{\mathrm{II}}(t))-z_i(t)$$

选取

$$z_i(t)=\sum_{j=1}^{h}\overline{r}_j\left|h_{ji}y_{\mathrm{I}}(t)+f_{ji}y_{\mathrm{II}}(t)\right|\mathrm{sgn}(s_i(t))\qquad(5\text{-}74)$$

则

$$s_i(t)\dot{s}_i(t)=-K_is_i^2(t)-\varepsilon_i\left|s_i(t)\right|+\sum_{j=1}^{h}r_j(h_{ji}y_{\mathrm{I}}(t)+f_{ji}y_{\mathrm{II}}(t))s_i(t)$$

$$-\sum_{j=1}^{h}\overline{r}_j\left|h_{ji}y_{\mathrm{I}}(t)+f_{ji}y_{\mathrm{II}}(t)\right|\left|s_i(t)\right|\leqslant -K_is_i^2(t)-\varepsilon_i\left|s_i(t)\right|<0$$

因此，到达运动控制律由式(5-72)和式(5-74)构成。

(2) 范数有界不确定性

式(5-73)可写成

$$\dot{s}(t)=-Ks(t)-\varepsilon\mathrm{sgn}(s(t))+(\tilde{C}_1^{\mathrm{T}}\tilde{D}_1+\tilde{C}_2^{\mathrm{T}}D_2)F(t)(E_1y_{\mathrm{I}}(t)+\tilde{E}_2y_{\mathrm{II}}(t))-z(t)$$

写成标量形式为

$$\dot{s}_i(t)=-K_is_i(t)-\varepsilon_i\mathrm{sgn}(s_i(t))+(\tilde{C}_1^{\mathrm{T}}\tilde{D}_1+\tilde{C}_2^{\mathrm{T}}D_2)_iF(t)(E_1y_{\mathrm{I}}(t)+\tilde{E}_2y_{\mathrm{II}}(t))-z_i(t)\quad(5\text{-}75)$$

于是

$$s_i(t)\dot{s}_i(t)=-K_is_i^2(t)-\varepsilon_i\left|s_i(t)\right|-s_i(t)z_i(t)$$

$$+s_i(t)(\tilde{C}_1^{\mathrm{T}}\tilde{D}_1+\tilde{C}_2^{\mathrm{T}}D_2)_iF(t)(E_1y_{\mathrm{I}}(t)+\tilde{E}_2y_{\mathrm{II}}(t))$$

由于，对任意 $\omega>0$，有

$$s_i(t)(\tilde{C}_1^{\mathrm{T}}\tilde{D}_1+\tilde{C}_2^{\mathrm{T}}D_2)_iF(t)(E_1y_{\mathrm{I}}(t)+\tilde{E}_2y_{\mathrm{II}}(t))$$

$$\leqslant\frac{\omega\left|s_i(t)\right|}{2}(\tilde{C}_1^{\mathrm{T}}\tilde{D}_1+\tilde{C}_2^{\mathrm{T}}D_2)_i(\tilde{C}_1^{\mathrm{T}}\tilde{D}_1+\tilde{C}_2^{\mathrm{T}}D_2)_i^{\mathrm{T}}$$

$$+\frac{\left|s_i(t)\right|}{2\omega}(E_1y_{\mathrm{I}}(t)+\tilde{E}_2y_{\mathrm{II}}(t))^{\mathrm{T}}(E_1y_{\mathrm{I}}(t)+\tilde{E}_2y_{\mathrm{II}}(t))$$

因此，选择

$$z_i(t) = [\frac{\omega}{2}(\tilde{C}_1^{\mathrm{T}}\tilde{D}_1 + \tilde{C}_2^{\mathrm{T}}D_2)_i(\tilde{C}_1^{\mathrm{T}}\tilde{D}_1 + \tilde{C}_2^{\mathrm{T}}D_2)_i^{\mathrm{T}}$$
$$+ \frac{1}{2\omega}(E_1 y_{\mathrm{I}}(t) + \tilde{E}_2 y_{\mathrm{II}}(t))^{\mathrm{T}}(E_1 y_{\mathrm{I}}(t) + \tilde{E}_2 y_{\mathrm{II}}(t))]\mathrm{sgn}(s_i(t)) \tag{5-76}$$

即可保证 $s_i(t)\dot{s}_i(t) < 0$。

故到达运动控制律由式(5-72)和式(5-76)构成。

例 5.6　考虑不确定系统(5-48)，设系统参数矩阵为

$$A = \begin{bmatrix} -4 & -1.5 \\ 4 & 2 \end{bmatrix}, \quad B = \begin{bmatrix} 1 \\ 1 \end{bmatrix}, \quad \Delta A(t) = DF(t)E$$

及 $D^{\mathrm{T}} = [0.5 \ \ 1]$，$E = [1 \ \ -1]$，$F(t) = \sin t$，试设计系统的滑模控制器。

解：利用例 5.5 中的计算结果。

(1) 作状态变换 $y(t) = Tx(t)$，$T = \begin{bmatrix} 1 & -1 \\ 0 & 1 \end{bmatrix}$，将系统化成式(5-60)的形式，其中

$$\tilde{A} = \begin{bmatrix} -8 & -11.5 \\ 4 & 6 \end{bmatrix}, \quad \tilde{B} = \begin{bmatrix} 0 \\ 1 \end{bmatrix}, \quad \Delta\tilde{A}(t) = \begin{bmatrix} -0.5 \\ 1 \end{bmatrix}\sin t[1 \ \ 0]$$

$$\Delta\tilde{A}_{11}(t) = -0.5\sin t, \quad \Delta\tilde{A}_{21}(t) = \sin t, \quad \Delta\tilde{A}_{12}(t) = \Delta\tilde{A}_{22}(t) = 0$$

(2) 选择成本函数 $J = \dfrac{1}{2}\displaystyle\int_{t_0}^{\infty} y^{\mathrm{T}}(t)y(t)\mathrm{d}t$，$Q = I_2$。选取 $\varepsilon_0 = 0.01$，于是

$$\tilde{A}_1^* = \tilde{A}_{11}^* = \tilde{A}_{11} = -8, \quad \tilde{A}_{12} = -11.5, \quad \tilde{D}_1 = -0.5, \ \tilde{E}_1 = 1, \ \tilde{E}_2 = 0$$

$$Q_{11}^* = Q_{11} = 1, \quad \tilde{Q}_1 = 2, \quad \tilde{Q}_{22} = 1$$

利用定理 5.2，解 Riccati 方程(5-69)得 $P = 0.0766$，设计滑模面函数为

$$s(t) = -0.8808 y_1(t) + y_2(t) = -0.8808 x_1(t) + 1.8808 x_2(t)$$

(3) 利用到达律 $\dot{s}(t) = -Ks(t) - \varepsilon\mathrm{sgn}(s(t))$，选择 $K = 2$，$\varepsilon = 5$，由式(5-72)和式(5-76)得到达运动控制律

$$u(t) = -9.2848 y_1(t) - 18.1292 y_2(t)$$
$$- (\varepsilon + 1.0374\omega + \frac{1}{2\omega}y_1^2(t))\mathrm{sgn}(-0.8808 y_1(t) + y_2(t))$$
$$= -9.2848 x_1(t) - 8.8444 x_2(t)$$
$$- [\varepsilon + 1.0374\omega + \frac{1}{2\omega}(x_1(t) - x_2(t))^2]\mathrm{sgn}(-0.8808 x_1(t) + 1.8808 x_2(t))$$

选择 $\omega = 0.2$，在初始状态 $x_0 = [1.5 \ \ -0.5]^{\mathrm{T}}$ 下的运动轨迹如图 5.7 所示。

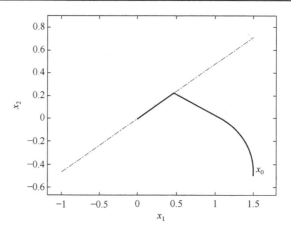

图 5.7　系统的滑模面及到达运动轨迹

5.4.3　一般不确定系统

考虑同时具有外部扰动和状态不确定参数的系统

$$\dot{x}(t) = (A + \Delta A(t))x(t) + Bu(t) + F(x(t),t) \tag{5-77}$$

假设 $\Delta A(t)$ 不满足匹配条件，$F(x(t),t)$ 满足匹配条件 $F(x(t),t) = Bf(x(t),t)$，其中

$$f(x(t),t) = (f_1(x(t),t) \quad f_2(x(t),t) \quad \cdots \quad f_m(x(t),t))^{\mathrm{T}}，|f_i(x(t),t)| \leqslant \rho_i(x(t),t)$$

利用变换 $y(t) = Tx(t)$，系统(5-77)转换成

$$\dot{y}(t) = (\tilde{A} + \Delta\tilde{A}(t))y(t) + \tilde{B}(u(t) + f(x(t),t)) \tag{5-78}$$

其中

$$\tilde{A} = TAT^{-1} = \begin{bmatrix} \tilde{A}_{11} & \tilde{A}_{12} \\ \tilde{A}_{21} & \tilde{A}_{22} \end{bmatrix}，\quad \Delta\tilde{A}(t) = T\Delta A(t)T^{-1} = \begin{bmatrix} \Delta\tilde{A}_{11}(t) & \Delta\tilde{A}_{12}(t) \\ \Delta\tilde{A}_{21}(t) & \Delta\tilde{A}_{22}(t) \end{bmatrix}，\quad \tilde{B} = TB = \begin{bmatrix} 0 \\ B_2 \end{bmatrix}$$

将式(5-78)写成两个子系统

$$\dot{y}_{\mathrm{I}}(t) = (\tilde{A}_{11} + \Delta\tilde{A}_{11}(t))y_{\mathrm{I}}(t) + (\tilde{A}_{12} + \Delta\tilde{A}_{12}(t))y_{\mathrm{II}}(t) \tag{5-79a}$$

$$\dot{y}_{\mathrm{II}}(t) = (\tilde{A}_{21} + \Delta\tilde{A}_{21}(t))y_{\mathrm{I}}(t) + (\tilde{A}_{22} + \Delta\tilde{A}_{22}(t))y_{\mathrm{II}}(t) + B_2(u(t) + f(x(t),t)) \tag{5-79b}$$

其中，方程(5-79a)是滑动运动方程，滑模面设计仍可采用上一节中的保成本滑模面设计方法，仅需要重新设计到达运动控制器。

当不确定参数 $\Delta A(t)$ 满足范数有界不确定性时，到达运动控制律(5-72)中 $z_i(t)$ 设计为

$$\begin{aligned} z_i(t) = [&\frac{\omega}{2}(\tilde{C}_1^{\mathrm{T}}\tilde{D}_1 + \tilde{C}_2^{\mathrm{T}}D_2)_i(\tilde{C}_1^{\mathrm{T}}\tilde{D}_1 + \tilde{C}_2^{\mathrm{T}}D_2)_i^{\mathrm{T}} \\ &+ \frac{1}{2\omega}(E_1 y_{\mathrm{I}}(t) + \tilde{E}_2 y_{\mathrm{II}}(t))^{\mathrm{T}}(E_1 y_{\mathrm{I}}(t) + \tilde{E}_2 y_{\mathrm{II}}(t))]\mathrm{sgn}(s_i(t)) \\ &+ |v_i|\rho(x,t)\mathrm{sgn}(s_i(t)) \end{aligned} \tag{5-80}$$

其中，v_i 是 $\tilde{C}_2^{\mathrm{T}} B_2$ 的第 i 行。

5.5　本　章　小　结

首先，借助一个简单例子，介绍了滑模控制的基本概念，如滑模面、滑动模态、到达运动和滑模面到达条件，包括不等式型到达条件和等式型到达条件；其次，介绍了线性系统及一类非线性系统的滑模控制器设计方法；最后，针对不确定系统，介绍了基于保成本控制方法的滑模控制器设计方法，并在不确定性满足相应假设下给出具体的设计结果。

第6章 不确定时滞系统鲁棒稳定性分析

关于时滞系统稳定性研究的主要方法是 Lyapunov-Krasovskii 泛函和 Razumikhin 函数方法[64]，它们是时滞系统稳定性研究的一般方法，但是如何构造两类函数却没有统一定论。直到 20 世纪 90 年代，利用 Matlab 工具箱能够方便地求解矩阵代数 Riccati 方程或 LMI[65]，利用它们的解来构造 Lyapunov-Krasovskii 泛函或 Lyapunov 函数，才使得时滞线性系统的稳定性研究得到了极大的促进。相关研究也延伸到一般的不确定时滞线性及非线性系统。

在时滞系统稳定性的研究成果中，主要有两类稳定性判别条件：一类与时滞大小无关，称为时滞无关稳定性条件[66,67]；另一类与时滞大小相关，称为时滞相关稳定性条件[68-71]。一般来说，时滞无关稳定性条件形式比较简单，但当系统中的时滞较小时保守性较大；而时滞相关稳定性条件相对复杂，但保守性较小，特别是对较小时滞情形。因此，衡量时滞相关稳定性条件保守性的主要指标就是所获得时滞上界的大小，时滞上界越大说明所得时滞相关稳定性条件的保守性越小。

对于不确定线性时滞系统，研究时滞无关稳定性条件的常用方法是构造带有二次型一重积分项的 Lyapunov-Krasovskii 泛函，结合 LMI 方法，给出时滞无关稳定性条件；研究时滞相关稳定性条件的主要方法是采用模型变换将系统转换成另一个包含或等价于原系统的时滞系统[72-73]，再对转换后的系统给出时滞相关稳定性条件。在降低时滞相关稳定性条件保守性研究中，一些新的不等式技术和自由权矩阵方法等发挥了重要的作用[74-75]。近年来，对时滞不确定系统的相关研究也得到了蓬勃的发展[76-79]。

6.1 时滞无关鲁棒稳定性判据

考虑线性时滞不确定系统

$$\dot{x}(t) = (A + \Delta A(t))x(t) + (A_d + \Delta A_d(t))x(t - d(t))$$
$$x(t) = \phi(t), t \in [-h, 0] \tag{6-1}$$

其中，$x(t) \in \mathbb{R}^n$ 为系统的状态向量；A、$A_d \in \mathbb{R}^{n \times n}$ 为已知的系统矩阵；$\phi(t)$ 为系统的初始条件；$d(t)$ 为系统的时变时滞，满足条件

$$0 \leqslant d(t) \leqslant h, \dot{d}(t) \leqslant \mu < 1 \tag{6-2}$$

h、μ 是已知常数；$\Delta A(t)$、$\Delta A_d(t) \in \mathrm{R}^{n \times n}$ 为不确定矩阵，满足范数有界不确定性：

$$[\Delta A(t) \quad \Delta A_d(t)] = DF(t)[E \quad E_d] \tag{6-3}$$

式中，$D \in \mathrm{R}^{n \times d}$, E、$E_d \in \mathrm{R}^{s \times n}$ 为常值矩阵，$F(t)$ 为相应维数的未知时变矩阵，满足 $F^{\mathrm{T}}(t)F(t) \leqslant I$。

为讨论方便，引入记号 $\overline{A}(t) = A + \Delta A(t)$，$\overline{A}_d(t) = A_d + \Delta A_d(t)$，则系统(6-1)写为

$$\begin{aligned} \dot{x}(t) &= \overline{A}(t)x(t) + \overline{A}_d(t)x(t - d(t)) \\ x(t) &= \phi(t), \quad t \in [-h, 0] \end{aligned} \tag{6-4}$$

定理 6.1　如果存在对称正定矩阵 P、Q 和正数 $\varepsilon > 0$ 满足如下不等式

$$W = \begin{bmatrix} A^{\mathrm{T}}P + PA + Q & PA_d & PD & \varepsilon E^{\mathrm{T}} \\ A_d^{\mathrm{T}}P & -(1-\mu)Q & 0 & \varepsilon E_d^{\mathrm{T}} \\ D^{\mathrm{T}}P & 0 & -\varepsilon I & 0 \\ \varepsilon E & \varepsilon E_d & 0 & -\varepsilon I \end{bmatrix} < 0 \tag{6-5}$$

则系统(6-1)对满足条件的时变时滞及不确定性是鲁棒全局一致渐近稳定的。

证： 对系统(6-4)，选取 Lyapunov-Krasovskii 泛函

$$V_1(t, x_t) = x^{\mathrm{T}}(t)Px(t) + \int_{t-d(t)}^{t} x^{\mathrm{T}}(s)Qx(s)\mathrm{d}s \tag{6-6}$$

其中，P、Q 为待定的对称正定矩阵，$x_t \triangleq x_t(\theta) = x(t+\theta)$, $\theta \in [-h, 0]$。令

$$\|x_t\|_C = \sup_{\theta \in [-h, 0]} \|x(t+\theta)\|_2$$

则有

$$\lambda_{\min}(P)\|x(t)\|^2 \leqslant V_1(t, x_t) \leqslant (\lambda_{\max}(P) + h\lambda_{\max}(Q))\|x_t\|_C^2 \tag{6-7}$$

并且，沿系统(6-4)对 $V_1(t, x_t)$ 求全导数，得

$$\begin{aligned} \dot{V}_1(t, x_t)\big|_{(6-4)} &= x^{\mathrm{T}}(t)\{\overline{A}^{\mathrm{T}}(t)P + P\overline{A}(t) + Q\}x(t) + 2x^{\mathrm{T}}(t)P\overline{A}_d(t)x(t - d(t)) \\ &\quad - (1 - \dot{d}(t))x^{\mathrm{T}}(t - d(t))Qx(t - d(t)) \end{aligned} \tag{6-8}$$

$$\leqslant \begin{bmatrix} x(t) \\ x(t - d(t)) \end{bmatrix}^{\mathrm{T}} \begin{bmatrix} \overline{A}^{\mathrm{T}}(t)P + P\overline{A}(t) + Q & P\overline{A}_d(t) \\ \overline{A}_d^{\mathrm{T}}(t)P & -(1-\mu)Q \end{bmatrix} \begin{bmatrix} x(t) \\ x(t - d(t)) \end{bmatrix}$$

如果存在对称正定矩阵 P、Q 满足不等式

$$\overline{W} = \begin{bmatrix} \overline{A}^{\mathrm{T}}(t)P + P\overline{A}(t) + Q & P\overline{A}_d(t) \\ \overline{A}_d^{\mathrm{T}}(t)P & -(1-\mu)Q \end{bmatrix} < 0 \tag{6-9}$$

则 $V_1(t, x_t)$ 满足附录 A 中 Lyapunov-Krasovskii 稳定性定理 A.13 的两个条件，根据定理 A.13，系统(6-4)对任意满足条件(6-2)的时变时滞都是全局一致渐近稳定的。

注意到，式(6-9)中含有不确定矩阵，下面处理不确定性。由于

$$\bar{W} = \begin{bmatrix} A^TP+PA+Q & PA_d \\ A_d^TP & -(1-\mu)Q \end{bmatrix} + \begin{bmatrix} PD \\ 0 \end{bmatrix} F(t)[E \quad E_d] + \begin{bmatrix} E^T \\ E_d^T \end{bmatrix} F^T(t)[D^TP \quad 0]$$

利用引理 B.8 知，$\bar{W} < 0$ 当且仅当存在正数 $\varepsilon > 0$，使得

$$\begin{bmatrix} A^TP+PA+Q & PA_d \\ A_d^TP & -(1-\mu)Q \end{bmatrix} + \varepsilon^{-1}\begin{bmatrix} PD \\ 0 \end{bmatrix}\begin{bmatrix} PD \\ 0 \end{bmatrix}^T + \varepsilon[E \quad E_d]^T[E \quad E_d] < 0$$

再利用 Schur 补引理，该式可等价地转换成式(6-5)。因此，在定理条件下系统(6-4)(即系统(6-1))是鲁棒全局一致渐近稳定的。

下面针对时滞和不确定性的特殊情形，给出三个推论。

若系统(6-1)中的时滞为定常时滞，则有系统

$$\dot{x}(t) = (A + \Delta A(t))x(t) + (A_d + \Delta A_d(t))x(t-h)$$
$$x(t) = \phi(t),\ t \in [-h, 0] \tag{6-10}$$

或改写成

$$\dot{x}(t) = \bar{A}(t)x(t) + \bar{A}_d(t)x(t-h)$$
$$x(t) = \phi(t),\ t \in [-h, 0] \tag{6-11}$$

推论 6.1 定常时滞不确定系统(6-10)鲁棒全局一致渐近稳定的充分条件：存在对称正定矩阵 P、Q 和正数 $\varepsilon > 0$ 满足不等式

$$W' = \begin{bmatrix} A^TP+PA+Q & PA_d & PD & \varepsilon E^T \\ A_d^TP & -Q & 0 & \varepsilon E_d^T \\ D^TP & 0 & -\varepsilon I & 0 \\ \varepsilon E & \varepsilon E_d & 0 & -\varepsilon I \end{bmatrix} < 0 \tag{6-12}$$

事实上，在定理 6.1 证明中，假设 $d(t) = h$，并选取 Lyapunov-Krasovskii 泛函

$$V_{1h}(t, x_t) = x^T(t)Px(t) + \int_{t-h}^t x^T(s)Qx(s)\mathrm{d}s \tag{6-13}$$

类似地，可推得充分条件(6-12)。

若系统(6-1)中的不确定矩阵均为零矩阵，即 $\Delta A(t) = \Delta A_d(t) = 0$，则有系统

$$\dot{x}(t) = Ax(t) + A_dx(t-d(t))$$
$$x(t) = \phi(t),\ t \in [-h, 0] \tag{6-14}$$

推论 6.2 时滞系统(6-14)全局一致渐近稳定的充分条件是：存在对称正定矩

阵 P、Q 满足不等式

$$W_1 = \begin{bmatrix} A^TP + PA + Q & PA_d \\ A_d^TP & -(1-\mu)Q \end{bmatrix} < 0 \tag{6-15}$$

特别地，若系统(6-1)中的时变时滞为定常时滞并且无不确定矩阵，即 $d(t) = h$ 且 $\Delta A(t) = \Delta A_d(t) = 0$，则有系统

$$\begin{aligned} \dot{x}(t) &= Ax(t) + A_dx(t-h) \\ x(t) &= \phi(t), \quad t \in [-h, 0] \end{aligned} \tag{6-16}$$

推论 6.3　定常时滞系统(6-16)全局一致渐近稳定的充分条件是：存在对称正定矩阵 P、Q 和正数 $\varepsilon > 0$ 满足不等式

$$W_1' = \begin{bmatrix} A^TP + PA + Q & PA_d \\ A_d^TP & -Q \end{bmatrix} < 0 \tag{6-17}$$

注 6.1　在稳定性条件(6-5)、(6-12)、(6-15)和(6-17)中均不包含时滞及其上界的信息，因此是时滞无关鲁棒稳定性条件。这些条件形式简单，且为未知矩阵 P、Q 和数 $\varepsilon > 0$ 的 LMI，因此方便求解和判断。但这些条件的缺点是保守性比较大，因为上述条件成立都需一个共同的必要条件，即 $A^TP + PA + Q < 0$，这等价于要求矩阵 A 是稳定的或者系统(6-1)在无时滞项时且无不确定性时是渐近稳定的。而对于不满足此必要条件的不确定时滞系统，上述定理或推论均无法给出判断结果。

注 6.2　不等式条件(6-5)与时滞导数的上界有关，当时滞导数为零时，系统(6-1)为定常时滞不确定系统，条件(6-5)成为条件(6-12)；当不确定矩阵为零时，条件(6-5)成为条件(6-15)；而当时滞导数与不确定矩阵均为零时，条件(6-5)成为条件(6-17)。因此，条件(6-12)、(6-15)和(6-17)均是条件(6-5)的特例。

例 6.1　考虑不确定时滞系统(6-1)，设参数矩阵为

$$A = \begin{bmatrix} -1.5 & 0 \\ -1 & -1 \end{bmatrix}, \quad A_d = \begin{bmatrix} -0.5 & -1.5 \\ 0 & -1 \end{bmatrix}, \quad D = \mathrm{diag}\{0.1\ 0.1\}, \quad E = E_d = \mathrm{diag}\{0.2\ 0.2\}$$

及时滞为 $d(t) = 0.47\sin t$，利用充分条件不等式(6-5)判断该系统的稳定性。

解：易见 $\mu = 0.47$，求解不等式(6-5)，得解

$$P = \begin{bmatrix} 17.4807 & -10.2706 \\ -10.2706 & 35.7208 \end{bmatrix}, \quad Q = \begin{bmatrix} 12.4358 & 4.5097 \\ 4.5097 & 43.4371 \end{bmatrix}, \quad \varepsilon = 14.9025$$

该系统对满足 $\dot{d}(t) \leqslant 0.47$ 的有界时变时滞均是鲁棒全局一致渐近稳定的。选初值 $\phi(t) = [1\ -1]^T$ （$t \in [-0.47\ 0]$），得到状态轨迹如图 6.1 所示。

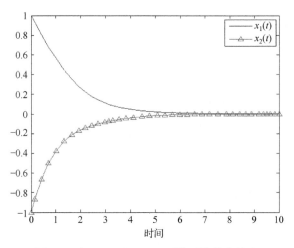

图 6.1　在 $d(t) = 0.47\sin t$ 下的系统状态轨迹

例 6.2　考虑时变时滞系统(6-14)，设参数矩阵为

$$A = \begin{bmatrix} -1.5 & 0 \\ -1 & -1 \end{bmatrix}, \quad A_d = \begin{bmatrix} -0.5 & -1.5 \\ 0 & -1 \end{bmatrix}$$

时滞为 $d(t) = 0.49\sin t$。判断该系统的稳定性。

解：时滞满足 $\dot{d}(t) \leqslant \mu = 0.49 < 1$，利用推论 6.2，求解不等式(6-15)，得

$$P = \begin{bmatrix} 3.6865 & -2.2119 \\ -2.2119 & 7.6858 \end{bmatrix}, \quad Q = \begin{bmatrix} 2.5569 & 1.0063 \\ 1.0063 & 9.3949 \end{bmatrix}$$

该系统对给定的时变时滞 $d(t)$ 是全局一致渐近稳定的。

选择初值 $\phi(t) = [1 \ \ -1]^{\mathrm{T}}$（$t \in [-0.49 \ \ 0]$），得到状态轨迹图如图 6.2 所示。

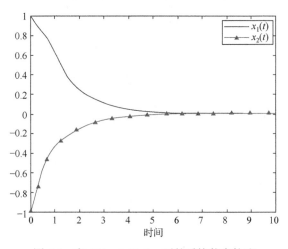

图 6.2　在 $d(t) = 0.49\sin t$ 下的系统状态轨迹

6.2　时滞相关鲁棒稳定性判据

6.2.1　Lyapunov-Krasovskii 泛函的选取

为探讨时滞相关鲁棒稳定性条件，我们从构造新的 Lyapunov-Krasovskii 泛函入手。

(1) 对时变不确定时滞系统(6-1)或系统(6-4)，通过构造带有二重积分项的 Lyapunov- Krasovskii 泛函，获得与时滞或时滞上界相关的稳定性条件。

选择 Lyapunov-Krasovskii 泛函

$$V(t,x_t)=V_1(t,x_t)+V_2(t,x_t) \tag{6-18}$$

其中，$V_1(t,x_t)$ 见式(6-6)，且

$$V_2(t,x_t)=\int_{-h}^{0}\int_{t+\theta}^{t}x^{\mathrm{T}}(s)Rx(s)\mathrm{d}s\,\mathrm{d}\theta \tag{6-19}$$

沿着系统(6-4)对 $V(t,x_t)$ 求全导数，得

$$\dot{V}(t,x_t)\Big|_{(6\text{-}4)}=x^{\mathrm{T}}(t)\{\bar{A}^{\mathrm{T}}(t)P+P\bar{A}(t)+Q+hR\}x(t)+2x^{\mathrm{T}}(t)P\bar{A}_d(t)x(t-d(t))$$

$$-(1-\dot{d}(t))x^{\mathrm{T}}(t-d(t))Qx(t-d(t))-\int_{t-d(t)}^{t}x^{\mathrm{T}}(s)Rx(s)\mathrm{d}s$$

$$\tag{6-20}$$

注意到式(6-20)中的积分项 $-\int_{t-d(t)}^{t}x^{\mathrm{T}}(s)Rx(s)\mathrm{d}s$ ，由于该项的存在，使其无法直接写成类似于式(6-8)右端的二次型形式，为此需要考虑对该积分项的处理方法。如果直接将此项略去，将会得到一个类似于定理 6.1 中式(6-9)的充分条件

$$\begin{bmatrix} \bar{A}^{\mathrm{T}}(t)P+P\bar{A}(t)+Q+hR & PA_d(t) \\ A_d^{\mathrm{T}}(t)P & -(1-\mu)Q \end{bmatrix}<0$$

对该式进一步处理不确定性，可以得到充分条件

$$W_2=\begin{bmatrix} A^{\mathrm{T}}P+PA+Q+hR & PA_d & PD & \varepsilon E^{\mathrm{T}} \\ A_d^{\mathrm{T}}P & -(1-\mu)Q & 0 & \varepsilon E_d^{\mathrm{T}} \\ D^{\mathrm{T}}P & 0 & -\varepsilon I & 0 \\ \varepsilon E & \varepsilon E_d & 0 & -\varepsilon I \end{bmatrix}<0$$

该条件虽然与时滞的上界相关，但由于必须要求 $A^{\mathrm{T}}P+PA+Q+hR<0$ ，因此其比时滞无关条件(6-5)的保守性更大。

(2) 对于定常时滞不确定系统(6-10)或系统(6-11)，选择 Lyapunov-Krasovskii 泛函

$$V'(t,x_t) = V_{1h}(t,x_t) + V_2(t,x_t)$$

其中，$V_{1h}(t,x_t)$ 见式(6-13)，$V_2(t,x_t)$ 见式(6-19)。于是

$$\dot{V}'(t,x_t)\Big|_{(6-11)} = x^T(t)\{\bar{A}^T(t)P + P\bar{A}(t) + Q + hR\}x(t) + 2x^T(t)P\bar{A}_d(t)x(t-h)$$

$$-x^T(t-h)Qx(t-h) - \int_{t-h}^{t}x^T(s)Rx(s)\mathrm{d}s \tag{6-21}$$

进而，给出时滞相关稳定性条件

$$\begin{bmatrix} \bar{A}^T(t)P + P\bar{A}(t) + Q + hR & P\bar{A}_d(t) \\ \bar{A}_d^T(t)P & -Q \end{bmatrix} < 0$$

对该式进一步处理不确定性，可以得到如下充分条件

$$W_2' = \begin{bmatrix} A^TP + PA + Q + hR & PA_d & PD & \varepsilon E^T \\ A_d^TP & -Q & 0 & \varepsilon E_d^T \\ D^TP & 0 & -\varepsilon I & 0 \\ \varepsilon E & \varepsilon E_d & 0 & -\varepsilon I \end{bmatrix} < 0$$

该条件与定常时滞相关，但同样比时滞无关条件(6-12)的保守性更大。

(3) 对于无不确定性的时变时滞系统(6-14)或定常时滞系统(6-16)，在上述(1)或(2)中的 Lyapunov-Krasovskii 泛函选取下，可以分别给出相应的判别条件为

$$W_3 = \begin{bmatrix} A^TP + PA + Q + hR & PA_d \\ A_d^TP & -(1-\mu)Q \end{bmatrix} < 0$$

和

$$W_3' = \begin{bmatrix} A^TP + PA + Q + hR & PA_d \\ A_d^TP & -Q \end{bmatrix} < 0$$

显然，它们都比相应的时滞无关条件(6-15)和(6-17)的保守性大。

可见，将式(6-20)和式(6-21)中的积分项直接忽略掉反而增加了时滞相关充分条件的保守性。为了减少保守性，学者们提出了有效的处理方法，即模型变换方法。

6.2.2　模型变换方法——确定性时滞系统

为分析简便，考虑确定性时变时滞系统(6-14)或定常时滞系统(6-16)。首先，利用牛顿-莱布尼兹公式

$$x(t - d(t)) = x(t) - \int_{t-d(t)}^{t} \dot{x}(s) \mathrm{d}s \qquad (6\text{-}22)$$

或

$$x(t - h) = x(t) - \int_{t-h}^{t} \dot{x}(s) \mathrm{d}s \qquad (6\text{-}23)$$

将系统(6-14)或系统(6-16)分别转化为新的具有分布时滞的时滞系统。

然后，对新的时滞系统利用 Lyapunov-Krasovskii 泛函方法给出保守性更小的鲁棒稳定性判据。在分析过程中，主要是抵消类似于式(6-20)及式(6-21)中存在的积分项。

1. 模型变换(一)

考虑定常时滞系统(6-16)，利用牛顿-莱布尼兹公式(6-23)将其转换为新的系统

$$\dot{x}(t) = (A + A_d)x(t) - A_d \int_{t-h}^{t} (Ax(s) + A_d x(s-h)) \mathrm{d}s \qquad (6\text{-}24)$$
$$x(t) = \varphi(t), \quad t \in [-2h, 0]$$

其中，$\varphi(t)$ 为系统的初值函数，满足 $\varphi(t) = \phi(t)$，$t \in [-h, 0]$。

系统(6-24)是具有分布时滞的系统，且包含了系统(6-16)。因此，系统(6-24)的稳定性一定蕴含着系统(6-16)的稳定性。

定理 6.2　如果存在对称正定矩阵 P、Q、R、R_1 满足如下不等式

$$T_1 = \begin{bmatrix} M_1 & hPA_d A & hPA_d A_d \\ * & -hR & 0 \\ * & * & -hR_1 \end{bmatrix} < 0 \qquad (6\text{-}25)$$

则系统(6-24)(从而系统(6-16))对给定的时滞 $h \geqslant 0$ 是全局一致渐近稳定的。其中，"*" 表示对称矩阵的对称块，且 $M_1 = (A + A_d)^{\mathrm{T}} P + P(A + A_d) + Q + h(R + R_1)$。

证：对系统(6-24)，选取如下 Lyapunov- Krasovskii 泛函

$$V'(t, x_t) = V_{1h}(t, x_t) + V_2(t, x_t) + V_3(t, x_t) \qquad (6\text{-}26)$$

其中

$$V_3(t, x_t) = \int_{-2h}^{-h} \int_{t+\theta}^{t} x^{\mathrm{T}}(s) R_1 x(s) \mathrm{d}s \, \mathrm{d}\theta \qquad (6\text{-}27)$$

$V_{1h}(t, x_t)$ 和 $V_2(t, x_t)$ 见式(6-13)和式(6-19)，P、Q、R、R_1 为待定的对称正定矩阵。

沿着系统(6-24)的解对 $V(t, x_t)$ 求全导数，得

$$\dot{V}(t,x_t)\big|_{(6-24)} = \dot{x}^{\mathrm{T}}(t)Px(t) + x^{\mathrm{T}}(t)P\dot{x}(t) + x^{\mathrm{T}}(t)Qx(t) - x^{\mathrm{T}}(t-h)Qx(t-h)$$

$$+ hx^{\mathrm{T}}(t)Rx(t) - \int_{t-h}^{t} x^{\mathrm{T}}(s)Rx(s)\mathrm{d}s + hx^{\mathrm{T}}(t)R_1 x(t) - \int_{t-2h}^{t-h} x^{\mathrm{T}}(s)R_1 x(s)\mathrm{d}s$$

$$= \Psi(t) + \eta_1(t) + \eta_2(t) - \int_{t-h}^{t} x^{\mathrm{T}}(s)Rx(s)\mathrm{d}s - \int_{t-2h}^{t-h} x^{\mathrm{T}}(s)R_1 x(s)\mathrm{d}s$$

$$(6\text{-}28)$$

其中

$$\Psi(t) = x^{\mathrm{T}}(t)M_1 x(t) - x^{\mathrm{T}}(t-h)Qx(t-h)$$

$$\eta_1(t) = -2\int_{t-h}^{t} x^{\mathrm{T}}(t)PA_d Ax(s)\mathrm{d}s , \quad \eta_2(t) = -2\int_{t-2h}^{t-h} x^{\mathrm{T}}(t)PA_d A_d x(s)\mathrm{d}s$$

对交叉项 $\eta_1(t)$ 和 $\eta_2(t)$ 利用基本不等式(引理 B.4), 得到

$$\eta_1(t) \leqslant hx^{\mathrm{T}}(t)PA_d AR^{-1}A^{\mathrm{T}}A_d^{\mathrm{T}}Px(t) + \int_{t-h}^{t} x^{\mathrm{T}}(s)Rx(s)\mathrm{d}s , \quad R > 0$$

$$\eta_2(t) \leqslant hx^{\mathrm{T}}(t)PA_d A_d R_1^{-1}A_d^{\mathrm{T}}A_d^{\mathrm{T}}Px(t) + \int_{t-2h}^{t-h} x^{\mathrm{T}}(s)R_1 x(s)\mathrm{d}s , \quad R_1 > 0$$

将上述两个不等式代入式(6-28), 得到

$$\dot{V}(t,x_t)\big|_{(6\text{-}24)} = x^{\mathrm{T}}(t)\{M_1 + hPA_d AR^{-1}A^{\mathrm{T}}A_d^{\mathrm{T}}P$$

$$+ hPA_d A_d R_1^{-1}A_d^{\mathrm{T}}A_d^{\mathrm{T}}P\}x(t) - x^{\mathrm{T}}(t-h)Qx(t-h)$$

$$(6\text{-}29)$$

如果存在对称正定矩阵 P、Q、R、R_1, 使得

$$M_1 + hPA_d AR^{-1}A^{\mathrm{T}}A_d^{\mathrm{T}}P + hPA_d A_d R_1^{-1}A_d^{\mathrm{T}}A_d^{\mathrm{T}}P < 0 \qquad (6\text{-}30)$$

则 $\dot{V}(t,x_t)\big|_{(6\text{-}24)} < 0$, 根据 Lyapunov-Krasovskii 稳定性定理 A.13, 系统(6-24)对给定的 $h \geqslant 0$ 是全局一致渐近稳定的。再利用 Schur 补引理, 不等式(6-30)等价于不等式(6-25)。因此, 在定理条件下系统(6-24)对给定时滞 $h \geqslant 0$ 是全局一致渐近稳定的。

注 6.3 条件(6-25)中包含了时滞 h, 是时滞相关稳定性条件。同时, 其成立的必要条件是 $M_1 < 0$, 而 $M_1 < 0$ 等价于矩阵 $A + A_d$ 是稳定的或系统(6-16)在时滞为零(即 $h = 0$)时是渐近稳定的。

注 6.4 如果利用模型变换(一)及定理 6.2 的方法类似地处理时变时滞系统(6-14), 将会遇到一定的困难, 在此暂不予讨论。

例 6.3 考虑定常时滞系统(6-16), 设参数矩阵为

$$A = \begin{bmatrix} -1.5 & 0 \\ -1 & -1 \end{bmatrix}, \quad A_d = \begin{bmatrix} -0.5 & -1.5 \\ 0 & -1 \end{bmatrix}$$

时滞为 $h = 0.74$ 。利用充分条件不等式(6-25)判断该系统的稳定性。

解： 求解不等式(6-25)，解得

$$P = \begin{bmatrix} 7.8339 & -8.6673 \\ -8.6673 & 20.8262 \end{bmatrix}, \quad Q = \begin{bmatrix} 0.1683 & -0.0714 \\ -0.0714 & 0.1795 \end{bmatrix}$$

$$R = \begin{bmatrix} 2.4144 & 3.0024 \\ 3.0024 & 28.8606 \end{bmatrix}, \quad R_1 = \begin{bmatrix} 2.2927 & -0.4404 \\ -0.4404 & 9.0762 \end{bmatrix}$$

根据定理 6.2，该系统对给定的时滞 $h = 0.74$ 是全局一致渐近稳定的。选择初值 $\phi(t) = \begin{bmatrix} 1 & -1 \end{bmatrix}^{\mathrm{T}}$ （ $t \in \begin{bmatrix} -0.74 & 0 \end{bmatrix}$ ），得到的状态轨迹图如图 6.3 所示。

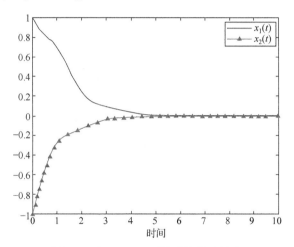

图 6.3　在 $h = 0.74$ 下的系统状态轨迹

2. 模型变换(二)

考虑定常时滞系统(6-16)，利用牛顿-莱布尼兹公式(6-23)将其转换为新的系统：

$$\dot{x}(t) = (A + A_d)x(t) - A_d \int_{t-h}^{t} \dot{x}(s)\mathrm{d}s \tag{6-31}$$
$$x(t) = \phi(t), \quad t \in [-h, 0]$$

其中，$\phi(t)$ 为系统的初始状态。

系统(6-31)具有分布时滞，且与原系统(6-16)是等价的。

定理 6.3　如果存在对称正定矩阵 P、Q、R 满足如下不等式

$$T_2 = \begin{bmatrix} (A + A_d)^{\mathrm{T}} P + P(A + A_d) + Q + hA^{\mathrm{T}} RA & hA^{\mathrm{T}} RA_d & hPA_d \\ * & -Q + hA_d^{\mathrm{T}} RA_d & 0 \\ * & * & -hR \end{bmatrix} < 0 \tag{6-32}$$

则系统(6-31)(从而系统(6-16))对给定的时滞 $h \geqslant 0$ 是全局一致渐近稳定的。

证：对系统(6-31)，选取如下 Lyapunov-Krasovskii 泛函

$$V(t, x_t) = V_{1h}(t, x_t) + V_4(t, x_t) \tag{6-33}$$

其中，$V_{1h}(t, x_t)$ 见式(6-13)，且

$$V_4(t, x_t) = \int_{-h}^{0} \int_{t+\theta}^{t} \dot{x}^{\mathrm{T}}(s) R \dot{x}(s) \mathrm{d}s \, \mathrm{d}\theta \tag{6-34}$$

对 $V(t, x_t)$ 沿着系统(6-31)的解求全导数，得

$$\begin{aligned}
\dot{V}(t, x_t)\big|_{(6-31)} &= \dot{x}^{\mathrm{T}}(t) P x(t) + x^{\mathrm{T}}(t) P \dot{x}(t) + x^{\mathrm{T}}(t) Q x(t) - x^{\mathrm{T}}(t-h) Q x(t-h) \\
&\quad + h \dot{x}^{\mathrm{T}}(t) R \dot{x}(t) - \int_{t-h}^{t} \dot{x}^{\mathrm{T}}(s) R \dot{x}(s) \mathrm{d}s \\
&= \Phi(t) + \eta_3(t) - \int_{t-h}^{t} \dot{x}^{\mathrm{T}}(s) R \dot{x}(s) \mathrm{d}s
\end{aligned} \tag{6-35}$$

其中，$\eta_3(t) = -2 \int_{t-h}^{t} x^{\mathrm{T}}(t) P A_d \dot{x}(s) \mathrm{d}s$，且

$$\Phi(t) = x^{\mathrm{T}}(t) \{ (A + A_d)^{\mathrm{T}} P + P(A + A_d) + Q \} x(t) - x^{\mathrm{T}}(t-h) Q x(t-h) + h \dot{x}^{\mathrm{T}}(t) R \dot{x}(t)$$

对交叉项 $\eta_3(t)$ 利用基本不等式(引理 B.4)，得到

$$\eta_3(t) \leqslant h x^{\mathrm{T}}(t) P A_d R^{-1} A_d^{\mathrm{T}} P x(t) + \int_{t-h}^{t} \dot{x}^{\mathrm{T}}(s) R \dot{x}(s) \mathrm{d}s, \quad R > 0$$

将以上不等式代入式(6-35)，并将 $\Phi(t)$ 中的 $\dot{x}(t)$ 用系统(6-16)代替，得到

$$\begin{aligned}
\dot{V}(t, x_t)\big|_{(6-31)} &= x^{\mathrm{T}}(t) \{ (A + A_d)^{\mathrm{T}} P + P(A + A_d) + Q + h P A_d R^{-1} A_d^{\mathrm{T}} P \} x(t) \\
&\quad + h(A x(t) + A_d x(t-h))^{\mathrm{T}} R (A x(t) + A_d x(t-h)) \\
&\quad - x^{\mathrm{T}}(t-h) Q x(t-h) \\
&= \begin{bmatrix} x(t) \\ x(t-h) \end{bmatrix}^{\mathrm{T}} \begin{bmatrix} \mathcal{H} & h A^{\mathrm{T}} R A_d \\ * & -Q + h A_d^{\mathrm{T}} R A_d \end{bmatrix} \begin{bmatrix} x(t) \\ x(t-h) \end{bmatrix}
\end{aligned} \tag{6-36}$$

其中，$\mathcal{H} = (A + A_d)^{\mathrm{T}} P + P(A + A_d) + Q + h P A_d R^{-1} A_d^{\mathrm{T}} P + h A^{\mathrm{T}} R A$。

根据 Lyapunov-Krasovskii 稳定性定理 A.13，如果存在对称正定矩阵 P、Q、R，使得

$$\begin{bmatrix} \mathcal{H} & h A^{\mathrm{T}} R A_d \\ * & -Q + h A_d^{\mathrm{T}} R A_d \end{bmatrix} < 0$$

则系统(6-31)对给定的 $h \geqslant 0$ 是全局一致渐近稳定的。利用 Schur 补引理，即得到充分条件(6-32)成立。

注 6.5 条件(6-32)依然是时滞相关稳定性条件，且其成立的必要条件是 $(A+A_d)^{\mathrm{T}}P+P(A+A_d)+Q<0$ ，虽然它等价于矩阵 $A+A_d$ 是稳定的或系统(6-16)在时滞为零(即 $h=0$)时是渐近稳定的，但其比定理 6.2 中给出的必要条件 $M_1=(A+A_d)^{\mathrm{T}}P+P(A+A_d)+Q+h(R+R_1)<0$ 的保守性要小。

注 6.6 在定理 6.3 中，在处理 $\dot{V}(t,x_t)$ 中的项 $h\dot{x}^{\mathrm{T}}(t)R\dot{x}(t)$ 时，不是将系统(6-31)代入，而是将变换前系统(6-16)代入，这种处理方法的不一致性也将产生一定保守性。

注 6.7 如果系统(6-16)中时滞 $d(t)$ 是时变的且满足条件(6-2)，即考虑时变时滞系统(6-14)，利用定理 6.3 证明方法可以给出系统(6-14)全局一致渐近稳定的充分条件。

定理 6.4 如果存在对称正定矩阵 P、Q、R 满足如下不等式

$$\bar{T}_2=\begin{bmatrix} (A+A_d)^{\mathrm{T}}P+P(A+A_d)+Q+hA^{\mathrm{T}}RA & hA^{\mathrm{T}}RA_d & hPA_d \\ * & -(1-\mu)Q+hA_d^{\mathrm{T}}RA_d & 0 \\ * & * & -hR \end{bmatrix}<0$$

(6-37)

则系统

$$\dot{x}(t)=(A+A_d)x(t)-A_d\int_{t-d(t)}^{t}\dot{x}(s)\mathrm{d}s$$

$$x(t)=\phi(t),\quad t\in[-h,0]$$

(6-38)

(从而系统(6-14))对给定的满足条件(6-2)的时滞 $d(t)$ 是全局一致渐近稳定的。

证： 对系统(6-38)，选取 Lyapunov-Krasovskii 泛函为

$$V(t,x_t)=V_1(t,x_t)+V_4(t,x_t)$$

并利用不等式

$$\int_{t-d(t)}^{t}\dot{x}^{\mathrm{T}}(s)R\dot{x}(s)\mathrm{d}s\leqslant\int_{t-h}^{t}\dot{x}^{\mathrm{T}}(s)R\dot{x}(s)\mathrm{d}s$$

证明过程类似于定理 6.3 的证明，故略去。

不等式(6-37)与时滞及其导数的上界均相关，且当时滞导数为零时，式(6-37)成为式(6-32)。

例 6.4 考虑时滞系统(6-14)，设参数矩阵为

$$A=\begin{bmatrix} -1.5 & 0 \\ -1 & -1 \end{bmatrix},\quad A_d=\begin{bmatrix} -0.5 & -1.5 \\ 0 & -1 \end{bmatrix}$$

时滞为 $d(t)=0.63\sin t$ 。利用充分条件不等式(6-37)判断该系统的稳定性。

解: 可见 $h = \mu = 0.63$, 求解不等式(6-37), 解得

$$P = \begin{bmatrix} 5.6146 & -2.1041 \\ -2.1041 & 21.3040 \end{bmatrix}, \quad Q = \begin{bmatrix} 1.4064 & 3.3527 \\ 3.3527 & 39.7530 \end{bmatrix}, \quad R = \begin{bmatrix} 1.8830 & -1.2807 \\ -1.2807 & 7.3798 \end{bmatrix}$$

根据定理 6.4, 该系统对满足 $\dot{d}(t) \leqslant 0.63$ 的任意有界时变时滞 $d(t)$ 是全局一致渐近稳定的。选择初值 $\phi(t) = [1 \ -1]^{\mathrm{T}}$ ($t \in [-0.63 \ 0]$), 得到状态轨迹如图 6.4 所示。

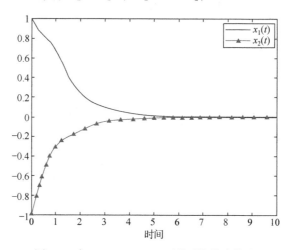

图 6.4   在 $d(t) = 0.63\sin t$ 下的系统状态轨迹

3. 模型变换(三)

考虑定常时滞系统(6-16), 利用牛顿-莱布尼兹公式(6-23)将其转换为新的系统

$$\dot{x}(t) = y(t)$$

$$y(t) = (A + A_d)x(t) - A_d \int_{t-h}^{t} \dot{x}(s)\mathrm{d}s \tag{6-39}$$

令

$$\xi(t) = \begin{bmatrix} x(t) \\ y(t) \end{bmatrix}, \quad E = \begin{bmatrix} I & 0 \\ 0 & 0 \end{bmatrix}, \quad \bar{A} = \begin{bmatrix} 0 & I \\ A + A_d & -I \end{bmatrix}, \quad \bar{A}_d = \begin{bmatrix} 0 \\ A_d \end{bmatrix}$$

系统(6-39)可以改写成一个具有分布时滞的奇异系统或广义系统

$$E\dot{\xi}(t) = \bar{A}\xi(t) - \int_{t-h}^{t} \bar{A}_d y(s)\mathrm{d}s \tag{6-40}$$

因此, 该模型变换又称为广义模型变换。

定理 6.5   如果存在对称矩阵 P_1、矩阵 P_2、P_3 及对称正定矩阵 Q、R 满足不等式

$$T_3 = \begin{bmatrix} (A+A_d)^{\mathrm{T}} P_2 + P_2^{\mathrm{T}}(A+A_d) + Q & (A+A_d)^{\mathrm{T}} P_3 + P_1 - P_2^{\mathrm{T}} & hP_2^{\mathrm{T}} A_d \\ * & -P_3 - P_3^{\mathrm{T}} + hR & hP_3^{\mathrm{T}} A_d \\ * & * & -hR \end{bmatrix} < 0 \quad (6\text{-}41)$$

则系统(6-40)对给定的时滞 $h \geqslant 0$ 是全局一致渐近稳定的。

证： 引入如下 Lyapunov-Krasovskii 泛函：

$$V(t,\xi_t) = \xi^{\mathrm{T}}(t) EP\xi(t) + \int_{t-h}^{t} x^{\mathrm{T}}(s) Q x(s)\mathrm{d}s + \int_{-h}^{0}\int_{t+\theta}^{t} y^{\mathrm{T}}(s) R y(s)\mathrm{d}s\,\mathrm{d}\theta \quad (6\text{-}42)$$

其中，$P = \begin{bmatrix} P_1 & 0 \\ P_2 & P_3 \end{bmatrix}$，$P_i(i=1,2,3)$, $Q, R \in \mathbf{R}^{n \times n}$ 为待定矩阵，且 P_1 是对称矩阵，

Q、R 是对称正定矩阵。

沿着系统(6-40)的解对 $V(t,\xi_t)$ 求导数，并注意到 $EP = P^{\mathrm{T}} E$，得

$$\begin{aligned}
\dot{V}(t,\xi_t)\big|_{(6\text{-}40)} &= \dot{\xi}^{\mathrm{T}}(t) EP\xi(t) + \xi^{\mathrm{T}}(t) EP\dot{\xi}(t) + x^{\mathrm{T}}(t) Q x(t) \\
&\quad - x^{\mathrm{T}}(t-h) Q x(t-h) + h y^{\mathrm{T}}(t) R y(t) - \int_{t-h}^{t} y^{\mathrm{T}}(s) R y(s)\mathrm{d}s \\
&= \Big(\bar{A}\xi(t) - \int_{t-h}^{t}\bar{A}_d y(s)\mathrm{d}s\Big)^{\mathrm{T}} P\xi(t) + \xi^{\mathrm{T}}(t) P^{\mathrm{T}}\Big(\bar{A}\xi(t) - \int_{t-h}^{t}\bar{A}_d y(s)\mathrm{d}s\Big) \\
&\quad + x^{\mathrm{T}}(t) Q x(t) - x^{\mathrm{T}}(t-h) Q x(t-h) + h y^{\mathrm{T}}(t) R y(t) - \int_{t-h}^{t} y^{\mathrm{T}}(s) R y(s)\mathrm{d}s \\
&= \Sigma(t) + \eta_4(t) - \int_{t-h}^{t} y^{\mathrm{T}}(s) R y(s)\mathrm{d}s
\end{aligned}$$

$$(6\text{-}43)$$

其中，$\eta_4(t) = -2\int_{t-h}^{t}\xi^{\mathrm{T}}(t) P^{\mathrm{T}}\bar{A}_d y(s)\mathrm{d}s$，且

$$\Sigma(t) = \xi^{\mathrm{T}}(t)\left\{\bar{A}^{\mathrm{T}} P + P^{\mathrm{T}}\bar{A} + \begin{bmatrix} Q & 0 \\ 0 & hR \end{bmatrix}\right\}\xi(t) - x^{\mathrm{T}}(t-h) Q x(t-h)$$

对交叉项 $\eta_4(t)$ 利用引理 B.4，得到

$$\eta_4(t) \leqslant h\xi^{\mathrm{T}}(t) P^{\mathrm{T}}\bar{A}_d R^{-1}\bar{A}_d^{\mathrm{T}} P\xi(t) + \int_{t-h}^{t} y^{\mathrm{T}}(s) R y(s)\mathrm{d}s，\quad R > 0$$

将上述不等式代入式(6-43)，得到：

$$\begin{aligned}
\dot{V}(t,\xi_t)\big|_{(6\text{-}40)} &= \xi^{\mathrm{T}}(t)\left\{\bar{A}^{\mathrm{T}} P + P^{\mathrm{T}}\bar{A} + \begin{bmatrix} Q & 0 \\ 0 & hR \end{bmatrix} + hP^{\mathrm{T}}\bar{A}_d R^{-1}\bar{A}_d^{\mathrm{T}} P\right\}\xi(t) \\
&\quad - x^{\mathrm{T}}(t-h) Q x(t-h)
\end{aligned}$$

$$(6\text{-}44)$$

如果存在对称正定矩阵 P、Q、R，使得

$$\bar{A}^{\mathrm{T}}P + P^{\mathrm{T}}\bar{A} + \begin{bmatrix} Q & 0 \\ 0 & hR \end{bmatrix} + hP^{\mathrm{T}}\bar{A}_d R^{-1}\bar{A}_d^{\mathrm{T}}P < 0 \tag{6-45}$$

则系统(6-40)对给定的 $h \geqslant 0$ 全局一致渐近稳定。利用 Schur 补，不等式(6-45)等价于

$$\begin{bmatrix} \bar{A}^{\mathrm{T}}P + P^{\mathrm{T}}\bar{A} + \begin{bmatrix} Q & 0 \\ 0 & hR \end{bmatrix} & hP^{\mathrm{T}}\bar{A}_d \\ * & -hR \end{bmatrix} < 0$$

整理即得不等式(6-41)。因此，在定理条件下，系统(6-40)对任意 $h \geqslant 0$ 是全局一致渐近稳定的。

注 6.8　条件(6-41)依然是时滞相关稳定性条件，其成立的必要条件也是 $(A + A_d)^{\mathrm{T}}P_2 + P_2^{\mathrm{T}}(A + A_d) + Q < 0$，但它并不一定需要矩阵 $A + A_d$ 是稳定的或系统(6-16)在时滞为零，即 $h = 0$ 时是渐近稳定的，这一点比定理 6.3 保守性小。但广义模型变换将原系统转换成奇异系统，改变了系统的属性，分析的方法和结论都有很多不同。

注 6.9　如果系统(6-16)中的时滞 $d(t)$ 是时变的且满足条件(6-2)，即 $0 \leqslant d(t) \leqslant h$ 且 $\dot{d}(t) \leqslant \mu < 1$，则利用定理 6.4 的条件(6-41)仍然可以保证系统(6-14)全局一致渐近稳定。在此条件证明过程中，利用牛顿-莱布尼兹公式(6-22)对时变时滞系统(6-14)进行模型变换，得系统

$$E\dot{\xi}(t) = \bar{A}\xi(t) - \int_{t-d(t)}^{t} \bar{A}_d y(s)\mathrm{d}s \tag{6-46}$$

然后选取 Lyapunov-Krasovskii 泛函为

$$V(t, \xi_t) = \xi^{\mathrm{T}}(t)EP\xi(t) + \int_{t-d(t)}^{t} x^{\mathrm{T}}(s)Rx(s)\mathrm{d}s + \int_{-h}^{0}\int_{t+\theta}^{t} y^{\mathrm{T}}(s)Ry(s)\mathrm{d}s\mathrm{d}\theta$$

并利用不等式

$$\int_{t-d(t)}^{t} y^{\mathrm{T}}(s)Ry(s)\mathrm{d}s \leqslant \int_{t-h}^{t} y^{\mathrm{T}}(s)Ry(s)\mathrm{d}s$$

即可。

注 6.10　分析上述三种模型变换方法，可以看出：①模型变换后的新系统中都含有分布时滞项，它使得 Lyapunov-Krasovskii 泛函沿着新系统的导数中产生了交叉乘积项(如定理 6.2 中 η_1、η_2，定理 6.3 中 η_3 和定理 6.5 中 η_4)；②所构造的 Lyapunov-Krasovskii 泛函都含有二重积分项，它使得在 Lyapunov-Krasovskii 泛函的导数中出现了负的二次型积分项(如定理 6.2 中式(6-28)、定理 6.3 中式(6-35)和

定理 6.5 中式(6-43))；③利用基本不等式(引理 B.4)对交叉乘积项进行界定后，恰好可以使二次型积分项相互抵消。

注 6.11　模型变换方法存在一定的局限性，如变换后的系统与原系统可能不是等价的。另外，在进行稳定性分析时，它们都是基于牛顿-莱布尼兹公式来替换 Lyapunov-Krasovskii 泛函导数中的时滞项，但又并非每一个时滞项都被替换。这种一部分时滞项替换而另一部分时滞项不替换的处理方法，实质上等价于在泛函导数中加入"零项"

$$2x^{\mathrm{T}}(t)PA_d\left\{x(t)-x(t-h)-\int_{t-h}^{t}\dot{x}(s)\mathrm{d}s\right\} \tag{6-47}$$

或

$$2\{x^{\mathrm{T}}(t)P_2^{\mathrm{T}}A_d+\dot{x}^{\mathrm{T}}(t)P_3^{\mathrm{T}}A_d\}\left\{x(t)-x(t-h)-\int_{t-h}^{t}\dot{x}(s)\mathrm{d}s\right\} \tag{6-48}$$

因为定理 6.3 中式(6-35)等于 Lyapunov-Krasovskii 泛函(6-33)沿着系统(6-16)的导数与式(6-47)之和，而定理 6.5 中式(6-43)恰为 Lyapunov-Krasovskii 泛函(6-42)沿着系统(6-16)的导数与式(6-48)之和。

在式(6-47)和式(6-48)中，牛顿-莱布尼兹公式前面的各项采用了固定的权矩阵，如式(6-47)中 $x(t)$ 和 $x(t-h)$ 的权矩阵分别是 PA_d 和 0，而式(6-48)中 $x(t)$、$\dot{x}(t)$ 和 $x(t-h)$ 的权矩阵分别是 $P_2^{\mathrm{T}}A_d$、$P_3^{\mathrm{T}}A_d$ 和 0。自由权矩阵方法就是将上面的权矩阵设置为未知的矩阵，即在泛函导数中加入如下形式的"零项"

$$2\{x^{\mathrm{T}}(t)N_1+x^{\mathrm{T}}(t-h)N_2\}\left\{x(t)-x(t-h)-\int_{t-h}^{t}\dot{x}(s)\mathrm{d}s\right\}$$

或

$$2\{x^{\mathrm{T}}(t)T_1+\dot{x}^{\mathrm{T}}(t)T_2\}\{\dot{x}(t)-Ax(t)-A_dx(t-h)\}$$

其中，N_1、N_2 和 T_1、T_2 是任意的适当维数的矩阵，它们可以通过求解 LMI 来获得，从而克服了采用固定权矩阵的保守性。关于自由权矩阵方法的运用，将在后面予以介绍。

例 6.5　考虑时滞系统(6-16)，设参数矩阵为

$$A=\begin{bmatrix}-1.5 & 0\\-1 & -1\end{bmatrix},\quad A_d=\begin{bmatrix}-0.5 & -1.5\\0 & -1\end{bmatrix}$$

时滞为 $h=0.98$。利用充分条件不等式(6-32)和不等式(6-41)分别判断该系统的稳定性。

解：首先，求解不等式(6-32)，发现其无解，即利用定理 6.3 无法判断系统的稳定性。其次，求解不等式(6-41)，解得

$$P_1 = \begin{bmatrix} 19.2413 & 11.0378 \\ 11.0378 & 86.4934 \end{bmatrix}, \quad P_2 = \begin{bmatrix} 11.5756 & -3.0462 \\ -3.0462 & 15.3502 \end{bmatrix}, \quad P_3 = \begin{bmatrix} 8.1566 & -18.3970 \\ -18.3970 & 55.1196 \end{bmatrix}$$

$$Q = \begin{bmatrix} 6.7304 & 1.9192 \\ 1.9192 & 22.6487 \end{bmatrix}, \quad R = \begin{bmatrix} 5.2142 & -10.5881 \\ -10.5881 & 84.0725 \end{bmatrix}$$

因此，利用定理 6.5，该系统是全局一致渐近稳定的。选择系统状态的初值为 $\phi(t) = [1 \ -1]^{\mathrm{T}}$（$t \in [-0.98 \ \ 0]$），得到状态轨迹如图 6.5 所示。

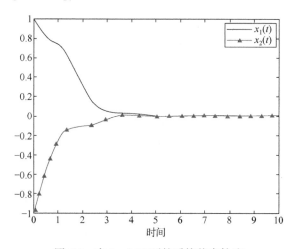

图 6.5　在 $h = 0.98$ 下的系统状态轨迹

这例说明相比于条件(6-32)，条件(6-41)由于自由权矩阵的引入其保守性降低了。实际上，利用定理 6.3 可获得的时滞最大界限仅为 $h = 0.74$。

注 6.12　对交叉项的界定不可避免地导致了所得结果的保守性，因此，如何界定交叉乘积项也得到了学者们的关注。1999 年，Park 推广基本不等式导出了 Park 不等式(引理 B.5)；2001 年，Moon 推广 Park 不等式导出了更具普遍意义的 Moon 不等式(引理 B.6)。利用 Park 或 Moon 不等式，结合模型变换，可以获得具有更小保守性的时滞相关条件，也成为解决时滞相关稳定性问题的主要方法。

6.2.3　模型变换方法——不确定时滞系统

考虑不确定时滞系统(6-1)(即系统(6-4))，引入确定性模型变换，类似于定理 6.2～定理 6.5 的讨论，可以给出相应的时滞相关鲁棒稳定性判别条件。下面利用模型变换(二)中定理 6.4 的条件(6-37)，给出相应的不确定时滞系统的鲁棒稳定性判别条件。

定理 6.6　如果存在对称正定矩阵 P、Q、R 和正数 $\varepsilon > 0$ 满足如下不等式

$$\tilde{\tilde{T}}_2 = \begin{bmatrix} M_2 & \varepsilon_2 E^{\mathrm{T}} E_d & hPA_d + \varepsilon_1 h(E+E_d)^{\mathrm{T}} E_d & hA^{\mathrm{T}}R & PD & 0 \\ * & -(1-\mu)Q + \varepsilon_2 E_d^{\mathrm{T}} E_d & 0 & hA_d^{\mathrm{T}}R & 0 & 0 \\ * & * & -hR + \varepsilon_1 h^2 E_d^{\mathrm{T}} E_d & 0 & 0 & 0 \\ * & * & * & -hR & 0 & hRD \\ * & * & * & * & -\varepsilon_1 I & 0 \\ * & * & * & * & * & -\varepsilon_2 I \end{bmatrix} < 0$$

$$(6\text{-}49)$$

则系统(6-1)对给定时滞 $h \geqslant 0$ 及任意允许不确定性是鲁棒全局一致渐近稳定的。其中

$$M_2 = (A+A_d)^{\mathrm{T}} P + P(A+A_d) + Q + \varepsilon_1 (E+E_d)^{\mathrm{T}} (E+E_d) + \varepsilon_2 E^{\mathrm{T}} E$$

证：根据定理 6.4 之式(6-37)，如果存在对称正定矩阵 P、Q、R 满足

$$\overline{T}_2' = \begin{bmatrix} \mathcal{G} & h\overline{A}^{\mathrm{T}}(t)R\overline{A}_d(t) & hP\overline{A}_d(t) \\ * & -(1-\mu)Q + h\overline{A}_d^{\mathrm{T}}(t)R\overline{A}_d(t) & 0 \\ * & * & -hR \end{bmatrix} < 0$$

则定理结论成立，其中 $\mathcal{G} = (\overline{A}(t)+\overline{A}_d(t))^{\mathrm{T}} P + P(\overline{A}(t)+\overline{A}_d(t)) + Q + h\overline{A}^{\mathrm{T}}(t)R\overline{A}(t)$。类似于定理 6.1 中，先利用 Schur 补引理处理不确定性的非线性项，如 $\overline{A}^{\mathrm{T}}(t)R\overline{A}(t)$、$\overline{A}^{\mathrm{T}}(t)R\overline{A}_d(t)$、$\overline{A}_d^{\mathrm{T}}(t)R\overline{A}(t)$ 和 $\overline{A}_d^{\mathrm{T}}(t)R\overline{A}_d(t)$，再利用引理 B.8 处理不确定矩阵 $\overline{A}(t)$ 和 $\overline{A}_d(t)$，并再次利用 Schur 补引理，即可得到充分条件(6-49)。

例 6.6　考虑时滞系统(6-1)，设参数矩阵为

$$A = \begin{bmatrix} -1.5 & 0 \\ -1 & -1 \end{bmatrix}, \quad A_d = \begin{bmatrix} -0.5 & -1.5 \\ 0 & -1 \end{bmatrix}, \quad D = \mathrm{diag}\{0.1 \ \ 0.1\}, \quad E = E_d = \mathrm{diag}\{0.2 \ \ 0.2\}$$

时滞为 $d(t) = 0.62 \sin t$。利用充分条件不等式(6-49)判断该系统的稳定性。

解：易见 $h = \mu = 0.62$，求解不等式(6-49)，解得

$$\varepsilon_1 = 23.7509, \quad \varepsilon_2 = 6.8585$$

$$P = \begin{bmatrix} 25.8835 & -9.0066 \\ -9.0066 & 95.5501 \end{bmatrix}, \quad Q = \begin{bmatrix} 6.0919 & 16.3496 \\ 16.3496 & 166.3595 \end{bmatrix}, \quad R = \begin{bmatrix} 6.7724 & -3.3039 \\ -3.3039 & 28.7159 \end{bmatrix}$$

选择初值 $\phi(t) = [1 \ \ -1]^{\mathrm{T}}$ （$t \in [-0.62 \ \ 0]$），得到的状态轨迹如图 6.6 所示。

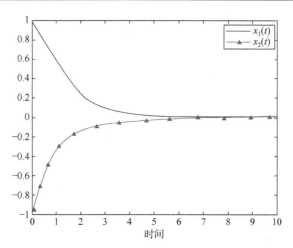

图 6.6　在 $d(t) = 0.62\sin t$ 下的系统的状态轨迹

根据定理 6.6，该系统对所有满足 $\dot{d}(t) \leqslant 0.62$ 的时滞 $d(t)$ 是鲁棒全局一致渐近稳定的。

下面重新考虑系统(6-1)(即系统(6-4))，构造新的 Lyapunov-Krasovskii 泛函，并引入自由权矩阵，给出新的稳定性判别条件。

定理 6.7　如果存在对称正定矩阵 P、Q、$Z \in \mathbf{R}^{n \times n}$、对称半正定矩阵 $0 \leqslant X = \begin{bmatrix} X_{11} & X_{12} \\ * & X_{22} \end{bmatrix} \in \mathbf{R}^{2n \times 2n}$、矩阵 $N = \begin{bmatrix} N_1 \\ N_2 \end{bmatrix} \in \mathbf{R}^{2n \times n}$ 及正数 $\varepsilon > 0$，满足如下不等式

$$\begin{bmatrix} \Phi_{11} & \Phi_{12} & hA^{\mathrm{T}}Z & PD \\ * & \Phi_{22} & hA_d^{\mathrm{T}}Z & 0 \\ * & * & -hZ & hZD \\ * & * & * & -\varepsilon I \end{bmatrix} < 0 \tag{6-50}$$

$$\begin{bmatrix} X_{11} & X_{12} & N_1 \\ * & X_{22} & N_2 \\ * & * & Z \end{bmatrix} \geqslant 0 \tag{6-51}$$

则系统(6-4)(即系统(6-1))对给定的允许时滞 $d(t)$ 及不确定性是鲁棒全局一致渐近稳定的。其中

$$\Phi_{11} = A^{\mathrm{T}}P + PA + Q + N_1 + N_1^{\mathrm{T}} + \varepsilon E^{\mathrm{T}}E + hX_{11}$$
$$\Phi_{12} = PA_d - N_1 + N_2^{\mathrm{T}} + \varepsilon E^{\mathrm{T}}E_d + hX_{12}$$
$$\Phi_{22} = -(1 - \mu)Q - N_2 - N_2^{\mathrm{T}} + \varepsilon E_d^{\mathrm{T}}E_d + hX_{22}$$

证：为简便，引入记号 $x_d(t) \triangleq x(t - d(t))$，$\bar{A} = \bar{A}(t)$，$\bar{A}_d = \bar{A}_d(t)$。选择 Lyapunov-Krasovskii 泛函

$$V(t,x_t) = x^{\mathrm{T}}(t)Px(t) + \int_{t-d(t)}^{t} x^{\mathrm{T}}(s)Qx(s)\mathrm{d}s + \int_{-h}^{0}\int_{t+\theta}^{t} \dot{x}^{\mathrm{T}}(s)Z\dot{x}(s)\mathrm{d}s\,\mathrm{d}\theta \quad (6\text{-}52)$$

其中，P、Q、Z 为待定的对称正定矩阵。

沿着系统(6-4)，对 Lyapunov-Krasovskii 泛函 $V(t,x_t)$ 求全导数，为

$$\dot{V}(t,x_t)\big|_{(6\text{-}4)} = \dot{x}^{\mathrm{T}}(t)Px(t) + x^{\mathrm{T}}(t)P\dot{x}(t) + x^{\mathrm{T}}(t)Qx(t) + h\dot{x}^{\mathrm{T}}(t)Z\dot{x}(t)$$

$$- (1-\dot{d}(t))x_d^{\mathrm{T}}(t)Qx_d(t) - \int_{t-h}^{t} \dot{x}^{\mathrm{T}}(s)Zx(s)\mathrm{d}s \quad (6\text{-}53)$$

将式 (6-53) 中 的 $\dot{x}(t)$ 用 系 统 模 型 (6-4) 替 换。 引 入 增 广 向 量 $\eta_1(t) = [x^{\mathrm{T}}(t)\ \ x_d^{\mathrm{T}}(t)]^{\mathrm{T}}$、自由权矩阵 $N = \begin{bmatrix} N_1 \\ N_2 \end{bmatrix}$ 和对称半正定矩阵 $X = \begin{bmatrix} X_{11} & X_{12} \\ * & X_{22} \end{bmatrix}$，

并在式(6-53)的右端添加零项和非负项，即

$$2\{x^{\mathrm{T}}(t)N_1 + x_d^{\mathrm{T}}(t)N_2\}\left\{x(t) - x_d(t) - \int_{t-d(t)}^{t} \dot{x}(s)\mathrm{d}s\right\} = 0 \quad (6\text{-}54)$$

$$h\eta_1^{\mathrm{T}}(t)X\eta_1(t) - \int_{t-d(t)}^{t} \eta_1^{\mathrm{T}}(t)X\eta_1(t)\mathrm{d}s \geqslant 0 \quad (6\text{-}55)$$

则式(6-53)可加强为

$$\dot{V}(t,x_t)\big|_{(6\text{-}4)} \leqslant x^{\mathrm{T}}(t)(\overline{A}^{\mathrm{T}}P + P\overline{A} + Q)x(t) + 2x^{\mathrm{T}}(t)P\overline{A}_d x_d(t) - (1-\mu)x_d^{\mathrm{T}}(t)Qx_d(t)$$

$$+ h(\overline{A}x(t) + \overline{A}_d x_d(t))^{\mathrm{T}}Z(\overline{A}x(t) + \overline{A}_d x_d(t)) - \int_{t-d(t)}^{t} \dot{x}^{\mathrm{T}}(s)Zx(s)\mathrm{d}s$$

$$+ 2\{x^{\mathrm{T}}(t)N_1 + x_d^{\mathrm{T}}(t)N_2\}\{x(t) - x_d(t) - \int_{t-d(t)}^{t} \dot{x}(s)\mathrm{d}s\}$$

$$+ h\eta_1^{\mathrm{T}}(t)X\eta_1(t) - \int_{t-d(t)}^{t} \eta_1^{\mathrm{T}}(t)X\eta_1(t)\mathrm{d}s$$

$$= \eta_1^{\mathrm{T}}(t)\left\{\begin{bmatrix} \overline{A}^{\mathrm{T}}P + P\overline{A} + Q + N_1 + N_1^{\mathrm{T}} & P\overline{A}_d - N_1 + N_2^{\mathrm{T}} \\ * & -(1-\mu)Q - N_2 - N_2^{\mathrm{T}} \end{bmatrix} + hX\right.$$

$$\left. + h\begin{bmatrix} \overline{A}^{\mathrm{T}} \\ \overline{A}_d^{\mathrm{T}} \end{bmatrix}Z[\overline{A}\ \ \overline{A}_d]\right\}\eta_1(t) - \int_{t-d(t)}^{t} \eta_2^{\mathrm{T}}(t,s)\begin{bmatrix} X & N \\ * & Z \end{bmatrix}\eta_2(t,s)\mathrm{d}s \quad (6\text{-}56)$$

其中，$\eta_2(t,s) = [\eta_1^{\mathrm{T}}(t)\ \ \dot{x}^{\mathrm{T}}(s)]^{\mathrm{T}}$。

根据 Lyapunov-Krasovskii 稳定性定理知，如果 $\begin{bmatrix} X & N \\ * & Z \end{bmatrix} \geqslant 0$ 并且

$$\begin{bmatrix} \overline{A}^{\mathrm{T}}P + P\overline{A} + Q + N_1 + N_1^{\mathrm{T}} & P\overline{A}_d - N_1 + N_2^{\mathrm{T}} \\ * & -(1-\mu)Q - N_2 - N_2^{\mathrm{T}} \end{bmatrix} + hX + h\begin{bmatrix} \overline{A}^{\mathrm{T}} \\ \overline{A}_d^{\mathrm{T}} \end{bmatrix}Z[\overline{A}\ \ \overline{A}_d] < 0$$

$$(6\text{-}57)$$

成立，则系统(6-4)对给定的允许时滞 $d(t)$ 是全局一致渐近稳定的。

利用 Schur 补引理，不等式(6-57)等价于

$$
\begin{bmatrix}
\overline{A}^{\mathrm{T}}P + P\overline{A} + Q + N_1 + N_1^{\mathrm{T}} + hX_{11} & P\overline{A}_d - N_1 + N_2^{\mathrm{T}} + hX_{12} & h\overline{A}^{\mathrm{T}}Z \\
* & -(1-\mu)Q - N_2 - N_2^{\mathrm{T}} + hX_{22} & h\overline{A}_d^{\mathrm{T}}Z \\
* & * & -hZ
\end{bmatrix} < 0 \quad (6\text{-}58)
$$

注意到式(6-58)中含有不确定矩阵 $\overline{A}, \overline{A}_d$ ，且式(6-58)可以写成

$$
\begin{bmatrix}
A^{\mathrm{T}}P + PA + Q + N_1 + N_1^{\mathrm{T}} + hX_{11} & PA_d - N_1 + N_2^{\mathrm{T}} + hX_{12} & hA^{\mathrm{T}}Z \\
* & -(1-\mu)Q - N_2 - N_2^{\mathrm{T}} + hX_{22} & hA_d^{\mathrm{T}}Z \\
* & * & -hZ
\end{bmatrix}
$$
$$
+ \begin{bmatrix} PD \\ 0 \\ hZD \end{bmatrix} F \begin{bmatrix} E & E_d & 0 \end{bmatrix} + \begin{bmatrix} E & E_d & 0 \end{bmatrix}^{\mathrm{T}} F^{\mathrm{T}} \begin{bmatrix} PD \\ 0 \\ hZD \end{bmatrix}^{\mathrm{T}} < 0 \quad (6\text{-}59)
$$

利用引理 B.8，式(6-59)成立等价于存在 $\varepsilon > 0$ 使得

$$
\begin{bmatrix}
A^{\mathrm{T}}P + PA + Q + N_1 + N_1^{\mathrm{T}} + hX_{11} & PA_d - N_1 + N_2^{\mathrm{T}} + hX_{12} & hA^{\mathrm{T}}Z \\
* & -(1-\mu)Q - N_2 - N_2^{\mathrm{T}} + hX_{22} & hA_d^{\mathrm{T}}Z \\
* & * & -hZ
\end{bmatrix}
$$
$$
+ \varepsilon^{-1} \begin{bmatrix} PD \\ 0 \\ hZD \end{bmatrix} \begin{bmatrix} D^{\mathrm{T}}P & 0 & hD^{\mathrm{T}}Z \end{bmatrix} + \varepsilon \begin{bmatrix} E^{\mathrm{T}} \\ E_d^{\mathrm{T}} \\ 0 \end{bmatrix} \begin{bmatrix} E & E_d & 0 \end{bmatrix} < 0 \quad (6\text{-}60)
$$

再次利用 Schur 补引理，式(6-60)等价于不等式(6-50)。

下面给出定理 6.7 的几个推论。

推论 6.4　若系统(6-1)中没有不确定性，即假设 D, E, E_d 均为零矩阵，那么，系统(6-1)对给定的允许时滞 $d(t)$ 是全局一致渐近稳定的充分条件是：存在对称正定矩阵 P, Q, Z 、对称半正定 $0 \leqslant X = \begin{bmatrix} X_{11} & X_{12} \\ * & X_{22} \end{bmatrix} \in \mathbf{R}^{2n \times 2n}$ 和矩阵 $N = \begin{bmatrix} N_1 \\ N_2 \end{bmatrix} \in \mathbf{R}^{2n \times 2n}$ ，满足不等式(6-51)和如下不等式

$$
W_4 = \begin{bmatrix}
A^{\mathrm{T}}P + PA + Q + N_1 + N_1^{\mathrm{T}} + hX_{11} & PA_d - N_1 + N_2^{\mathrm{T}} + hX_{12} & hA^{\mathrm{T}}Z \\
* & -(1-\mu)Q - N_2 - N_2^{\mathrm{T}} + hX_{22} & hA_d^{\mathrm{T}}Z \\
* & * & -hZ
\end{bmatrix} < 0
$$

$$(6\text{-}61)$$

注 6.13   如果推论 6.4 中，选取 $X_{ij}, N_i (i, j = 1, 2)$ 均为零矩阵，即不引入自由权矩阵，则可以给出系统(6-1)对给定的允许时滞 $d(t)$ 是鲁棒全局一致渐近稳定的充分条件为

$$\begin{bmatrix} A^T P + PA + Q & PA_d \\ * & -(1-\mu)Q \end{bmatrix} < 0$$

这恰是定理 6.1 之推论 6.2 中给出的结果。

如果在定理 6.7 中不采用自由权矩阵方法，即在式(6-54)和式(6-55)中选取 $X_{ij}, N_i (i, j = 1, 2)$ 均为零矩阵，则可得如下推论。

推论 6.5   如果存在对称正定矩阵 P, Q, Z 和正数 $\varepsilon > 0$ 满足如下不等式

$$W_5 = \begin{bmatrix} A^T P + PA + Q + \varepsilon E^T E & PA_d + \varepsilon E^T E_d & hA^T Z & PD \\ * & -(1-\mu)Q + \varepsilon E_d^T E_d & hA_d^T Z & 0 \\ * & * & -hZ & hZD \\ * & * & * & -\varepsilon I \end{bmatrix} < 0 \qquad (6\text{-}62)$$

则系统(6-1)对给定的允许时滞 $d(t)$ 是鲁棒全局一致渐近稳定的。

例 6.7   考虑时滞系统(6-1)，设参数矩阵为

$$A = \begin{bmatrix} -1.5 & 0 \\ -1 & -1 \end{bmatrix}, \quad A_d = \begin{bmatrix} -0.5 & -1.5 \\ 0 & -1 \end{bmatrix}, \quad D = \mathrm{diag}\{0.1 \quad 0.1\}, \quad E = E_d = \mathrm{diag}\{0.2 \quad 0.2\}$$

不确定矩阵 $F(t) = \sin(t)$，时滞为 $d(t) = 0.96 \sin t$。利用充分条件不等式(6-50)~(6-51)判断该系统的稳定性。

解：易见 $h = \mu = 0.96$，求解不等式组(6-50)~(6-51)，解得

$$\varepsilon = 2.3837, \quad P = \begin{bmatrix} 3.1046 & 0.3168 \\ 0.3168 & 10.9699 \end{bmatrix}, \quad Q = \begin{bmatrix} 2.6107 & 4.3264 \\ 4.3264 & 11.3812 \end{bmatrix}$$

$$Z = \begin{bmatrix} 0.9098 & -1.0809 \\ -1.0809 & 7.7585 \end{bmatrix}, \quad N = \begin{bmatrix} -0.8608 & 1.1285 \\ 0.3889 & -1.6269 \\ 0.7888 & 0.2187 \\ -0.8403 & 5.8776 \end{bmatrix}$$

$$X = \begin{bmatrix} 1.8881 & -0.0737 & -0.4255 & 0.5443 \\ -0.0737 & 3.7897 & 0.5443 & -1.6640 \\ -0.4255 & 0.5443 & 1.2350 & -0.2916 \\ 0.5443 & -1.6640 & -0.2916 & 5.2343 \end{bmatrix}$$

选择初值 $\phi(t) = [1 \quad -1]^T$ ($t \in [-0.96 \quad 0]$)，得到的状态轨迹如图 6.7 所示。

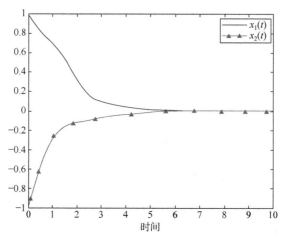

图 6.7　在 $d(t)=0.96\sin t$ 下的系统的状态轨迹

6.3　本 章 小 结

　　本章介绍了利用 Lyapunov-Krasovskii 泛函研究(不确定)时滞系统鲁棒稳定性的一般方法，在不确定矩阵参数满足范数有界不确定性的假设下，给出了当时滞为定常时滞或时变时滞时的时滞无关稳定性判别条件与时滞相关稳定性判别条件，并通过相应的数值算例进行了数值验证。

第7章　不确定时滞系统鲁棒控制器设计

本章基于不确定时滞系统的鲁棒稳定性分析方法，给出系统鲁棒控制器设计的系列方法，包括指定衰减度鲁棒控制器设计[80]、鲁棒二次镇定控制器设计[81-83]、保成本控制器设计[84,85]。本章工作将第 3 章中关于不确定系统鲁棒控制器设计的讨论推广到不确定时滞系统，同时将第 6 章关于不确定时滞系统鲁棒稳定性分析的结果应用到鲁棒控制器设计过程中。

7.1　指定衰减度鲁棒镇定控制器

7.1.1　执行器不受限制的情形

考虑不确定时滞系统

$$\dot{x}(t) = (A + \Delta A(t))x(t) + (A_d + \Delta A_d(t))x(t - d(t)) + (B + \Delta B(t))u(t)$$
$$x(t) = \phi(t),\ t \in [-h, 0] \tag{7-1}$$

其中，$x(t) \in \mathbf{R}^n$、$u(t) \in \mathbf{R}^m$ 分别为系统的状态向量和控制输入；$A, A_d \in \mathbf{R}^{n \times n}$、$B \in \mathbf{R}^{n \times m}$ 为已知系统矩阵；$\phi(t)$ 为系统的初始条件；$d(t)$ 为系统的时变时滞，满足 $0 \leqslant d(t) \leqslant h$，$h$ 是已知常数；$\Delta A(t), \Delta A_d(t) \in \mathbf{R}^{n \times n}$ 和 $\Delta B \in \mathbf{R}^{n \times m}$ 为不确定参数矩阵，满足范数有界不确定性

$$[\Delta A(t)\quad \Delta B(t)] = DF(t)[E_1\quad E_2],\quad \Delta A_d(t) = D_d F(t) E_{1d}$$

这里，D、$D_d \in \mathbf{R}^{n \times r}$，$E_1$、$E_{1d} \in \mathbf{R}^{s \times n}$ 和 $E_2 \in \mathbf{R}^{s \times m}$ 为常值矩阵，$F(t)$ 为相应维数的未知时变矩阵，满足 $F^{\mathrm{T}}(t)F(t) \leqslant I$。

为符号简便，记 $\bar{A}(t) = A + \Delta A(t)$，$\bar{A}_d(t) = A_d + \Delta A_d(t)$，$\bar{B}(t) = B + \Delta B(t)$，并对系统(7-1)做变换 $z(t) = e^{\lambda t}x(t)$（$\lambda > 0$ 为常数），得到不确定时滞系统

$$\dot{z}(t) = (\lambda I + \bar{A}(t))z(t) + e^{\lambda d(t)}\bar{A}_d(t)z(t - d(t)) + e^{\lambda t}\bar{B}(t)u(t)$$
$$z(t) = \varphi(t),\ t \in [-h, 0] \tag{7-2}$$

其中，$\varphi(t) = e^{\lambda t}\phi(t)$。

定义 7.1　对于不确定时滞系统(7-1)，如果引入状态变换 $z(t) = e^{\lambda t}x(t)$（$\lambda > 0$）后的系统(7-2)在 $u(t) \equiv 0$ 时对所有允许的时滞及不确定性是鲁棒渐近稳定的，则称

系统(7-1)是具有衰减度 λ 鲁棒渐近稳定的。如果系统(7-1)存在一个状态反馈控制律 $u(t)=-Kx(t)$，使得相应的闭环系统是具有衰减度 λ 鲁棒渐近稳定的，则称系统(7-1)是具有衰减度 λ 鲁棒状态反馈可镇定的，且称 $u(t)=-Kx(t)$ 是具有衰减度 λ 鲁棒状态反馈控制律。

在定义 7.1 中，如果 $\lambda=0$，则"具有衰减度 λ 鲁棒渐近稳定"和"具有衰减度 λ 鲁棒状态反馈可镇定"回归为"鲁棒渐近稳定"和"鲁棒状态反馈可镇定"。

定理 7.1　对于不确定时滞系统(7-1)(当 $u(t)\equiv 0$ 时)，给定正数 h 和 λ，如果存在对称正定矩阵 X、P_1、$P_2\in \mathrm{R}^{n\times n}$ 和正数 α_0、α_1、ε_0、ε_1、ε_2 满足下列 LMIs

$$\begin{bmatrix} S & M_1 & M_2 \\ * & -N_1 & 0 \\ * & * & -N_2 \end{bmatrix}<0 \tag{7-3a}$$

$$\begin{bmatrix} X & e^{\lambda h}XA^{\mathrm{T}} & e^{\lambda h}XE_1^{\mathrm{T}} \\ * & P_1-\varepsilon_1 DD^{\mathrm{T}} & 0 \\ * & * & \varepsilon_1 I \end{bmatrix}>0 \tag{7-3b}$$

$$\begin{bmatrix} X & e^{2\lambda h}XA_d^{\mathrm{T}} & e^{2\lambda h}XE_{1d}^{\mathrm{T}} \\ * & P_2-\varepsilon_2 D_d D_d^{\mathrm{T}} & 0 \\ * & * & \varepsilon_2 I \end{bmatrix}>0 \tag{7-3c}$$

则系统(7-1)(当 $u(t)\equiv 0$ 时)是具有衰减度 λ 鲁棒渐近稳定的。其中

$$S = 2(\lambda+h)X + X(A+A_d)^{\mathrm{T}} + (A+A_d)X + \alpha_0 DD^{\mathrm{T}}$$
$$+(\alpha_1+\varepsilon_0 h)D_d D_d^{\mathrm{T}} + hA_d(P_1+P_2)A_d^{\mathrm{T}}$$

$$M_1=[XE_1^{\mathrm{T}}\quad XE_{1d}^{\mathrm{T}}]，\quad M_2=hA_d(P_1+P_2)E_{1d}^{\mathrm{T}}$$

$$N_1=\mathrm{diag}\{\alpha_0 I,\alpha_1 I\}，\quad N_2=h(\varepsilon_0 I - E_{1d}(P_1+P_2)E_{1d}^{\mathrm{T}})$$

证：令 $u(t)\equiv 0$，为避免处理系统(7-2)中系统矩阵中的因子 $e^{\lambda d(t)}$，利用牛顿-莱布尼兹公式，将系统(7-1)转换成

$$\dot{x}(t)=(\overline{A}(t)+\overline{A}_d(t))x(t)-\int_{-d(t)}^{0}\overline{A}_d(t)(\overline{A}(t+\theta)x(t+\theta)+\overline{A}_d(t+\theta)x(t-d(t+\theta)+\theta))\mathrm{d}\theta$$

$$x(t)=\phi(t),\ t\in[-2h,0]$$

$$\tag{7-4}$$

对系统(7-4)，选取 Lyapunov 函数

$$V(t,x(t))=e^{2\lambda t}x^{\mathrm{T}}(t)Px(t)$$

其中，P 是待定的对称正定矩阵。沿着系统(7-4)对 $V(t,x(t))$ 求全导数，并利用变换 $z(t) = e^{\lambda t} x(t)$，得

$$\dot{V}(t,x(t))\big|_{(7-4)} = z^{\mathrm{T}}(t)\{2\lambda P + (\overline{A}(t) + \overline{A}_d(t))^{\mathrm{T}} P + P(\overline{A}(t) + \overline{A}_d(t))\}z(t) + g(t,z_t)$$

(7-5)

其中

$$g(t,z_t) = -2z^{\mathrm{T}}(t)P\overline{A}_d(t)$$
$$\cdot \int_{-d(t)}^{0} (e^{-\lambda\theta}\overline{A}(t+\theta)z(t+\theta) + e^{-\lambda(\theta - d(t+\theta))}\overline{A}_d(t+\theta)z(t-d(t+\theta)+\theta))\mathrm{d}\theta$$

首先，利用引理 B.4 加强式(7-5)中第一项，得

$$z^{\mathrm{T}}(t)(2\lambda P + (\overline{A}(t) + \overline{A}_d(t))^{\mathrm{T}} P + P(\overline{A}(t) + \overline{A}_d(t)))z(t) \leqslant z^{\mathrm{T}}(t)W_1 z(t) \qquad (7\text{-}6)$$

其中

$$W_1 = (\lambda I + A + A_d)^{\mathrm{T}} P + P(\lambda I + A + A_d) + P(\alpha_0 DD^{\mathrm{T}} + \alpha_1 D_d D_d^{\mathrm{T}})P$$
$$+ \alpha_0^{-1} E_1^{\mathrm{T}} E_1 + \alpha_1^{-1} E_{1d}^{\mathrm{T}} E_{1d}$$

同理，加强式(7-5)中第二项，得

$$g(t,z_t) \leqslant hz^{\mathrm{T}}(t)P\overline{A}_d(t)(P_1 + P_2)\overline{A}_d^{\mathrm{T}}(t)Pz(t)$$
$$+ \int_{-d(t)}^{0} z^{\mathrm{T}}(t+\theta)e^{-\lambda\theta}\overline{A}^{\mathrm{T}}(t+\theta)P_1^{-1}\overline{A}(t+\theta)e^{-\lambda\theta}z(t+\theta)\mathrm{d}\theta$$
$$+ \int_{-d(t)}^{0} z^{\mathrm{T}}(t-d(t+\theta)+\theta)e^{-\lambda(\theta-d(t+\theta))}\overline{A}_d^{\mathrm{T}}(t+\theta)P_2^{-1}\overline{A}_d(t+\theta) \qquad (7\text{-}7)$$
$$\cdot e^{-\lambda(\theta-d(t+\theta))}z(t-d(t+\theta)+\theta)\mathrm{d}\theta$$

其次，应用引理 B.9，加强式(7-7)右端第一项中不确定矩阵乘积项，可知，若存在正数 $\varepsilon_0 > 0$ 满足

$$\varepsilon_0 I - E_{1d}(P_1 + P_2)E_{1d}^{\mathrm{T}} > 0 \qquad (7\text{-}8)$$

则有不等式

$$\overline{A}_d(t)(P_1 + P_2)\overline{A}_d^{\mathrm{T}}(t) = (A_d + D_d F(t)E_{1d})(P_1 + P_2)(A_d + D_d F(t)E_{1d})^{\mathrm{T}}$$
$$\leqslant A_d(P_1 + P_2)A_d^{\mathrm{T}} + A_d(P_1 + P_2)E_{1d}^{\mathrm{T}}(\varepsilon_0 I - E_{1d}(P_1 + P_2)E_{1d}^{\mathrm{T}})^{-1} \qquad (7\text{-}9)$$
$$\cdot E_{1d}(P_1 + P_2)A_d^{\mathrm{T}} + \varepsilon_0 D_d D_d^{\mathrm{T}}$$

应用引理 B.10，加强式(7-7)右端第二、三项中不确定矩阵乘积项，可知，若存在正数 $\varepsilon_1 > 0$、$\varepsilon_2 > 0$ 满足

$$P_1 - \varepsilon_1 DD^{\mathrm{T}} > 0, \quad P_2 - \varepsilon_2 D_d D_d^{\mathrm{T}} > 0 \qquad (7\text{-}10)$$

则有不等式

$$
\begin{aligned}
\overline{A}^{\mathrm{T}}(t+\theta)P_1^{-1}\overline{A}(t+\theta) &= (A+DF(t)E_1)^{\mathrm{T}}P_1^{-1}(A+DF(t)E_1) \\
&\leqslant A^{\mathrm{T}}(P_1-\varepsilon_1 DD^{\mathrm{T}})^{-1}A+\varepsilon_1^{-1}E_1^{\mathrm{T}}E_1
\end{aligned} \tag{7-11}
$$

$$
\begin{aligned}
\overline{A}_d^{\mathrm{T}}(t+\theta)P_2^{-1}\overline{A}_d(t+\theta) &= (A_d+D_dF(t)E_{1d})^{\mathrm{T}}P_2^{-1}(A_d+D_dF(t)E_{1d}) \\
&\leqslant A_d^{\mathrm{T}}(P_2-\varepsilon_2 D_dD_d^{\mathrm{T}})^{-1}A_d+\varepsilon_2^{-1}E_{1d}^{\mathrm{T}}E_{1d}
\end{aligned} \tag{7-12}
$$

进一步，若还有不等式

$$
e^{\lambda h}A^{\mathrm{T}}(P_1-\varepsilon_1 DD^{\mathrm{T}})^{-1}Ae^{\lambda h}+\varepsilon_1^{-1}e^{\lambda h}E_1 E_1^{\mathrm{T}}e^{\lambda h} \leqslant P \tag{7-13}
$$

$$
e^{2\lambda h}A_d^{\mathrm{T}}(P_2-\varepsilon_2 D_dD_d^{\mathrm{T}})^{-1}A_de^{2\lambda h}+\varepsilon_2^{-1}e^{2\lambda h}E_{1d}^{\mathrm{T}}E_{1d}e^{2\lambda h} \leqslant P \tag{7-14}
$$

成立，则得对 $0\leqslant d(t)\leqslant h,\theta\in[-h,0]$，有

$$
e^{-\lambda\theta}\overline{A}^{\mathrm{T}}(t+\theta)P_1^{-1}\overline{A}(t+\theta)e^{-\lambda\theta} \leqslant P \tag{7-15}
$$

$$
e^{-\lambda(\theta-d(t+\theta))}\overline{A}_d^{\mathrm{T}}(t+\theta)P_2^{-1}\overline{A}_d(t+\theta)e^{-\lambda(\theta-d(t+\theta))} \leqslant P \tag{7-16}
$$

由式(7-9)、式(7-11)～式(7-16)，可得在条件式(7-8)和条件(7-10)下有

$$
\begin{aligned}
g(t,z_t) &\leqslant hz^{\mathrm{T}}(t)PW_2Pz(t)+\int_{-2d(t)}^{0}z^{\mathrm{T}}(t+\theta)Pz(t+\theta)\mathrm{d}\theta \\
&= hz^{\mathrm{T}}(t)PW_2Pz(t)+\int_{-2d(t)}^{0}V(t+\theta,z(t+\theta))\mathrm{d}\theta
\end{aligned} \tag{7-17}
$$

另外，为处理式(7-17)中的积分项，应用 Razumikhin 定理(定理 A.12)。假设存在标量 $q>1$ 使得

$$
V(s,x(s))<qV(t,x(t)),\ t-2h\leqslant s\leqslant t \tag{7-18}
$$

则由式(7-17)得

$$
g(t,z_t)\leqslant hz^{\mathrm{T}}(t)(PW_2P+2qP)z(t) \tag{7-19}
$$

最后，结合式(7-6)、式(7-17)和式(7-19)，将不等式(7-5)加强为

$$
\dot{V}(t,x(t))\Big|_{(7-4)} \leqslant z^{\mathrm{T}}(t)(W_1+hPW_2P+2qhP)z(t) \tag{7-20}
$$

其中

$$
\begin{aligned}
W_2 &= A_d(P_1+P_2)A_d^{\mathrm{T}}+\varepsilon_0 D_dD_d^{\mathrm{T}} \\
&\quad+A_d(P_1+P_2)E_{1d}^{\mathrm{T}}(\varepsilon_0 I-E_{1d}(P_1+P_2)E_{1d}^{\mathrm{T}})^{-1}E_{1d}(P_1+P_2)A_d^{\mathrm{T}}
\end{aligned}
$$

引入新变量 $X=P^{-1}$，令 $W_3=P^{-1}(W_1+hPW_2P+2qhP)P^{-1}$，则

$$W_3 = X(\lambda I + A + A_d)^{\mathrm{T}} + (\lambda I + A + A_d)X + \alpha_0 DD^{\mathrm{T}} + (\alpha_1 + \varepsilon_0 h)D_d D_d^{\mathrm{T}}$$
$$+ \alpha_0^{-1} X E_1^{\mathrm{T}} E_1 X + \alpha_1^{-1} X E_{1d}^{\mathrm{T}} E_{1d} X + h A_d (P_1 + P_2) A_d^{\mathrm{T}}$$
$$+ h A_d (P_1 + P_2) E_{1d}^{\mathrm{T}} (\varepsilon_0 I - E_{1d}(P_1 + P_2)E_{1d}^{\mathrm{T}})^{-1} E_{1d}(P_1 + P_2)A_d^{\mathrm{T}} + 2qhX$$

注意到，式(7-20)右端为 $z^{\mathrm{T}}(t)PW_3Pz(t)$，该值随着标量 q 的增加而单调增加。当 $q=1$ 时，令 $W=W_3$，如果对给定的 h 存在对称正定矩阵 X, P_1, P_2、矩阵 Y 和正数 $\alpha_0, \alpha_1, \varepsilon_0$ 使得 $W<0$，则必存在充分小的 $q>1$ 使得对任意允许时滞都有 $W_3<0$，从而 $\dot{V}(t,x(t))\big|_{(7\text{-}4)} < 0$。由 Razumikhin 定理，系统(7-4)是鲁棒渐近稳定的。

再由 Schur 补引理，$W<0$ 及不等式(7-8)、式(7-10)、式(7-13)～式(7-14)可由不等式(7-3a)～式(7-3c)保证。因此，在定理条件下，有

$$\dot{V}(t,x(t))\big|_{(7\text{-}4)} \le -\lambda_{\min}(-W)\|z(t)\|^2$$

故不确定时滞系统(7-1)是具有衰减度 λ 鲁棒渐近稳定的。

注 7.1　由条件(7-3a)知，当 $u(t)\equiv 0$ 时，系统(7-1)具有衰减度 λ 鲁棒渐近稳定的必要条件是 $\mathrm{Re}\,\lambda_i(A+A_d) < -(h+\lambda) < 0$，即系统在无时滞($d(t)=0$)且无不确定性情况下是具有衰减度 $h+\lambda$ 鲁棒渐近稳定的。

进一步可以给出如下结果。

定理 7.2　对于不确定时滞系统(7-1)，给定正数 h 和 λ，如果存在对称正定矩阵 $X, P_1, P_2 \in \mathbf{R}^{n \times n}$、矩阵 $Y \in \mathbf{R}^{m \times n}$ 和正数 $\alpha_0, \alpha_1, \varepsilon_0, \varepsilon_1, \varepsilon_2$ 满足以下 LMIs

$$\begin{bmatrix} S & M_1 & M_2 \\ * & -N_1 & 0 \\ * & * & -N_2 \end{bmatrix} < 0 \tag{7-21a}$$

$$\begin{bmatrix} X & e^{\lambda h}(XA^{\mathrm{T}} - Y^{\mathrm{T}}B^{\mathrm{T}}) & e^{\lambda h}(XE_1^{\mathrm{T}} - Y^{\mathrm{T}}E_2^{\mathrm{T}}) \\ * & P_1 - \varepsilon_1 DD^{\mathrm{T}} & 0 \\ * & * & \varepsilon_1 I \end{bmatrix} > 0 \tag{7-21b}$$

$$\begin{bmatrix} X & e^{2\lambda h}XA_d^{\mathrm{T}} & e^{2\lambda h}XE_{1d}^{\mathrm{T}} \\ * & P_2 - \varepsilon_2 D_d D_d^{\mathrm{T}} & 0 \\ * & * & \varepsilon_2 I \end{bmatrix} > 0 \tag{7-21c}$$

则系统(7-11)是具有衰减度 λ 鲁棒可镇定的，且 $K = YX^{-1}$ 为状态反馈增益矩阵。其中

$$S = 2(\lambda+h)X + X(A+A_d)^T + (A+A_d)X - Y^T B^T - BY$$
$$+ \alpha_0 DD^T + (\alpha_1 + \varepsilon_0 h)D_d D_d^T + hA_d(P_1+P_2)A_d^T$$
$$M_1 = [XE_1^T - Y^T E_2^T \quad XE_{1d}^T], \quad M_2 = hA_d(P_1+P_2)E_{1d}^T$$
$$N_1 = \mathrm{diag}\{\alpha_0 I, \alpha_1 I\}, \quad N_2 = h(\varepsilon_0 I - E_{1d}(P_1+P_2)E_{1d}^T)$$

例 7.1　考虑不确定时滞系统(7-1)，设系统参数矩阵为

$$A = \begin{bmatrix} 0 & 1 \\ 1 & -2 \end{bmatrix}, \quad A_d = \begin{bmatrix} 0 & 0.1 \\ 0.1 & 0.1 \end{bmatrix}, \quad B = \begin{bmatrix} 2 \\ 3 \end{bmatrix}, \quad D = \begin{bmatrix} 1 \\ 0 \end{bmatrix}, \quad D_d = \begin{bmatrix} 0 \\ 0.5 \end{bmatrix}$$

$$E_1 = [0 \ 1], \quad E_{1d} = [0.1 \ 0.1], \quad E_2 = 1, \quad F(t) = \sin t$$

及 $d(t) = 0.1|\sin t|$。令 $\lambda = 1.6$，试设计系统的具有衰减度 λ 的鲁棒状态反馈控制律。

解： 解不等式组(7-21a)～(7-21c)，得

$$X = \begin{bmatrix} 0.0867 & -0.0487 \\ -0.0487 & 0.1938 \end{bmatrix}, \quad P_1 = \begin{bmatrix} 2.2673 & -0.3165 \\ -0.3165 & 2.5249 \end{bmatrix}$$

$$P_2 = \begin{bmatrix} 0.7580 & 0 \\ 0 & 0.8596 \end{bmatrix}, \quad Y = [0.0771 \ 0.0134]$$

$$\alpha_0 = 0.0733, \quad \alpha_1 = 0.4283, \quad \varepsilon_0 = 1.2581, \quad \varepsilon_1 = 0.9923, \quad \varepsilon_2 = 0.7495$$

根据定理 7.2，该系统是具有衰减度 λ 鲁棒可镇定的，并且状态反馈增益矩阵 $K = [1.0812 \ 0.3408]$。选择初始值 $\phi(t) = [1 \ -1]^T$（$t \in [-0.1 \ 0]$），闭环系统的状态轨迹如图 7.1 所示。

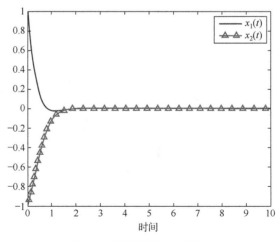

图 7.1　闭环系统的状态轨迹

7.1.2　执行器受幅值饱和限制的情形

考虑具有执行器饱和特性的不确定时滞系统

$$\dot{x}(t) = (A + \Delta A(t))x(t) + (A_d + \Delta A_d(t))x(t - d(t)) + (B + \Delta B(t))\text{Sat}(u(t))$$
$$x(t) = \phi(t),\ t \in [-h, 0] \tag{7-22}$$

其中，$\text{Sat}(u(t))$ 为 $u(t)$ 的幅值饱和向量函数；$d(t)$ 为时变时滞，满足 $0 \leqslant d(t) \leqslant h$ 和 $\dot{d}(t) \leqslant \mu < 1$，且 h 和 μ 均为已知常数；其他符号及含义同系统(7-1)。

幅值饱和向量函数：$\text{Sat}(u(t)) = [\text{Sat}(u_1(t)), \text{Sat}(u_2(t)), \cdots, \text{Sat}(u_m(t))]^\text{T}$，且

$$\text{Sat}(u_i) = \begin{cases} -\delta_i, & u_i \leqslant -\delta_i < 0 \\ u_i, & -\delta_i \leqslant u_i \leqslant \delta_i \\ \delta_i, & u_i \geqslant \delta_i > 0 \end{cases} \tag{7-23}$$

$\text{Sat}(u_i(t))$ 的直观图形如图 7.2 所示。

根据附录中 C 中不等式(C-6)，幅值饱和向量函数 $\text{Sat}(u(t))$ 满足不等式

$$(\text{Sat}(2u(t)) - u(t))^\text{T} \text{Sat}(2u(t)) - u(t) \leqslant u^\text{T}(t)u(t) \tag{7-24}$$

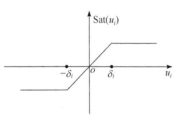

图 7.2　幅值饱和非线性函数

定理 7.3　对于具有执行器幅值饱和的不确定时滞系统(7-22)，给定正数 $h > 0$、$\mu < 1$ 和 $\lambda > 0$，如果存在对称正定矩阵 $X \in \mathbb{R}^{n \times n}$、矩阵 $Y \in \mathbb{R}^{m \times n}$ 和正数 $\varepsilon_1, \varepsilon_2, \varepsilon_3$ 满足如下 LMI

$$\begin{bmatrix} \bar{S} & \bar{M}_1 & \bar{M}_2 \\ * & -\bar{N}_1 & 0 \\ * & * & -\bar{N}_2 \end{bmatrix} < 0 \tag{7-25}$$

则系统(7-22)在线性反馈控制律

$$u(t) = 2Kx(t) \tag{7-26}$$

下是具有衰减度 λ 鲁棒渐近稳定的，并且 $K = YX^{-1}$，其中

$$\bar{S} = 2\lambda X + XA^\text{T} + AX + Y^\text{T}B^\text{T} + BY + (\varepsilon_1 + \varepsilon_2)DD^\text{T} + \varepsilon_3 D_d D_d^\text{T} + A_d A_d^\text{T} + BB^\text{T}$$

$$\bar{M}_1 = [A_d E_{1d}^\text{T}\ \ BE_2^\text{T}], \quad \bar{M}_2 = [XE_1^\text{T} + Y^\text{T}E_2^\text{T}\ \ Y^\text{T}\ \ X]$$

$$\bar{N}_1 = \begin{bmatrix} \varepsilon_3 I - E_{1d} E_{1d}^\text{T} & 0 \\ * & \varepsilon_2 I - E_2 E_2^\text{T} \end{bmatrix}, \quad \bar{N}_2 = \begin{bmatrix} \varepsilon_1 I & 0 & 0 \\ * & I & 0 \\ * & * & (1-\mu)e^{-2\lambda h}I \end{bmatrix}$$

证： 系统(7-22)在控制律(7-26)下的闭环系统为

$$\dot{x}(t) = (\overline{A}(t) + \overline{B}(t)K)x(t) + \overline{A}_d(t)x(t - d(t)) + \overline{B}(t)\eta(t) \tag{7-27}$$

其中，$\eta(t) = \mathrm{Sat}(2Kx(t)) - Kx(t)$，且

$$\overline{A}(t) = A + \Delta A(t)，\quad \overline{A}_d(t) = A_d + \Delta A_d(t)，\quad \overline{B}(t) = B + \Delta B(t)$$

根据式(7-24)，有

$$\eta^{\mathrm{T}}(t)\eta(t) \leqslant x^{\mathrm{T}}(t)K^{\mathrm{T}}Kx(t) \tag{7-28}$$

对闭环系统(7-27)，选取 Lyapunov 函数

$$V(t, x_t) = e^{2\lambda t}x^{\mathrm{T}}(t)Px(t) + \frac{e^{2\lambda h}}{1 - \mu}\int_{t - d(t)}^{t} e^{2\lambda\theta}x^{\mathrm{T}}(\theta)x(\theta)\mathrm{d}\theta$$

其中，P 是待定的对称正定矩阵。沿着系统(7-27)对 $V(t, x(t))$ 求全导数，得

$$\dot{V}(t, x_t) \leqslant e^{2\lambda t}x^{\mathrm{T}}(t)\left\{2\lambda P + (\overline{A}(t) + \overline{B}(t)K)^{\mathrm{T}}P + P(\overline{A}(t) + \overline{B}(t)K) + \frac{e^{2\lambda h}}{1 - \mu}I\right\}x(t)$$

$$+ 2e^{2\lambda t}x^{\mathrm{T}}(t)P\overline{A}_d(t)x(t - d(t)) + 2e^{2\lambda t}x^{\mathrm{T}}(t)P\overline{B}(t)\eta(t)$$

$$- e^{2\lambda t}x^{\mathrm{T}}(t - d(t))x(t - d(t))$$

$$\tag{7-29}$$

利用引理 B.7，对正数 $\varepsilon_1 > 0$ 有

$$x^{\mathrm{T}}(t)\{(\overline{A}(t) + \overline{B}(t)K)^{\mathrm{T}}P + P(\overline{A}(t) + \overline{B}(t)K)\}x(t)$$

$$\leqslant x^{\mathrm{T}}(t)\{(A + BK)^{\mathrm{T}}P + P(A + BK) + \varepsilon_1 PDD^{\mathrm{T}}P$$

$$+ \varepsilon_1^{-1}(E_1 + E_2K)^{\mathrm{T}}(E_1 + E_2K)\}x(t)$$

利用引理 B.9，当 $\varepsilon_2 I - E_2 E_2^{\mathrm{T}} > 0$ 时，有

$$2x^{\mathrm{T}}(t)P\overline{B}(t)\eta(t) \leqslant x^{\mathrm{T}}(t)P\overline{B}(t)\overline{B}^{\mathrm{T}}(t)Px(t) + \eta^{\mathrm{T}}(t)\eta(t)$$

$$\leqslant x^{\mathrm{T}}(t)P\{BB^{\mathrm{T}} + BE_2^{\mathrm{T}}(\varepsilon_2 I - E_2 E_2^{\mathrm{T}})^{-1}E_2 B + \varepsilon_2 DD^{\mathrm{T}} + K^{\mathrm{T}}K\}Px(t)$$

以及当 $\varepsilon_3 I - E_d E_d^{\mathrm{T}} > 0$ 时，有

$$x^{\mathrm{T}}(t)P\overline{A}_d(t)x(t - d(t)) \leqslant x^{\mathrm{T}}(t)P\overline{A}_d(t)\overline{A}_d^{\mathrm{T}}(t)Px(t) + x^{\mathrm{T}}(t - d(t))x(t - d(t))$$

$$\leqslant x^{\mathrm{T}}(t)P(A_d A_d^{\mathrm{T}} + A_d E_{1d}^{\mathrm{T}}(\varepsilon_3 I - E_{1d}E_{1d}^{\mathrm{T}})^{-1}E_{1d}A_d^{\mathrm{T}} + \varepsilon_3 D_d D_d^{\mathrm{T}})Px(t)$$

$$+ x^{\mathrm{T}}(t - d(t))x(t - d(t))$$

将上述三个不等式代入式(7-29)，得

$$\dot{V}(t, x_t)\big|_{(7\text{-}27)} \leqslant e^{2\lambda t}x^{\mathrm{T}}(t)\{(\lambda I + A + BK)^{\mathrm{T}}P + P(\lambda I + A + BK)$$

$$+ P((\varepsilon_1 + \varepsilon_2)DD^{\mathrm{T}} + \varepsilon_3 D_d D_d^{\mathrm{T}} + A_d A_d^{\mathrm{T}} + BB^{\mathrm{T}})P + PA_d E_{1d}^{\mathrm{T}}$$

$$\cdot (\varepsilon_3 I - E_{1d}E_{1d}^{\mathrm{T}})^{-1}E_{1d}A_d^{\mathrm{T}}P + PBE_2^{\mathrm{T}}(\varepsilon_2 I - E_2 E_2^{\mathrm{T}})^{-1}E_2 B^{\mathrm{T}}P$$

$$+ K^{\mathrm{T}}K + \varepsilon_1^{-1}(E_1 + E_2K)^{\mathrm{T}}(E_1 + E_2K) + \frac{e^{2\lambda h}}{1 - \mu}I\}x(t)$$

因此，$\dot{V}(t,x_t)\big|_{(7-27)}<0$ 的充分条件是

$$(\lambda I + A+BK)^{\mathrm{T}}P + P(\lambda I + A+BK) + P((\varepsilon_1 + \varepsilon_2)DD^{\mathrm{T}} + \varepsilon_3 D_d D_d^{\mathrm{T}} + A_d A_d^{\mathrm{T}} + BB^{\mathrm{T}})P$$
$$+PA_d E_{1d}^{\mathrm{T}}(\varepsilon_3 I - E_{1d} E_{1d}^{\mathrm{T}})^{-1} E_{1d} A_d^{\mathrm{T}} P + PBE_2^{\mathrm{T}}(\varepsilon_2 I - E_2 E_2^{\mathrm{T}})^{-1} E_2 B^{\mathrm{T}} P$$
$$+K^{\mathrm{T}}K + \varepsilon_1^{-1}(E_1 + E_2 K)^{\mathrm{T}}(E_1 + E_2 K) + \frac{e^{2\lambda h}}{1-\mu}I < 0$$

对该式利用矩阵 P^{-1} 做合同变换，并记 $X = P^{-1}$、$Y = KX$，再利用 Schur 补引理，得到该式成立的充分必要条件是存在对称正定矩阵 $X \in \mathbf{R}^{n\times n}$、矩阵 $Y \in \mathbf{R}^{m\times n}$ 和正数 $\varepsilon_1, \varepsilon_2, \varepsilon_3$ 使得式(7-25)成立。

例 7.2　考虑不确定时滞系统(7-22)，设系统参数矩阵为

$$A = \begin{bmatrix} -3 & 1 \\ 1 & -2 \end{bmatrix}, \quad A_d = \begin{bmatrix} 0.1 & -0.1 \\ -0.2 & -0.3 \end{bmatrix}, \quad B = \begin{bmatrix} 1 \\ 1 \end{bmatrix}, \quad D = \begin{bmatrix} 0.5 \\ 0 \end{bmatrix}, \quad D_d = \begin{bmatrix} 0 \\ 0.5 \end{bmatrix}$$

$$E_1 = \begin{bmatrix} 0 & 1 \end{bmatrix}, \quad E_{1d} = \begin{bmatrix} 0.1 & 0.1 \end{bmatrix}, \quad E_2 = 1, \quad F(t) = \sin t$$

及 $d(t) = 0.1(\sin t + 2)$。令 $\lambda = 0.1$，试设计系统的具有衰减度 λ 鲁棒状态反馈控制律。

解：易知 $h = 0.3$，$\mu = 0.1$，解不等式(7-25)，得

$$X = \begin{bmatrix} 2.3426 & -0.7787 \\ -0.7787 & 1.7800 \end{bmatrix}, \quad Y = [-0.0703 \quad -1.3876]$$

$$\varepsilon_1 = 1.0019, \quad \varepsilon_2 = 5.5744, \quad \varepsilon_3 = 0.3410$$

根据定理 7.3，系统在控制律 $u(t) = 2Kx(t)$ 下是具有衰减度 λ 鲁棒渐近稳定的，并且 $K = [-0.3383 \quad -0.9276]^{\mathrm{T}}$。选择初始值 $\phi(t) = [1 \quad -1]^{\mathrm{T}}$（$t \in [-0.3 \quad 0]$），闭环系统的状态轨迹如图 7.3 所示。

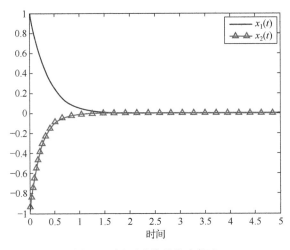

图 7.3　闭环系统的状态轨迹

7.2　鲁棒二次镇定控制器

考虑不确定线性时滞系统

$$\dot{x}(t) = (A + \Delta A(t))x(t) + (A_d + \Delta A_d(t))x(t - d(t)) + (B + \Delta B(t))u(t)$$
$$x(t) = \phi(t),\ t \in [-h, 0] \tag{7-30}$$

其中，$x(t) \in \mathbf{R}^n$、$u(t) \in \mathbf{R}^m$ 分别为系统的状态向量和控制输入；$A, A_d \in \mathbf{R}^{n \times n}$、$B \in \mathbf{R}^{n \times m}$ 为已知的系统矩阵，$\phi(t)$ 为系统的初始条件；$d(t)$ 为系统的时变时滞，满足 $0 \leqslant d(t) \leqslant h$，$\dot{d}(t) \leqslant \mu < 1$，$h, \mu$ 是已知常数；$\Delta A(t)$、$\Delta A_d(t) \in \mathbf{R}^{n \times n}$ 和 $\Delta B(t) \in \mathbf{R}^{n \times m}$ 为系统的不确定参数矩阵，满足范数有界不确定性

$$[\Delta A(t)\ \ \Delta B(t)] = DF(t)[E_1\ \ E_2],\ \ \Delta A_d(t) = D_d F(t) E_{1d}$$

这里，D、$D_d \in \mathbf{R}^{n \times r}$，$E_1$、$E_{1d} \in \mathbf{R}^{s \times n}$ 和 $E_2 \in \mathbf{R}^{s \times m}$ 为常值矩阵，$F(t)$ 为相应维数的未知时变矩阵，满足 $F^{\mathrm{T}}(t)F(t) \leqslant I$。假设 A_d 具有满秩分解 $A_d = A_{d1} A_{d2}$。

问题　设计状态反馈控制律 $u(t) = -Kx(t)$，使得闭环系统

$$\dot{x}(t) = (A - BK + \Delta A(t) - \Delta B(t)K)x(t) + (A_d + \Delta A_d(t))x(t - d(t))$$
$$x(t) = \phi(t),\ t \in [-h, 0] \tag{7-31}$$

是鲁棒二次稳定的。其中，$K \in \mathbf{R}^{m \times n}$ 是待设计的增益矩阵。

定义 7.2　如果存在对称正定矩阵 P、对称半正定矩阵 Q 及正数 $\varepsilon > 0$，使得 Lyapunov-Krasovskii 泛函

$$V(t, x_t) = x^{\mathrm{T}}(t)Px(t) + \int_{t-d(t)}^{t} x^{\mathrm{T}}(s)Qx(s)\mathrm{d}s \tag{7-32}$$

沿闭环系统(7-31)的导数满足

$$\dot{V}(t, x_t)\Big|_{(7-31)} = x^{\mathrm{T}}(t)\{(A - BK)^{\mathrm{T}}P + P(A - BK) + Q\}x(t) + 2x^{\mathrm{T}}(t)PDF(t)$$
$$\cdot (E_1 - E_2 K)x(t) + 2x^{\mathrm{T}}(t)P(A_d + D_d F(t)E_{1d})x(t - d(t))$$
$$- (1 - \dot{d}(t))x^{\mathrm{T}}(t - d(t))Qx(t - d(t)) \tag{7-33}$$
$$\leqslant -\varepsilon \|x(t)\|^2$$

对所有允许的不确定性成立，则称闭环系统(7-31)是鲁棒二次稳定的，称不确定时滞系统 (7-30) 是可用状态反馈控制律 $u(t) = -Kx(t)$ 鲁棒二次镇定的，且称 $u(t) = -Kx(t)$ 是系统(7-30)的鲁棒二次镇定状态反馈控制律。

7.2.1　时滞无关鲁棒二次镇定控制器设计

定理 7.4　不确定时滞系统(7-30)是可用状态反馈控制律 $u(t) = -Kx(t)$ 鲁棒二次镇定的,给定正数 $h>0$、$u<1$,如果存在矩阵 $Y \in \mathrm{R}^{m \times n}$、对称正定矩阵 X, $\bar{Q} \in \mathrm{R}^{n \times n}$ 和常数 $\alpha > 0$, $\beta > 0$ 满足

$$\begin{bmatrix} XA^{\mathrm{T}} + AX - Y^{\mathrm{T}}B^{\mathrm{T}} - BY + \bar{Q} \\ + \alpha(DD^{\mathrm{T}} + D_d D_d^{\mathrm{T}}) & A_d X & (E_1 X - E_2 Y)^{\mathrm{T}} & 0 & X \\ * & -(1-\mu)\bar{Q} & 0 & XE_{1d}^{\mathrm{T}} & 0 \\ * & * & -\alpha I & 0 & 0 \\ * & * & * & -\alpha I & 0 \\ * & * & * & * & -\beta I \end{bmatrix} < 0 \quad (7\text{-}34)$$

如果该式成立,则控制律 $u(t) = -YX^{-1}$ 是一个鲁棒二次镇定控制律。

证:　由定义 7.2,系统(7-30)是可用状态反馈控制律 $u(t) = -Kx(t)$ 鲁棒二次镇定的,当且仅当闭环系统(7-31)是鲁棒二次稳定的,即存在矩阵 $K \in \mathrm{R}^{m \times n}$、对称正定矩阵 $P, Q, R \in \mathrm{R}^{n \times n}$ 和正数 $\varepsilon > 0$,使得对任意允许不确定性 $F(t)$,式(7-33)均成立。

注意到,式(7-33)成立的充分条件是

$$x^{\mathrm{T}}(t)((\bar{A}(t) - \bar{B}(t)K)^{\mathrm{T}}P + P(\bar{A}(t) - \bar{B}(t)K) + Q + \varepsilon I)x(t)$$
$$+ 2x^{\mathrm{T}}(t)P\bar{A}_d(t)x(t-d(t)) - (1-\mu)x^{\mathrm{T}}(t-d(t))Qx(t-d(t)) < 0$$

即

$$\begin{bmatrix} x^{\mathrm{T}}(t) & x^{\mathrm{T}}(t-d(t)) \end{bmatrix} \bar{W} \begin{bmatrix} x(t) \\ x(t-d(t)) \end{bmatrix} < 0$$

等价于

$$\bar{W}(t) = \begin{bmatrix} (\bar{A}(t) - \bar{B}(t)K)^{\mathrm{T}}P + P(\bar{A}(t) - \bar{B}(t)K) + Q + \varepsilon I & P\bar{A}_d(t) \\ * & -(1-\mu)Q \end{bmatrix} < 0 \quad (7\text{-}35)$$

注意到,$\bar{W}(t) = W + \Delta W(t)$,且

$$W = \begin{bmatrix} A^{\mathrm{T}}P + PA - K^{\mathrm{T}}B^{\mathrm{T}}P - PBK + Q + \varepsilon I & PA_d \\ * & -(1-\mu)Q \end{bmatrix}$$

$$\Delta W = \begin{bmatrix} PD & PD_d \\ 0 & 0 \end{bmatrix} \begin{bmatrix} F(t) & 0 \\ 0 & F(t) \end{bmatrix} \begin{bmatrix} E_1 - E_2K & 0 \\ 0 & E_{1d} \end{bmatrix}$$

$$+ \begin{bmatrix} E_1 - E_2K & 0 \\ 0 & E_{1d} \end{bmatrix}^{\mathrm{T}} \begin{bmatrix} F(t) & 0 \\ 0 & F(t) \end{bmatrix}^{\mathrm{T}} \begin{bmatrix} PD & PD_d \\ 0 & 0 \end{bmatrix}^{\mathrm{T}}$$

利用引理 B.8，不等式(7-35)等价于存在正数 $\alpha > 0$，使得

$$W + \alpha \begin{bmatrix} PD & PD_d \\ 0 & 0 \end{bmatrix} \begin{bmatrix} PD & PD_d \\ 0 & 0 \end{bmatrix}^{\mathrm{T}} + \alpha^{-1} \begin{bmatrix} E_1 - E_2 K & 0 \\ 0 & E_{1d} \end{bmatrix}^{\mathrm{T}} \begin{bmatrix} E_1 - E_2 K & 0 \\ 0 & E_{1d} \end{bmatrix} < 0$$

(7-36)

利用 Schur 补引理，式(7-36)等价于

$$\begin{bmatrix} \begin{array}{c} A^{\mathrm{T}}P + PA - K^{\mathrm{T}}B^{\mathrm{T}}P - PBK + Q \\ + \varepsilon I + \alpha P(DD^{\mathrm{T}} + D_d D_d^{\mathrm{T}})P \end{array} & PA_d & (E_1 - E_2 K)^{\mathrm{T}} & 0 \\ * & -(1-\mu)Q & 0 & E_{1d}^{\mathrm{T}} \\ * & * & -\alpha I & 0 \\ * & * & * & -\alpha I \end{bmatrix} < 0 \quad (7\text{-}37)$$

对式(7-37)用 $\mathrm{diag}\{P^{-1}, P^{-1}, I, I\}$ 做合同变换，令 $X = P^{-1}$，$Y = KP^{-1}$，$\bar{Q} = P^{-1}QP^{-1}$，得

$$\begin{bmatrix} \begin{array}{c} XA^{\mathrm{T}} + AX - Y^{\mathrm{T}}B^{\mathrm{T}} - BY + \bar{Q} \\ + \varepsilon XX + \alpha(DD^{\mathrm{T}} + D_d D_d^{\mathrm{T}}) \end{array} & A_d X & (E_1 X - E_2 Y)^{\mathrm{T}} & 0 \\ * & -(1-\mu)\bar{Q} & 0 & XE_{1d}^{\mathrm{T}} \\ * & * & -\alpha I & 0 \\ * & * & * & -\alpha I \end{bmatrix} < 0 \quad (7\text{-}38)$$

再次应用 Schur 引理，式(7-38)等价于式(7-34)，其中 $\beta = \varepsilon^{-1} > 0$。

例 7.3　考虑不确定时滞系统(7-30)，设系统参数同例 7.2，即

$$A = \begin{bmatrix} 0 & 1 \\ 1 & -2 \end{bmatrix}, \quad A_d = \begin{bmatrix} 0 & 0.1 \\ 0.1 & 0.1 \end{bmatrix}, \quad B = \begin{bmatrix} 2 \\ 3 \end{bmatrix}, \quad D = \begin{bmatrix} 1 \\ 0 \end{bmatrix}, \quad D_d = \begin{bmatrix} 0 \\ 0.5 \end{bmatrix}$$

$$E_1 = \begin{bmatrix} 0 & 1 \end{bmatrix}, \quad E_{1d} = \begin{bmatrix} 0.1 & 0.1 \end{bmatrix}, \quad E_2 = 1, \quad F(t) = \sin t$$

及 $d(t) = 0.3 + 0.3\sin t$。试设计系统的时滞无关鲁棒二次镇定状态反馈控制律。

解： 利用定理 7.4，解 LMI(7-34)得

$$X = \begin{bmatrix} 136.7404 & -58.8019 \\ -58.8019 & 145.9207 \end{bmatrix}, \quad Y = \begin{bmatrix} 117.0368 & 12.6825 \end{bmatrix}, \quad \bar{Q} = \begin{bmatrix} 112.1258 & 70.8443 \\ 70.8443 & 320.1154 \end{bmatrix}$$

$$R = \begin{bmatrix} 267.9997 & 0 \\ 0 & 267.9997 \end{bmatrix}, \quad \alpha = 223.1854, \quad \beta = 407.0214$$

以及 $K = \begin{bmatrix} 1.0805 & 0.5223 \end{bmatrix}$，鲁棒二次镇定状态反馈控制律

$$u(t) = -\begin{bmatrix} 1.0805 & 0.5223 \end{bmatrix} x(t)$$

选择初始值 $\phi(t)=[1\ -1]^{\mathrm{T}}$（$t\in[-0.6\ 0]$），闭环系统的状态轨迹如图 7.4 所示。

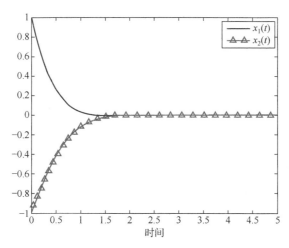

图 7.4　闭环系统的状态轨迹

7.2.2　时滞相关鲁棒二次镇定控制器设计

为使符号简便，记 $A_0=A-BK$，$\bar{A}_0(t)=A_0+\Delta A_0(t)$，$\bar{A}_d(t)=A_d+\Delta A_d(t)$，则

$$\Delta A_0(t)=\Delta A(t)-\Delta B(t)K=DF(t)(E_1-E_2K),\ \Delta A_d(t)\triangleq D_dF(t)E_{1d}$$

利用牛顿-莱布尼兹公式，闭环系统(7-31)可转换成分布时滞系统

$$\dot{x}(t)=(\bar{A}_0(t)+\bar{A}_d(t))x(t)$$
$$-\int_{-d(t)}^{0}\bar{A}_d(t)(\bar{A}_0(t+\theta)x(t+\theta)+\bar{A}_d(t+\theta)x(t-d(t+\theta)+\theta))\mathrm{d}\theta\quad(7\text{-}39)$$

$$x(t)=\phi(t),\ t\in[-2h,0]$$

显然，系统(7-39)蕴含着闭环系统(7-31)。

定理 7.5　考虑不确定时滞系统(7-30)，给定正数 $h>0$，如果存在对称正定矩阵 X,P_1,P_2、矩阵 Y 和正数 $\alpha_0,\alpha_1,\varepsilon_0,\varepsilon_1,\varepsilon_2$ 满足如下 LMIs

$$\begin{bmatrix} S & XE_1^{\mathrm{T}}-Y^{\mathrm{T}}E_2^{\mathrm{T}} & XE_{1d}^{\mathrm{T}} & hA_d(P_1+P_2)E_{1d}^{\mathrm{T}} \\ * & -\alpha_0 I & 0 & 0 \\ * & * & -\alpha_1 I & 0 \\ * & * & * & -\varepsilon_0 hI+hE_{1d}(P_1+P_2)E_{1d}^{\mathrm{T}} \end{bmatrix}<0 \quad(7\text{-}40\mathrm{a})$$

$$\begin{bmatrix} X & XA^{\mathrm{T}}-Y^{\mathrm{T}}B^{\mathrm{T}} & XE_1^{\mathrm{T}}-Y^{\mathrm{T}}E_2^{\mathrm{T}} \\ * & P_1-\varepsilon_1 DD^{\mathrm{T}} & 0 \\ * & * & \varepsilon_1 I \end{bmatrix}>0 \quad(7\text{-}40\mathrm{b})$$

$$
\begin{bmatrix}
X & XA_d^T & XE_{1d}^T \\
* & P_2 - \varepsilon_2 D_d D_d^T & 0 \\
* & * & \varepsilon_2 I
\end{bmatrix} > 0 \tag{7-40c}
$$

则系统(7-30)对任意允许的时滞 $0 \leqslant d(t) \leqslant h$ 及不确定性是可用状态反馈控制鲁棒二次镇定的，并且反馈控制律 $u(t) = -Kx(t) = -YX^{-1}x(t)$ 为鲁棒二次镇定控制律。其中

$$
S = X(A + A_d)^T + (A + A_d)X - Y^T B^T - BY + \alpha_0 DD^T + (\alpha_1 + \varepsilon_0 h)D_d D_d^T \\
+ hA_d(P_1 + P_2)A_d^T + 2hX
$$

证：对于转换后的闭环系统(7-39)，选取 Lyapunov 函数

$$
V(t, x(t)) = x^T(t)Px(t) \tag{7-41}
$$

其中，P 是对称正定矩阵。沿着系统(7-39)对 $V(t, x(t))$ 求全导数，得

$$
\dot{V}(t, x(t))\Big|_{(7-39)} = x^T(t)\{(\bar{A}_0(t) + \bar{A}_d(t))^T P + P(\bar{A}_0(t) + \bar{A}_d(t))\}x(t) + g(t, x_t) \tag{7-42}
$$

这里

$$
g(t, x_t) = -2x^T(t)P\int_{-d(t)}^{0} \bar{A}_d(t)(\bar{A}_0(t+\theta)x(t+\theta) + \bar{A}_d(t+\theta)x(t-d(t+\theta)+\theta))d\theta
$$

首先，考虑式(7-42)中第一项。由引理 B.4，得

$$
x^T(t)\{(\bar{A}_0(t) + \bar{A}_d(t))^T P + P(\bar{A}_0(t) + \bar{A}_d(t))\}x(t) \leqslant x^T(t)M_1 x(t) \tag{7-43}
$$

式中

$$
M_1 = (A + A_d)^T P + P(A + A_d) - K^T B^T P - PBK + P(\alpha_0 DD^T + \alpha_1 D_d D_d^T)P \\
+ \alpha_0^{-1}(E_1 - E_2 K)^T(E_1 - E_2 K) + \alpha_1^{-1}E_{1d}^T E_{1d}
$$

$\alpha_0 > 0$，$\alpha_1 > 0$ 为任意正数。

其次，考虑式(7-42)中第二项。由引理 B.4，有

$$
g(t, x_t) \leqslant hx^T(t)P\bar{A}_d(t)(P_1 + P_2)\bar{A}_d^T(t)Px(t) \\
+ \int_{-d(t)}^{0} x^T(t+\theta)\bar{A}_0^T(t+\theta)P_1^{-1}\bar{A}_0(t+\theta)x(t+\theta)d\theta \\
+ \int_{-d(t)}^{0} x^T(t-d(t+\theta)+\theta)\bar{A}_d^T(t+\theta)P_2^{-1}\bar{A}_d(t+\theta)x(t-d(t+\theta)+\theta)d\theta
$$

$$\tag{7-44}$$

式中，$P_1 > 0$，$P_2 > 0$ 为对称正定矩阵。

对于式(7-44)中第一项，由引理 B.9，若存在标量 $\varepsilon_0 > 0$ 满足

$$\varepsilon_0 I - E_{1d}(P_1 + P_2)E_{1d}^{\mathrm{T}} > 0 \tag{7-45}$$

则有不等式

$$\overline{A}_d(t)(P_1 + P_2)\overline{A}_d^{\mathrm{T}}(t) = (A_d + D_d F(t)E_{1d})(P_1 + P_2)(A_d + D_d F(t)E_{1d})^{\mathrm{T}}$$

$$\leqslant A_d(P_1 + P_2)A_d^{\mathrm{T}} + A_d(P_1 + P_2)E_{1d}^{\mathrm{T}}(\varepsilon_0 I - E_{1d}(P_1 + P_2)E_{1d}^{\mathrm{T}})^{-1}E_{1d}(P_1 + P_2)A_d^{\mathrm{T}} + \varepsilon_0 D_d D_d^{\mathrm{T}}$$

$$\tag{7-46}$$

对于式(7-44)中第二、三项，由引理 B.10，若存在标量 $\varepsilon_1 > 0$，$\varepsilon_2 > 0$ 满足

$$P_1 - \varepsilon_1 DD^{\mathrm{T}} > 0,\ P_2 - \varepsilon_2 D_d D_d^{\mathrm{T}} > 0 \tag{7-47}$$

则有不等式

$$\overline{A}_0^{\mathrm{T}}(t+\theta)P_1^{-1}\overline{A}_0(t+\theta) = (A_0 + DF(t)(E_1 - E_2 K))^{\mathrm{T}} P_1^{-1}(A_0 + DF(t)(E_1 - E_2 K))$$

$$\leqslant A_0^{\mathrm{T}}(P_1 - \varepsilon_1 DD^{\mathrm{T}})^{-1}A_0 + \varepsilon_1^{-1}(E_1 - E_2 K)^{\mathrm{T}}(E_1 - E_2 K)$$

$$\tag{7-48}$$

$$\overline{A}_d^{\mathrm{T}}(t+\theta)P_2^{-1}\overline{A}_d(t+\theta) = (A_d + D_d F(t)E_{1d})^{\mathrm{T}} P_2^{-1}(A_d + D_d F(t)E_{1d})$$

$$\leqslant A_d^{\mathrm{T}}(P_2 - \varepsilon_2 D_d D_d^{\mathrm{T}})^{-1}A_d + \varepsilon_2^{-1}E_{1d}^{\mathrm{T}}E_{1d} \tag{7-49}$$

进一步，若还有如下不等式

$$A_0^{\mathrm{T}}(P_1 - \varepsilon_1 DD^{\mathrm{T}})^{-1}A_0 + \varepsilon_1^{-1}(E_1 - E_2 K)^{\mathrm{T}}(E_1 - E_2 K) \leqslant P \tag{7-50}$$

$$A_d^{\mathrm{T}}(P_2 - \varepsilon_2 D_d D_d^{\mathrm{T}})^{-1}A_d + \varepsilon_2^{-1}E_{1d}^{\mathrm{T}}E_{1d} \leqslant P \tag{7-51}$$

则由式(7-48)~式(7-51)得

$$\overline{A}_0^{\mathrm{T}}(t+\theta)P_1^{-1}\overline{A}_0(t+\theta) \leqslant P,\quad \overline{A}_d^{\mathrm{T}}(t+\theta)P_2^{-1}\overline{A}_d(t+\theta) \leqslant P \tag{7-52}$$

将式(7-48)和式(7-52)代入式(7-44)，得

$$g(t, x_t) \leqslant h x^{\mathrm{T}}(t) P M_2 P x(t) + \int_{-2d(t)}^{0} x^{\mathrm{T}}(t+\theta) P x(t+\theta) \mathrm{d}\theta$$

$$= h x^{\mathrm{T}}(t) P M_2 P x(t) + \int_{-2d(t)}^{0} V(t+\theta, x(t+\theta)) \mathrm{d}\theta$$

$$\tag{7-53}$$

式中

$$M_2 = A_d(P_1 + P_2)A_d^{\mathrm{T}} + \varepsilon_0 D_d D_d^{\mathrm{T}}$$

$$+ A_d(P_1 + P_2)E_{1d}^{\mathrm{T}}(\varepsilon_0 I - E_{1d}(P_1 + P_2)E_{1d}^{\mathrm{T}})^{-1}E_{1d}(P_1 + P_2)A_d^{\mathrm{T}}$$

为处理式(7-53)中的积分项，应用 Razumikhin 定理，假设存在标量 $q > 1$ 使得下面不等式成立

$$V(t+\theta, x(t+\theta)) \leqslant q V(t, x(t)),\ t \in [-2h, 0]$$

将该式代入式(7-53)，得

$$g(t,x_t) \leqslant h x^{\mathrm{T}}(t)(PM_2P + 2qP)x(t) \tag{7-54}$$

综上，结合式(7-43)和式(7-54)，将式(7-44)加强为

$$\dot{V}(t,x(t))\big|_{(7-39)} \leqslant x^{\mathrm{T}}(t)(M_1 + hPM_2P + 2qhP)x(t) \tag{7-55}$$

令 $M_3 = P^{-1}(M_1 + hPM_2P + 2qhP)P^{-1} = P^{-1}M_1P^{-1} + hM_2 + 2qhP^{-1}$，记 $X = P^{-1}$，$Y = KX$，则

$$
\begin{aligned}
M_3 = & X(A+A_d)^{\mathrm{T}} + (A+A_d)X - Y^{\mathrm{T}}B^{\mathrm{T}} - BY + \alpha_0 DD^{\mathrm{T}} + (\alpha_1 + \varepsilon_0 h)D_d D_d^{\mathrm{T}} \\
& + \alpha_0^{-1}(E_1 X - E_2 Y)^{\mathrm{T}}(E_1 X - E_2 Y) + \alpha_1^{-1} X E_{1d}^{\mathrm{T}} E_{1d} X + h A_d (P_1 + P_2) A_d^{\mathrm{T}} \\
& + h A_d (P_1 + P_2) E_{1d}^{\mathrm{T}} (\varepsilon_0 I - E_{1d}(P_1 + P_2) E_{1d}^{\mathrm{T}})^{-1} E_{1d}(P_1 + P_2) A_d^{\mathrm{T}} + 2qhX
\end{aligned}
$$

注意到，式(7-55)右端为 $x^{\mathrm{T}}(t)PM_3Px(t)$，该值随着标量 q 的增加而单调增加。当 $q=1$ 时，令 $M = M_3$，如果存在对称正定矩阵 X, P_1, P_2、矩阵 Y 和正数 $\alpha_0, \alpha_1, \varepsilon_0$ 使得 $M < 0$，则必存在充分小的 $q > 1$ 使得对任意允许时滞都有 $M_3 < 0$，从而 $\dot{V}(t,x(t))\big|_{(7-39)} < 0$。由 Razumikhin 定理，系统(7-39)是鲁棒二次稳定的。因此，不确定时滞系统(7-30)是可用状态反馈控制律 $u(t) = -Kx(t)$ 鲁棒二次镇定的。

最后，处理不等式 $M < 0$ 和保证其成立的条件不等(7-45)、式(7-47)、式(7-50)和式(7-51)。

由 Schur 补引理，式(7-47)、式(7-50)和式(7-51)成立的充分条件为如下不等式

$$
\begin{bmatrix}
P & (A-BK)^{\mathrm{T}} & (E_1 - E_2 K)^{\mathrm{T}} \\
* & P_1 - \varepsilon_1 DD^{\mathrm{T}} & 0 \\
* & * & \varepsilon_1 I
\end{bmatrix} > 0, \quad
\begin{bmatrix}
P & A_d^{\mathrm{T}} & E_{1d}^{\mathrm{T}} \\
* & P_2 - \varepsilon_2 D_d D_d^{\mathrm{T}} & 0 \\
* & * & \varepsilon_2 I
\end{bmatrix} > 0
$$

成立。

对上述不等式再利用 $\mathrm{diag}\{P^{-1}, I, I\}$ 实施合同变换，则分别得到等价的式(7-40b)和(7-40c)。同时，利用 Schur 补引理，不等式 $M < 0$ 和式(7-45)可由式(7-40a)保证。

例 7.4　考虑不确定时滞系统(7-30)，系统参数同例 7.3，即

$$
A = \begin{bmatrix} 0 & 1 \\ 1 & -2 \end{bmatrix}, \quad
A_d = \begin{bmatrix} 0 & 0.1 \\ 0.1 & 0.1 \end{bmatrix}, \quad
B = \begin{bmatrix} 2 \\ 3 \end{bmatrix}, \quad
D = \begin{bmatrix} 1 \\ 0 \end{bmatrix}, \quad
D_d = \begin{bmatrix} 0 \\ 0.5 \end{bmatrix}
$$

$$E_1 = \begin{bmatrix} 0 & 1 \end{bmatrix}, \quad E_{1d} = \begin{bmatrix} 0.1 & 0.1 \end{bmatrix}, \quad E_2 = 1, \quad F(t) = \sin t$$

及 $d(t) = 0.3 + 0.3\sin t$。试设计系统的时滞相关鲁棒二次镇定状态反馈控制律。

解：利用定理 7.5，解 LMIs(7-54a)～(7-54c)，得

$$X = \begin{bmatrix} 0.2119 & -0.0855 \\ -0.0855 & 0.2205 \end{bmatrix}, \quad P_1 = \begin{bmatrix} 2.5255 & -0.3383 \\ -0.3383 & 2.0992 \end{bmatrix}$$

$$P_2 = \begin{bmatrix} 0.8612 & -0.0006 \\ -0.0006 & 0.9496 \end{bmatrix}, \quad Y = [0.1489 \quad -0.0039]$$

$$\alpha_0 = 0.2959, \quad \alpha_1 = 0.6276, \quad \varepsilon_0 = 0.8759, \quad \varepsilon_1 = 1.0747, \quad \varepsilon_2 = 0.8525$$

系统对给定的时变时滞及不确定性是可用状态反馈控制鲁棒二次镇定的，并且反馈增益矩阵 $K = [0.8246 \quad 0.3023]$。选择初始值 $\phi(t) = [1 \quad -1]^{\mathrm{T}}$（$t \in [-0.6 \quad 0]$），闭环系统的状态轨迹如图 7.5 所示。

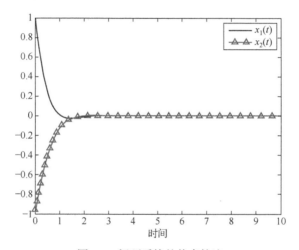

图 7.5　闭环系统的状态轨迹

7.3　保成本控制器

对不确定线性时滞系统(7-30)，即

$$\dot{x}(t) = (A + \Delta A(t))x(t) + (A_d + \Delta A_d(t))x(t - d(t)) + (B + \Delta B(t))u(t)$$

$$x(t) = \phi(t), \ t \in [-h, 0]$$

考虑二次型性能指标

$$J = \int_0^\infty (x^{\mathrm{T}}(t)Qx(t) + u^{\mathrm{T}}(t)Ru(t))\mathrm{d}t \tag{7-56}$$

其中，$Q, R > 0$ 为加权矩阵。

定义 7.3　如果存在一个标量 J^* 和控制律 $u(t)$，使得对任意允许时滞及不确定性，相应闭环系统的性能指标都满足 $J \leqslant J^*$，则称 J^* 是系统(7-30)的一个保成本，$u(t)$ 为一个保成本控制。

定理 7.6　(Razumikhin 定理的拓广)对任意的时滞微分方程(泛函微分方程)

$$\dot{x}(t) = f(t, x_t, u(t)), \; x(t) = \phi(t), \; t \in [-h, 0] \tag{7-57}$$

如果存在一个具有连续偏导数的函数 $V(t, x(t))$ 满足 $V(t, 0) = 0$，以及一个连续非减函数 $p(s) > s, \; s > 0$，使得

(1) $V(t, x(t)) > 0$，对任意 $x(t) \neq 0$；

(2) $V(t, x(t)) \to \infty$，当 $\|x(t)\| \to \infty$；

(3) 对任意 $\theta \in [-h, 0]$，当满足 $V(t+\theta, x(t+\theta)) < p(V(t, x(t)))$ 时，有

$$x^{\mathrm{T}}(t)Qx(t) + u^{\mathrm{T}}(t)Ru(t) + \dot{V}(t, x(t))\big|_{(7-57)} \leqslant -\varepsilon\|x(t)\|^2, \; \varepsilon > 0 \tag{7-58}$$

则系统(7-57)相应闭环系统的零解是全局渐近稳定的，$V(0, \phi(0))$ 是一个保成本，$u(t)$ 是一个保成本控制。

证：由条件(3)，如果对任意 $\theta \in [-h, 0]$，当 $V(t+\theta, x(t+\theta)) < p(V(t, x(t)))$ 时，有式(7-58)成立，则

$$\dot{V}(t, x(t))\big|_{(7-57)} \leqslant -x^{\mathrm{T}}(t)Qx(t) - u^{\mathrm{T}}(t)Ru(t) - \varepsilon\|x(t)\|^2 \leqslant -\varepsilon\|x(t)\|^2 \tag{7-59}$$

再由条件(1)、(2)，根据 Razumikhim 定理，闭环系统是渐近稳定的。

此外，由式(7-58)还有

$$\dot{V}(t, x(t))\big|_{(7-57)} \leqslant -x^{\mathrm{T}}(t)Qx(t) - u^{\mathrm{T}}(t)Ru(t)$$

对该式两边积分，得

$$\int_0^\infty \mathrm{d}V(t, x(t))\big|_{(7-57)} = \lim_{t \to \infty} V(t, x(t)) - V(0, \phi(0)) \leqslant -\int_0^\infty (x^{\mathrm{T}}(t)Qx(t) + u^{\mathrm{T}}(t)Ru(t))\mathrm{d}t$$

由于闭环系统渐近稳定，因此 $\lim\limits_{t \to \infty} x(t) = 0$，$\lim\limits_{t \to \infty} V(t, x(t)) = 0$，故

$$\int_0^\infty (x^{\mathrm{T}}(t)Qx(t) + u^{\mathrm{T}}(t)Ru(t))\mathrm{d}t \leqslant V(0, \phi(0))$$

由定义 7.3，$V(0, \phi(0))$ 是一个保成本，$u(t)$ 是一个保成本控制。

定理 7.7　针对不确定时滞系统(7-30)，给定正数 $h > 0$，如果存在对称正定矩阵 X、P_1、$P_2 \in \mathbf{R}^{n \times n}$，矩阵 Y 和正数 α_0、α_1、ε_0、ε_1、$\varepsilon_2 > 0$ 满足以下 LMIs

$$\begin{bmatrix} S & XQ & Y^{\mathrm{T}}R & M_1 & M_2 \\ * & -Q & 0 & 0 & 0 \\ * & * & -R & 0 & 0 \\ * & * & * & -N_1 & 0 \\ * & * & * & * & -N_2 \end{bmatrix} < 0 \tag{7-60a}$$

$$\begin{bmatrix} X & XA^{\mathrm{T}} - Y^{\mathrm{T}}B^{\mathrm{T}} & XE_1^{\mathrm{T}} - Y^{\mathrm{T}}E_2^{\mathrm{T}} \\ * & P_1 - \varepsilon_1 DD^{\mathrm{T}} & 0 \\ * & * & \varepsilon_1 I \end{bmatrix} > 0 \tag{7-60b}$$

$$\begin{bmatrix} X & XA_d^{\mathrm{T}} & XE_{1d}^{\mathrm{T}} \\ * & P_2 - \varepsilon_2 DD^{\mathrm{T}} & 0 \\ * & * & \varepsilon_2 I \end{bmatrix} > 0 \tag{7-60c}$$

则在控制律 $u(t) = -YX^{-1}x(t)$ 下的闭环系统是鲁棒渐近稳定的，而且 $\phi^{\mathrm{T}}(0)X^{-1}\phi(0)$ 是闭环系统的一个保成本，$u(t) = -YX^{-1}x(t)$ 是一个保成本控制。其中

$$S = 2hX + X(A + A_d)^{\mathrm{T}} + (A + A_d)X - Y^{\mathrm{T}}B^{\mathrm{T}} - BY$$
$$+ \alpha_0 DD^{\mathrm{T}} + (\alpha_1 + \varepsilon_0 h)D_d D_d^{\mathrm{T}} + hA_d(P_1 + P_2)A_d^{\mathrm{T}}$$

$$M_1 = [XE_1^{\mathrm{T}} - Y^{\mathrm{T}}E_2^{\mathrm{T}} \quad XE_{1d}^{\mathrm{T}}], \quad M_2 = hA_d(P_1 + P_2)E_{1d}^{\mathrm{T}}$$

$$N_1 = \mathrm{diag}\{\alpha_0 I, \alpha_1 I\}, \quad N_2 = h(\varepsilon_0 I - E_{1d}(P_1 + P_2)E_{1d}^{\mathrm{T}})$$

证：对系统(7-30)引入控制律 $u(t) = -Kx(t)$，得闭环系统

$$\dot{x}(t) = \bar{A}_0(t)x(t) + \bar{A}_d(t)x(t - d(t))$$
$$x(t) = \phi(t), \ t \in [-h, 0] \tag{7-61}$$

其中

$$A_0 = A - BK, \quad \bar{A}_0(t) = A_0 + \Delta A_0(t), \quad \bar{A}_d(t) = A_d + \Delta A_d(t)$$

$$\Delta A_0(t) = DF(t)(E_1 - E_2 K), \quad \Delta A_d(t) = D_d F(t)E_{1d}$$

利用牛顿-莱布尼兹公式，闭环系统(7-61)转换成

$$\dot{x}(t) = (\bar{A}_0(t) + \bar{A}_d(t))x(t)$$
$$- \int_{-d(t)}^{0} \bar{A}_d(t)(\bar{A}_0(t+\theta)x(t+\theta) + \bar{A}_d(t+\theta)x(t - d(t+\theta)+\theta))\mathrm{d}\theta \tag{7-62}$$
$$x(t) = \phi(t), \quad t \in [-2h, 0]$$

对系统(7-62)选取 Lyapunov 函数 $V(t, x(t)) = x^{\mathrm{T}}(t)Px(t)$，其中 P 是待定的对称正定矩阵。沿着系统(7-62)对 $V(t, x(t))$ 求全导数，得

$$\dot{V}(t, x(t))\Big|_{(7-62)} = x^{\mathrm{T}}(t)((\bar{A}_0(t) + \bar{A}_d(t))^{\mathrm{T}}P + P(\bar{A}_0(t) + \bar{A}_d(t)))x(t) + g(t, x_t) \tag{7-63}$$

其中

$$g(t, x_t) = -2x^{\mathrm{T}}(t)P\int_{-d(t)}^{0} \bar{A}_d(t)(\bar{A}_0(t+\theta)x(t+\theta) + \bar{A}_d(t+\theta)x(t - d(t+\theta)+\theta))\mathrm{d}\theta$$

利用定理 7.6，考察

$$x^{\mathrm{T}}(t)Qx(t) + u^{\mathrm{T}}(t)Ru(t) + \dot{V}(t,x(t))\Big|_{(7\text{-}62)} \tag{7-64}$$

为此，先对该式中第三项，即式(7-63)进行处理。由引理 B.4，可得

$$\dot{V}(t,x(t))\Big|_{(7\text{-}62)} \leqslant x^{\mathrm{T}}(t)T_1 x(t) + g(t,x_t) \tag{7-65}$$

其中

$$T_1 = (A+A_d)^{\mathrm{T}}P + P(A+A_d) - K^{\mathrm{T}}B^{\mathrm{T}}P - PBK + P(\alpha_0 DD^{\mathrm{T}} + \alpha_1 D_d D_d^{\mathrm{T}})P$$
$$+ \alpha_0^{-1}(E_1 - E_2 K)^{\mathrm{T}}(E_1 - E_2 K) + \alpha_1^{-1}E_{1d}^{\mathrm{T}}E_{1d}$$

且

$$g(t,x_t) \leqslant h x^{\mathrm{T}}(t)P\overline{A}_d(t)(P_1+P_2)\overline{A}_d^{\mathrm{T}}(t)Px(t)$$
$$+ \int_{-d(t)}^{0} x^{\mathrm{T}}(t+\theta)\overline{A}_0^{\mathrm{T}}(t+\theta)P_1^{-1}\overline{A}_0(t+\theta)x(t+\theta)\mathrm{d}\theta \tag{7-66}$$
$$+ \int_{-d(t)}^{0} x^{\mathrm{T}}(t-d(t+\theta)+\theta)\overline{A}_d^{\mathrm{T}}(t+\theta)P_2^{-1}\overline{A}_d(t+\theta)x(t-d(t+\theta)+\theta)\mathrm{d}\theta$$

对式(7-66)右端第一项中不确定矩阵乘积，由引理 B.9，若存在标量 $\varepsilon_0 > 0$ 满足

$$\varepsilon_0 I - E_{1d}(P_1+P_2)E_{1d}^{\mathrm{T}} > 0 \tag{7-67}$$

则有不等式

$$\overline{A}_d(t)(P_1+P_2)\overline{A}_d^{\mathrm{T}}(t) = (A_d + D_d F(t)E_{1d})(P_1+P_2)(A_d + D_d F(t)E_{1d})^{\mathrm{T}}$$
$$\leqslant A_d(P_1+P_2)A_d^{\mathrm{T}} + A_d(P_1+P_2)E_{1d}^{\mathrm{T}}(\varepsilon_0 I - E_{1d}(P_1+P_2)E_{1d}^{\mathrm{T}})^{-1}E_{1d}(P_1+P_2)A_d^{\mathrm{T}} + \varepsilon_0 D_d D_d^{\mathrm{T}}$$
$$\tag{7-68}$$

对式(7-66)右端第二、三项中不确定矩阵乘积，由引理 B.10，若存在标量 $\varepsilon_1 > 0, \varepsilon_2 > 0$ 满足

$$P_1 - \varepsilon_1 DD^{\mathrm{T}} > 0, \quad P_2 - \varepsilon_2 D_d D_d^{\mathrm{T}} > 0 \tag{7-69}$$

则有不等式

$$\overline{A}_0^{\mathrm{T}}(t+\theta)P_1^{-1}\overline{A}_0(t+\theta) = (A_0 + DF(t)(E_1 - E_2 K))^{\mathrm{T}}P_1^{-1}(A_0 + DF(t)(E_1 - E_2 K))$$
$$\leqslant A_0^{\mathrm{T}}(P_1 - \varepsilon_1 DD^{\mathrm{T}})^{-1}A_0 + \varepsilon_1^{-1}(E_1 - E_2 K)^{\mathrm{T}}(E_1 - E_2 K)$$
$$\tag{7-70}$$

$$\overline{A}_d^{\mathrm{T}}(t+\theta)P_2^{-1}\overline{A}_d(t+\theta) = (A_d + D_d F(t)E_{1d})^{\mathrm{T}}P_2^{-1}(A_d + D_d F(t)E_{1d})$$
$$\leqslant A_d^{\mathrm{T}}(P_2 - \varepsilon_2 D_d D_d^{\mathrm{T}})^{-1}A_d + \varepsilon_2^{-1}E_{1d}^{\mathrm{T}}E_{1d} \tag{7-71}$$

进一步，若还有如下不等式

$$A_0^{\mathrm{T}}(P_1 - \varepsilon_1 DD^{\mathrm{T}})^{-1}A_0 + \varepsilon_1^{-1}(E_1 - E_2 K)^{\mathrm{T}}(E_1 - E_2 K) \leqslant P \tag{7-72}$$

$$A_d^{\mathrm{T}}(P_2 - \varepsilon_2 D_d D_d^{\mathrm{T}})^{-1}A_d + \varepsilon_2^{-1}E_{1d}^{\mathrm{T}}E_{1d} \leqslant P \tag{7-73}$$

则由式(7-70)～式(7-73)得

$$\overline{A}_0^\mathrm{T}(t+\theta)P_1^{-1}\overline{A}_0(t+\theta) \leqslant P, \quad \overline{A}_d^\mathrm{T}(t+\theta)P_2^{-1}\overline{A}_d(t+\theta) \leqslant P \tag{7-74}$$

将式(7-68)和式(7-74)代入式(7-66)得

$$\begin{aligned}
g(t,x_t) &\leqslant h x^\mathrm{T}(t)PT_2Px(t) + \int_{-2d(t)}^0 x^\mathrm{T}(t+\theta)Px(t+\theta)\mathrm{d}\theta \\
&= h x^\mathrm{T}(t)PT_2Px(t) + \int_{-2d(t)}^0 V(t+\theta,x(t+\theta))\mathrm{d}\theta
\end{aligned} \tag{7-75}$$

式中

$$\begin{aligned}
T_2 &= A_d(P_1+P_2)A_d^\mathrm{T} + \varepsilon_0 D_d D_d^\mathrm{T} \\
&\quad + A_d(P_1+P_2)E_{1d}^\mathrm{T}(\varepsilon_0 I - E_{1d}(P_1+P_2)E_{1d}^\mathrm{T})^{-1}E_{1d}(P_1+P_2)A_d^\mathrm{T}
\end{aligned}$$

为处理式(7-75)中的积分项，应用 Razumikhin 定理，假设存在标量 $q>1$ 使得

$$V(t+\theta,x(t+\theta)) \leqslant qV(t,x(t)),\ t \in [-2h,0]$$

将该式代入式(7-75)得

$$g(t,x_t) \leqslant h x^\mathrm{T}(t)(PT_2P + 2qP)x(t) \tag{7-76}$$

综上，结合式(7-65)和式(7-76)，式(7-63)加强为

$$\dot{V}(t,x(t))\big|_{(7\text{-}62)} \leqslant x^\mathrm{T}(t)(T_1 + hPT_2P + 2qhP)x(t) \tag{7-77}$$

于是，对式(7-64)的左端加强得

$$\begin{aligned}
&\dot{V}(t,x(t))\big|_{(7\text{-}62)} + x^\mathrm{T}(t)Qx(t) + u^\mathrm{T}(t)Ru(t) \\
&\leqslant x^\mathrm{T}(t)(T_1 + hPT_2P + 2qhP + Q + K^\mathrm{T}RK)x(t)
\end{aligned} \tag{7-78}$$

令

$$\begin{aligned}
T_3 &= P^{-1}(T_1 + hPT_2P + 2qhP + Q + K^\mathrm{T}RK)P^{-1} \\
&= P^{-1}T_1P^{-1} + hT_2 + 2qhP^{-1} + P^{-1}QP^{-1} + P^{-1}K^\mathrm{T}RKP^{-1}
\end{aligned}$$

记 $X = P^{-1}$，$Y = KX$，则

$$\begin{aligned}
T_3 &= X(A+A_d)^\mathrm{T} + (A+A_d)X - Y^\mathrm{T}B^\mathrm{T} - BY + \alpha_0 DD^\mathrm{T} + (\alpha_1 + \varepsilon_0 h)D_d D_d^\mathrm{T} \\
&\quad + \alpha_0^{-1}(E_1 X - E_2 Y)^\mathrm{T}(E_1 X - E_2 Y) + \alpha_1^{-1}X E_{1d}^\mathrm{T}E_{1d}X + hA_d(P_1+P_2)A_d^\mathrm{T} \\
&\quad + hA_d(P_1+P_2)E_{1d}^\mathrm{T}(\varepsilon_0 I - E_{1d}(P_1+P_2)E_{1d}^\mathrm{T})^{-1}E_{1d}(P_1+P_2)A_d^\mathrm{T} + 2qhX \\
&\quad + XQX + Y^\mathrm{T}RY
\end{aligned}$$

显然，$x^\mathrm{T}(t)PT_3Px(t)$ 的值随着标量 q 的增加而单调增加，当 $q=1$ 时，令 $T=T_3$。因此，如果对 h 存在对称正定矩阵 X, P_1, P_2 和标量 α_0、α_1、ε_0、ε_1、ε_2 满足不等式 (7-67)、式(7-69)、式(7-72)、式(7-73)及 $T<0$，则必存在充分小的 $q>1$ 使得对任

意允许时滞都有 $T_3 < 0$ ，从而存在 $\varepsilon > 0$ 使得

$$x^{\mathrm{T}}(t)Qx(t) + u^{\mathrm{T}}(t)Ru(t) + \dot{V}(t,x(t))\big|_{(7\text{-}62)} \leqslant -\varepsilon \|x(t)\|^2$$

因此，由定理 7.6，系统(7-30)在控制律 $u(t) = -YX^{-1}x(t)$ 下的闭环系统是鲁棒渐近稳定的，而且 $\phi^{\mathrm{T}}(0)P\phi(0)$ 是闭环系统的一个保成本，$u(t) = -YX^{-1}x(t)$ 是系统(7-30)的一个保成本控制。最后，由 Schur 补引理知，不等式 $T < 0$ 及式(7-67)、式(7-69)、式(7-72)、式(7-73)可由不等式(7-60a)～式(7-60c)保证。

例7.5 考虑不确定时滞系统(7-30)，设系统参数矩阵为

$$A = \begin{bmatrix} 0 & 1 \\ 1 & -2 \end{bmatrix}, \quad A_d = \begin{bmatrix} 0 & 0.1 \\ 0.1 & 0.1 \end{bmatrix}, \quad B = \begin{bmatrix} 2 \\ 3 \end{bmatrix}, \quad D = \begin{bmatrix} 1 \\ 0 \end{bmatrix}, \quad D_d = \begin{bmatrix} 0 \\ 0.5 \end{bmatrix}$$

$$E_1 = \begin{bmatrix} 0 & 1 \end{bmatrix}, \quad E_{1d} = \begin{bmatrix} 0.1 & 0.1 \end{bmatrix}, \quad E_2 = 1, \quad F(t) = \sin t$$

及 $d(t) = 0.3 + 0.3\sin t$ ，性能指标中参数矩阵为 $R = 1$ 和 $Q = I$ ，试设计系统的保成本状态反馈控制律。

解： 利用定理 7.6，解 LMIs(7-60a)～(7-60c)，得

$$X = \begin{bmatrix} 0.7491 & -0.2986 \\ -0.2986 & 1.1357 \end{bmatrix}, \quad P_1 = \begin{bmatrix} 13.6791 & -0.8268 \\ -0.8268 & 14.1693 \end{bmatrix}$$

$$P_2 = \begin{bmatrix} 8.2915 & -0.0010 \\ -0.0010 & 5.0872 \end{bmatrix}, \quad Y = \begin{bmatrix} 0.6298 & 0.1123 \end{bmatrix}$$

$\alpha_0 = 0.7134$ ，$\alpha_1 = 3.5346$ ，$\varepsilon_0 = 5.0966$ ，$\varepsilon_1 = 5.8240$ ，$\varepsilon_2 = 4.4579$

进而，系统的保成本控制律为 $u(t) = -0.9832x_1(t) - 0.3573x_2(t)$ ，且对给定的初值 $\phi(t)$ ，闭环系统的保成本为 $\phi^{\mathrm{T}}(0)X^{-1}\phi(0)$ 。选择初始值 $\phi(t) = [1 \quad -1]^{\mathrm{T}}$ （$t \in [-0.6 \quad 0]$），闭环系统的状态轨迹如图 7.6 所示。

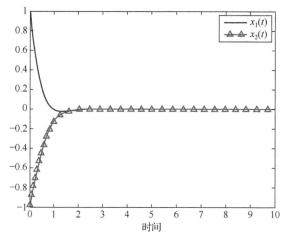

图 7.6　闭环系统的状态轨迹

7.4　本　章　小　结

本章介绍了具有范数有界不确定性的时滞系统的鲁棒控制器设计方法。基于状态反馈控制策略，利用时滞系统 Lyapunov 稳定性理论，分别给出具有指定衰减度 $\lambda > 0$ 的鲁棒控制器设计方法、鲁棒二次镇定控制器设计方法和鲁棒保成本控制器设计方法，所涉及的不确定矩阵均满足范数有界不确定性，并通过数值算例对理论结果进行了仿真验证。

第8章 不确定时滞系统鲁棒 H_∞ 控制器设计

本章将第 4 章中的不确定系统鲁棒 H_∞ 状态反馈控制器设计方法拓展到不确定时滞系统，针对范数有界不确定性假设条件，基于 LMI 方法，建立不确定时滞系统的鲁棒 H_∞ 性能分析方法及鲁棒 H_∞ 状态反馈控制器设计方法[86-94]。

8.1 鲁棒 H_∞ 性能分析

考虑不确定时滞系统

$$\dot{x}(t) = (A + \Delta A(t))x(t) + (A_d + \Delta A_d(t))x(t - d(t)) + (B_w + \Delta B_w(t))w(t)$$
$$z(t) = (C + \Delta C(t))x(t) + (C_d + \Delta C_d(t))x(t - d(t)) + (D_w + \Delta D_w(t))w(t) \qquad (8\text{-}1)$$
$$x(t) = \phi(t),\ t \in [-h, 0]$$

其中，$x(t) \in \mathrm{R}^n$、$z(t) \in \mathrm{R}^q$、$w(t) \in \mathrm{R}^p$ 分别为系统的状态向量、被控输出和扰动输入；A、A_d、B_w、C、C_d、D_w 为相应维数的系统矩阵；$\phi(t)$ 为系统的初始状态；$d(t)$ 为系统的时变时滞，满足 $0 \leqslant d(t) \leqslant h,\ \dot{d}(t) \leqslant \mu$，$h, \mu$ 是已知常数；$\Delta A(t)$、$\Delta A_d(t)$、$\Delta B_w(t)$、$\Delta C(t)$、$\Delta C_d(t)$、$\Delta D_w(t)$ 为不确定参数矩阵，满足如下范数有界不确定性

$$\begin{bmatrix} \Delta A(t) & \Delta A_d(t) & \Delta B_w(t) \\ \Delta C(t) & \Delta C_d(t) & \Delta D_w(t) \end{bmatrix} = \begin{bmatrix} H_1 \\ H_2 \end{bmatrix} F(t)[E_1 \quad E_{1d} \quad E_w]$$

这里，H_1、H_{1d}、E_1、E_{1d}、E_w 为适当维数的常值矩阵；$F(t)$ 为相应维数的未知时变矩阵，满足 $F^{\mathrm{T}}(t)F(t) \leqslant I$。

为方便，记 $\bar{A}(t) = A + \Delta A(t)$，$\bar{A}_d(t) = A_d + \Delta A_d(t)$，$\bar{B}_w(t) = B_w + \Delta B_w(t)$，$\bar{C}(t) = C + \Delta C(t)$，$\bar{C}_d(t) = C_d + \Delta C_d(t)$，$\bar{D}_w(t) = D_w + \Delta D_w(t)$，则系统(8-1)写成简洁形式

$$\dot{x}(t) = \bar{A}(t)x(t) + \bar{A}_d(t)x(t - d(t)) + \bar{B}_w(t)w(t)$$
$$z(t) = \bar{C}(t)x(t) + \bar{C}_d(t)x(t - d(t)) + \bar{D}_w(t)w(t) \qquad (8\text{-}2)$$
$$x(t) = \phi(t),\ t \in [-h, 0]$$

定义 8.1 对于不确定时滞系统(8-1)和给定的正数 $\gamma > 0$，如果：①当 $w(t) = 0$ 时，系统(8-1)是鲁棒渐近稳定的；②当 $w(t) \neq 0$ 时，系统(8-1)在零初始状态下对所有的允许不确定性及时变时滞，均有

$$\|z\|_2 \leqslant \gamma \|w\|_2 \tag{8-3}$$

则称系统(8-1)满足鲁棒 H_∞ 性能或是鲁棒 H_∞ 渐近稳定的或是鲁棒 $H_\infty - \gamma$ 渐近稳定的。

鲁棒 H_∞ 性能分析问题　对于不确定时滞系统(8-1)和给定的正数 $\gamma > 0$，寻找使得系统满足定义 8.1 之①和②的充分性判别条件。

8.1.1　时滞无关鲁棒 H_∞ 性能分析

定理 8.1　对不确定时滞系统(8-1)和给定的正数 $\gamma > 0$，如果 $\mu < 1$ 且存在正数 $\varepsilon > 0$ 使得如下 LMI

$$\begin{bmatrix} M & N \\ * & -W \end{bmatrix} < 0 \tag{8-4}$$

有对称正定矩阵解 P、$Q \in \mathrm{R}^{n \times n}$，则系统(8-1)满足鲁棒 H_∞ 性能。其中，$W = \mathrm{diag}\{\varepsilon I, \varepsilon I\}$，

$$M = \begin{bmatrix} A^{\mathrm{T}}P + PA + Q & PA_d & PB_w & C^{\mathrm{T}} \\ * & -(1-\mu)Q & 0 & C_d^{\mathrm{T}} \\ * & * & -\gamma^2 I & D_w^{\mathrm{T}} \\ * & * & * & -I \end{bmatrix}, \quad N = \begin{bmatrix} \varepsilon PH_1 & E_1^{\mathrm{T}} \\ 0 & E_{1d}^{\mathrm{T}} \\ 0 & E_w^{\mathrm{T}} \\ \varepsilon H_2 & 0 \end{bmatrix}$$

证： 为书写简便，以下证明中记 $x_d(t) =: x(t - d(t))$。对系统(8-1)，选择如下 Lyapunov-Krasovskii 泛函

$$V(t, x_t) = x^{\mathrm{T}}(t)Px(t) + \int_{t-d(t)}^{t} x^{\mathrm{T}}(s)Qx(s)\mathrm{d}s$$

其中，P、$Q \in \mathrm{R}^{n \times n}$ 为待定的对称正定矩阵。于是

$$\begin{aligned}
\dot{V}(t, x_t)\Big|_{(8\text{-}1)} &\leqslant x^{\mathrm{T}}(t)\{\overline{A}^{\mathrm{T}}(t)P + P\overline{A}(t) + Q\}x(t) + 2x^{\mathrm{T}}(t)P\overline{A}_d(t)x_d(t) \\
&\quad + 2x^{\mathrm{T}}(t)P\overline{B}_w(t)w(t) - (1-\mu)x_d^{\mathrm{T}}(t)Qx_d(t)
\end{aligned} \tag{8-5}$$

进而有

$$\begin{aligned}
&\dot{V}(t, x_t)\Big|_{(8\text{-}1)} + z^{\mathrm{T}}(t)z(t) - \gamma^2 w^{\mathrm{T}}(t)w(t) \\
&\leqslant x^{\mathrm{T}}(t)\{\overline{A}^{\mathrm{T}}(t)P + P\overline{A}(t) + Q\}x(t) + 2x^{\mathrm{T}}(t)P\overline{A}_d(t)x_d(t) \\
&\quad + 2x^{\mathrm{T}}(t)P\overline{B}_w(t)w(t) - (1-\mu)x_d^{\mathrm{T}}(t)Qx_d(t) - \gamma^2 w^{\mathrm{T}}(t)w(t) \\
&\quad + (\overline{C}(t)x(t) + \overline{C}_d(t)x_d(t) + \overline{D}_w(t)w(t))^{\mathrm{T}}(\overline{C}(t)x(t) + \overline{C}_d(t)x_d(t) + \overline{D}_w(t)w(t)) \\
&= \begin{bmatrix} x(t) \\ x_d(t) \\ w(t) \end{bmatrix}^{\mathrm{T}} \left(\begin{bmatrix} S_1(t) & P\overline{A}_d(t) & P\overline{B}_w(t) \\ * & -(1-\mu)Q & 0 \\ * & * & -\gamma^2 I \end{bmatrix} + \begin{bmatrix} \overline{C}^{\mathrm{T}}(t) \\ \overline{C}_d^{\mathrm{T}}(t) \\ \overline{D}_w^{\mathrm{T}}(t) \end{bmatrix} \begin{bmatrix} \overline{C}^{\mathrm{T}}(t) \\ \overline{C}_d^{\mathrm{T}}(t) \\ \overline{D}_w^{\mathrm{T}}(t) \end{bmatrix}^{\mathrm{T}} \right) \begin{bmatrix} x(t) \\ x_d(t) \\ w(t) \end{bmatrix}
\end{aligned}$$

其中，$S_1(t) = \overline{A}^{\mathrm{T}}(t)P + P\overline{A}(t) + Q$。

由 Schur 补引理，若如下不等式

$$\begin{bmatrix} S_1(t) & P\overline{A}_d(t) & P\overline{B}_w(t) & \overline{C}^{\mathrm{T}}(t) \\ * & -(1-\mu)Q & 0 & \overline{C}_d^{\mathrm{T}}(t) \\ * & * & -\gamma^2 I & \overline{D}_w^{\mathrm{T}}(t) \\ * & * & * & -I \end{bmatrix} < 0 \tag{8-6}$$

成立，则

$$\dot{V}(t,x_t)\big|_{(8\text{-}1)} + z^{\mathrm{T}}(t)z(t) - \gamma^2 w^{\mathrm{T}}(t)w(t) < 0$$

对该式两边积分，得

$$\int_0^\infty (z^{\mathrm{T}}(t)z(t) - \gamma^2 w^{\mathrm{T}}(t)w(t))\mathrm{d}t \leqslant V(0,\phi(\cdot)) - \lim_{t\to\infty} V(t,x_t)$$

从而，在零初始条件 $\phi(t) = 0$ ($t \in [-h,0]$) 下，有 $\|z\|_2 \leqslant \gamma\|w\|_2$，即式(8-3)成立。

特别地，当 $w(t) = 0$ 时，由式(8-5)有

$$\begin{aligned} \dot{V}(t,x_t)\big|_{(8\text{-}1)} &\leqslant x^{\mathrm{T}}(t)\{\overline{A}^{\mathrm{T}}(t)P + P\overline{A}(t) + Q\}x(t) + 2x^{\mathrm{T}}(t)P\overline{A}_d(t)x(t-d(t)) \\ & \quad - (1-\mu)x_d^{\mathrm{T}}(t)Qx_d(t) \\ &= \begin{bmatrix} x(t) \\ x_d(t) \end{bmatrix}^{\mathrm{T}} \begin{bmatrix} S_1(t) & P\overline{A}_d(t) \\ * & -(1-\mu)Q \end{bmatrix} \begin{bmatrix} x(t) \\ x_d(t) \end{bmatrix} \end{aligned}$$

此时，若不等式(8-6)成立，则 $\dot{V}(t,x_t)\big|_{(8\text{-}1)} < 0$，因此，系统(8-1)当 $w(t) = 0$ 时是鲁棒渐近稳定的。综上，在不等式(8-6)成立的条件下，系统(8-1)满足定义 8.1 之条件①和②，因此满足鲁棒 H_∞ 性能。

注意到，不等式(8-6)中含有不确定矩阵，利用引理 B.8，式(8-6)等价于存在正数 $\varepsilon > 0$ 使得如下不等式

$$\begin{bmatrix} A^{\mathrm{T}}P + PA + Q & PA_d & PB_w & C^{\mathrm{T}} \\ * & -(1-\mu)Q & 0 & C_d^{\mathrm{T}} \\ * & * & -\gamma^2 I & D_w^{\mathrm{T}} \\ * & * & * & -I \end{bmatrix} + \varepsilon \begin{bmatrix} PH_1 \\ 0 \\ 0 \\ H_2 \end{bmatrix} \begin{bmatrix} PH_1 \\ 0 \\ 0 \\ H_2 \end{bmatrix}^{\mathrm{T}}$$

$$+ \varepsilon^{-1}[E_1 \ E_{1d} \ E_w \ 0][E_1 \ E_{1d} \ E_w \ 0]^{\mathrm{T}} < 0$$

成立。

再次利用 Schur 补引理知，该式等价于 LMI(8-4)。故在定理条件下，系统(8-1)满足鲁棒 H_∞ 性能。

8.1.2　时滞相关鲁棒 H_∞ 性能分析

定理 8.2　对不确定时滞系统(8-1)和给定的正数 $\gamma > 0$，如果存在正数 $\varepsilon > 0$，对称正定矩阵 P、Q、$R \in \mathrm{R}^{n \times n}$，矩阵 N_1、$N_2 \in \mathrm{R}^{n \times n}$ 和对称半正定矩阵 $X = \begin{bmatrix} X_{11} & X_{12} \\ X_{12}^{\mathrm{T}} & X_{22} \end{bmatrix} \in \mathrm{R}^{2n \times 2n}$，使得如下 LMIs

$$\Psi = \begin{bmatrix} X_{11} & X_{12} & N_1 \\ * & X_{22} & N_2 \\ * & * & R \end{bmatrix} \geqslant 0 \tag{8-7}$$

$$\begin{bmatrix} \tilde{M} & \tilde{N} \\ * & -W \end{bmatrix} < 0 \tag{8-8}$$

成立，则系统(8-1)满足鲁棒 H_∞ 性能。其中，$W = \mathrm{diag}\{\varepsilon I, \varepsilon I\}$，

$$\tilde{M} = \begin{bmatrix} \begin{matrix} A^{\mathrm{T}}P + PA + Q \\ + N_1 + N_1^{\mathrm{T}} + hX_{11} \end{matrix} & PA_d - N_1 + N_2^{\mathrm{T}} + hX_{12} & PB_w & hA^{\mathrm{T}}R & C^{\mathrm{T}} \\ * & -(1-\mu)Q - N_2 - N_2^{\mathrm{T}} + hX_{22} & 0 & hA_d^{\mathrm{T}}R & C_d^{\mathrm{T}} \\ * & * & -\gamma^2 I & hB_w^{\mathrm{T}}R & D_w^{\mathrm{T}} \\ * & * & * & -hR & 0 \\ * & * & * & * & -I \end{bmatrix}$$

$$\tilde{N} = \begin{bmatrix} \varepsilon P H_1 & E_1^{\mathrm{T}} \\ 0 & E_{1d}^{\mathrm{T}} \\ 0 & E_w^{\mathrm{T}} \\ \varepsilon h R H_1 & 0 \\ \varepsilon H_2 & 0 \end{bmatrix}$$

证：为书写简便，以下证明中记 $x_d(t) =: x(t - d(t))$。对系统(8-1)，选择 Lyapunov-Krasovskii 泛函

$$V(t, x_t) = x^{\mathrm{T}}(t)Px(t) + \int_{t-d(t)}^{t} x^{\mathrm{T}}(s)Qx(s)\mathrm{d}s + \int_{-h}^{0} \int_{t+\theta}^{t} \dot{x}^{\mathrm{T}}(s)R\dot{x}(s)\mathrm{d}s\mathrm{d}\theta \tag{8-9}$$

其中，P、Q、$R \in \mathrm{R}^{n \times n}$ 为待定的对称正定矩阵。于是

$$\begin{aligned} \dot{V}(t, x_t)\big|_{(8-1)} \leqslant {} & x^{\mathrm{T}}(t)\{\overline{A}^{\mathrm{T}}(t)P + P\overline{A}(t) + Q\}x(t) + 2x^{\mathrm{T}}(t)P\overline{A}_d(t)x_d(t) \\ & + 2x^{\mathrm{T}}(t)P\overline{B}_w(t)w(t) - (1-\mu)x_d^{\mathrm{T}}(t)Qx_d(t) \\ & + h\dot{x}^{\mathrm{T}}(t)R\dot{x}(t) - \int_{t-d(t)}^{t} \dot{x}^{\mathrm{T}}(s)R\dot{x}(s)\mathrm{d}s \end{aligned} \tag{8-10}$$

引入自由权矩阵 N_1、N_2，对称半正定矩阵 $X = \begin{bmatrix} X_{11} & X_{12} \\ X_{12}^T & X_{22} \end{bmatrix}$，以及增广向量 $\eta_1(t) = [x^T(t) \quad x_d^T(t)]^T$，有

$$2\{x^T(t)N_1 + x_d^T(t)N_2\}\{x(t) - x_d(t) - \int_{t-d(t)}^t \dot{x}(s)\mathrm{d}s\} = 0 \tag{8-11}$$

$$h\eta_1^T(t)X\eta_1(t) - \int_{t-d(t)}^t \eta_1^T(t)X\eta_1(t)\mathrm{d}s \geqslant 0 \tag{8-12}$$

另外，利用系统(8-2)的状态方程，有

$$\dot{x}(t) = \bar{\Gamma}_1(t)\eta_2(t) \tag{8-13}$$

其中，$\eta_2(t) = [x^T(t) \quad x_d^T(t) \quad w^T(t)]^T$，$\bar{\Gamma}_1(t) = [\bar{A}(t) \quad \bar{A}_d(t) \quad \bar{B}_w(t)]$。

将上述(8-11)~式(8-13)加入式(8-10)的右端，并整理得

$$
\begin{aligned}
\dot{V}(t,x_t)\big|_{(8\text{-}1)} &\leqslant \eta_2^T(t)(\bar{\Sigma}_{11}(t) + h\bar{\Gamma}_1^T(t)R\bar{\Gamma}_1(t))\eta_2(t) \\
&\quad - \int_{t-d(t)}^t \eta_3^T(t,s)\Psi\eta_3(t,s)\mathrm{d}s + \gamma^2 w^T(t)w(t)
\end{aligned}
\tag{8-14}
$$

其中，$\eta_3(t,s) = [x^T(t) \quad x_d^T(t) \quad \dot{x}^T(s)]^T$，且

$$
\bar{\Sigma}_{11}(t) = \begin{bmatrix}
\bar{A}^T(t)P + P\bar{A}(t) + Q + N_1 + N_1^T + hX_{11} & P\bar{A}_d(t) - N_1 + N_2^T + hX_{12} & P\bar{B}_w(t) \\
* & -(1-\mu)Q - N_2 - N_2^T + hX_{22} & 0 \\
* & * & -\gamma^2 I
\end{bmatrix}
$$

进而有

$$
\begin{aligned}
&\dot{V}(t,x_t)\big|_{(8\text{-}1)} + z^T(t)z(t) - \gamma^2 w^T(t)w(t) \\
&\leqslant \eta_2^T(t)\{\bar{\Sigma}_{11}(t) + h\bar{\Gamma}_1^T(t)R\bar{\Gamma}_1(t) + \bar{\Gamma}_2^T(t)\bar{\Gamma}_2(t)\}\eta_2(t) - \int_{t-d(t)}^t \eta_3^T(t,s)\Psi\eta_3(t,s)\mathrm{d}s
\end{aligned}
\tag{8-15}
$$

其中，$\bar{\Gamma}_2(t) = [\bar{C}(t) \quad \bar{C}_d(t) \quad \bar{D}_w(t)]$。

如果 $\Psi \geqslant 0$ 且

$$\bar{\Sigma}_{11}(t) + h\bar{\Gamma}_1^T(t)R\bar{\Gamma}_1(t) + \bar{\Gamma}_2^T(t)\bar{\Gamma}_2(t) < 0 \tag{8-16}$$

则类似于定理 8.1 的证明，易知在零初始条件 $\phi(t) = 0$ $(t \in [-h,0])$ 下，有 $\|z\|_2 \leqslant \gamma\|w\|_2$，即式(8-3)成立。

特别地，当 $w(t) = 0$ 时，由式(8-15)得

$$\dot{V}(t,x_t)\big|_{(8\text{-}1)} \leqslant \eta_1^T(t)\{\bar{\Sigma}_{00}(t) + h\bar{\Gamma}_0^T(t)R\bar{\Gamma}_0(t)\}\eta_1(t) - \int_{t-d(t)}^t \eta_3^T(t,s)\Psi\eta_3(t,s)\mathrm{d}s$$

其中，$\overline{\Gamma}_0(t) = [\overline{A}(t)\ \ \overline{A}_d(t)]$，且

$$\overline{\Sigma}_{00}(t) = \begin{bmatrix} \overline{A}^{\mathrm{T}}(t)P + P\overline{A}(t) + Q + N_1 + N_1^{\mathrm{T}} + hX_{11} & P\overline{A}_d(t) - N_1 + N_2^{\mathrm{T}} + hX_{12} \\ * & -(1-\mu)Q - N_2 - N_2^{\mathrm{T}} + hX_{22} \end{bmatrix}$$

注意到，$\overline{\Sigma}_{00}(t) + h\overline{\Gamma}_0^{\mathrm{T}}(t)R\overline{\Gamma}_0(t)$ 恰为 $\overline{\Sigma}_{11}(t) + h\overline{\Gamma}_1^{\mathrm{T}}(t)R\overline{\Gamma}_1(t)$ 的主子块，因此，不等式(8-16)成立也可以保证 $\overline{\Sigma}_{00}(t) + h\overline{\Gamma}_0^{\mathrm{T}}(t)R\overline{\Gamma}_0(t) < 0$。因此，在 $\Psi \geqslant 0$ 及式(8-16)条件下，当 $w(t) = 0$ 时系统(8-1)是鲁棒渐近稳定的。综上，若条件(8-7)和(8-16)成立，则系统(8-1)满足鲁棒 H_∞ 性能。

最后，注意到不等式(8-16)中含有不确定性乘积项(非线性项)。首先，利用 Schur 补引理，将式(8-16)化为等价的不等式

$$\begin{bmatrix} \overline{\Sigma}_{11}(t) & h\overline{\Gamma}_1^{\mathrm{T}}(t)R & \Gamma_2^{\mathrm{T}}(t) \\ * & -hR & 0 \\ * & * & -I \end{bmatrix} < 0$$

然后，类似于定理 8.1 对式(8-6)的处理过程，利用引理 B.8 及 Schur 补引理处理该式，可以推得与其等价的不等式(8-8)。故在定理条件下，系统(8-1)满足鲁棒 H_∞ 性能。

注 8.1　在定理 8.2 中，我们通过选择含状态导数二次型的二重积分项的 Lyapunov-Krasovskii 泛函(8-9)并引入自由权矩阵，获得了与时滞上界 h 相关的鲁棒 H_∞ 渐近稳定的充分条件。实际上，定理 8.2 中的条件相比于定理 8.1 的保守性更小。一方面，不等式(8-4)成立的必要前提是矩阵 A 稳定，而不等式(8-8)成立不需这个前提，即使 A 是不稳定的，不等式(8-8)也可能成立，这便是自由权矩阵 N_1 的作用；另一方面，不等式(8-4)成立需要条件 $\mu < 1$，而不等式(8-8)成立不必有这个要求，即使 $\mu \geqslant 1$，不等式(8-8)也可能成立，这便是自由权矩阵 N_2 的作用。

例 8.1　考虑不确定时滞系统(8-1)，设系统参数为

$$A = \begin{bmatrix} 1 & 1 \\ -1 & -5 \end{bmatrix}, \quad A_d = \begin{bmatrix} -1.5 & -1.5 \\ 0 & 0 \end{bmatrix}, \quad B_w = \begin{bmatrix} 0 \\ 0.5 \end{bmatrix}$$

$$C = \begin{bmatrix} 1 & -2 \end{bmatrix}, \quad C_d = \begin{bmatrix} 0.2 & 0.4 \end{bmatrix}, \quad D_w = 0.3$$

$$H_1 = \begin{bmatrix} 0.1 & 0 \\ 0 & 0.3 \end{bmatrix}, \quad H_2 = \begin{bmatrix} 0.4 & 0.2 \end{bmatrix}, \quad E_1 = \begin{bmatrix} 0.3 & 0 \\ 0.5 & 0 \end{bmatrix}, \quad E_{1d} = \begin{bmatrix} 0.3 & 0.3 \\ 0 & 0 \end{bmatrix}, \quad E_w = \begin{bmatrix} 0.5 \\ 0.5 \end{bmatrix}$$

$$F(t) = \mathrm{diag}\{\sin t, \sin t\}, \quad d(t) = 0.06 + 0.3\sin t$$

及扰动输入 $w(t) = \dfrac{\cos^2 t}{1+t}$。令 $\gamma = 1.4$，分别利用定理 8.1 和定理 8.2 分析本系统的鲁棒 H_∞ 性能。

解： 易见矩阵 A 是不稳定的，因此，由注 8.1，利用定理 8.1 无法判断该系统是否满足鲁棒 H_∞ 性能。利用定理 8.2，求解 LMIs(8-7)和(8-8)，得解

$$P = \begin{bmatrix} 11.7568 & -0.0815 \\ -0.0815 & 12.2418 \end{bmatrix}, \quad Q = \begin{bmatrix} 0.1513 & -3.0241 \\ -3.0241 & 76.5786 \end{bmatrix}, \quad R = \begin{bmatrix} 41.8728 & 4.9961 \\ 4.9961 & 6.1474 \end{bmatrix}$$

$$N_1 = \begin{bmatrix} -93.6376 & -10.4574 \\ -12.0361 & -17.3690 \end{bmatrix}, \quad N_2 = \begin{bmatrix} 94.0368 & 10.4521 \\ 30.4360 & 19.4162 \end{bmatrix}$$

$$X = \begin{bmatrix} 296.0625 & 20.2588 & -300.2530 & -19.2755 \\ 20.2588 & 51.7862 & -19.2755 & -54.6023 \\ -300.2530 & -19.2755 & 305.0811 & 19.0767 \\ -19.2755 & -54.6023 & 19.0767 & 97.1715 \end{bmatrix}$$

因此，该系统满足鲁棒 H_∞ 性能。

选择初值函数 $\phi(t) = [0 \quad 0]^T$ （ $t \in [-0.36 \quad 0]$ ），系统的状态及比值 $\|z(t)\|_2 / \|w(t)\|_2$ 的轨迹如图 8.1 所示。

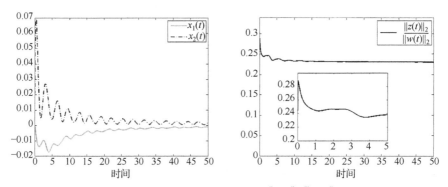

图 8.1　系统的状态轨迹及比值 $\|z(t)\|_2 / \|w(t)\|_2$

进一步分析可知，当 $h \leqslant 0.36$ 时，对于 $\mu > 1$（即使充分大），LMIs(8-7)~(8-8) 仍然有解，可以判定系统满足鲁棒 H_∞ 性能，这说明定理 8.2 较定理 8.1 的保守性小。而当 $h > 0.36$ 时，需要 $\mu < 1$ 才能保持 LMIs(8-7)~(8-8)有解，这又说明，时滞的上界存在一个阈值，在此阈值之内，时滞变化率的大小对于系统鲁棒 H_∞ 性能的影响可以忽略；而在此阈值之外，时滞变化率的大小直接影响系统鲁棒 H_∞ 性能。

8.2　鲁棒 H_∞ 状态反馈控制器

考虑不确定时滞系统

$$\dot{x}(t) = (A + \Delta A(t))x(t) + (A_d + \Delta A_d(t))x(t - d(t))$$
$$+ (B + \Delta B(t))u(t) + (B_w + \Delta B_w(t))w(t)$$
$$z(t) = (C + \Delta C(t))x(t) + (C_d + \Delta C_d(t))x(t - d(t)) \qquad (8\text{-}17)$$
$$+ (D + \Delta D(t))u(t) + (D_w + \Delta D_w(t))w(t)$$
$$x(t) = \phi(t),\ t \in [-h, 0]$$

其中， $x(t) \in \mathrm{R}^n$ 、 $u(t) \in \mathrm{R}^m$ 、 $z(t) \in \mathrm{R}^q$ 、 $w(t) \in \mathrm{R}^p$ 为系统的状态向量、控制输入、被控输出和扰动输入； A 、 A_d 、 B 、 B_w 、 C 、 C_d 、 D 、 D_w 为相应维数的系统矩阵； $\phi(t)$ 为系统的初始状态； $d(t)$ 为系统的时变时滞，满足 $0 \leqslant d(t) \leqslant h, \dot{d}(t) \leqslant \mu$ ， h 、 μ 是已知常数； $\Delta A(t)$ 、 $\Delta A_d(t)$ 、 $\Delta B(t)$ 、 $\Delta B_w(t)$ 、 $\Delta C(t)$ 、 $\Delta C_d(t)$ 、 $\Delta D(t)$ 、 $\Delta D_w(t)$ 为不确定参数矩阵，满足范数有界不确定性

$$\begin{bmatrix} \Delta A(t) & \Delta A_d(t) & \Delta B(t) & \Delta B_w(t) \\ \Delta C(t) & \Delta C_d(t) & \Delta D(t) & \Delta D_w(t) \end{bmatrix} = \begin{bmatrix} H_1 \\ H_2 \end{bmatrix} F(t) \begin{bmatrix} E_1 & E_{1d} & E_2 & E_w \end{bmatrix}^{\mathrm{T}}$$

这里， H_1 、 H_{1d} 、 E_1 、 E_{1d} 、 E_2 、 E_w 为适当维数的常值矩阵， $F(t)$ 为相应维数的未知时变矩阵，满足 $F^{\mathrm{T}}(t)F(t) \leqslant I$ 。

为方便，记

$$\bar{A}(t) = A + \Delta A(t),\ \bar{A}_d(t) = A_d + \Delta A_d(t),\ \bar{B}(t) = B + \Delta B(t),\ \bar{B}_w(t) = B_w + \Delta B_w(t)$$

$$\bar{C}(t) = C + \Delta C(t),\ \bar{C}_d(t) = C_d + \Delta C_d(t),\ \bar{D}(t) = D + \Delta D(t),\ \bar{D}_w(t) = D_w + \Delta D_w(t)$$

定义 8.2 对不确定时滞系统(8-17)和给定的正数 $\gamma > 0$ ，如果存在状态反馈控制律

$$u(t) = -Kx(t) \qquad (8\text{-}18)$$

使得相应的闭环系统满足：①当 $w(t) = 0$ 时是鲁棒渐近稳定的；②当 $w(t) \neq 0$ 时，在零初始状态下对所有的允许不确定性及时变时滞，均有

$$\|z\|_2 \leqslant \gamma \|w\|_2 \qquad (8\text{-}19)$$

则称系统(8-17)是鲁棒 H_∞ 状态反馈可镇定的或鲁棒 $H_\infty - \gamma$ 状态反馈可镇定的，同时称控制律(8-18)是系统(8-17)的鲁棒 H_∞ 状态反馈控制律或鲁棒 $H_\infty - \gamma$ 状态反馈控制律。

鲁棒 H_∞ 状态反馈控制问题 对不确定时滞系统(8-17)和给定的正数 $\gamma > 0$ ，设计反馈增益矩阵 $K \in \mathrm{R}^{n \times m}$ 使得控制律(8-18)是系统(8-17)的鲁棒 H_∞ 状态反馈控制律，即闭环系统

$$\dot{x}(t) = \bar{A}_K(t)x(t) + \bar{A}_d(t)x(t - d(t)) + \bar{B}_w(t)w(t)$$
$$z(t) = \bar{C}_K(t)x(t) + \bar{C}_d(t)x(t - d(t)) + \bar{D}_w(t)w(t) \qquad (8\text{-}20)$$
$$x(t) = \phi(t),\ t \in [-h, 0]$$

满足鲁棒 H_∞ 性能。其中，$\bar{A}_K(t) = \bar{A}(t) - \bar{B}(t)K$，$\bar{C}_K(t) = \bar{C}(t) - \bar{D}(t)K$。

8.2.1　时滞无关鲁棒 H_∞ 控制器设计

定理 8.3　对不确定时滞系统(8-17)和给定的正数 $\gamma > 0$，如果 $\mu < 1$ 且存在对称正定矩阵 X、$\bar{Q} \in \mathrm{R}^{n \times n}$，矩阵 $Y \in \mathrm{R}^{m \times n}$ 和正数 $\varepsilon > 0$，使得如下 LMI

$$\begin{bmatrix} T & U \\ * & -\Omega \end{bmatrix} < 0 \tag{8-21}$$

成立，则系统(8-17)是鲁棒 H_∞ 状态反馈可镇定的。其中，$\Omega = \mathrm{diag}\{\varepsilon I, \varepsilon I\}$，

$$T = \begin{bmatrix} S & A_d X & B_w & XC^\mathrm{T} - Y^\mathrm{T} D^\mathrm{T} \\ * & -(1-\mu)\bar{Q} & 0 & XC_d^\mathrm{T} \\ * & * & -\gamma^2 I & D_w^\mathrm{T} \\ * & * & * & -I \end{bmatrix}, \quad U = \begin{bmatrix} \varepsilon H_1 & XE_1^\mathrm{T} - Y^\mathrm{T}E_2^\mathrm{T} \\ 0 & XE_{1d}^\mathrm{T} \\ 0 & E_w^\mathrm{T} \\ \varepsilon H_2 & 0 \end{bmatrix}$$

$$S = XA^\mathrm{T} + AX - Y^\mathrm{T}B^\mathrm{T} - BY + \bar{Q}$$

进而，控制律 $u(t) = -YX^{-1}x(t)$ 为系统(8-17)的一个鲁棒 H_∞ 状态反馈控制律。

证： 由定理 8.1，对给定正数 $\gamma > 0$ 和矩阵 $K \in \mathrm{R}^{m \times n}$，如果 $\mu < 1$ 且存在正数 $\varepsilon > 0$ 使

$$\begin{bmatrix} M_K & N_K \\ * & -W \end{bmatrix} < 0 \tag{8-22}$$

有对称正定矩阵解 P、$Q \in \mathrm{R}^{n \times n}$，其中，$W = \mathrm{diag}\{\varepsilon I, \varepsilon I\}$

$$M_K = \begin{bmatrix} (A-BK)^\mathrm{T}P + P(A-BK) + Q & PA_d & PB_w & (C-DK)^\mathrm{T} \\ * & -(1-\mu)Q & 0 & C_d^\mathrm{T} \\ * & * & -\gamma^2 I & D_w^\mathrm{T} \\ * & * & * & -I \end{bmatrix}$$

$$N_K = \begin{bmatrix} \varepsilon PH_1 & (E_1 - E_2K)^\mathrm{T} \\ 0 & E_{1d}^\mathrm{T} \\ 0 & E_w^\mathrm{T} \\ \varepsilon H_2 & 0 \end{bmatrix}$$

则系统(8-17)是鲁棒 H_∞ 状态反馈可镇定的。

为设计增益矩阵 K，用矩阵 $\mathrm{diag}\{P^{-1}, P^{-1}, I, I, I, I\}$ 对式(8-22)做合同变换，并令 $P^{-1} = X$、$KP^{-1} = Y$ 及 $P^{-1}QP^{-1} = \bar{Q}$，即得定理中的不等式(8-21)，且 $K = YX^{-1}$。

8.2.2　时滞相关鲁棒 H_∞ 控制器设计

定理 8.4　对不确定时滞系统(8-17)和给定的正数 $\gamma > 0$，如果存在对称正定矩阵 W、$\bar{Q}$、$U \in \mathrm{R}^{n \times n}$，矩阵 $V \in \mathrm{R}^{m \times n}$ 和 $\bar{N}_1$、$\bar{N}_2 \in \mathrm{R}^{n \times n}$，对称半正定矩阵 $\bar{X} = \begin{bmatrix} \bar{X}_{11} & \bar{X}_{12} \\ \bar{X}_{12}^T & \bar{X}_{22} \end{bmatrix} \in \mathrm{R}^{2n \times 2n}$ 及正数 $\alpha > 0$ 和 $\varepsilon > 0$ 满足如下不等式组

$$\bar{\Psi} = \begin{bmatrix} \bar{X}_{11} & \bar{X}_{12} & \bar{N}_1 \\ * & \bar{X}_{22} & \bar{N}_2 \\ * & * & WU^{-1}W \end{bmatrix} \geqslant 0 \tag{8-23}$$

$$\begin{bmatrix} \tilde{T} & \tilde{U} \\ * & -\tilde{\Omega} \end{bmatrix} < 0 \tag{8-24}$$

则系统(8-17)是鲁棒 H_∞ 状态反馈可镇定的，$u(t) = -Kx(t)$ 是鲁棒 H_∞ 状态反馈控制律，并且 $K = VW^{-1}$。其中，$\tilde{\Omega} = \mathrm{diag}\{\varepsilon I, \varepsilon I\}$

$$\tilde{T} = \begin{bmatrix} \tilde{T}_{11} & \tilde{T}_{12} & B_w & h(WA^{\mathrm{T}} - VB^{\mathrm{T}}) & WC^{\mathrm{T}} - V^{\mathrm{T}}D^{\mathrm{T}} \\ * & \tilde{T}_{22} & 0 & hWA_d^{\mathrm{T}} & WC_d^{\mathrm{T}} \\ * & * & -\gamma^2 I & hB_w^{\mathrm{T}} & D_w^{\mathrm{T}} \\ * & * & * & -hU & 0 \\ * & * & * & * & -I \end{bmatrix}, \tilde{U} = \begin{bmatrix} \varepsilon H_1 & WE_1^{\mathrm{T}} - V^{\mathrm{T}}E_2^{\mathrm{T}} \\ 0 & WE_{1d}^{\mathrm{T}} \\ 0 & E_w^{\mathrm{T}} \\ \varepsilon h H_1 & 0 \\ \varepsilon H_2 & 0 \end{bmatrix}$$

$$\tilde{T}_{11} = WA^{\mathrm{T}} + AW - V^{\mathrm{T}}B^{\mathrm{T}} - BV + \bar{Q} + \bar{N}_1 + \bar{N}_1^{\mathrm{T}} + h\bar{X}_{11}$$

$$\tilde{T}_{12} = A_d W - \bar{N}_1 + \bar{N}_2 + h\bar{X}_{12}, \quad \tilde{T}_{22} = -(1-\mu)\bar{Q} - \bar{N}_2 - \bar{N}_2^{\mathrm{T}} + h\bar{X}_{22}$$

证： 由定理 8.2，对给定正数 $\gamma > 0$，如果存在正数 $\varepsilon > 0$、对称正定矩阵 P、Q、$R \in \mathrm{R}^{n \times n}$，矩阵 N_1、$N_2 \in \mathrm{R}^{n \times n}$ 和对称半正定矩阵 $X = \begin{bmatrix} X_{11} & X_{12} \\ X_{12}^T & X_{22} \end{bmatrix} \in \mathrm{R}^{2n \times 2n}$ 及正数 $\alpha > 0$，满足

$$\Psi = \begin{bmatrix} X_{11} & X_{12} & N_1 \\ * & X_{22} & N_2 \\ * & * & R \end{bmatrix} \geqslant 0 \tag{8-7*}$$

$$\begin{bmatrix} \tilde{M}_K & \tilde{N}_K \\ * & -W \end{bmatrix} < 0 \tag{8-8*}$$

则系统(8-17)是鲁棒 H_∞ 状态反馈可镇定的。其中，

$$W = \mathrm{diag}\{\varepsilon I, \varepsilon I\}, \quad A_K = A - BK, \quad C_K = C - DK, \quad E_{1K} = E_1 - E_2 K$$

$$
\tilde{M}_K = \begin{bmatrix}
\mathcal{M} & PA_d - N_1 + N_2 + hX_{12} & PB_w & hA_K^T R & C_K^T \\
* & -(1-\mu)Q - N_2 - N_2^T + hX_{22} & 0 & hA_d^T R & C_d^T \\
* & * & -\gamma^2 I & hB_w^T R & D_w^T \\
* & * & * & -hR & 0 \\
* & * & * & * & -I
\end{bmatrix}
$$

$$
\tilde{N}_K = \begin{bmatrix}
\varepsilon PH_1 & E_{1K}^T \\
0 & E_{1d}^T \\
0 & E_w^T \\
\varepsilon hRH_1 & 0 \\
\varepsilon H_2 & 0
\end{bmatrix}, \quad \mathcal{M} = A_K^T P + PA_K + Q + N_1 + N_1^T + hX_{11}
$$

用矩阵 $\mathrm{diag}\{P^{-1}, P^{-1}, P^{-1}\}$ 和矩阵 $\mathrm{diag}\{P^{-1}, P^{-1}, I, R^{-1}, I, I, I\}$ 分别对式(8-7*)和式(8-8*)做合同变换，并令

$$
P^{-1} = W \text{、} \quad P^{-1}QP^{-1} = \bar{Q} \text{、} \quad R^{-1} = U \text{、} \quad KP^{-1} = V \text{、} \quad P^{-1}N_1P^{-1} = \bar{N}_1 \text{、} \quad P^{-1}N_2P^{-1} = \bar{N}_2
$$

$$
P^{-1}X_{11}P^{-1} = \bar{X}_{11} \text{、} \quad P^{-1}X_{12}P^{-1} = \bar{X}_{12} \text{、} \quad P^{-1}X_{22}P^{-1} = \bar{X}_{22}
$$

即得不等式组(8-23)~(8-24)。根据定理 8.2，在定理条件下，闭环系统(8-20)满足鲁棒 H_∞ 性能，即 $u(t) = -Kx(t)$ 是系统(8-17)的鲁棒 H_∞ 状态反馈控制律，并且 $K = VW^{-1}$。

注 8.2　定理 8.3 中不等式(8-21)关于未知矩阵和参数是 LMI，而定理 8.4 中不等式组(8-23)~(8-24)关于未知矩阵和参数不是 LMIs，因为式(8-23)中存在非线性项 $WU^{-1}W$。注意到，由 $(W-U)U^{-1}(W-U) \geqslant 0$，得 $WU^{-1}W \geqslant 2W - U$，用 $2W - U$ 替换 $WU^{-1}W$ 得到保证式(8-23)成立的不等式

$$
\bar{\bar{\Psi}} = \begin{bmatrix}
\bar{X}_{11} & \bar{X}_{12} & \bar{N}_1 \\
* & \bar{X}_{22} & \bar{N}_2 \\
* & * & 2W - U
\end{bmatrix} \geqslant 0 \tag{8-25}
$$

将式(8-25)代替式(8-23)，可以给出如下比定理 8.4 相对保守但易判断的结论。

定理 8.5　若存在对称正定矩阵 W、$\bar{Q}$、$U \in \mathbb{R}^{n \times n}$，矩阵 $V \in \mathbb{R}^{m \times n}$ 和 $\bar{N}_1$、$\bar{N}_2$ $\in \mathbb{R}^{n \times n}$，对称半正定矩阵 $\bar{X} = \begin{bmatrix} \bar{X}_{11} & \bar{X}_{12} \\ \bar{X}_{12}^T & \bar{X}_{22} \end{bmatrix} \in \mathbb{R}^{2n \times 2n}$ 及正数 $\varepsilon > 0$，满足 LMIs(8-24)~(8-25)，则 $u(t) = -Kx(t)$ 是系统(8-17)的鲁棒 H_∞ 状态反馈控制律，并且 $K = VW^{-1}$。

注 8.3　在定理 8.5 中，利用式(8-25)替换式(8-23)带来了保守性，此外还可以采取参数调整法或非线性最小化问题迭代法进行处理。①参数调整法，在不等式

(8-23)中引入正数 $\varepsilon > 0$ ，令 $U = \varepsilon W$ ，将式(8-23)和(8-24)中的 U 全部替换为 εW ，并以 $\varepsilon > 0$ 作为可调整的参数，即得到新的 LMIs(当然保守性仍无法消除)；②非线性最小化问题迭代法，该方法稍复杂一些，详见文献[6]。

例 8.2 考虑不确定时滞系统(8-17)，设系统参数为

$$A = \begin{bmatrix} -1 & 1 \\ 3 & 2 \end{bmatrix}, \quad A_d = \begin{bmatrix} -1 & -1 \\ 0 & 0 \end{bmatrix}, \quad B = \begin{bmatrix} 5 \\ 3 \end{bmatrix}, \quad B_w = \begin{bmatrix} 0.5 \\ 0.5 \end{bmatrix}$$

$$C = [1 \ 1], \quad C_d = [0.3 \ 0.5], \quad D = D_w = 0.5, \quad H_2 = [0.5 \ 0.4]$$

$$H_1 = \begin{bmatrix} 1 & 0 \\ 0 & 1 \end{bmatrix}, \quad E_1 = \begin{bmatrix} 0.5 & 0 \\ 0 & 0.6 \end{bmatrix}, \quad E_{1d} = \begin{bmatrix} 0.5 & 0.4 \\ 0 & 0 \end{bmatrix}, \quad E_2 = \begin{bmatrix} 1 \\ 0 \end{bmatrix}, \quad E_w = \begin{bmatrix} 1 \\ 1 \end{bmatrix}$$

$$F(t) = \mathrm{diag}\{\sin t, \sin t\}, \quad d(t) = 0.3 + 0.3\sin t$$

及扰动输入 $w(t) = \dfrac{\cos^2 t}{1+t}$ 。令 $\gamma = 1.5$ ，分别利用定理 8.3 与定理 8.5 的结论设计系统的鲁棒 H_∞ 状态反馈控制律。

解：利用定理 8.3，求解 LMI(8-21)，得解

$$X = \begin{bmatrix} 5.3162 & -2.4658 \\ -2.4658 & 2.5261 \end{bmatrix}, \quad \bar{Q} = \begin{bmatrix} 80.7894 & 21.5501 \\ 21.5501 & 11.0394 \end{bmatrix}$$

$$Y = \begin{bmatrix} 8.9914 & 2.4558 \end{bmatrix}, \quad \varepsilon = 1.5855$$

进而有状态反馈控制增益矩阵 $K = [3.9143 \ 4.7931]$ ，即鲁棒 H_∞ 状态反馈控制律

$$u(t) = 3.9143x_1(t) + 4.7931x_2(t)$$

选择初始值 $\phi(t) = [0 \ 0]^{\mathrm{T}}$ （ $t \in [-0.6 \ 0]$ ），相应的闭环系统状态及比值 $\|z(t)\|_2 / \|w(t)\|_2$ 的轨迹如图 8.2 所示。

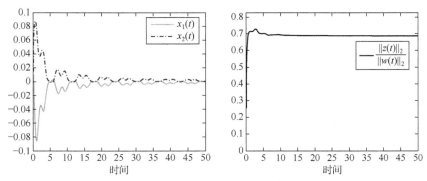

图 8.2 闭环系统的状态及比值 $\|z(t)\|_2 / \|w(t)\|_2$ 的轨迹

利用定理 8.5，求解 LMIs(8-24)~(8-25)，得解

$$W = \begin{bmatrix} 11.8826 & -4.0806 \\ -4.0806 & 7.3471 \end{bmatrix}, \quad \bar{Q} = \begin{bmatrix} 37.2567 & 15.0138 \\ 15.0138 & 15.6209 \end{bmatrix}, \quad \bar{U} = \begin{bmatrix} 39.9381 & -4.2834 \\ -4.2834 & 36.0563 \end{bmatrix}$$

$$U = \begin{bmatrix} 16.6678 & -5.8694 \\ -5.8694 & 10.1382 \end{bmatrix}, \quad \bar{N}_1 = \begin{bmatrix} 3.8830 & 7.6136 \\ 3.8919 & -7.1390 \end{bmatrix}, \quad \bar{N}_2 = \begin{bmatrix} 8.6831 & -3.2211 \\ 2.8018 & 9.1829 \end{bmatrix}$$

$$\bar{X} = \begin{bmatrix} 27.8560 & 5.2584 & -1.9191 & 5.4386 \\ 5.2584 & 19.1421 & 5.4386 & -8.8816 \\ -1.9191 & 5.4386 & 25.1333 & 4.1023 \\ 5.4386 & -8.8816 & 4.1023 & 18.6337 \end{bmatrix}, \quad V = [12.4360 \quad 8.3301], \quad \varepsilon = 1.5127$$

进而有状态反馈增益矩阵 $K = [1.7744 \quad 2.1193]$，即鲁棒 H_∞ 状态反馈控制律

$$u(t) = 3.9143x_1(t) + 4.7931x_2(t)$$

选择初始值 $\phi(t) = [0 \quad 0]^{\mathrm{T}}$（$t \in [-0.6 \quad 0]$），相应的闭环系统状态及比值 $\|z(t)\|_2 / \|w(t)\|_2$ 的轨迹如图 8.3 所示。

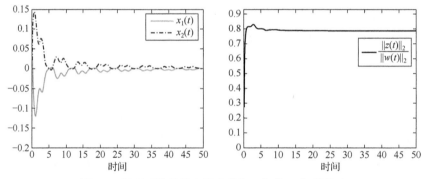

图 8.3　闭环系统的状态及比值 $\|z(t)\|_2 / \|w(t)\|_2$ 的轨迹

8.3　执行器受扇形饱和限制的鲁棒 H_∞ 状态反馈控制器

考虑不确定时滞系统

$$\begin{aligned} \dot{x}(t) = {} & (A + \Delta A(t))x(t) + (A_d + \Delta A_d(t))x(t - d(t)) \\ & + (B + \Delta B(t))\mathrm{Sat}(u(t)) + (B_w + \Delta B_w(t))w(t) \\ z(t) = {} & (C + \Delta C(t))x(t) + (C_d + \Delta C_d(t))x(t - d(t)) \\ & + (D + \Delta D(t))\mathrm{Sat}(u(t)) + (D_w + \Delta D_w(t))w(t) \\ x(t) = {} & \phi(t), \ t \in [-h, 0] \end{aligned} \tag{8-26}$$

其中，$\mathrm{Sat}(u(t))$ 为 $u(t)$ 的扇形饱和向量函数，其他符号同系统(8-17)。

扇形饱和向量函数 $\text{Sat}(u(t)) = [\text{Sat}(u_1(t))\quad \text{Sat}_2(u(t))\cdots \text{Sat}(u_m(t))]^T$ 中 $\text{Sat}(u_i(t))$ 满足

$$\sigma_{1i}u_i^2(t) \leqslant u_i(t)\text{Sat}(u_i(t)) \leqslant \sigma_{2i}u_i^2(t) \tag{8-27}$$

其中，σ_{i1},σ_{i2} 是已知的正数，且 $0<\sigma_{i1},<\sigma_{i2}$，$i=1,2,\cdots,m$。

$\text{Sat}(u_i(t))$ 的直观图形如图 8.4 所示。

根据附录 C 中不等式(C-21)，扇形饱和向量函数满足

$$(\text{Sat}(u(t) - \Upsilon_1 u(t))^T (\text{Sat}(u(t)) - \Upsilon_2 u(t)) \leqslant 0 \tag{8-28}$$

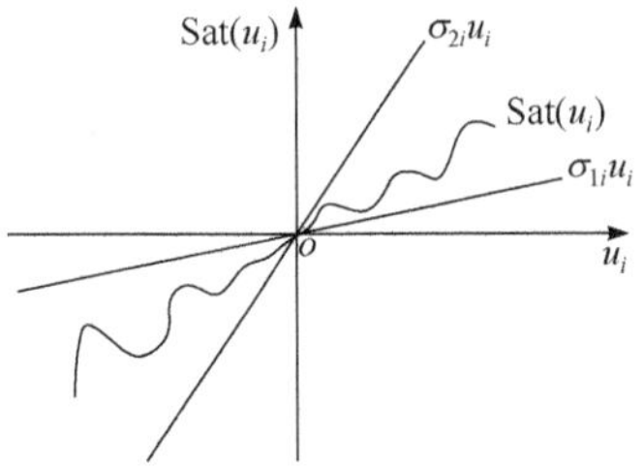

图 8.4　扇形饱和非线性函数

其中，$\Upsilon_1 = \text{diag}\{\sigma_{11},\sigma_{12},\cdots,\sigma_{1m}\}$，$\Upsilon_2 = \text{diag}\{\sigma_{21},\sigma_{22},\cdots,\sigma_{2m}\}$。

对于执行器受扇形饱和限制的不确定时滞系统(8-26)，设计状态反馈控制律 $u(t) = Kx(t)$，$K \in \mathbf{R}^{n \times m}$，则闭环系统为

$$\dot{x}(t) = \bar{A}(t)x(t) + \bar{A}_d(t)x(t - d(t)) + \bar{B}(t)\text{Sat}(Kx(t)) + \bar{B}_w(t)w(t)$$
$$z(t) = \bar{C}(t)x(t) + \bar{C}_d(t)x(t - d(t)) + \bar{D}(t)\text{Sat}(Kx(t)) + \bar{D}_w(t)w(t) \tag{8-29}$$
$$x(t) = \phi(t),\quad t \in [-h, 0]$$

定理 8.6　对不确定时滞系统(8-26)和给定的正数 $\gamma > 0$，如果 $\mu > 0$ 且存在对称正定矩阵 $X, Z \in \mathbf{R}^{n \times n}$、矩阵 $Y \in \mathbf{R}^{m \times n}$ 和正数 $\varepsilon > 0$，使得如下 LMI

$$W = \begin{bmatrix} W_{11} & W_{12} & W_{13} \\ * & W_{22} & W_{23} \\ * & * & W_{33} \end{bmatrix} < 0 \tag{8-30}$$

成立，则系统(8-26)是时滞无关鲁棒 H_∞ 状态反馈可镇定的。其中

$$W_{11} = \begin{bmatrix} XA^T + AX + Z & A_d X & B_w \\ * & -(1-\mu)Z & 0 \\ * & * & -\gamma^2 I \end{bmatrix}$$

$$\bar{W}_{12} = \begin{bmatrix} B + \dfrac{1}{2}Y^T(\Upsilon_1 + \Upsilon_2)^T & XC^T & \sqrt{2}Y^T\Upsilon_1^T & \sqrt{2}Y^T\Upsilon_2^T \\ 0 & XC^T & 0 & 0 \\ 0 & D_w^T & 0 & 0 \end{bmatrix}, \quad W_{13} = \begin{bmatrix} H_1 & \varepsilon XE_1^T \\ 0 & \varepsilon XE_{1d}^T \\ 0 & \varepsilon X_w^T \end{bmatrix}$$

$$W_{22} = \begin{bmatrix} -I & D^T & 0 & 0 \\ * & -I & 0 & 0 \\ * & * & -I & 0 \\ * & * & * & -I \end{bmatrix}, \quad W_{23} = \begin{bmatrix} 0 & \varepsilon E_2^T \\ 0 & 0 \\ 0 & 0 \\ H_2 & 0 \end{bmatrix}, \quad W_{33} = \begin{bmatrix} -\varepsilon I & 0 \\ * & -\varepsilon I \end{bmatrix}$$

进而，控制律 $u(t) = -YX^{-1}x(t)$ 为系统(8-17)的一个时滞无关鲁棒 H_∞ 状态反馈控制律。

证：对闭环系统(8-29)，选择 Lyapunov-Krasovskii 泛函

$$V(t, s_t) = x^T(t)Px(t) + \int_{t-d(t)}^{t} x^T(s)Qx(s)\mathrm{d}s$$

其中，$P, Q \in \mathbb{R}^{n \times n}$ 为待定的对称正定矩阵。于是

$$\dot{V}(t, x_t)\big|_{(8-29)} \leqslant x^T(t)(\overline{A}^T(t)P + P\overline{A}(t) + Q)x(t) + 2x^T(t)P\overline{A}_d(t)x_d(t)$$
$$+ 2x^T(t)P\overline{B}(t)\mathrm{Sat}(Kx(t)) + 2x^T(t)P\overline{B}_w(t)w(t) - (1 - \mu)x_d^T(t)Qx_d(t)$$

由式(8-28)，有

$$(\mathrm{Sat}(Kx(t) - \Upsilon_1 Kx(t)))^T (\mathrm{Sat}(Kx(t) - \Upsilon_2 Kx(t)) \leqslant 0$$

所以

$$\dot{V}(t, x_t)\big|_{(8-29)} + z^T(t)z(t) - r^2 w^T(t)w(t)$$
$$\leqslant x^T(t)(\overline{A}^T(t)P + P\overline{A}(t) + Q)x(t) + 2x^T(t)P\overline{A}_d(t)x_d(t)$$
$$+ 2x^T(t)P\overline{B}(t)\mathrm{Sat}(Kx(t)) + 2x^T(t)P\overline{B}_w(t)w(t) - (1 - \mu)x_d^T(t)Qx_d(t)$$
$$+ (\overline{C}(t)x(t) + \overline{C}_d(t)x_d(t) + \overline{D}_w(t)w(t))^T(\overline{C}(t)x(t) + \overline{C}_d(t)x_d(t) + \overline{D}_w(t)w(t)) \qquad (8\text{-}31)$$
$$- (\mathrm{Sat}(Kx(t) - \Upsilon_1 Kx(t)))^T (\mathrm{Sat}(Kx(t)) - \Upsilon_2 Kx(t))$$
$$= \xi^T(t)W(t)\xi(t)$$

其中，$\xi^T(t) = [x^T(t) \quad x_d^T(t) \quad w^T(t) \quad \mathrm{Sat}^T(Kx(t))]$，且

$$\overline{W}(t) = \begin{bmatrix} \overline{W}_{11}(t) & P\overline{A}_d(t) & P\overline{B}_w(t) & \overline{W}_{14}(t) \\ * & -1(1-\mu)Q & 0 & 0 \\ * & * & -\gamma^2 I & 0 \\ * & * & * & -I \end{bmatrix} + \begin{bmatrix} \overline{C}^T(t) \\ \overline{C}_d^T(t) \\ \overline{D}_w^T(t) \\ \overline{D}^T(t) \end{bmatrix} \begin{bmatrix} \overline{C}^T(t) \\ \overline{C}_d^T(t) \\ \overline{D}_w^T(t) \\ \overline{D}^T(t) \end{bmatrix}^T$$

$$\overline{W}_{11}(t) = \overline{A}^T(t)P + P\overline{A}(t) + Q + \frac{1}{2}K^T(\Upsilon_1^T\Upsilon_2 + \Upsilon_2^T\Upsilon_1)K$$

$$\overline{W}_{14}(t) = P\overline{B}(t) + \frac{1}{2}K^T(\Upsilon_1 + \Upsilon_2)^T$$

于是，$\dot{V}(t,x_t)\big|_{(8\text{-}29)} + z^{\mathrm{T}}(t)z(t) - \gamma^2 w^{\mathrm{T}}(t)w(t) < 0$ 的充分条件是 $\bar{W}(t) < 0$。利用 Schur 补引理，$\bar{W}(t) < 0$ 等价于不等式

$$\bar{W}_1(t) = \begin{bmatrix} \bar{W}_{11}(t) & P\bar{A}_d(t) & P\bar{B}_w(t) & \bar{W}_{14}(t) & \bar{C}^{\mathrm{T}}(t) \\ * & -1(1-\mu)Q & 0 & 0 & \bar{C}_d^{\mathrm{T}}(t) \\ * & * & -\gamma^2 I & 0 & \bar{D}_w^{\mathrm{T}}(t) \\ * & * & * & -I & \bar{D}^{\mathrm{T}}(t) \\ * & * & * & * & -I \end{bmatrix} < 0 \qquad (8\text{-}32)$$

注意 $\Upsilon_1^{\mathrm{T}}\Upsilon_2 + \Upsilon_2^{\mathrm{T}}\Upsilon_1 \leqslant \Upsilon_1^{\mathrm{T}}\Upsilon_1 + \Upsilon_2^{\mathrm{T}}\Upsilon_2$ 及将 $\bar{W}_1(t)$ 分解为 $\bar{W}_1(t) = \bar{W}_1 + \Delta\bar{W}_1(t)$，利用引理 B.8 处理式(8-32)中不确定性，再利用 Schur 补引理处理相应的非线性项，得 $\bar{W}_1(t) < 0$ 的充分条件是不等式

$$\bar{W} = \begin{bmatrix} \bar{W}_{11} & \bar{W}_{12} & \bar{W}_{13} \\ * & \bar{W}_{22} & \bar{W}_{23} \\ * & * & \bar{W}_{33} \end{bmatrix} < 0 \qquad (8\text{-}33)$$

成立，其中

$$\bar{W}_{11} = \begin{bmatrix} A^{\mathrm{T}}P + PA + Q & PA_d & PB_w \\ * & -(1-\mu)Q & 0 \\ * & * & -\gamma^2 I \end{bmatrix}$$

$$\bar{W}_{12} = \begin{bmatrix} PB + \frac{1}{2}K^{\mathrm{T}}(\Upsilon_1+\Upsilon_2)^{\mathrm{T}} & C^{\mathrm{T}} & \sqrt{2}K^{\mathrm{T}}\Upsilon_1^{\mathrm{T}} & \sqrt{2}K^{\mathrm{T}}\Upsilon_2^{\mathrm{T}} \\ 0 & C_d^{\mathrm{T}} & 0 & 0 \\ 0 & C_w^{\mathrm{T}} & 0 & 0 \end{bmatrix}, \quad \bar{W}_{13} = \begin{bmatrix} PH_1 & \varepsilon E_1^{\mathrm{T}} \\ 0 & \varepsilon E_{1d}^{\mathrm{T}} \\ 0 & \varepsilon E_w^{\mathrm{T}} \end{bmatrix}$$

$$\bar{W}_{22} = \begin{bmatrix} -I & D^{\mathrm{T}} & 0 & 0 \\ * & -I & 0 & 0 \\ * & * & -I & 0 \\ * & * & * & -I \end{bmatrix}, \quad \bar{W}_{23} = \begin{bmatrix} 0 & \varepsilon E_2^{\mathrm{T}} \\ 0 & 0 \\ 0 & 0 \\ H_2 & 0 \end{bmatrix}, \quad \bar{W}_{33} = \begin{bmatrix} -\varepsilon I & 0 \\ * & -\varepsilon I \end{bmatrix}$$

最后，利用 $\mathrm{diag}\{P^{-1}, P^{-1}, I, I, I, I, I, I, I\}$ 对式(8-33)做合同变换，令 $X = P^{-1}$、$Y = KP^{-1}$ 和 $Z = P^{-1}QP^{-1}$，并再次利用 Schur 补引理，可得到定理条件(8-30)。

注 8.4 在定理 8.6 中，对执行器受扇形饱和限制的情形，应用不等式(8-28)给出式(8-31)，并通过增广方式处理饱和函数 $\mathrm{Sat}(\cdot)$，获得了系统时滞无关鲁棒 H_∞

状态反馈控制律设计方法。类似地，也可讨论系统时滞相关鲁棒 H_∞ 状态反馈控制律设计问题。

例 8.3　考虑不确定时滞系统(8-26)，设系统参数为

$$A = \begin{bmatrix} -3 & -1 \\ 0 & -3 \end{bmatrix}, \quad A_d = \begin{bmatrix} -1 & -1 \\ 0 & 0 \end{bmatrix}, \quad B = \begin{bmatrix} -1 \\ -1 \end{bmatrix}, \quad B_w = \begin{bmatrix} 0.5 \\ 0.5 \end{bmatrix}$$

$$C = [1 \ 1], \quad C_d = [0.3 \ 0.5], \quad D = D_w = 0.5, \quad H_2 = [0.5 \ 0.4]$$

$$H_1 = \begin{bmatrix} 1 & 0 \\ 0 & 1 \end{bmatrix}, \quad E_1 = \begin{bmatrix} 0.5 & 0 \\ 0 & 0.6 \end{bmatrix}, \quad E_{1d} = \begin{bmatrix} 0.5 & 0.4 \\ 0 & 0 \end{bmatrix}, \quad E_2 = \begin{bmatrix} 1 \\ 0 \end{bmatrix}, \quad E_w = \begin{bmatrix} 1 \\ 1 \end{bmatrix}$$

$$F(t) = \mathrm{diag}\{\sin t, \sin t\}, \quad d(t) = 0.3 + 0.3\sin t$$

及扰动输入 $w(t) = \dfrac{\cos^2 t}{1+t}$，$\Upsilon_1 = 1$，$\Upsilon_2 = 2$。令 $\gamma = 2.2$，利用定理 8.6 设计系统的鲁棒 H_∞ 状态反馈控制律。

解：令 $\varepsilon = 1$，求解 LMI(8-30)，得解

$$X = \begin{bmatrix} 2.7462 & -2.3695 \\ -2.3695 & 2.9668 \end{bmatrix}, \quad Z = \begin{bmatrix} 3.7338 & -4.2148 \\ -4.2148 & 6.3353 \end{bmatrix}, \quad Y = [0.0512 \ -0.4003]$$

进而有状态反馈增益矩阵 $K = [0.3145 \ \ 0.3861]$，即鲁棒 H_∞ 状态反馈控制律

$$u(t) = 0.3145x_1(t) + 0.3861x_2(t)$$

选择初始值 $\phi(t) = [0 \ \ 0]^T$（$t \in [-0.6 \ 0]$），相应的闭环系统状态及比值 $\|z(t)\|_2 / \|w(t)\|_2$ 的轨迹如图 8.5 所示。

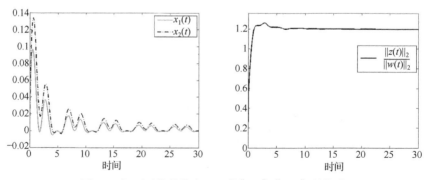

图 8.5　闭环系统的状态及比值 $\|z(t)\|_2 / \|w(t)\|_2$ 的轨迹

8.4　本章小结

本章在不确定矩阵满足范数有界不确定性假设条件下，分别给出了不确定时

滞系统的时滞无关和时滞相关鲁棒 H_∞ 性能判别条件，并设计了相应的时滞无关和时滞相关鲁棒 H_∞ 控制律，所得判别条件及增益矩阵均可通过求解 LMI(LMIs)实现。

第9章　不确定时滞系统鲁棒滑模控制器设计

滑模控制作为具有较强鲁棒性的控制方法，其在不确定时滞系统中也产生了丰富的研究成果，本章分别介绍具有匹配不确定性和非匹配不确定性时滞系统的鲁棒滑模控制器设计方法[95-97]。

9.1　匹配不确定时滞系统的滑模控制器

考虑不确定时滞系统

$$\dot{x}(t) = Ax(t) + A_d x(t-h) + Bu(t) + \xi(x(t),t)$$
$$x(t) = \phi(t), \quad t \in [-h, 0] \tag{9-1}$$

其中，$x(t) \in \mathrm{R}^n$、$u(t) \in \mathrm{R}^m$ 分别为系统的状态向量和控制输入，$\xi(x(t),t) \in \mathrm{R}^n$ 表示系统中的不确定性(包括外部扰动)，$\phi(t)$ 为初值函数；A、$A_d \in \mathrm{R}^{n \times n}$ 和 $B \in \mathrm{R}^{n \times m}$ 为常值矩阵，B 为列满秩的，且矩阵对 (A,B) 可控，$h \geqslant 0$ 为系统的时滞常数(已知或未知)。

假设不确定函数 $\xi(x(t),t)$ 满足匹配条件且有界，即

$$\xi(x(t),t) = Bf(x(t),t) \tag{9-2}$$

且

$$\|f(x(t),t)\| \leqslant \rho(x(t),t) \tag{9-3}$$

这里，$f(x(t),t) = (f_1(x(t),t), f_2(x(t),t), \cdots, f_m(x(t),t))^{\mathrm{T}}$，$\rho(x(t),t) \geqslant 0$ 是已知的标量函数。

不妨假设 $B = \begin{bmatrix} B_1 \\ B_2 \end{bmatrix}$，其中 $B_1 \in \mathrm{R}^{(n-m) \times m}$、$B_2 \in \mathrm{R}^{m \times m}$，且 B_2 是可逆的。于是，将状态 $x(t)$ 及矩阵 A、A_d 做相应的分块，有

$$x(t) = \begin{bmatrix} x_{\mathrm{I}}(t) \\ x_{\mathrm{II}}(t) \end{bmatrix}, \quad A = \begin{bmatrix} A_{11} & A_{12} \\ A_{21} & A_{22} \end{bmatrix}, \quad A_d = \begin{bmatrix} A_{d11} & A_{d12} \\ A_{d21} & A_{d22} \end{bmatrix}$$

其中，$x_{\mathrm{I}}(t) \in \mathrm{R}^{n-m}$，$x_{\mathrm{II}}(t) \in \mathrm{R}^m$，$A_{ij}$、$A_{dij}(i,j=1,2)$ 具有相应的维数。

引入矩阵 B 的正交矩阵 $B^{\perp} \in \mathrm{R}^{n \times (n-m)}$，即 $B^{\perp \mathrm{T}} B = 0$ 及 $B^{\perp \mathrm{T}} B^{\perp} = I$，定义可逆

矩阵

$$T = \begin{bmatrix} B^{\perp \mathrm{T}} \\ (B^{\mathrm{T}} B)^{-1} B^{\mathrm{T}} \end{bmatrix}, \quad T^{-1} = [B^{\perp} \quad B]$$

及状态变换 $z(t) = Tx(t)$ ，得

$$\dot{z}(t) = \bar{A} z(t) + \bar{A}_d z(t-h) + \bar{B}(u(t) + \bar{f}(z(t), t))$$
$$z(t) = \bar{\phi}(t), \quad t \in [-h, 0] \tag{9-4}$$

其中， $\bar{A} = TAT^{-1} \triangleq \begin{bmatrix} \bar{A}_{11} & \bar{A}_{12} \\ \bar{A}_{21} & \bar{A}_{22} \end{bmatrix}$ ， $\bar{A}_d = TA_d T^{-1} \triangleq \begin{bmatrix} \bar{A}_{d11} & \bar{A}_{d12} \\ \bar{A}_{d21} & \bar{A}_{d22} \end{bmatrix}$ ， $\bar{B} = TB = \begin{bmatrix} 0 \\ I_m \end{bmatrix}$ ，

$\bar{f}(z(t), t) = f(x(t), t)$ ， $\bar{\phi}(t) = T\phi(t)$ ，并且 $\|\bar{f}(z(t), t)\| \leqslant \rho(T^{-1} z(t), t) \triangleq \bar{\rho}(z(t), t)$ 。

令 $z(t) = \begin{bmatrix} z_1(t) \\ z_2(t) \end{bmatrix}$ ， $z_1(t) \in \mathrm{R}^{n-m}, z_2(t) \in \mathrm{R}^m$ ，则系统(9-4)可写成

$$\dot{z}_1(t) = \bar{A}_{11} z_1(t) + \bar{A}_{12} z_2(t) + \bar{A}_{d11} z_1(t-h) + \bar{A}_{d12} z_2(t-h)$$
$$\dot{z}_2(t) = \bar{A}_{21} z_1(t) + \bar{A}_{22} z_2(t) + \bar{A}_{d21} z_1(t-h) + \bar{A}_{d22} z_2(t-h) + u(t) + \bar{f}(z(t), t) \tag{9-5}$$
$$z_1(t) = \bar{\phi}_1(t), z_2(t) = \bar{\phi}_2(t), t \in [-h, 0]$$

对系统(9-4)，设计滑模函数

$$s(t) = C^{\mathrm{T}} z(t) \tag{9-6}$$

其中， $C \in \mathrm{R}^{n \times m}$ 为待设计的滑模参数矩阵，且使得 $C^{\mathrm{T}} \bar{B}$ 非奇异。

注意到，状态变换后系统(9-4)中控制输入矩阵为 $\bar{B} = [0 \ I_m]^{\mathrm{T}}$ ，不失一般性，在 $C^{\mathrm{T}} \bar{B}$ 非奇异的假设下，选择滑模参数矩阵 $C^{\mathrm{T}} = [L \ I_m]$ ，则 $C^{\mathrm{T}} \bar{B} = I_m$ ，滑模函数成为

$$s(t) = C^{\mathrm{T}} z(t) = L z_1(t) + z_2(t) \tag{9-7}$$

其中， $L \in \mathrm{R}^{m \times (n-m)}$ 为待设计的参数矩阵。

在滑模面上， $s(t) = L z_1(t) + z_2(t) = 0$ ，于是 $z_2(t) = -L z_1(t)$ ，将其代入系统(9-5)的第一式，得滑动模态系统

$$\dot{z}_1(t) = (\bar{A}_{11} - \bar{A}_{12} L) z_1(t) + (\bar{A}_{d11} - \bar{A}_{d12} L) z_1(t-h) \tag{9-8}$$

我们设计矩阵 L 使滑动模态系统(9-8)渐近稳定。

定理 9.1　对于时滞系统(9-4)和滑模函数(9-7)，若存在对称正定矩阵 X 、 $W \in \mathrm{R}^{(n-m) \times (n-m)}$ 和矩阵 $Y \in \mathrm{R}^{m \times (n-m)}$ 满足如下 LMI

$$\begin{bmatrix} X\bar{A}_{11}^{\mathrm{T}} + \bar{A}_{11} X - Y^{\mathrm{T}} \bar{A}_{12}^{\mathrm{T}} - \bar{A}_{12} Y + W & \bar{A}_{d11} X - \bar{A}_{d12} Y \\ * & -W \end{bmatrix} < 0 \tag{9-9}$$

则滑动模态系统(9-8)是渐近稳定的。进而，矩阵 $L = YX^{-1}$ 。

证：考虑 Lyapunov-Krasovskii 泛函

$$V(t, z_t) = z_1^{\mathrm{T}}(t)Pz_1(t) + \int_{t-\tau}^{t} z_1^{\mathrm{T}}(s)Qz_1(s)\mathrm{d}s \tag{9-10}$$

其中，P、$Q \in \mathrm{R}^{(n-m)\times(n-m)}$ 是待定的对称正定矩阵。

对 $V(t, z_t)$ 沿系统(9-8)求全导数，得

$$\begin{aligned}
\dot{V}(t, z_t)\big|_{(9\text{-}8)} &= z_1^{\mathrm{T}}(t)\{(\bar{A}_{11} - \bar{A}_{12}L)^{\mathrm{T}}P + P(\bar{A}_{11} - \bar{A}_{12}L) + Q\}z_1(t) \\
&\quad + 2z_1^{\mathrm{T}}(t)P(\bar{A}_{d11} - \bar{A}_{d12}L)z_1(t-h) - z_1^{\mathrm{T}}(t-h)Qz_1(t-h) \\
&\triangleq [z_1^{\mathrm{T}}(t)\ \ z_1^{\mathrm{T}}(t-h)]M\begin{bmatrix} z_1(t) \\ z_1(t-h) \end{bmatrix}
\end{aligned}$$

其中，$M = \begin{bmatrix} (\bar{A}_{11} - \bar{A}_{12}L)^{\mathrm{T}}P + P(\bar{A}_{11} - \bar{A}_{12}L) + Q & P(\bar{A}_{d11} - \bar{A}_{d12}L) \\ * & -Q \end{bmatrix}$ 。

易知，若 $M < 0$ ，则滑模动态系统(9-8)是渐近稳定的。用 $\mathrm{diag}\{P^{-1}, P^{-1}\}$ 对 $M < 0$ 做合同变换，并记 $P^{-1} = X, LP^{-1} = Y, P^{-1}QP^{-1} = W$ ，则得与 $M < 0$ 等价的条件(9-9)。因此，若不等式(9-9)有解，则滑动模态系统(9-8)渐近稳定，且 $L = YX^{-1}$ 。

注 9.1 定理 9.1 中给出的滑模动态系统渐近稳定性条件与时滞的大小无关，是时滞无关稳定性条件，所设计的矩阵 L 也与时滞无关。下面考虑设计一个时滞无关的到达控制律。

定理 9.2 对于时滞系统(9-4)和滑模函数(9-7)(或函数(9-6))，若时滞是未知但有界常数，即 $0 \le h \le h^*$ ，则在如下控制律

$$u(t) = -C^{\mathrm{T}}\bar{A}z(t) - \left(\left\|C^{\mathrm{T}}\bar{A}_d\right\|\gamma(t) + \bar{\rho}(z(t), t) + \eta\right)\frac{s(t)}{\|s(t)\|} \tag{9-11}$$

作用下，滑模面是有限时间可达的，即系统轨迹将在有限时间内到达并保持在滑模面 $s(t) = C^{\mathrm{T}}z(t) = 0$ 上。其中，$\gamma(t) = \|z(t)\|_C = \max\limits_{\theta \in [-h^*, 0]}\|z(t+\theta)\|$ ，$\eta > 0$ 。

证：由式(9-6)，滑模函数动态方程为

$$\dot{s}(t) = C^{\mathrm{T}}\dot{z}(t) = C^{\mathrm{T}}\bar{A}z(t) + C^{\mathrm{T}}\bar{A}_dz(t-h) + u(t) + \bar{f}(z(t), t) \tag{9-12}$$

令 $\dot{s}(t) = 0$ ，得 $u(t) = -C^{\mathrm{T}}\bar{A}z(t) - C^{\mathrm{T}}\bar{A}_dz(t-h) - \bar{f}(z(t), t)$ 。注意到，此时 $u(t)$ 中既含有时滞信息 h 又有不确定函数 $\bar{f}(z(t), t)$ ，因此，需要重新设计 $u(t)$ 。假设

$$u(t) = -C^{\mathrm{T}}\bar{A}z(t) - w_1(t) - w_2(t)$$

其中，$w_1(t)$、$w_2(t)$ 为待定量。将 $u(t)$ 代回式(9-12)，得

$$\dot{s}(t) = C^{\mathrm{T}} \overline{A}_d z(t-h) + \overline{f}(z(t),t) - w_1(t) - w_2(t) \tag{9-13}$$

选择 Lyapunov 函数 $V(t,s(t)) = \dfrac{1}{2} s^{\mathrm{T}}(t)s(t)$，沿系统(9-13)对其求全导数，得

$$\begin{aligned}
\dot{V}(t,s(t))\big|_{(9\text{-}13)} &= s^{\mathrm{T}}(t)(C^{\mathrm{T}} \overline{A}_d z(t-h) + \overline{f}(z(t),t) - w_1(t) - w_2(t)) \\
&\leqslant \|s(t)\| \|C^{\mathrm{T}} \overline{A}_d\| \|z(t-h)\| + \|s(t)\| \overline{\rho}(z(t),t) - s^{\mathrm{T}}(t)(w_1(t) + w_2(t)) \\
&\leqslant \|s(t)\| \|C^{\mathrm{T}} \overline{A}_d\| \gamma(t) + \|s(t)\| \overline{\rho}(z(t),t) - s^{\mathrm{T}}(t)(w_1(t) + w_2(t))
\end{aligned}$$

取 $w_1(t) = \|C^{\mathrm{T}} \overline{A}_d\| \gamma(t) \dfrac{s(t)}{\|s(t)\|}$，$w_2(t) = (\overline{\rho}(z(t),t) + \eta) \dfrac{s(t)}{\|s(t)\|}$，$\eta > 0$，即设计 $u(t)$ 如式(9-11)，则

$$\dot{V}(t,s(t))\big|_{(9\text{-}13)} \leqslant -\eta \|s(t)\| = -\eta \sqrt{2V(t,s(t))}$$

于是，$\sqrt{V(t,s(t))} \leqslant \sqrt{V(t_0,s(t_0))} - \dfrac{\sqrt{2}\eta}{2}(t-t_0)$，即 $\|s(t)\| \leqslant \|s(t_0)\| - \eta(t-t_0)$。令 $s(t) = 0$，解得

$$t \leqslant \frac{1}{\eta} \|s(t_0)\| + t_0 = \frac{1}{\eta} \|C^{\mathrm{T}} z(t_0)\| + t_0$$

因此，系统轨迹将在有限时间到达并保持在滑模面 $s(t)=0$ 上。

注 9.2　定理 9.2 中设计的控制律与时滞不直接相关，但与时滞允许范围相关，这一点体现在 $\gamma(t)$ 的构造上。

例 9.1　考虑不确定时滞系统(9-1)，设系统参数为

$$A = \begin{bmatrix} -0.5 & 0.3 \\ 0.5 & -0.4 \end{bmatrix}, \quad A_d = \begin{bmatrix} 0.2 & -0.3 \\ -0.1 & -0.4 \end{bmatrix}, \quad B = \begin{bmatrix} 1 \\ 0 \end{bmatrix}, \quad \phi(t) = \begin{bmatrix} 1 \\ 0.5 \end{bmatrix} (t \in [-1,0])$$

$$\|f(x(t),t)\| \leqslant 0.8|\sin t|$$

试设计系统的滑模控制器。

解： (1) 求出 $B^{\perp} = \begin{bmatrix} 0 \\ 1 \end{bmatrix}$，$T = \begin{bmatrix} 0 & 1 \\ 1 & 0 \end{bmatrix}$，以及 $\overline{A} = \begin{bmatrix} -0.4 & 0.5 \\ 0.3 & -0.5 \end{bmatrix}$，$\overline{A}_d = \begin{bmatrix} -0.4 & -0.1 \\ -0.3 & 0.2 \end{bmatrix}$，

$\overline{B} = \begin{bmatrix} 0 \\ 1 \end{bmatrix}$，$\overline{\phi}(t) = \begin{bmatrix} 1 \\ 0.5 \end{bmatrix}$，$\overline{\rho}(z(t),t) = 0.8|\sin t|$。

(2) 选择 $C^{\mathrm{T}} = [L \ 1]$，由 $\overline{A}_{11} = -0.4$，$\overline{A}_{12} = 0.5$，$\overline{A}_{d11} = -0.4$，$\overline{A}_{d12} = -0.1$，利用定理 9.1 解得 $L = 1.7087$，从而滑动模态系统(9-8)渐近稳定，并且滑模面函数为

$$s(t) = 1.7087 z_1(t) + z_2(t) = x_1(t) + 1.7807 x_2(t)$$

(3) 选择 $\eta = 0.5$，利用定理 9.2 设计滑模控制律为

$$u(t) = 0.38348z_1(t) - 0.35435z_2(t) - (0.98391\gamma(t) + 0.8|\sin(t)| + 0.5)\mathrm{sgn}(s(t))$$

$$= -0.35435x_1(t) + 0.38348x_2(t) - (0.98391\|x(t)\|_C + 0.8|\sin(t)| + 0.5)\mathrm{sgn}(s(t))$$

系统在上述控制律下的状态轨迹如图 9.1 所示。

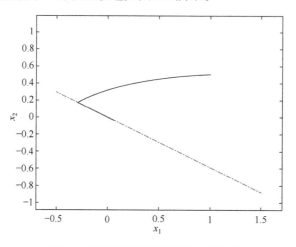

图 9.1　系统的滑模面及到达运动轨迹

定理 9.3　假设矩阵对 $(A + A_d, B)$ 可控，对于系统(9-4)和滑模函数(9-7)，若存在对称正定矩阵 X 和矩阵 Y 满足如下 LMI

$$\begin{bmatrix} X\overline{A}_{11c}^\mathrm{T} + \overline{A}_{11c}X - Y^\mathrm{T}\overline{A}_{12c}^\mathrm{T} - \overline{A}_{12c}Y & hX\overline{A}_{d11}^\mathrm{T} - hY^\mathrm{T}\overline{A}_{d12}^\mathrm{T} & hX\overline{A}_{11c}^\mathrm{T} - hY^\mathrm{T}\overline{A}_{12c}^\mathrm{T} \\ * & -hX & 0 \\ * & * & -hX \end{bmatrix} < 0 \quad (9\text{-}14)$$

则滑动模态系统(9-8)是渐近稳定的。进而，矩阵 $L = YX^{-1}$，其中

$$\overline{A}_{11c} = \overline{A}_{11} + \overline{A}_{d11}, \ \overline{A}_{12c} = \overline{A}_{12} + \overline{A}_{d12}$$

证：记 $\overline{A}_1 = \overline{A}_{11} - \overline{A}_{12}L$，$\overline{A}_{d1} = \overline{A}_{d11} - \overline{A}_{d12}L$，则滑动模态系统(9-8)可写成

$$\dot{z}_1(t) = \overline{A}_1 z_1(t) + \overline{A}_{d1}z_1(t - h)$$

考虑 Lyapunov-Krasovskii 泛函

$$V(t, z_{1t}) = y_1^\mathrm{T}(t)Py_1(t) + \int_{-h}^{0}\int_{t+\theta}^{t} z_1^\mathrm{T}(s)Qz_1(s)\mathrm{d}s\mathrm{d}\theta \quad (9\text{-}15)$$

其中，$y_1(t) = z_1(t) + \int_{t-h}^{t} \overline{A}_{d1}z_1(s)\mathrm{d}s$，$P$、$Q \in \mathrm{R}^{(n-m)\times(n-m)}$ 是对称正定矩阵。

注意到 $\dot{y}_1(t) = (\overline{A}_1 + \overline{A}_{d1})z_1(t)$，对式(9-15)沿着系统(9-8)求导，得

$$\dot{V}(t,z_{1t})\big|_{(9\text{-}8)} = z_1^{\mathrm{T}}(t)\{(\overline{A}_1 + \overline{A}_{d1})^{\mathrm{T}}P + P(\overline{A}_1 + \overline{A}_{d1}) + hQ\}z_1(t)$$
$$+ 2z_1^{\mathrm{T}}(t)(\overline{A}_1 + \overline{A}_{d1})^{\mathrm{T}}P\int_{t-h}^{t}\overline{A}_{d1}z_1(s)\mathrm{d}s - \int_{t-h}^{t}z_1^{\mathrm{T}}(s)Qz_1(s)\mathrm{d}s \tag{9-16}$$

由引理 B.4，有

$$2z_1^{\mathrm{T}}(t)(\overline{A}_1 + \overline{A}_{d1})^{\mathrm{T}}P\int_{t-h}^{t}\overline{A}_{d1}z_1(s)\mathrm{d}s \leqslant hz_1^{\mathrm{T}}(t)(\overline{A}_1 + \overline{A}_{d1})^{\mathrm{T}}P(\overline{A}_1 + \overline{A}_{d1})z_1(t)$$
$$+ \int_{t-h}^{t}z_1^{\mathrm{T}}(s)\overline{A}_{d1}^{\mathrm{T}}P\overline{A}_{d1}z_1(s)\mathrm{d}s$$

将该式代入式(9-16)，并选取 $Q = \overline{A}_{d1}^{\mathrm{T}}P\overline{A}_{d1}$，得

$$\dot{V}(t,z_{1t})\big|_{(9\text{-}8)} \leqslant z_1^{\mathrm{T}}(t)\{(\overline{A}_1 + \overline{A}_{d1})^{\mathrm{T}}P + P(\overline{A}_1 + \overline{A}_{d1}) + h\overline{A}_{d1}^{\mathrm{T}}P\overline{A}_{d1}$$
$$+ \tau(\overline{A}_1 + \overline{A}_{d1})^{\mathrm{T}}P(\overline{A}_1 + \overline{A}_{d1})\}z_1(t) \tag{9-17}$$
$$\triangleq z_1^{\mathrm{T}}(t)M_1z_1(t)$$

如果存在对称正定矩阵 P 和矩阵 L 使得 $M_1 < 0$，则由式(9-17)知滑模动态系统(9-8)是渐近稳定的。利用 Schur 补引理，$M_1 < 0$ 等价于

$$\begin{bmatrix} (\overline{A}_1 + \overline{A}_{d1})^{\mathrm{T}}P + P(\overline{A}_1 + \overline{A}_{d1}) & h\overline{A}_{d1}^{\mathrm{T}}P & h(\overline{A}_1 + \overline{A}_{d1})^{\mathrm{T}}P \\ * & -hP & 0 \\ * & * & -hP \end{bmatrix} < 0$$

用 $\mathrm{diag}\{P^{-1},P^{-1},P^{-1}\}$ 对该式作合同变换，并记 $P^{-1} = X$, $LP^{-1} = Y$，得等价的不等式(9-14)。进而，矩阵 $L = YX^{-1}$。

注 9.3　若 $(A + A_d, B)$ 可控，则 $(\overline{A}_{11} + \overline{A}_{d11}, \overline{A}_{12} + \overline{A}_{d12})$ 也是可控的，于是不等式

$$X(\overline{A}_{11} + \overline{A}_{d11})^{\mathrm{T}} + (\overline{A}_{11} + \overline{A}_{d11})X - Y^{\mathrm{T}}(\overline{A}_{12} + \overline{A}_{d12})^{\mathrm{T}} - (\overline{A}_{12} + \overline{A}_{d12})Y < 0$$

总有可行解，即系统在时滞 $h = 0$ 时存在使滑动模态稳定的滑模面。因此，必存在时滞的上界 h^* 使得当 $h \leqslant h^*$ 时都存在使滑动模态稳定的滑模面。

注 9.4　定理 9.3 中给出的滑模动态系统渐近稳定性条件与时滞大小相关，是时滞相关稳定性条件，因此，滑模面的设计也应与时滞相关。类似于定理 9.2，可以设计与时滞 h 相关的到达控制律

$$u(t) = -C^{\mathrm{T}}\overline{A}z(t) - C^{\mathrm{T}}\overline{A}_dz(t-h) - (\overline{\rho}(z(t),t) + \eta)\frac{s(t)}{\|s(t)\|} \tag{9-18}$$

此外，对于匹配不确定系统，还可以设计基于到达律的时滞相关到达控制律。

定理 9.4　对于时滞系统(9-4)，其滑模面函数由式(9-6)定义，则如下控制律

$$u(t) = -Ks(t) - \varepsilon\mathrm{sgn}(s(t)) - C^{\mathrm{T}}\overline{A}z(t) - C^{\mathrm{T}}\overline{A}_d z(t-h) - \overline{\rho}(z(t),t)\mathrm{sgn}(s(t)) \quad (9\text{-}19)$$

是系统的到达运动控制律。其中，$C^{\mathrm{T}} = [L\ I_m]$，$L$ 由定理 9.3 给出，以及

$$K = \mathrm{diag}\{k_1, k_2, \cdots, k_m\},\ k_i > 0\ ,\quad \varepsilon = \mathrm{diag}\{\varepsilon_1, \varepsilon_2, \cdots, \varepsilon_m\},\ \varepsilon_i > 0$$

证： 对系统(9-4)的滑模面动态方程

$$\dot{s}(t) = C^{\mathrm{T}}\dot{z}(t) = C^{\mathrm{T}}\overline{A}z(t) + C^{\mathrm{T}}\overline{A}_d z(t-h) + u(t) + \overline{f}(z(t),t) \qquad (9\text{-}20)$$

选择到达律

$$\dot{s}(t) = -Ks(t) - \varepsilon\mathrm{sgn}(s(t)) \qquad\qquad (9\text{-}21)$$

比较式(9-20)和式(9-21)，得到

$$u(t) = -Ks(t) - \varepsilon\mathrm{sgn}(s(t)) - C^{\mathrm{T}}\overline{A}z(t) - C^{\mathrm{T}}\overline{A}_d z(t-h) - \overline{f}(z(t),t)$$

由于 $\overline{f}(z(t),t)$ 未知，选取控制 $u(t)$ 为

$$u(t) = -Ks(t) - \varepsilon\mathrm{sgn}(s(t)) - C^{\mathrm{T}}\overline{A}z(t) - C^{\mathrm{T}}\overline{A}_d z(t-h) - w \qquad (9\text{-}22)$$

其中，w 为待定向量。将式(9-22)代入式(9-20)，得

$$\dot{s}(t) = -Ks(t) - \varepsilon\mathrm{sgn}(s(t)) + \overline{f}(z(t),t) - w$$

写成分量形式为

$$\dot{s}_i(t) = -K_i s_i(t) - \varepsilon_i\mathrm{sgn}(s_i(t)) + \overline{f}_i(z(t),t) - w_i$$

于是

$$s_i(t)\dot{s}_i(t) = -K_i s_i^2(t) - \varepsilon_i s_i\mathrm{sgn}(s_i(t)) + s_i(t)\overline{f}_i(z(t),t) - s_i(t)w_i \qquad (9\text{-}23)$$

由于

$$\left|s_i(t)\overline{f}_i(z(t),t)\right| \leqslant |s_i(t)|\overline{\rho}_i(z(t),t) = s_i(t)\mathrm{sgn}(s_i(t))\overline{\rho}_i(z(t),t)$$

所以，若取 w_i 使得 $s_i(t)w_i = s_i(t)\mathrm{sgn}(s_i(t))\overline{\rho}_i(z(t),t)$ ，即

$$w_i = \overline{\rho}_i(z(t),t)\mathrm{sgn}(s_i(t))$$

则有

$$s_i(t)\dot{s}_i(t) \leqslant -K_i s_i^2(t) - \varepsilon_i|s_i(t)| < 0$$

到达条件满足。故式(9-19)是到达运动控制律。

注 9.5　在注 9.3 及定理 9.4 中设计的到达运动控制律中含有 $z(t-h)$ ，因此，控制律要求系统时滞是已知的常值。

例 9.2　考虑不确定时滞系统(9-1)，设系统参数为

$$A = \begin{bmatrix} -0.5 & 0.3 \\ 0.5 & -0.4 \end{bmatrix}, \quad A_d = \begin{bmatrix} 0.2 & -0.3 \\ -0.1 & -0.4 \end{bmatrix}, \quad B = \begin{bmatrix} 1 \\ 0 \end{bmatrix}, \quad \phi(t) = \begin{bmatrix} 1 \\ 5 \end{bmatrix}$$

$$\|f(x(t),t)\| \leqslant 0.8 |\sin t|, \quad h = 1$$

试设计系统的时滞相关滑模控制器。

解：借助例 9.1 中(1)的计算结果，选择 $C^{\mathrm{T}} = [L \quad 1]$，由定理 9.3 解得 $L = -0.086$，从而滑动模态系统(9-8)是渐近稳定的，并且滑模面函数为

$$s(t) = -0.086 z_1(t) + z_2(t) = x_1(t) - 0.086 x_2(t)$$

再利用注 9.4 中式(9-18)和定理 9.4 中式(9-19)分别设计到达运动控制律。

取 $\eta = 0.5$，由式(9-18)设计到达运动控制律为

$$\begin{aligned}
u_1(t) &= [-0.3344 \quad 0.5430] z(t) - [-0.2656 \quad 0.2086] z(t-1) \\
&\quad - (0.8 |\sin(t)| + 0.5) \mathrm{sgn}(s(t)) \\
&= [0.5430 \quad -0.3344] x(t) - [0.2086 \quad -0.2656] x(t-1) \\
&\quad - (0.8 |\sin(t)| + 0.5) \mathrm{sgn}(s(t))
\end{aligned}$$

取 $K = 0.5$，$\varepsilon = 1$，由式(9-19)设计到达运动控制律为

$$\begin{aligned}
u_2(t) &= [-0.3344 \quad 0.5430] z(t) - [-0.2656 \quad 0.2086] z(t-1) \\
&\quad - (1 + 0.8 |\sin(t)|) \mathrm{sgn}(s(t)) - 0.5 s(t) \\
&= [0.5430 \quad -0.3344] x(t) - [-0.2086 \quad 0.2656] x(t-1) \\
&\quad - (1 + 0.8 |\sin(t)|) \mathrm{sgn}(s(t)) - 0.5 s(t)
\end{aligned}$$

滑模控制效果如图 9.2、图 9.3 所示。

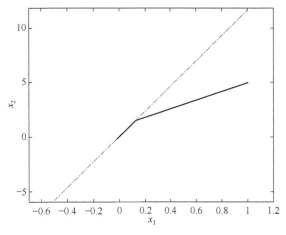

图 9.2　在到达运动控制律 $u_1(t)$ 作用下系统的滑模面及到达运动轨迹

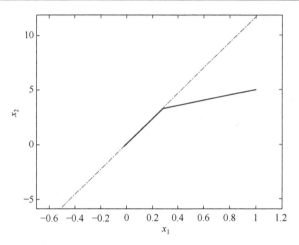

图 9.3　在到达运动控制律 $u_2(t)$ 作用下系统的滑模面及到达运动轨迹

9.2　非匹配不确定时滞系统的滑模控制器

考虑不确定时滞系统

$$\dot{x}(t) = (A + \Delta A(t))x(t) + (A_d + \Delta A_d(t))x(t-h) + Bu(t) + \xi(x(t),t)$$
$$x(t) = \phi(t), \quad t \in [-h, 0]$$

$$(9\text{-}24)$$

其中，$x(t) \in \mathbf{R}^n$、$u(t) \in \mathbf{R}^m$ 分别为系统的状态向量和控制输入，$\xi(x(t),t)$ 表示系统的不确定性(包含外部扰动)，$\phi(t) \in \mathbf{R}^n$ 为初值状态；A、A_d、B 为具有相应维数的常值矩阵且 B 为列满秩的，$h \geqslant 0$ 为时滞常数(已知或未知但有界)，$\Delta A(t)$、$\Delta A_d(t)$ 为相应维数的不确定矩阵。

假设：(1)不确定函数 $\xi(x(t),t)$ 满足匹配条件且有界，即

$$\xi(x(t),t) = Bf(x(t),t)$$

$$(9\text{-}25)$$

且

$$\left\| f(x(t),t) \right\| \leqslant \rho(x(t),t)$$

$$(9\text{-}26)$$

这里，$f(x(t),t) = (f_1(x(t),t)\ f_2(x(t),t)\ \cdots\ f_m(x(t),t))^{\mathrm{T}}$，$\rho(x(t),t) \geqslant 0$ 是已知的标量函数。

(2) 不确定参数矩阵 $\Delta A(t)$、$\Delta A_d(t)$ 满足范数有界不确定性，即

$$[\Delta A(t)\ \ \Delta A_d(t)] = DF(t)[E\ \ E_d]$$

$$(9\text{-}27)$$

这里，D、E、E_d 是适当维数的常值矩阵，$F(t)$ 是相应维数的未知时变矩阵且满足 $F^{\mathrm{T}}(t)F(t) \leqslant I$。

对系统(9-24)，设计滑模面

$$s(t) = B^{\mathrm{T}} X^{-1} x(t) = 0 \tag{9-28}$$

其中，$X \in \mathbf{R}^{n \times n}$ 为待定的对称正定矩阵。

引入状态变换

$$z(t) = \begin{bmatrix} z_1(t) \\ z_2(t) \end{bmatrix} = Tx(t) = \begin{bmatrix} B^{\perp \mathrm{T}} \\ B^{\mathrm{T}} X^{-1} \end{bmatrix} x(t) \tag{9-29}$$

得系统

$$\begin{aligned} &\dot{z}(t) = \hat{A}(t)z(t) + \hat{A}_d(t)z(t-h) + \hat{B}(u(t) + \hat{f}(z(t),t)) \\ &z(t) = \hat{\phi}(t), \quad t \in [-h, 0] \end{aligned} \tag{9-30}$$

其中

$$T^{-1} = [XB^{\perp}(B^{\perp \mathrm{T}} XB^{\perp})^{-1} \quad B(B^{\mathrm{T}} X^{-1} B)^{-1}], \quad \hat{A}(t) = T(A + \Delta A(t))T^{-1}$$

$$\hat{A}_d(t) = T(A_d + \Delta A_d(t))T^{-1}, \quad \hat{B} = TB, \quad \hat{f}(z(t),t) = f(T^{-1}z(t),t), \quad \hat{\phi}(t) = T\phi(t)$$

$B^{\perp} \in R^{n \times (n-m)}$ 为 B 的正交矩阵，满足 $B^{\perp \mathrm{T}} B = 0$ 及 $B^{\perp \mathrm{T}} B^{\perp} = I$。

由 $\hat{B} = TB = [0 \quad B^{\mathrm{T}} X^{-1} B]^{\mathrm{T}}$，系统(9-30)进一步可写成

$$\begin{aligned} \dot{z}_1(t) &= \hat{A}_{11}(t)z_1(t) + \hat{A}_{12}(t)z_2(t) + \hat{A}_{d11}(t)z_1(t-h) + \hat{A}_{d12}(t)z_2(t-h) \\ \dot{z}_2(t) &= \hat{A}_{21}(t)z_1(t) + \hat{A}_{22}(t)z_2(t) + \hat{A}_{d21}(t)z_1(t-h) + \hat{A}_{d22}(t)z_2(t-h) \\ &\quad + B^{\mathrm{T}} X^{-1} B(u(t) + \hat{f}(z(t),t)) \\ z(t) &= \hat{\phi}(t), \quad t \in [-h, 0] \end{aligned} \tag{9-31}$$

其中，$z_1(t) \in \mathbf{R}^{n-m}$，$z_2(t) \in \mathbf{R}^m$，$\left\| \hat{f}(z(t),t) \right\| \leqslant \hat{\rho}(z(t),t) = \rho(T^{-1}z(t),t)$，以及

$$\hat{A}(t) = \begin{bmatrix} \hat{A}_{11}(t) & \hat{A}_{12}(t) \\ \hat{A}_{21}(t) & \hat{A}_{22}(t) \end{bmatrix}, \quad \hat{A}_d(t) = \begin{bmatrix} \hat{A}_{d11}(t) & \hat{A}_{d12}(t) \\ \hat{A}_{d21}(t) & \hat{A}_{d22}(t) \end{bmatrix}, \quad \hat{\phi}(t) = \begin{bmatrix} \hat{\phi}_1(t) \\ \hat{\phi}_2(t) \end{bmatrix}$$

并且

$$\hat{A}(t) = \begin{bmatrix} B^{\perp \mathrm{T}}(A + \Delta A(t))XB^{\perp}(B^{\perp \mathrm{T}} XB^{\perp})^{-1} & B^{\perp \mathrm{T}}(A + \Delta A(t))B(B^{\mathrm{T}} X^{-1} B)^{-1} \\ B^{\mathrm{T}} X^{-1}(A + \Delta A(t))XB^{\perp}(B^{\perp \mathrm{T}} XB^{\perp})^{-1} & B^{\mathrm{T}} X^{-1}(A + \Delta A(t))B(B^{\mathrm{T}} X^{-1} B)^{-1} \end{bmatrix}$$

$$\hat{A}_d(t) = \begin{bmatrix} B^{\perp \mathrm{T}}(A_d + \Delta A_d(t))XB^{\perp}(B^{\perp \mathrm{T}} XB^{\perp})^{-1} & B^{\perp \mathrm{T}}(A_d + \Delta A_d(t))B(B^{\mathrm{T}} X^{-1} B)^{-1} \\ B^{\mathrm{T}} X^{-1}(A_d + \Delta A_d(t))XB^{\perp}(B^{\perp \mathrm{T}} XB^{\perp})^{-1} & B^{\mathrm{T}} X^{-1}(A_d + \Delta A_d(t))B(B^{\mathrm{T}} X^{-1} B)^{-1} \end{bmatrix}$$

由滑模面函数定义及状态变换(9-29)，$z_2(t) = B^{\mathrm{T}} X^{-1} x(t) = s(t)$，于是，在滑模面上有 $z_2(t) = 0$，进而由式(9-31)知滑模动态系统成为

$$\dot{z}_1(t) = \hat{A}_{11}(t)z_1(t) + \hat{A}_{d11}(t)z_1(t-h) \tag{9-32}$$

因此,我们需要寻找对称正定矩阵 X 使滑动模态系统(9-32)是鲁棒渐近稳定的。

定理 9.5　假设矩阵对 (A, B) 是可控的, 对于不确定时滞系统(9-24)和滑模面(9-28),如果存在对称正定矩阵 X、$W \in \mathbf{R}^{n \times n}$ 和正数 $\varepsilon > 0$ 满足如下 LMI

$$
\begin{bmatrix}
B^{\perp \mathrm{T}} X A^{\mathrm{T}} B^{\perp} + B^{\perp \mathrm{T}} A X B^{\perp} + W & B^{\perp \mathrm{T}} A_d X B^{\perp} & \varepsilon B^{\perp \mathrm{T}} D & B^{\perp \mathrm{T}} X E^{\mathrm{T}} \\
* & -W & 0 & B^{\perp \mathrm{T}} X E_d^{\mathrm{T}} \\
* & * & -\varepsilon I & 0 \\
* & * & * & -\varepsilon I
\end{bmatrix} < 0 \quad (9\text{-}33)
$$

则滑模动态系统(9-32)是鲁棒渐近稳定的。

证: 对系统(9-32),选择 Lyapunov-Krasovskii 泛函

$$
V(t, z_{1t}) = z_1^{\mathrm{T}}(t) P z_1(t) + \int_{t-h}^{t} z_1^{\mathrm{T}}(s) Q z_1(s) \mathrm{d}s \quad (9\text{-}34)
$$

其中, P 和 Q 是待定的对称正定矩阵。

沿着系统(9-32),有

$$
\begin{aligned}
\dot{V}(t, z_{1t})\big|_{(9\text{-}32)} &= z_1^{\mathrm{T}}(t)\{\hat{A}_{11}^{\mathrm{T}}(t) P + P\hat{A}_{11}(t) + Q\} z_1(t) + 2 z_1^{\mathrm{T}}(t) P \hat{A}_{d11}(t) z_1(t-h) \\
&\quad - z_1^{\mathrm{T}}(t-h) Q z_1(t-h)
\end{aligned} \quad (9\text{-}35)
$$

由式(9-35), $\dot{V}(t, z_{1t})\big|_{(9\text{-}32)} < 0$ 的充分条件是

$$
\begin{bmatrix}
\hat{A}_{11}^{\mathrm{T}}(t) P + P\hat{A}_{11}(t) + Q & P\hat{A}_{d11}(t) \\
* & -Q
\end{bmatrix} < 0
$$

取 $P = (B^{\perp \mathrm{T}} X B^{\perp})^{-1}$, 利用矩阵 $\mathrm{diag}\{P^{-1}, P^{-1}\}$ 对该式作合同变换, 并记 $P^{-1} Q P^{-1} = W$, 则该式等价于

$$
M_2 = \begin{bmatrix}
B^{\perp \mathrm{T}} X (A + \Delta A)^{\mathrm{T}} B^{\perp} + B^{\perp \mathrm{T}} (A + \Delta A) X B^{\perp} + W & B^{\perp \mathrm{T}} (A_d + \Delta A_d) X B^{\perp} \\
* & -W
\end{bmatrix} < 0
$$

应用引理 B.8, $M_2 < 0$ 等价于存在正数 $\varepsilon > 0$, 使得

$$
\begin{bmatrix}
B^{\perp \mathrm{T}} X A^{\mathrm{T}} B^{\perp} + B^{\perp \mathrm{T}} A X B^{\perp} + W & B^{\perp \mathrm{T}} A_d X B^{\perp} \\
* & -W
\end{bmatrix}
$$

$$
+ \varepsilon \begin{bmatrix} B^{\perp \mathrm{T}} D \\ 0 \end{bmatrix} [D^{\mathrm{T}} B^{\perp} \quad 0] + \varepsilon^{-1} \begin{bmatrix} B^{\perp \mathrm{T}} X E^{\mathrm{T}} \\ B^{\perp \mathrm{T}} X E_d^{\mathrm{T}} \end{bmatrix} [E X B^{\perp} \quad E_d X B^{\perp \mathrm{T}}] < 0
$$

再利用 Schur 补引理, 该式等价于存在正数 $\varepsilon > 0$ 使得式(9-33)成立。因此, 若式(9-33)有解, 则滑模动态系统(9-32)鲁棒渐近稳定。

注 9.6 定理9.5中条件(9-33)与时滞不相关,因此滑模面(9-28)也与时滞无关。下面考虑滑模动态系统(9-32)的时滞相关稳定性判别问题。

定理 9.6 假设矩阵对 $(A+A_d, B)$ 是可控的。对于不确定时滞系统(9-24)和滑模面(9-28),如果存在对称正定矩阵 $X \in \mathrm{R}^{n \times n}$ 和正数 ε_1、$\varepsilon_2 > 0$ 满足如下 LMI

$$
\begin{bmatrix}
M & N_0 & N_1 & N_2 \\
* & -\Theta_0 & N_3 & N_4 \\
* & * & -\Theta_1 & 0 \\
* & * & * & -\Theta_2
\end{bmatrix} < 0 \tag{9-36}
$$

则滑模动态系统(9-32)对任意允许的不确定性是渐近稳定的。其中

$$M = B^{\perp \mathrm{T}} X (A+A_d)^{\mathrm{T}} B^{\perp} + B^{\perp \mathrm{T}} (A+A_d) X B^{\perp}$$

$$\Theta_0 = \mathrm{diag}\{hB^{\perp \mathrm{T}} X B^{\perp}, hB^{\perp \mathrm{T}} X B^{\perp}\}, \ \Theta_1 = \mathrm{diag}\{\varepsilon_1 I, \varepsilon_1 I\}, \ \Theta_2 = \mathrm{diag}\{\varepsilon_2 I, \varepsilon_2 I\}$$

$$N_0 = [hB^{\perp \mathrm{T}} X A_d^{\mathrm{T}} B^{\perp} \quad hB^{\perp \mathrm{T}} X (A+A_d)^{\mathrm{T}} B^{\perp}]$$

$$N_1 = [\varepsilon_1 B^{\perp \mathrm{T}} D \quad B^{\perp \mathrm{T}} X (E+E_d)^{\mathrm{T}}], \quad N_2 = [0 \quad B^{\perp \mathrm{T}} X E_d^{\mathrm{T}}]$$

$$N_3 = \begin{bmatrix} 0 & 0 \\ \varepsilon_1 h B^{\perp \mathrm{T}} D & 0 \end{bmatrix}, \quad N_4 = \begin{bmatrix} \varepsilon_2 h B^{\perp \mathrm{T}} D & 0 \\ 0 & 0 \end{bmatrix}$$

证: 类似于定理 9.3,选取 Lyapunov-Krasovskii 泛函

$$V(t, z_{1t}) = y_2^{\mathrm{T}}(t) P y_2(t) + \int_{-h}^{0} \int_{t+\theta}^{t} z_1^{\mathrm{T}}(s) Q z_1(s) \mathrm{d}s \mathrm{d}\theta \tag{9-37}$$

其中,$y_2(t) = z_1(t) + \int_{t-h}^{t} \hat{A}_{d11}(s) z_1(s) \mathrm{d}s$,$P$、$Q \in \mathrm{R}^{(n-m) \times (n-m)}$ 是待定的对称正定矩阵。

注意到 $\dot{y}_2(t) = (\hat{A}_{11}(t) + \hat{A}_{d11}(t)) z_1(t)$,对式(9-37)沿着系统(9-32)求全导数,得

$$
\begin{aligned}
\dot{V}(t, z_{1t})\big|_{(9-32)} = {} & z_1^{\mathrm{T}}(t)\{(\hat{A}_{11}(t) + \hat{A}_{d11}(t))^{\mathrm{T}} P + P(\hat{A}_{11}(t) + \hat{A}_{d11}(t)) + hQ\} z_1(t) \\
& + 2z_1^{\mathrm{T}}(t)(\hat{A}_{11}(t) + \hat{A}_{d11}(t))^{\mathrm{T}} P \int_{t-h}^{t} \hat{A}_{d11}(s) z_1(s) \mathrm{d}s \\
& - \int_{t-h}^{t} z_1^{\mathrm{T}}(s) Q z_1(s) \mathrm{d}s
\end{aligned} \tag{9-38}
$$

由引理 B.4,有

$$
\begin{aligned}
& 2z_1^{\mathrm{T}}(t)(\hat{A}_{11}(t) + \hat{A}_{d11}(t))^{\mathrm{T}} P \int_{t-h}^{t} \hat{A}_{d11}(s) z_1(s) \mathrm{d}s \\
& \leqslant h z_1^{\mathrm{T}}(t)(\hat{A}_{11}(t) + \hat{A}_{d11}(t))^{\mathrm{T}} P (\hat{A}_{11}(t) + \hat{A}_{d11}(t)) z_1(t) \\
& \quad + \int_{t-h}^{t} z_1^{\mathrm{T}}(s) \hat{A}_{d11}^{\mathrm{T}}(s) P \hat{A}_{d11}(s) z_1(s) \mathrm{d}s
\end{aligned}
$$

将该式代入(9-38)式，并选取 $Q = \hat{A}_{d11}^{\mathrm{T}}(t)P\hat{A}_{d11}(t)$，得

$$\dot{V}(t,z_{1t})\big|_{(9-32)} \leqslant z_1^{\mathrm{T}}(t)\{(\hat{A}_{11}(t)+\hat{A}_{d11}(t))^{\mathrm{T}}P + P(\hat{A}_{11}(t)+\hat{A}_{d11}(t))$$
$$+h(\hat{A}_{11}(t)+\hat{A}_{d11}(t))^{\mathrm{T}}P(\hat{A}_{11}(t)+\hat{A}_{d11}(t)) \qquad (9\text{-}39)$$
$$+h\hat{A}_{d11}^{\mathrm{T}}(t)P\hat{A}_{d11}(t)\}z_1(t)$$

于是 $\dot{V}(t,z_{1t})\big|_{(9-32)} < 0$ 的充分条件是

$$(\hat{A}_{11}(t)+\hat{A}_{d11}(t))^{\mathrm{T}}P + P(\hat{A}_{11}(t)+\hat{A}_{d11}(t)) + h\hat{A}_{d11}^{\mathrm{T}}(t)P\hat{A}_{d11}(t)$$
$$+h(\hat{A}_{11}(t)+\hat{A}_{d11}(t))^{\mathrm{T}}P(\hat{A}_{11}(t)+\hat{A}_{d11}(t)) < 0$$

利用 Schur 补引理，该式等价于

$$\begin{bmatrix} (\hat{A}_{11}(t)+\hat{A}_{d11}(t))^{\mathrm{T}}P + P(\hat{A}_{11}(t)+\hat{A}_{d11}(t)) & h\hat{A}_{d11}^{\mathrm{T}}(t)P & h(\hat{A}_{11}(t)+\hat{A}_{d11}(t))^{\mathrm{T}}P \\ * & -hP & 0 \\ * & * & -hP \end{bmatrix} < 0$$
$$(9\text{-}40)$$

利用矩阵 $\mathrm{diag}\{P^{-1},P^{-1},P^{-1}\}$ 对式(9-40)作合同变换，得等价的不等式

$$\begin{bmatrix} P^{-1}(\hat{A}_{11}(t)+\hat{A}_{d11}(t))^{\mathrm{T}} + (\hat{A}_{11}(t)+\hat{A}_{d11}(t))P^{-1} & hP^{-1}\hat{A}_{d11}^{\mathrm{T}}(t) & hP^{-1}(\hat{A}_{11}(t)+\hat{A}_{d11}(t))^{\mathrm{T}} \\ * & -hP^{-1} & 0 \\ * & * & -hP^{-1} \end{bmatrix} < 0$$
$$(9\text{-}41)$$

取 $P = (B^{\perp \mathrm{T}}XB^{\perp})^{-1}$，并利用不确定条件(9-27)，得

$$\begin{bmatrix} B^{\perp \mathrm{T}}X(A+A_d)^{\mathrm{T}}B^{\perp} + B^{\perp \mathrm{T}}(A+A_d)XB^{\perp} & hB^{\perp \mathrm{T}}XA_d^{\mathrm{T}}B^{\perp} & hB^{\perp \mathrm{T}}X(A+A_d)^{\mathrm{T}}B^{\perp} \\ * & -hB^{\perp \mathrm{T}}XB^{\perp} & 0 \\ * & * & -hB^{\perp \mathrm{T}}XB^{\perp} \end{bmatrix}$$
$$+ \begin{bmatrix} B^{\perp \mathrm{T}}D \\ 0 \\ hB^{\perp \mathrm{T}}D \end{bmatrix} F\left[(E+E_d)XB^{\perp} \quad 0 \quad 0 \right] + \left[(E+E_d)XB^{\perp} \quad 0 \quad 0 \right]^{\mathrm{T}} F^{\mathrm{T}} \begin{bmatrix} B^{\perp \mathrm{T}}D \\ 0 \\ hB^{\perp \mathrm{T}}D \end{bmatrix}^{\mathrm{T}}$$
$$+ \begin{bmatrix} 0 \\ hB^{\perp \mathrm{T}}D \\ 0 \end{bmatrix} F\left[E_d XB^{\mathrm{T}} \quad 0 \quad 0 \right] + \left[E_d XB^{\mathrm{T}} \quad 0 \quad 0 \right]^{\mathrm{T}} F^{\mathrm{T}} \begin{bmatrix} 0 \\ hB^{\perp \mathrm{T}}D \\ 0 \end{bmatrix}^{\mathrm{T}} < 0 \qquad (9\text{-}42)$$

利用引理 B.8，式(9-42)等价于存在 $\varepsilon_1 > 0$、$\varepsilon_2 > 0$，使得

$$
\begin{bmatrix} B^{\perp T}X(A+A_d)^T B^{\perp} + B^{\perp T}(A+A_d)XB^{\perp} & hB^{\perp T}XA_d^T B^{\perp} & hB^{\perp T}X(A+A_d)^T B^{\perp} \\ * & -hB^{\perp T}XB^{\perp} & 0 \\ * & * & -hB^{\perp T}XB^{\perp} \end{bmatrix}
$$

$$
+\varepsilon_1 \begin{bmatrix} B^{\perp T}D \\ 0 \\ hB^{\perp T}D \end{bmatrix} [D^T B^{\perp} \quad 0 \quad hD^T B^{\perp}] + \varepsilon_1^{-1} \begin{bmatrix} B^{\perp T}X(E+E_d)^T \\ 0 \\ 0 \end{bmatrix} [(E+E_d)XB^{\perp} \quad 0 \quad 0]
$$

$$
+\varepsilon_2 \begin{bmatrix} 0 \\ hB^{\perp T}D \\ 0 \end{bmatrix} [0 \quad hD^T B^{\perp} \quad 0] + \varepsilon_2^{-1} \begin{bmatrix} B^{\perp T}XE_d^T \\ 0 \\ 0 \end{bmatrix} [E_d XB^{\perp} \quad 0 \quad 0] < 0 \tag{9-43}
$$

再次利用 Schur 补引理，得到与该式等价的线性矩阵不等式(9-36)。因此，若式(9-36)有解，则滑模动态系统(9-32)对任意允许的不确定性渐近稳定。

定理 9.7　对于不确定时滞系统(9-24)及滑模面(9-28)，如下控制律

$$
\begin{aligned} u(t) = &-(B^T X^{-1}B)^{-1}(Ks(t)+\varepsilon \operatorname{sgn}(s(t))) \\ &-(B^T X^{-1}B)^{-1}B^T X^{-1}(Ax(t)+A_d x(t-h)) - \hat{\rho}(t)\operatorname{sgn}(s(t)) \end{aligned} \tag{9-44}
$$

是系统的到达运动控制律。其中，X 由定理 9.6 给出，$\hat{\rho}(t) = \operatorname{diag}\{\hat{\rho}_1(t), \hat{\rho}_2(t), \cdots, \hat{\rho}_m(t)\}$，以及

$$
\hat{\rho}_i(t) = \left\| (B^T X^{-1}D)_i \right\| (\|E\|\|x(t)\| + \|E_d\|\|x(t-h)\|) + \rho(x(t),t)
$$

$$
K = \operatorname{diag}\{k_1, k_2, \cdots, k_m\}, \quad k_i > 0, \quad \varepsilon = \operatorname{diag}\{\varepsilon_1, \varepsilon_2, \cdots, \varepsilon_m\}, \quad \varepsilon_i > 0
$$

证： 系统(9-24)的滑模面动态方程

$$
\dot{s}(t) = B^T X^{-1}\{(A+\Delta A(t))x(t) + (A_d + \Delta A_d(t))x(t-h) + B(u(t)+f(x(t),t))\} \tag{9-45}
$$

选择到达律

$$
\dot{s}(t) = -Ks(t) - \varepsilon \operatorname{sgn}(s(t)) \tag{9-46}
$$

比较式(9-45)和式(9-46)，得到

$$
\begin{aligned} u(t) = &-(B^T X^{-1}B)^{-1}(Ks(t)+\varepsilon \operatorname{sgn}(s(t))) - (B^T X^{-1}B)^{-1}B^T X^{-1}(Ax(t)+A_d x(t-h)) \\ &-(B^T X^{-1}B)^{-1}B^T X^{-1}DF(t)(Ex(t)+E_d x(t-h)) - f(x(t),t) \end{aligned} \tag{9-47}
$$

由于式(9-47)中存在不确定性 $F(t)$ 和未知项 $f(x(t),t)$，选取控制 $u(t)$ 为

$$u(t) = -(B^{\mathrm{T}}X^{-1}B)^{-1}(Ks(t) + \varepsilon \mathrm{sgn}(s(t))) - (B^{\mathrm{T}}X^{-1}B)^{-1}B^{\mathrm{T}}X^{-1}(Ax(t) + A_d x(t-h)) - w$$

(9-48)

其中，w 为待定向量。将式(9-48)代入式(9-45)，得到

$$\dot{s}(t) = -Ks(t) - \varepsilon \mathrm{sgn}(s(t)) - (w - B^{\mathrm{T}}X^{-1}DF(t)(Ex(t) + E_d x(t-h)) - f(x(t),t))$$

(9-49)

写成分量形式为

$$\dot{s}_i(t) = -k_i s_i(t) - \varepsilon_i \mathrm{sgn}(s_i(t)) - (w_i - \varphi_i(t) - f_i(x(t),t))$$ (9-50)

其中，$\varphi_i(t) = (B^{\mathrm{T}}X^{-1}D)_i F(t)(Ex(t) + E_d x(t-\tau))$。于是

$$s_i(t)\dot{s}_i(t) = -k_i s_i^2(t) - \varepsilon_i s_i(t)\mathrm{sgn}(s_i(t)) + s_i(t)(\varphi_i + f_i(x(t),t)) - s_i(t)w_i$$ (9-51)

注意到 $\left| s_i(t)(\varphi_i(t) + f_i(x,t)) \right| \leqslant \left| s_i(t) \right| \hat{\rho}_i(t)$，由式(9-51)，若选取

$$w_i = \hat{\rho}_i(t)\mathrm{sgn}(s_i(t))$$

则有

$$s_i(t)\dot{s}_i(t) = -k_i s_i^2(t) - \varepsilon_i \left| s_i(t) \right| + s_i(t)(\varphi_i(t) + f_i(x(t),t)) - \hat{\rho}_i(t)\left| s_i(t) \right| < 0$$

即满足滑模面到达条件。故式(9-44)是到达运动控制律。

注 9.7　定理 9.6 给出了滑动模态系统时滞相关鲁棒渐近稳定的充分条件，定理 9.7 设计了时滞相关到达控制律(9-44)。另外，控制律中的 $\hat{\rho}_i(t)$ 还可选取如下形式之一：

$$\hat{\rho}_i(t) = \left\| (B^{\mathrm{T}}X^{-1}D)_i \right\| (\left\| Ex(t) \right\| + \left\| E_d x(t-h) \right\|) + \rho(x(t),t)$$

$$\hat{\rho}_i(t) = \left\| (B^{\mathrm{T}}X^{-1}D)_i \right\| \left\| Ex(t) + E_d x(t-h) \right\| + \rho(x(t),t)$$

例 9.3　考虑不确定时滞系统(9-24)，设系统参数为

$$A = \begin{bmatrix} -0.5 & 0.3 \\ 0.5 & -0.4 \end{bmatrix}, \quad A_d = \begin{bmatrix} 0.2 & -0.3 \\ -0.1 & -0.4 \end{bmatrix}, \quad B = \begin{bmatrix} 1 \\ 0 \end{bmatrix}, \quad \phi(t) = \begin{bmatrix} 2 \\ 2 \end{bmatrix}$$

$$\left\| f(x(t),t) \right\| \leqslant 0.8 \left| \sin t \right|, \quad h = 1$$

$$D = \begin{bmatrix} 0.1 & 0.1 & 0.1 & 0.1 \\ 0 & 0 & 0.1 & 0 \end{bmatrix}, \quad E = \begin{bmatrix} 0.1 & 0 & 0.1 & 0.1 \\ 0.4 & 0.1 & 0 & 0.2 \end{bmatrix}^{\mathrm{T}}, \quad E_d = \begin{bmatrix} 0 & 0.1 & 0 & 0 \\ 0.1 & 0 & 0 & 0.1 \end{bmatrix}^{\mathrm{T}}$$

$$F(t) = \mathrm{diag}\{\delta_1(t), \delta_2(t), \delta_3(t), \delta_4(t)\}$$

其中，$\left| \delta_i(t) \right| \leqslant 1$。利用定理 9.6 和定理 9.7 设计系统的时滞相关滑模面及到达控制律。

解：注意 $B^{\perp} = \begin{bmatrix} 0 \\ 1 \end{bmatrix}$，求解定理 9.6 之 LMI(9-36)，得 $X = \begin{bmatrix} 1.3002 & 0.0793 \\ 0.0793 & 0.7737 \end{bmatrix}$ 及

滑模面函数

$$s(t) = B^{\mathrm{T}} X^{-1} x(t) = 1.3002 x_1(t) + 0.00793 x_2(t)$$

选择到达律 $\dot{s}(t) = -s(t) - 1.5 \mathrm{sgn}(s(t))$，利用定理 9.7 之式(9-44)得到达控制律

$$u(t) = -1.2718s - [0.5512 \quad 0.3410]x(t) - [0.2102 \quad -0.2590]x(t-1)$$

$$-(0.0721\|x(t)\| + 0.0214\|x(t-1)\| + 0.8|\sin(t)| - 1.9381)\mathrm{sgn}(s(t))$$

滑模控制效果如图 9.4 所示。

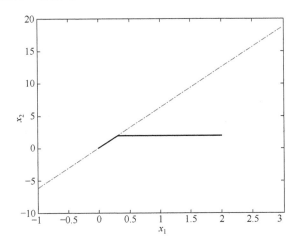

图 9.4　系统的滑模面及到达运动轨迹

9.3　本 章 小 结

本章介绍了具有匹配不确定性和非匹配不确定性的时滞系统的鲁棒滑模控制器设计方法，通过特殊的状态变换将系统化成简约型，分别提出了时滞无关和时滞相关的充分条件以保证滑动模态(鲁棒)渐近稳定性，并分别基于 Lyapunov 方法和到达律方法设计了到达运动控制律。

参 考 文 献

[1] 黄琳. 稳定性与鲁棒性的理论基础. 北京: 科学出版社, 2003

[2] 段广仁. 线性系统理论. 第 2 版. 哈尔滨: 哈尔滨工业大学出版社, 2004

[3] 王朝珠, 秦化淑. 最优控制理论. 北京: 科学出版社, 2003

[4] 廖晓昕. 动力系统的稳定性理论和应用. 北京: 国防工业出版社, 2000

[5] 褚健, 俞立, 苏宏业. 鲁棒控制理论及应用. 杭州: 浙江大学出版社, 2000

[6] 吴敏, 何勇, 佘锦华. 鲁棒控制理论. 北京: 高等教育出版社, 2010

[7] 孙继广. 矩阵扰动分析. 北京: 科学出版社, 1987

[8] Barmish B R, Kang H I. A survey of extreme point results for robustness of control systems. Automatica, 1993, 29(1): 13-35

[9] Patel R V, Toda M. Quantitative measures of robustness for multivariable systems. Proceedings of Journal of Environmental Science and Health, 1980

[10] Yedavalli R K. Perturbation bounds for robust stability in linear state space models. International Journal of Control, 1985, 42(6): 1507-1517

[11] Zhou K, Khargonekar P P. Stability robustness bounds for linear state-space models with structured uncertainty. IEEE Transactions on Automatic Control, 1987, 32(7): 621-623

[12] Petersen I R, Hollot C V. A Riccati equation approach to the stabilization of uncertain linear systems. Automatica, 1986, 22(4): 397-411

[13] Tsay S C. Robust control for linear uncertain systems via linear quadratic state feedback. Systems & Control Letters, 1990, 15(3): 199-205

[14] Chang S S L, Peng T K C. Adaptive guaranteed cost control of systems with uncertain parameters. IEEE Transactions on Automatic Control, 1972, 17(4): 474-483

[15] Gutman S, Palmor Z. Properties of min-max controllers in uncertain dynamical systems. SIAM Journal on Control and Optimization, 1982, 20(6): 850-861

[16] Utkin V I. Variable structure systems with sliding modes. IEEE Transactions on Automatic Control, 1977, 22(2): 211-222

[17] Zames G. Feedback and optimal sensitivity: Model reference transformations, multiplicative seminorms, and approximate inverses. IEEE Transactions on Automatic Control, 1981, 26(2): 301-320

[18] Foo Y K, Soh Y C. Robustness analysis of matrices with highly structured uncertainties. IEEE Transactions on Automatic Control, 1992, 37(12): 1974-1976

[19] Yedavalli R K. Flight control application of new stability robustness bounds for linear uncertain systems. Journal of Guidance Control and Dynamics, 1993, 16(6): 1032-1037

[20] Chen H G, Han K W. Improved quantitative measures of robustness for multivariable systems. IEEE Transactions on Automatic Control, 1994, 39(4): 807-810

[21] Xu S J, Darouach M. On the robustness of linear systems with nonlinear uncertain parameters. Automatica, 1998, 34(8): 1005-1008

[22] 惠俊军, 张合新, 孔祥玉, 等. 混合变时滞不确定中立型系统鲁棒稳定性分析. 控制与决策, 2014, 29(12): 2259-2264

[23] 王通, 董朝阳, 王青, 等. 凸多面体不确定系统的符号稳定性分析. 控制理论与应用, 2015, 32(1): 35-42

[24] Aghayan Z S, Alfi A, Mousavi Y, et al. Criteria for stability and stabilization of variable fractional-order uncertain neutral systems with time-varying delay: Delay-dependent analysis. IEEE Transactions on Circuits and Systems II: Express Briefs, 2023, 70(9): 3393-3397

[25] Leitmann G. Guaranteed asymptotic stability for some linear systems with bounded uncertainties. Journal of Dynamic Systems Measurement and Control, 1979, 101(3): 212-216

[26] Leitmann G. On the efficacy of nonlinear control in uncertain linear systems. Journal of Dynamic Systems Measurement and Control, 1981, 103(2): 95-102

[27] Hu J, Zhang P P, Kao Y G, et al. Sliding mode control for Markovian jump repeated scalar nonlinear systems with packet dropouts: The uncertain occurrence probabilities case, Applied Mathematics and Computation, 2019, 362: 124574

[28] Zhang X F, Wang Z. Stability and robust stabilization of uncertain switched fractional order systems. ISA Transactions, 2020, 103: 1-9

[29] Wu H J, Li C D, Wang Y N, et al. Robust stabilization of uncertain switched nonlinear systems with hybrid saturated inputs. IEEE Transactions on Systems, Man, and Cybernetics: Systems, 2023, 53(8): 5084-5095

[30] Chen W B, Gao F, Xu S Y, et al. Robust stabilization for uncertain singular Markovian jump systems via dynamic output-feedback control. Systems & Control Letters, 2023, 171: 105433

[31] Ni M L, Wu H X. A Riccati equation approach to the design of linear robust controllers. Automatica, 1993, 29(6): 1603-1605

[32] Wu H, Mizukami K. Robust stabilization of uncertain linear dynamical systems. International Journal of Systems Science, 1993, 24(2): 265-276

[33] Cao Y Y, Sun Y X. Static output feedback simultaneous stabilization: ILMI approach. International Journal of Control, 1998, 70(5): 803-814

[34] 毛维杰, 孙优贤. 不确定线性系统输出反馈鲁棒镇定的充要条件. 控制与决策, 1998, 13(1): 59-62

[35] Hassan M F, Alrifai M T, Soliman H M, et al. Observer-based controller for constrained uncertain stochastic nonlinear discrete-time systems. International Journal of Robust and Nonlinear Control, 2016, 26(10): 2090-2115

[36] Barmish B R. Necessary and sufficient conditions for quadratic stabilizability of an uncertain system. Journal of Optimal Theory and Applications, 1985, 46: 399-408

[37] Corless M. Robust Stability Analysis and Controller Design with Quadratic Lyapunov Functions: In Variable Structure and Lyapunov Control. London: Springer-Verlag, 1994

[38] Khargonekar P P, Petersen I R, Zhou K. Robust stabilization of uncertain linear systems: Quadratic stabilizability and H_∞ control theory. IEEE Transactions on Automatic Control, 1990,

35(3): 356-361

[39] Amato F, Pirronti A, Scala A. Necessary and sufficient conditions for quadratic stability and stabilizability of uncertain linear time-varying systems. IEEE Transaction on Automatic Control, 1996, 41(1): 125-128

[40] Jennawasin T, Banjerdpongchai D. Iterative LMI approach to robust static output feedback control of uncertain polynomial systems with bounded actuators. Automatica, 2021, 123: 109292

[41] Shi P, Boukas E K, Shi Y, et al. Optimal guaranteed cost control of uncertain discrete time-delay systems. Journal of Computational and Applied Mathematics, 2003, 157(2): 435-451

[42] France B A. A Course in H_∞ Control Theory: Lecture Notes in Control and Information Science. New York: Springer-Verlag, 1987

[43] Doyle J C, Glover K, Khargonekor P P, et al. State-space solutions to standard H_2 and H_∞ control problems. IEEE Transactions on Automatic Control, 1989, 34(8): 831-847

[44] Iwasaki T, Skelton R E. All controllers for the general H_∞ control problem: LMI existence conditions and state space formulas. Automatica, 1994, 30(8): 1307-1317

[45] Shi G J, Zhou Y, Yang C W. An algebraic approach to robust H_∞ control via state feedback. Systems & Control Letters, 1992, 18(5): 365-370

[46] Sampei M, Mita T, Nakamichi M. An algebraic approach to H_∞ output feedback control problems. Systems & Control Letters, 1990, 14(1): 13-24

[47] Xie L, Fu M, de Souza C E. H_∞ control and quadratic stabilization of systems with parameter uncertainty via output feedback. IEEE Transactions on Automatic Control, 1992, 37(8): 1253-1256

[48] 吴敏, 桂卫华, 郭海蛟, 等. 基于状态观测器的 H_∞ 状态反馈控制. 控制理论与应用, 1992, 9(6): 660-665

[49] Xie L, de Souza C E. Robust H_∞ control for linear time-invariant systems with norm-bounded uncertainty in the input matrix. Systems & Control Letters, 1990, 14(5): 389-396

[50] Gu K. H_∞ control of systems under norm bounded uncertainties in all systems matrices. IEEE Transactions on Automatic Control, 1994, 39(6): 1320-1322

[51] Wang J, Wang X T. Asynchronous H_∞ control of uncertain switched singular systems with time-varying delays. Circuits Systems and Signal Processing, 2021, 40(8): 3756-3781

[52] Liu F, Chen M, Li T. Resilient H_∞ control for uncertain turbofan linear switched systems with hybrid switching mechanism and disturbance observer. Applied Mathematics and Computation, 2021, 413: 126597

[53] Peng D, Liu M J. Robust stability and H_∞ control problem for 2-D nonlinear uncertain switched system with mixed time-varying delays under fuzzy rules. Computational and Applied Mathematics, 2023, 42(8): 328

[54] Itkis U. Control Systems of Variable Structure. Canada: Incorporated John Wiley & Sons, 1976

[55] 高为炳. 变结构控制的理论及设计方法. 北京: 科学出版社, 1996

[56] Willems J C. Almost invariant subspaces: An approach to high gain feedback design - Part I: Almost controlled invariant subspaces. IEEE Transactions on Automatic Control, 1981, 26(1):

235-252

[57] Petersen I R. Nonlinear versus linear control in the direct output feedback stabilization of systems. IEEE Transactions on Automatic Control, 1985, 30(8): 799-802

[58] Xiang J, Su H Y, Chu J. LMI approach to robust delay dependent/independent sliding mode control of uncertain time-delay systems. Proceedings of IEEE International Conference on Systems, Man and Cybernetics, Washington, 2003, 3: 2266-2271

[59] 李杨, 吴学礼, 张建华. 不确定非线性系统的鲁棒滑模控制方法. 北京: 国防工业出版社, 2014

[60] Lv X Y, Niu Y G, Cao Z R. Sliding mode control for uncertain 2-D FMII systems under stochastic scheduling. IEEE Transactions on Cybernetics, DOI: 10.1109/TCYB.2023.3267406, 2023

[61] Wen H, Liang Z X, Zhou H X, et al. Adaptive sliding mode control for unknown uncertain non-linear systems with variable coefficients and disturbances. Communications in Nonlinear Science and Numerical Simulation, 2023, 121: 107225

[62] Hu J, Zhang H X, Yu X Y, et al. Design of sliding-mode-based control for nonlinear systems with mixed-delays and packet losses under uncertain missing probability. IEEE Transactions on Systems, Man and Cybernetics: Systems, 2021, 51(5): 3217-3228

[63] Zhang H, Hu J, Liu G P, et al. Event-triggered secure control of discrete systems under cyber-attacks using an observer-based sliding mode strategy. Information Sciences, 2022, 587: 587-606

[64] Hale J K, Verduyn Lunel S M. Introduction to Functional Differential Equations: Applied Mathematical Sciences. New York: Springer-Verlag, 1993

[65] Boyd S P, Ghaoui L E, Feron E, Balakrishnan V. Linear Matrix Inequalities in System and Control Theory. Philadelphia: Society for Industrial & Applied, 1994

[66] Brierley S D, Chiasson J N, Lee S Z. On stability independent of delay for linear systems. IEEE Transactions on Automatic Control, 1982, 27(1): 252-254

[67] Mori T, Kokame H. Stability of $\dot{x}(t) = Ax(t) + Bx(t-\tau)$. IEEE Transactions on Automatic Control, 1989, 34(4): 460-462

[68] Liu P L, Su T J. Robust stability of interval time-delay systems with delay-dependence. Systems & Control Letters, 1998, 33(4): 231-239

[69] Gu Y R, Wang S C, Li Q Q, et al. On delay-dependent stability and decay estimate for uncertain systems with time-varying delay. Automatica, 1998, 34(8): 1035-1039

[70] Park P. A delay-dependent stability criterion for systems with uncertain time-invariant delays. IEEE Transactions on Automatic Control, 1999, 44(4): 876-877

[71] Moon Y S, Park P, Kwon W H, et al. Delay-dependent robust stabilization of uncertain state-delayed systems. International Journal of Control, 2001, 74(14): 1447-1455

[72] Fridman E, Shaked U. Delay-dependent stability and H_∞ control: Constant and time-varying delays. International Journal of Control, 2003, 76(1): 48-60

[73] Fridman E. New Lyapunov-Krasovskii functionals for stability of linear retarded and neutral type systems. Systems & Control Letters, 2001, 43(4): 309-319

[74] Wu M, He Y, She J H, et al. Delay-dependent criteria for robust stability of time-varying delay systems. Automatica, 2004, 40(8): 1435-1439

[75] Wu M, Zhu S P, He Y. Delay-dependent stability criteria for systems with multiple delays. Proceedings of the 23rd Chinese Control Conference, 2004, 1: 625-629

[76] Wu M, He Y, She J H. Stability Analysis and Robust Control of Time-Delay Systems. Beijing: Science Press Beijing and Berlin Heidelberg: Springer-Verlag, 2010

[77] 李伯忍, 胥布工. 多胞不确定型多时变时滞系统的稳定性. 控制理论与应用, 2010, 27(6): 815-820

[78] 孙凤琪. 时滞奇异摄动不确定系统的稳定性分析与控制, 北京: 科学出版社, 2018

[79] Zheng W, Lam H K, Sun F C, et al. Robust stability analysis and feedback control for uncertain systems with time-delay and external disturbance. IEEE Transactions on Fuzzy Systems, 2022, 30(12): 5065-5077

[80] 蒋培刚, 苏宏业, 褚健. 线性不确定时滞系统指定衰减度鲁棒镇定. 自动化学报, 2000, 26(5): 681-684

[81] 蒋培刚, 苏宏业, 褚健. 线性不确定时滞系统的时滞依赖鲁棒镇定方法研究. 控制与决策, 1999, 14(2): 19-23

[82] Shahbazzadeh M, Sadati S J. Stabilization of uncertain systems with multiple time-delays via adaptive robust control. International Journal of Dynamics and Control, 2023, 11(6): 3043-3051

[83] Zhou Q H, Liu L, Feng G, Robust stabilization of uncertain nonlinear systems with infinite distributed input delays. Journal of The Franklin Institute-Engineering and Applied Mathematics, 2023, 360(12): 7958-7976

[84] Yu L, Wang J C, Chu J. Guaranteed cost control of linear uncertain time-delay systems. Proceedings of American Control Conference, 1997, 5: 3181-3184

[85] Yu L, Chu J. An LMI approach to guaranteed cost control of linear uncertain time-delay systems. Automatica, 1999, 35(6): 1155-1159

[86] Lee J H, Kim S W, Kwon W H. Memoryless H_∞ controller for state delayed systems. IEEE Transactions on Automatic Control, 1994, 39(1): 152-159

[87] Choi H H, Chuang M J. An LMI approach to H_∞ controller design for linear time-delay systems. Automatica, 1997, 33(4): 737-739

[88] Lee J H, Moon Y S, Kwon W H. Robust H_∞ controller for state and input delayed systems with structured uncertainties. Proceedings of the 35th IEEE Conference on Decision and Control, 1996, 2: 2092-2096

[89] Nguang S K. Robust H_∞ control of nonlinear systems with delayed state and control: A LMI approach. Proceedings of the 37th IEEE Conference on Decision and Control, 1998, 3: 2384-2389

[90] Ge J H, Frank P M, Lin C F. Robust H_∞ state feedback control for linear systems with state delay and parameter uncertainties. Automatica, 1996, 32(9): 1183-1185

[91] Xu S Y, Lam J, Zou Y. New results on delay-dependent robust H_∞ control for systems with time-varying delays. Automatica, 2006, 42(2): 343-348

[92] Fu L, Ma Y C. H_∞ memory feedback control for uncertain singular Markov jump systems with

time-varying delay and input saturation. Computational and Applied Mathematics, 2018, 37(4): 4686-4709

[93] Meng X, Gao C C, Liu Z, et al. Robust H_∞ control for a class of uncertain neutral-type systems with time-varying delays. Asian Journal of Control, 2021, 23(3): 1454-1465

[94] Zhang G P, Zhu Q X. State and output feedback's finite-time guaranteed cost H_∞ control for uncertain nonlinear stochastic systems with time-varying delays. Journal of the Franklin Institute-Engineering and Applied Mathematics, 2023, 360(12): 8037-8061

[95] 苏宏业, 褚健, 鲁仁全, 等. 不确定时滞系统的鲁棒控制理论. 北京: 科学出版社, 2007

[96] Onyeka A E, Yan X G, Mao Z H, et al. Stabilization of time delay systems with nonlinear disturbances using sliding mode control. International Journal of Modelling, Identification and Control, 2019, 31(3): 259-267

[97] Hu J, Wang Z D, Gao H J, et al. Robust sliding mode control for discrete stochastic systems with mixed time-delays, randomly occurring uncertainties and randomly occurring nonlinearities. IEEE Transactions on Industrial Electronics, 2012, 59(7): 3008-3015

[98] 廖晓昕. 稳定性的理论、方法和应用. 武汉: 华中科技大学出版社, 1999

[99] 陈公宁. 矩阵理论与应用. 第 2 版. 北京: 科学出版社, 2007

[100] 王松桂, 吴密霞, 贾忠贞. 矩阵不等式. 第 2 版. 北京: 科学出版社, 2006

[101] 黄廷祝, 钟守铭, 李正良. 矩阵理论. 北京: 高等教育出版社, 2003

[102] 陈东彦, 石宇静, 吴玉虎. 控制系统中的矩阵理论. 北京: 科学出版社, 2011

[103] Wang Y Y, Xie L H, Souza C E D. Robust control of a class of uncertain nonlinear systems. Systems & Control Letters, 1992, 19(2): 139-149

[104] Chen B S, Wang S S. The stability of feedback control with nonlinear actuator time domain approach. IEEE Transactions on Automatic Control, 1988, 33(5): 483-487

[105] Chou J H, Horng L R, Chen B S. Dynamic feedback compensator for uncertain time-delay systems containing saturating actuator. International Journal of Control, 1989, 49(3): 961-968

[106] Niculescu S I, Dion J M, Dugard L. Robust stabilization for uncertain time-delay systems containing saturating actuators. IEEE Transactions on Automatic Control, 1996, 41(5): 742-747

[107] Oucheriah S. Global stabilization of a class of linear continuous time-delay systems with saturating controls. IEEE Transactions on Circuits and Systems I: Fundamental Theory and Applications, 1996, 43(12): 1012-1015

[108] 苏宏业, 蒋培刚, 褚健. 带饱和执行器的不确定时滞系统的鲁棒控制. 自动化学报, 2000, 26(3): 356-359

[109] Wen C B, Wang Z D, Liu Q Y, et al. Recursive distributed filtering for a class of state-saturated systems with fading measurements and quantization effects. IEEE Transactions on Systems, Man, and Cybernetics: Systems, 2018, 48(6): 930-941

[110] Dong H L, Wang Z D, Gao H J. Fault detection for Markovian jump systems with sensor saturations and randomly varying nonlinearities. IEEE Transactions on Circuits and Systems I: Regular Papers, 2012, 89(10): 2354-2362.

附录 A 稳定性相关理论

本部分介绍以常微分方程、泛函微分方程描述的动态系统的稳定性概念和 Lyapunov 稳定性定理[98]。

A.1 Lyapunov 稳定性理论

动态系统的稳定性通常指当系统受到外部扰动使其状态偏离原来的平衡状态，而在扰动消失后系统状态恢复到该平衡状态的一种性能。稳定是系统正常运行的前提条件，因此，如何判断系统是稳定的，以及如何改善系统的稳定性是动态系统分析与设计的首要任务。Lyaponov 稳定性定理以能量的形式诠释了系统的稳定性、给出了系统稳定性的判别方法，其最大的优点是无须求解系统运动方程即可判断系统的稳定性。

A.1.1 稳定性概念

考虑连续动态系统

$$\dot{x}(t) = f(t, x(t)),\ t \geqslant t_0$$
$$x(t_0) = x_0 \tag{A-1}$$

其中，$x \in \mathbf{R}^n$ 是系统的状态向量；$f \in \mathrm{C}(\mathbf{R} \times \mathbf{R}^n, \mathbf{R}^n)$ 是连续函数，保证系统(A-1)的初值问题的解存在且唯一；$t_0 \in I$ 是系统的初始时刻，$I \subseteq \mathbf{R}_+$ 为开区间；x_0 是系统的初始状态。用 $x(t, t_0, x_0)$ 表示系统(A-1)从 t_0 时刻出发、以 x_0 为初始状态的解，称为系统(A-1)的初值解，简记为 $x(t)$。$\mathrm{C}(\mathbf{R} \times \mathbf{R}^n, \mathbf{R}^n)$ 表示定义于 $\mathbf{R} \times \mathbf{R}^n$ 上且取值于 $\mathbf{R}^n$ 中的连续函数集合。

如果存在某一常值状态 $x_e \in \mathbf{R}^n$，使得对任意 $t \geqslant t_0$ 都有 $f(t, x_e) = 0$，则称 x_e 为系统(A-1)的一个平衡状态。所谓平衡状态，就是一旦系统在某一时刻达到该状态，只要没有外部扰动的作用，系统就会一直处于该状态。

定义 A.1 若对任意 $\varepsilon > 0$ 及任意 $t_0 \in I$，存在 $\delta(\varepsilon, t_0) > 0$，使得当 $\|x_0 - x_e\| < \delta(\varepsilon, t_0)$ 时，对所有 $t \geqslant t_0$ 都有 $\|x(t) - x_e\| < \varepsilon$，则称系统(A-1)的平衡状态 x_e 是稳定的。反之，称平衡状态 x_e 是不稳定的，即存在 $t_0 \in I$ 及 $\varepsilon_0 > 0$，使得对任意 $\delta > 0$ 都存在 $x_0 \in \mathbf{R}^n$，虽然 $\|x_0\| < \delta$，但仍至少存在一个时刻 $t_1 \geqslant t_0$，使得

$\|x(t_1)\| \geqslant \varepsilon_0$。

为讨论方便，不失一般性，我们假设系统(A-1)满足：$f(t,0)=0$ 对任意 $t \geqslant t_0$ 成立，即系统(A-1)具有零平衡状态 $x_e=0$，也称 $x_e=0$ 为系统(A-1)的零解。事实上，对于系统(A-1)的任意一个非零平衡状态 x_e，总可以通过坐标变换将其转化为另一个系统的零平衡状态。因此，下面以系统(A-1)的零平衡状态 $x_e=0$ 为例阐述稳定性相关概念。

定义 A.2　若对任意 $\varepsilon>0$ 及任意 $t_0 \in I$，存在 $\delta(\varepsilon,t_0)>0$，使得当 $\|x_0\|<\delta(\varepsilon,t_0)$ 时，对所有 $t \geqslant t_0$ 都有 $\|x(t)\|<\varepsilon$ 成立，则称系统(A-1)的零平衡状态 $x_e=0$ 是稳定的。反之，称零平衡状态 $x_e=0$ 是不稳定的，即存在 $t_0 \in I$ 及 $\varepsilon_0>0$，使得对任意 $\delta>0$ 都存在 $x_0 \in \mathbf{R}^n$，虽然 $\|x_0\|<\delta$，但仍至少存在一个时刻 $t_1 \geqslant t_0$，使得 $\|x(t_1)\| \geqslant \varepsilon_0$。

定义 A.3　若对任意 $\varepsilon>0$，存在 $\delta(\varepsilon)>0$，使得对任意 $t_0 \in I$，当 $\|x_0\|<\delta(\varepsilon)$ 时，对所有 $t \geqslant t_0$ 都有 $\|x(t)\|<\varepsilon$ 成立，则称系统(A-1)的零平衡状态 $x_e=0$ 是一致稳定的。

定义 A.4　若对任意 $t_0 \in I$，存在 $\eta(t_0)>0$，使得对任意 $\varepsilon>0$ 及任意 $\|x_0\|<\eta(t_0)$，存在 $T(\varepsilon,t_0,x_0)>0$，当 $t \geqslant t_0+T(\varepsilon,t_0,x_0)$ 时，有 $\|x(t)\|<\varepsilon$ 成立，即 $\lim\limits_{t \to +\infty} x(t)=0$，则称系统(A-1)的零平衡状态 $x_e=0$ 是吸引的。若上述 $T(\varepsilon,t_0,x_0)$ 仅依赖于 ε 而不依赖于 x_0 和 t_0，且 $\eta(t_0)$ 不依赖于 t_0，则称系统(A-1)的零平衡状态 $x_e=0$ 是一致吸引的。

上述定义 A.4 中的 $T(\varepsilon,t_0,x_0)$ 常称为零平衡状态 $x_e=0$ 的吸引时间，而使得解 $x(t)$ 趋向于 $x_e=0$ 的初值 $x_0 \in \mathbf{R}^n$ 选取的范围称为零平衡状态 $x_e=0$ 的吸引域。可见 $\{x_0 : \|x_0\|<\eta(t_0)\}$ 是零平衡状态 $x_e=0$ 的吸引域的一个子集。

定义 A.5　若定义 A.3 中的 $\eta(t_0)>0$ 可以任意大，则吸引、一致吸引分别称为全局吸引、全局一致吸引。

定义 A.6　如果系统(A-1)的零平衡状态 $x_e=0$ 既是稳定的又是吸引的，则称其是渐近稳定的。如果系统(A-1)的零平衡状态 $x_e=0$ 既是一致稳定的又是一致吸引的，则称其是一致渐近稳定的。如果系统(A-1)的零平衡状态 $x_e=0$ 既是一致稳定的又是全局一致吸引的，则称其是全局一致渐近稳定的。

定义 A.7　如果对任意 $\varepsilon>0$，存在 $\lambda>0$ 及 $\delta(\varepsilon)>0$，使得对任意 $t_0 \in I$，当 $\|x_0\|<\delta(\varepsilon)$ 时，对所有 $t \geqslant t_0$，有

$$\|x(t)\| \leqslant \varepsilon \|x_0\| e^{-\lambda(t-t_0)}$$

成立，则称系统(A-1)的零平衡状态 $x_e=0$ 是指数渐近稳定的。如果 $\delta>0$ 可以任意大，即对任意 $x_0 \in \mathbf{R}^n$ 不等式均成立，则称零平衡状态 $x_e=0$ 是全局指数渐近稳定

的。

注 A.1　对于非线性系统(A-1)，其不同平衡状态的稳定性可能不同，如果系统有多个平衡状态，则应对每一个平衡状态分别研究其稳定性。但是，对于线性系统，其任意一个平衡状态的稳定性都是相同的。因此，讨论非线性系统的稳定性时一定要明确是哪一个平衡状态，而讨论线性系统的稳定性则无需明确具体是哪一个平衡状态。

注 A.2　从上述定义可以看出，系统平衡状态的几个稳定性概念之间具有如下"蕴含($\rightarrow$)"关系：

注 A.3　对于一些特殊的系统，上述几个稳定性概念之间具有"等价($\leftrightarrow$)"关系。

(1) 对于定常系统或周期系统，稳定 $\leftrightarrow$ 一致稳定。

(2) 对于线性系统，渐近稳定 $\leftrightarrow$ 全局渐近稳定，一致渐近稳定 $\leftrightarrow$ 全局一致渐近稳定，指数渐近稳定 $\leftrightarrow$ 全局指数渐近稳定，指数渐近稳定 $\leftrightarrow$ 全局一致渐近稳定。

(3) 对于线性定常系统，则仅有稳定与渐近稳定两个不同的稳定性概念。

A.1.2　正定函数与 K 类函数

设 $\Omega \subseteq R^n$ 是包含原点的 n 维子集，$I \subseteq R_+$ 为开区间。令 $W(x) \in C(\Omega, R)$，$V(t, x) \in C(I \times \Omega, R)$，且满足 $W(0) = 0$，$V(t, 0) \equiv 0 (t \in I)$。

定义 A.8　若对任意 $x \in \Omega$，有 $W(x) \geqslant 0 (\leqslant 0)$，且 $W(0) = 0$ 仅有零解 $x = 0$，则称 $W(x)$ 在 Ω 上是正定(负定)函数。若对任意 $x \in \Omega$，有 $W(x) \geqslant 0 (\leqslant 0)$，则称 $W(x)$ 在 Ω 上是半正定(半负定)函数。

定义 A.9　若 $W(x) \in C(R^n, R)$ 是正定函数，且当 $\|x\| \to \infty$ 时，$W(x) \to +\infty$，则称 $W(x)$ 在 R^n 上为无穷大正定函数。

定义 A.10　若存在正定(负定)函数 $W(x)$，使得 $V(t, x) \geqslant W(x) (\leqslant W(x))$，且 $V(t, 0) \equiv 0$，则称 $V(t, x)$ 为正定(负定)函数。若 $V(t, x) \geqslant 0 (\leqslant 0)$，则称 $V(t, x)$ 为半正定(半负定)函数。

定义 A.11　若存在正定函数 $W_1(x)$，使得 $|V(t, x)| \leqslant W_1(x)$，则称 $V(t, x)$ 具有无穷小上界；若存在无穷大正定函数 $W_2(x)$，使得 $V(t, x) \geqslant W_2(x)$，则称 $V(t, x)$ 具有无穷大下界。

定义 A.12　设 $\alpha \in C(R_+, R_+)$ (或 $\alpha \in C([0, r], R_+)$，$r > 0$)是连续的严格单调增

函数,且 $\alpha(0)=0$,则称 α 是 K 类函数,记为 $\alpha\in K$ 。若 $\alpha\in K$,且 $\lim\limits_{r\to+\infty}\alpha(r)=+\infty$,则称 α 是径向无界 K 类函数(或 K 无穷类函数),记为 $\alpha\in KR$ 。

引理 A.1　对于在 $\Omega_H=\{x\in R^n:\|x\|\leqslant H,H>0\}$ 上给定的正定函数 $W(x)$,必存在两个 K 类函数 $\alpha,\beta\in K$,使得 $\alpha(\|x\|)\leqslant W(x)\leqslant\beta(\|x\|)$ 。

引理 A.2　对于在 R^n 上给定的无穷大正定函数 $W(x)$,必存在两个径向无界 K 类函数 $\alpha,\beta\in KR$,使得 $\alpha(\|x\|)\leqslant W(x)\leqslant\beta(\|x\|)$ 。

注 A.4　若 $V(t,x)$ 为正定函数,则必存在 $\alpha\in K$,使得 $V(t,x)\geqslant\alpha(\|x\|)$;若 $V(t,x)$ 为具有无穷小上界的正定函数,则必存在 $\beta\in K$,使得 $V(t,x)\leqslant\beta(\|x\|)$;若 $V(t,x)$ 为具有无穷大下界的正定函数,则必存在 $\alpha\in KR$,使得 $V(t,x)\geqslant\alpha(\|x\|)$ 。

A.1.3　Lyapunov 稳定性定理

定义集合 $G_H=\overline{I}\times\Omega_H$, $\overline{I}=[t_0,+\infty)$ 。

定理 A.1　若在 G_H 上存在正定函数 $V(t,x(t))$,使得

$$\dot{V}(t,x(t))\Big|_{(A-1)}\triangleq\frac{\partial V(t,x(t))}{\partial t}+\frac{\partial V(t,x(t))}{\partial x}f(t,x(t))\leqslant 0 \tag{A-2}$$

则系统(A-1)的零平衡状态 $x_e=0$ 是稳定的。其中, $\dfrac{\partial V(t,x(t))}{\partial x(t)}$ 表示 $V(t,x(t))$ 对 $x(t)$ 的偏导行向量。

证: 由假设 $V(t,x(t))$ 是正定函数,根据引理 A.1,存在 $\alpha\in K$,使得

$$\alpha(\|x\|)\leqslant V(t,x(t)) \tag{A-3}$$

于是,对任意 $\varepsilon>0$ 及任意 $t_0\in I$,首先 $\alpha(\varepsilon)$ 为充分小正数;其次,由于 $V(t_0,0)\equiv 0$ 及 $V(t_0,x(t))\geqslant 0$ 关于 x 连续,必存在 $\delta_1=\delta(t_0,\varepsilon)>0$,当 $\|x_0\|<\delta(t_0,\varepsilon)$ 时,有 $V(t_0,x_0)<\alpha(\varepsilon)$ 。结合式(A-2)和式(A-3),得

$$\alpha(\|x(t)\|)\leqslant V(t,x(t))\leqslant V(t_0,x_0)<\alpha(\varepsilon),\quad t\geqslant t_0$$

故 $\|x(t)\|<\varepsilon$ 。因此,由定义 A.2,系统(A-1)的零平衡状态 $x_e=0$ 是稳定的。

定理 A.2　若在 G_H 上存在具有无穷小上界的正定函数 $V(t,x(t))$,使得

$$\dot{V}(t,x(t))\Big|_{(A-1)}\leqslant 0 \tag{A-4}$$

则系统(A-1)的零平衡状态 $x_e=0$ 是一致稳定的。

证: 由假设 $V(t,x(t))$ 是具有无穷小上界的正定函数,根据引理 A.1,存在两个 K 类函数 $\alpha,\beta\in K$,使得 $\alpha(\|x(t)\|)\leqslant V(t,x(t))\leqslant\beta(\|x(t)\|)$ 。对任意 $\varepsilon>0$,取

$\delta = \beta^{-1}(\alpha(\varepsilon)) > 0$ ，则当 $\|x_0\| < \delta$ 时，有

$$\alpha\left(\|x(t)\|\right) \leqslant V(t,x(t)) \leqslant V(t_0,x_0) \leqslant \beta\left(\|x_0\|\right) < \beta(\delta) = \alpha(\varepsilon)$$

因此 $\|x(t)\| < \varepsilon$ 。

注意到 δ 与 t_0 无关，故系统(A-1)的零平衡状态 $x_e = 0$ 是一致稳定的。

定理 A.3　若在 G_H 上存在具有无穷小上界的正定函数 $V(t,x(t))$ ，使得 $\dot{V}(t,x(t))\big|_{(A-1)}$ 是负定函数，则系统(A-1)的零平衡状态 $x_e = 0$ 是一致渐近稳定的。

证：根据定理 A.2，零平衡状态 $x_e = 0$ 是一致稳定的。下面只需证它是一致吸引的。

由定理假设知，存在三个 K 类函数 $\alpha, \beta, \gamma \in \mathrm{K}$ ，使得

$$\alpha\left(\|x(t)\|\right) \leqslant V(t,x(t)) \leqslant \beta\left(\|x(t)\|\right), \quad \dot{V}(t,x(t))\big|_{(A-1)} \leqslant -\gamma\left(\|x(t)\|\right)$$

记 $V(t) = V(t,x(t))$ ，有 $\dot{V}(t)\big|_{(A-1)} \leqslant -\gamma\left(\|x(t)\|\right) \leqslant -\gamma(\beta^{-1}(V(t))) < 0$ ，于是

$$\int_{V(t_0)}^{V(t)} \frac{\mathrm{d}V(t)}{\gamma(\beta^{-1}(V(t)))} \leqslant -\int_{t_0}^{t} \mathrm{d}t = -(t - t_0)$$

对任意 $\varepsilon > 0$ ，利用 $\alpha\left(\|x(t)\|\right) \leqslant V(t,x(t)) = V(t)$ 及 $V(t_0) \leqslant \beta\left(\|x_0\|\right) \leqslant \beta(H)$ ，得

$$\int_{\alpha(\|x(t)\|)}^{\beta(H)} \frac{\mathrm{d}V(t)}{\gamma(\beta^{-1}(V(t)))} = \int_{\alpha(\|x(t)\|)}^{\alpha(\varepsilon)} \frac{\mathrm{d}V(t)}{\gamma(\beta^{-1}(V(t)))} + \int_{\alpha(\varepsilon)}^{\beta(H)} \frac{\mathrm{d}V(t)}{\gamma(\beta^{-1}(V(t)))}$$
$$\geqslant \int_{V(t)}^{V(t_0)} \frac{\mathrm{d}V(t)}{\gamma(\beta^{-1}(V(t)))} \geqslant t - t_0$$

从而

$$\int_{\alpha(\|x(t)\|)}^{\alpha(\varepsilon)} \frac{\mathrm{d}V(t)}{\gamma(\beta^{-1}(V(t)))} \geqslant t - t_0 - \int_{\alpha(\varepsilon)}^{\beta(H)} \frac{\mathrm{d}V(t)}{\gamma(\beta^{-1}(V(t)))}$$

取 $T = T(\varepsilon,H) > \int_{\alpha(\varepsilon)}^{\beta(H)} \frac{\mathrm{d}V(t)}{\gamma(\beta^{-1}(V(t)))}$ ，则 T 与 t_0, x_0 无关，且当 $t \geqslant t_0 + T$ 时，得到

$$\int_{\alpha(\|x(t)\|)}^{\alpha(\varepsilon)} \frac{\mathrm{d}V(t)}{\gamma(\beta^{-1}(V(t)))} > t - t_0 - T \geqslant 0$$

则 $\alpha\left(\|x(t)\|\right) < \alpha(\varepsilon)$ ，即 $\|x(t)\| < \varepsilon$ ， $x_e = 0$ 是一致吸引的。于是，系统(A-1)的平衡状态 $x_e = 0$ 是一致渐近稳定的。

定理 A.4　若在 G_H 上存在具有无穷小上界的无穷大正定函数 $V(t,x(t))$ ，使得 $\dot{V}(t,x(t))\big|_{(A-1)}$ 是负定函数，则系统(A-1)的零平衡状态 $x_e = 0$ 是全局一致渐近稳定的。

证：证明方法类似于定理 A.3，略去。

注 A.5　定理 A.1～A.4 均是可逆的。

定理 A.5　假设对任意 $t \geqslant t_0$ 都有 $f(t,0)=0$，若在 G_H 上存在正定函数 $V(t,x(t))$ 满足

(1) $\|x(t)\| \leqslant V(t,x(t)) \leqslant M(H)\|x(t)\|$，$M(H)>1$ 为常数；

(2) $\dot{V}(t,x(t))\big|_{(A-1)} \leqslant -\lambda V(t,x(t))$，$\lambda > 0$ 为常数，

则系统(A-1)的零平衡状态 $x_e = 0$ 是指数渐近稳定的。

证：首先，由条件(1)和(2)知，零平衡状态 $x_e = 0$ 是一致渐近稳定的。其次，由条件(2)，沿着系统(A-1)的解 $x(t)$ 有

$$\frac{\mathrm{d}V(t,x(t))}{V(t,x(t))} \leqslant -\lambda \mathrm{d}t$$

对该式两边从 t_0 到 t 积分，并整理得

$$V(t,x(t)) \leqslant V(t_0,x_0)e^{-\lambda(t-t_0)}$$

再由条件(1)，有 $\|x(t)\| \leqslant V(t,x(t)) \leqslant V(t_0,x_0)e^{-\lambda(t-t_0)} \leqslant M(H)\|x_0\|e^{-\lambda(t-t_0)}$。故系统(A-1)的平衡状态 $x_e = 0$ 是指数稳定的。

特别地，对于线性定常系统

$$\dot{x}(t) = Ax(t) \tag{A-5}$$

其中，$A \in \mathbf{R}^{n \times n}$ 为常值矩阵。Lyapunov 稳定性定理将成为下述形式。

定理 A.6　系统(A-5)是渐近稳定的，当且仅当对任意给定的对称正定矩阵 $Q \in \mathbf{R}^{n \times n}$ 存在唯一的对称正定矩阵 $P \in \mathbf{R}^{n \times n}$ 满足如下矩阵 Lyapunov 方程

$$A^{\mathrm{T}}P + PA = -Q \tag{A-6}$$

证：选取 Lyapunov 函数 $V(t,x(t)) = x^{\mathrm{T}}(t)Px(t)$，由 Rayleigh 定理得

$$\lambda_{\min}(P)\|x(t)\|^2 \leqslant \frac{x^{\mathrm{T}}(t)Px(t)}{x^{\mathrm{T}}(t)x(t)} \leqslant \lambda_{\max}(P)\|x(t)\|^2$$

其中，$\lambda_{\min}(P)$，$\lambda_{\max}(P)$ 分别表示矩阵 P 的最小和最大特征值。

令 $\alpha(\|x(t)\|) = \lambda_{\min}(P)\|x(t)\|^2$，$\beta(\|x(t)\|) = \lambda_{\max}(P)\|x(t)\|^2$，则 $\alpha, \beta \in \mathrm{KR}$，且有

$$\alpha(\|x(t)\|) \leqslant V(t,x(t)) = x^{\mathrm{T}}(t)Px(t) \leqslant \beta(\|x(t)\|)$$

另外

$$\dot{V}(t,x(t))\big|_{(A-5)} = x^{\mathrm{T}}(t)(A^{\mathrm{T}}P + PA)x(t) = -x^{\mathrm{T}}(t)Qx(t) \leqslant -\gamma(\|x(t)\|)$$

其中，$\gamma(\|x(t)\|) = \lambda_{\min}(Q)\|x(t)\|^2$ 且 $\gamma \in \mathrm{KR}$。于是，系统(A-5)是渐近稳定的。

A.2　时滞系统 Lyapunov 稳定性理论

记 $C([a,b], \mathbf{R}^n)$ 表示将区间 $[a,b]$ 映射到 $\mathbf{R}^n$ 的连续向量函数集合，设函数 $\psi \in C([a,b], \mathbf{R}^n)$，定义连续范数 $\|\cdot\|_C$ 为

$$\|\psi\|_C = \sup_{a \leqslant t \leqslant b} \|\psi(t)\|$$

其中，$\|\cdot\|$ 为向量的欧氏范数。集合 $C([a,b], \mathbf{R}^n)$ 关于连续范数 $\|\cdot\|_C$ 为一个 Banach 空间。

考虑具有时变时滞的动态系统

$$\begin{aligned}
\dot{x}(t) &= f(t, x(t), x(t - d(t))), \quad t \geqslant t_0 \\
x(\theta) &= \phi(\theta), \quad \theta \in [t_0 - h, t_0]
\end{aligned} \tag{A-7}$$

其中，$x \in \mathbf{R}^n$ 表示系统的状态向量；$d(t) \geqslant 0$ 表示系统的时变时滞，为非负连续函数且有界，即 $0 \leqslant d(t) \leqslant h$，$h$ 为已知或未知的时滞界限；$t_0 \in I$ 是系统的初始时刻，$I \subseteq \mathbf{R}_+$ 为开区间；$\phi \in C([t_0 - h, t_0], \mathbf{R}^n)$ 为初值函数；$f \in C(I \times \mathbf{R}^n \times \mathbf{R}^n, \mathbf{R}^n)$ 保证系统(A-7)的初值问题的解存在且唯一，且 $f(t, 0, 0) \equiv 0$，对任意 $t \geqslant t_0$。$x(t, t_0, \phi)$ 表示系统(A-7)从 t_0 时刻出发、以 ϕ 为初值函数的解，称为系统(A-7)的初值解，简记为 $x(t)$。

A.2.1　稳定性基本概念

定义 A.13　若对任意 $\varepsilon > 0$ 及 $t_0 \in I$，存在 $\delta(\varepsilon, t_0) > 0$，使得当 $\|\phi\|_C < \delta(\varepsilon, t_0)$ 时，对所有 $t \geqslant t_0$ 有 $\|x(t)\| < \varepsilon$ 成立，则称系统(A-7)的零平衡状态 $x_e = 0$ 是稳定的。若上述 $\delta(\varepsilon, t_0)$ 与 t_0 无关，则称零平衡状态 $x_e = 0$ 是一致稳定的。若零平衡状态 $x_e = 0$ 是稳定的，且存在 $\eta(t_0) > 0$，使得当 $\|\phi\|_C < \eta(t_0)$ 时有 $\lim_{t \to +\infty} x(t) = 0$，即存在 $T(\varepsilon, t_0, \phi) > 0$，当 $t \geqslant t_0 + T(\varepsilon, t_0, \phi)$ 时，有 $\|x(t)\| < \varepsilon$，则称零平衡状态 $x_e = 0$ 是渐近稳定的。

定义 A.14　若系统(A-7)的零平衡状态 $x_e = 0$ 是一致稳定的，且存在 $\eta > 0$ (不依赖于 t_0)，对于任意 $\varepsilon > 0$，存在 $T(\varepsilon) > 0$ (不依赖于 t_0 和 x_0)，使得当 $t \geqslant t_0 + T(\varepsilon)$ 时有 $\|x(t)\| < \varepsilon$ 成立，则称系统(A-7)的零平衡状态 $x_e = 0$ 是一致渐近稳定的。若 $\eta > 0$ 可以任意大，则称零平衡状态 $x_e = 0$ 是全局一致渐近稳定的。

定义 A.15　如果对任意 $\delta > 0$，存在 $\lambda > 0$ 及 $M(\delta) > 1$，使得对任意 $t_0 \in I$，当 $\|\phi\|_C < \delta$ 时，有

$$\|x(t)\| \leqslant M(\delta) \sup_{t_0 - h \leqslant \theta \leqslant t_0} \|\phi(\theta)\| e^{-\lambda(t-t_0)}$$

对所有 $t \geqslant t_0$ 成立，则称系统(A-7)的零平衡状态 $x_e = 0$ 是指数(渐近)稳定的；如果上述 $\delta > 0$ 可以任意大，即对任意 $\phi \in C([t_0 - h, t_0], R^n)$ 都有上不等式成立，则称系统(A-7)的零平衡状态 $x_e = 0$ 是全局指数(渐近)稳定的或者是大范围指数(渐近)稳定的。

注 A.6   关于时滞系统(A-7)的零平衡状态 $x_e = 0$ 的稳定性主要有两种提法，一是时滞无关稳定性，即对任意的 $d(t) \geqslant 0$，系统的零平衡状态均具有某种稳定性；二是时滞相关稳定性，即能够确定 $d(t) \geqslant 0$ 的某些变化范围，使得当 $d(t) \geqslant 0$ 在此范围内变化时，系统的零平衡状态均才具有某种稳定性。

下面不加证明地介绍有关的时滞系统的稳定性判别定理。

A.2.2   Lyapunov 稳定性定理

类似于系统(A-1)的稳定性定理，可以给出关于时滞系统(A-7)的稳定性结果，它们为 Lyapunov 稳定性定理的直接推广。

定理 A.7   若在 G_H 上存在正定函数 $V(t, x(t))$，使得

$$\dot{V}(t, x(t))\Big|_{(A-7)} = \frac{\partial V(t, x(t))}{\partial t} + \frac{\partial V(t, x(t))}{\partial x(t)} f(t, x(t), x(t-d(t))) \leqslant 0$$

则系统(A-7)的零平衡状态 $x_e = 0$ 是稳定的。

定理 A.8   若在 G_H 上存在具有无穷小上界的正定函数 $V(t, x(t))$，使得 $\dot{V}(t, x(t))\Big|_{(A-7)} \leqslant 0$，则系统(A-7)的零平衡状态 $x_e = 0$ 是一致稳定的。

定理 A.9   若在 G_H 上存在具有无穷小上界的正定函数 $V(t, x(t))$，使得 $\dot{V}(t, x(t))\Big|_{(A-7)}$ 是负定函数，则系统(A-7)的零平衡状态 $x_e = 0$ 是一致渐近稳定的。

定理 A.10   若在 G_H 上存在具有无穷小上界的无穷大正定函数 $V(t, x(t))$，使得 $\dot{V}(t, x(t))\Big|_{(A-7)}$ 是负定函数，则系统(A-7)的零平衡状态 $x_e = 0$ 是全局一致渐近稳定的。

定理 A.11   若在 G_H 上存在正定函数 $V(t, x(t))$ 满足：

(1) $\|x(t)\| \leqslant V(t, x(t)) \leqslant M(H)\|x(t)\|$，$M(H) > 1$ 为常数；

(2) $\dot{V}(t, x(t))\Big|_{(A-7)} \leqslant -\lambda V(t, x(t))$，$\lambda > 0$ 为常数，

则系统(A-7)的零平衡状态 $x_e = 0$ 是指数稳定的。

A.2.3   Razumikhin 稳定性定理

定理 A.12   若在 G_H 上存在函数 $V(t, x(t)) \in C(G_H, R_+)$、K 类函数 $\alpha, \beta \in K$，

使得

(1)　$\alpha\big(\|x(t)\|\big) \leqslant V(t,x(t)) \leqslant \beta\big(\|x(t)\|\big)$;

(2)　$\dot{V}(t,x_t)\big|_{(A\text{-}7)} \leqslant g(t)F(V(t,x(t)))$ ，对 $V(t+\theta,x(t+\theta)) \leqslant V(t,x(t)), \theta \in [-h,0]$;

(3)　$\displaystyle \lim_{a \to 0^+} \int_a^b \frac{\mathrm{d}r}{F(r)} = +\infty$,

则系统 (A-7) 的零平衡状态 $x_e = 0$ 是一致稳定的。其中，$g(t) \geqslant 0$ ，$\displaystyle \int_0^{+\infty} g(t)\mathrm{d}t = M < 0$ ；$F(0)=0$ ，且当 $V > 0$ 时 $F(V) > 0$ 。

推论 A.1　若在 G_H 上存在函数 $V(t,x(t)) \in \mathrm{C}(G_H, \mathrm{R}_+)$ 、K 类函数 $\alpha, \beta \in \mathrm{K}$ ，使得

(1)　$\alpha\big(\|x(t)\|\big) \leqslant V(t,x(t)) \leqslant \beta\big(\|x(t)\|\big)$;

(2)　$\dot{V}(t,x_t)\big|_{(A\text{-}7)} \leqslant 0$ ，对 $V(t+\theta,x(t+\theta)) \leqslant V(t,x(t)), \theta \in [-h,0]$,

则系统(A-7)的零平衡状态 $x_e = 0$ 是一致稳定的。

若还存在 K 类函数 $\gamma \in \mathrm{K}$ 和连续非减函数 $p(s) > s\,(s>0)$ ，使得(2)加强为:

(3)　$\dot{V}(t,x_t)\big|_{(A\text{-}7)} \leqslant -\gamma\big(\|x(t)\|\big)$ ，对 $V(t+\theta,x(t+\theta)) \leqslant p(V(t,x(t))), \theta \in [-h,0]$,

则系统(A-7)的零平衡状态 $x_e = 0$ 是一致渐近稳定的。

如果上述 $\alpha \in \mathrm{KR}$ ，则系统(A-7)的零平衡状态 $x_e = 0$ 是全局一致渐近稳定的。

A.2.4　Lyapunov-Krasovskii 稳定性定理

在时滞系统(A-7)中，在任意时刻 $t \geqslant t_0$ ，我们都需要状态 $x(t)$ 在区间段 $[t-h,t]$ 上的信息，记 $x_t(\theta) = x(t+\theta)$ （$\theta \in [-h,0]$），简记为 x_t 。因此，时滞系统的 Lyapunov 函数便成为 Lyapunov 泛函 $V(t,x_t)$ 。

记集合 $\overline{G}_H = \{(t,x_t) \in \overline{I} \times \mathrm{C}([t-h,t],\mathrm{R}^n) : t \geqslant t_0, \|x_t\|_C \leqslant H\}$ 。

定理 A.13　若在 $\overline{G}_H$ 上存在函数 $V(t,x_t)$ 、K 类函数 $\alpha, \beta \in \mathrm{K}$ ，使得

(1)　$\alpha(\|x_t(0)\|) \leqslant V(t,x_t) \leqslant \beta(\|x_t\|_C)$;

(2)　$\dot{V}(t,x_t)\big|_{(A\text{-}7)} \leqslant 0$,

则系统(A-7)的平衡状态 $x_e = 0$ 是一致稳定的。如果 $\dot{V}(t,x_t)\big|_{(A\text{-}7)}$ 是负定函数，则平衡状态 $x_e = 0$ 是一致渐近稳定的。如果 $\alpha \in \mathrm{KR}$ ，则平衡状态 $x_e = 0$ 是全局一致渐近稳定的。

证：对任意 $t_0 \in I$ 及任意 $\varepsilon > 0$ ，存在 $\delta_1 = \delta(\varepsilon) > 0$ 满足 $0 < \delta(\varepsilon) < \varepsilon$ ，且使得 $\beta(\delta) < \alpha(\varepsilon)$ 。设 $\|\phi\|_C < \delta(\varepsilon)$ ，由条件(1)和(2)有

$$\alpha\big(\|x_t(0)\|\big) \leqslant V(t, x_t(\theta)) \leqslant V(t_0, \phi) \leqslant \beta\big(\|\phi\|_C\big) < \beta(\delta(\varepsilon)) < \alpha(\varepsilon)$$

因此，$\|x(t)\| = \|x_t(0)\| < \varepsilon$。故系统(A-7)的零平衡状态 $x_e = 0$ 是一致稳定的。类似可证得零平衡状态 $x_e = 0$ 是一致渐近稳定的和全局一致渐近稳定的。

附录 B 矩阵相关理论

本部分简单介绍与控制理论密切相关的实矩阵相关理论,包括:矩阵的性质、矩阵方程和矩阵不等式[1, 65, 70, 71, 99-103]。

B.1 矩阵的性质

B.1.1 对称矩阵特征值的不等式

对 n 阶实方阵 $A \in \mathbb{R}^{n \times n}$,若 $A = A^\mathrm{T}$,则 A 为对称矩阵。对称矩阵的特征值均为实数,不失一般性,假设 n 阶实对称矩阵 A 的特征值由大到小排序为 $\lambda_1 \geqslant \lambda_2 \geqslant \cdots \geqslant \lambda_n$,特别地,记 $\lambda_{\max} = \lambda_1$ 及 $\lambda_{\min} = \lambda_n$。定义对称矩阵 A 的 Rayleigh-Rita 商为

$$R(A) = \frac{x^\mathrm{T} A x}{x^\mathrm{T} x}, \quad x \neq 0$$

定理 B.1 (Rayleigh-Rita 定理)设 A 为 n 阶对称矩阵,则

$$\lambda_{\max} = \max_{x \neq 0} \frac{x^\mathrm{T} A x}{x^\mathrm{T} x} = \max_{\|x\|=1} x^\mathrm{T} A x, \quad \lambda_{\min} = \min_{x \neq 0} \frac{x^\mathrm{T} A x}{x^\mathrm{T} x} = \min_{\|x\|=1} x^\mathrm{T} A x$$

推论 B.1 设 A 为 n 阶对称矩阵,则至少存在两个特征值,使得

$$\lambda_j \leqslant R(A) \leqslant \lambda_i, \quad 1 \leqslant i \leqslant j \leqslant n$$

推论 B.2 (单调性)设 A 和 B 为 n 阶对称矩阵
(1) 若 $A \geqslant B$($A - B \geqslant 0$ 为半正定),则 $\lambda_i(A) \geqslant \lambda_i(B)$,$1 \leqslant i \leqslant n$;
(2) 若 $A > B$($A - B > 0$ 为正定),则 $\lambda_i(A) > \lambda_i(B)$,$1 \leqslant i \leqslant n$。

B.1.2 矩阵迹的不等式

对于 n 阶实矩阵 $A = (a_{ij}) \in \mathbb{R}^{n \times n}$,定义 A 的迹为 $\mathrm{tr}(A) = \sum_{i=1}^{n} a_{ii}$,且 $\mathrm{tr}(A) = \sum_{i=1}^{n} \lambda_i(A)$。若 $A \geqslant 0$(半正定),则 $\mathrm{tr}(A) \geqslant 0$,且等号成立当且仅当 $A = 0$。

定理 B.2 设 A 和 B 为 $m \times n$ 阶矩阵,则 $\left|\mathrm{tr}(A^\mathrm{T} B)\right| \leqslant \mathrm{tr}(A^\mathrm{T} A)\mathrm{tr}(B^\mathrm{T} B)$,且等号成立当且仅当 $A = cB$,c 为一个常数。特别地,当 A 和 B 为 n 阶对称矩阵时,有

$$0 \leqslant \left| \operatorname{tr}(A^{\mathrm{T}}B) \right| \leqslant \sqrt{\operatorname{tr}(A^2)\operatorname{tr}(B^2)}$$

定理 B.3　A 和 B 为 n 阶对称半正定矩阵，则

$$0 \leqslant \operatorname{tr}(AB) \leqslant \lambda_{\max}(B)\operatorname{tr}(A) \leqslant \operatorname{tr}(A)\operatorname{tr}(B)$$

B.1.3　矩阵奇异值的不等式

对于矩阵 $A \in \mathbf{R}^{m \times n}$ ，$A^{\mathrm{T}}A$ 与 AA^{T} 均为对称半正定矩阵且其非零特征值相同。

设 $A^{\mathrm{T}}A$ 的非零特征值由大到小排序为 $\mu_1 \geqslant \mu_2 \geqslant \cdots \geqslant \mu_r > 0$ $(r \leqslant \min\{n,m\})$ ，称 $\sigma_j = \sqrt{\mu_j}$ 为矩阵 A 的正奇异值(简称奇异值)，记为 $\sigma_j(A)$ ，即

$$\sigma_j(A) = \sqrt{\lambda_j(A^{\mathrm{T}}A)} = \sqrt{\lambda_j(AA^{\mathrm{T}})} , \quad 1 \leqslant j \leqslant r$$

其中，$\sigma_1(A)$ 为最大奇异值，$\sigma_r(A)$ 为最小奇异值，也常记为 $\sigma_{\max}(A)$ 和 $\sigma_{\min}(A)$ 。

定理 B.4　(奇异值分解)对于 $m \times n$ 阶矩阵 $A \in \mathbf{R}^{m \times n}$ ，存在 m 阶正交矩阵 U 和 n 阶正交矩阵 V ，使得 $A = U \begin{bmatrix} \Sigma & 0 \\ 0 & 0 \end{bmatrix} V^{\mathrm{T}}$ 。其中，$\Sigma = \operatorname{diag}\{\sigma_1, \sigma_2, \cdots, \sigma_r\}$ 。

定理 B.5

(1) 对 $m \times n$ 阶矩阵 A 和 B ，有 $\sigma_{\max}(A+B) \leqslant \sigma_{\max}(A) + \sigma_{\max}(B)$ ；

(2) 对 n 阶矩阵 A 和 B ，有 $\sigma_{\max}(AB) \leqslant \sigma_{\max}(A)\sigma_{\max}(B)$ ；

(3) 对 n 阶非奇异矩阵 A ，有 $\sigma_{\max}(A^{-1}) \geqslant \dfrac{1}{\sigma_{\max}(A)}$ ；

(4) 对 n 阶非奇异矩阵 A 和 B ，有

$$\sigma_{\min}(AB) \geqslant \sigma_{\min}(A)\sigma_{\min}(B), \quad \sigma_{\min}(A+B) \geqslant \sigma_{\min}(A) - \sigma_{\max}(B)$$
$$\sigma_{\min}(A) \leqslant \left|\lambda_i(A)\right| \leqslant \sigma_{\max}(A), \quad \sigma_{\min}(A) \leqslant \rho(A) \leqslant \sigma_{\max}(A)$$

B.1.4　矩阵谱半径与范数的不等式

对于 n 阶矩阵 $A = (a_{ij}) \in \mathbf{R}^{n \times n}$ ，A 的谱半径定义为 $\rho(A) = \max_i \left|\lambda_i(A)\right|$ ，A 的常用范数定义为

$$\|A\|_1 = \max_j \sum_{i=1}^n \left|a_{ij}\right|, \quad \|A\|_\infty = \max_i \sum_{j=1}^n \left|a_{ij}\right|, \quad \|A\|_2 = \sqrt{\lambda_1(A^*A)}, \quad \|A\|_F = \left(\sum_{i,j=1}^n a_{ij}^2\right)^{1/2}$$

分别称为矩阵 A 的 1-范数(列和范数)、∞-范数(行和范数)、2-范数(谱范数)和 F-范数。

易见，$\left|\lambda_i(A)\right| \leqslant \rho(A)$ ，$\|A\|_2 = \sigma_{\max}(A)$ ，$\|A\|_F = (\sum_{i=1}^r \sigma_i^2)^{1/2}$ 。

当矩阵 A 为 n 阶对称矩阵时，$\|A\|_2 = |\lambda_1(A)| = \rho(A)$；当矩阵 A 为 n 阶对称正定(或对称半正定)矩阵时 $\|A\|_2 = \lambda_{\max}(A) = \rho(A)$。

定理 B.6　对 n 阶矩阵 A，有 $\rho(A) \leqslant \|A\|_*$，其中 * 取 1、2、$\infty$ 或 F 中任意一个。

B.1.5　非负矩阵、模矩阵与谱半径的不等式

对于 n 阶矩阵 $A = (a_{ij}) \in \mathrm{R}^{n \times n}$，如果 $a_{ij} \geqslant 0 (1 \leqslant i, j \leqslant n)$，则称 A 为非负矩阵，记为 $A \gg 0$。如果 $A - B \gg 0$，则记 $A \gg B$。

对于 n 阶矩阵 $A = (a_{ij}) \in \mathrm{R}^{n \times n}$，定义 $|A| = (|a_{ij}|) \in \mathrm{R}^{n \times n}$，称 $|A|$ 为矩阵 A 的模矩阵。显然，$|A|$ 为非负矩阵，且 $A \ll |A|$。

定理 B.7　对于 n 阶矩阵 A，$\rho(A) \leqslant \rho(|A|)$；对于两个 n 阶非负矩阵 A 和 B，如果 $A \ll B$，则 $\rho(A) \leqslant \rho(B)$。

定义 B.1　每行只有一个元素为 1 其他元素均为 0 的正交矩阵称为序列矩阵。若存在序列矩阵 P，使得

$$P^{\mathrm{T}} A P = \begin{bmatrix} A_{11} & A_{12} \\ 0 & A_{22} \end{bmatrix}$$

则称 A 为可约化矩阵。否则，称 A 是不可约化矩阵。

定理 B.8　(Perron 定理)对于不可约化的非负矩阵 $A \in \mathrm{R}^{n \times n}$，必存在一个最大特征值 $\lambda_{\max}(A)$ 和正的特征向量 $\xi = (\xi_1, \xi_2, \cdots, \xi_n)^{\mathrm{T}}$ ($\xi_i > 0$)，使得 $\lambda_{\max}(A) = \pi(A) > 0$。

通常称 $\pi(A)$ 为 A 的 Perron 特征值，ξ 为 Perron 特征向量。Perron 特征值满足性质

$$\pi(A) = \rho(A) = \lambda_{\max}(A)$$

B.2　矩　阵　方　程

矩阵方程是以矩阵为变量的代数方程，在很多学科领域都有着广泛的应用，特别是在控制系统的分析和设计中起着重要的作用，对矩阵方程本身的研究也获得了很多结果。

B.2.1　线性矩阵方程

线性矩阵方程是指含有未知矩阵变量的线性项的矩阵方程。如线性矩阵方程

$$AX + XB = C \tag{B-1}$$

和

$$X - AXB = C \tag{B-2}$$

其中，$A \in \mathrm{R}^{n \times n}$、$B \in \mathrm{R}^{q \times q}$、$C \in \mathrm{R}^{n \times p}$ 为已知矩阵，X 是相应维数的未知矩阵。

定理 B.9　(1)对于线性矩阵方程(B-1)，①有解的充分必要条件是

$$\operatorname{rank}(I_q \otimes A + B^{\mathrm{T}} \otimes I_n) = \operatorname{rank}[I_q \otimes A + B^{\mathrm{T}} \otimes I_n, \, c], \quad c = \operatorname{Vec}(C)$$

②有唯一解的充分必要条件是 $I_q \otimes A + B^{\mathrm{T}} \otimes I_n$ 非奇异，亦即 A 的任意特征值 λ_i 与 B 的任意特征值 μ_j 之和非零，即 $\lambda_i + \mu_j \neq 0$（$i = 1, 2, \cdots, n; j = 1, 2, \cdots, q$）。

(2)对于线性矩阵方程(B-2)，①有解的充分必要条件是

$$\operatorname{rank}(I_q \otimes I_n - B^{\mathrm{T}} \otimes A) = \operatorname{rank}[I_q \otimes I_n - B^{\mathrm{T}} \otimes A, \, c], \quad c = \operatorname{Vec}(C)$$

②有唯一解的充分必要条件是 $I_q \otimes I_n - B^{\mathrm{T}} \otimes A$ 非奇异，亦即 A 的任意特征值 λ_i 与 B 的任意特征值 μ_j 之积不等于 1，即 $\lambda_i \mu_j \neq 1$（$i = 1, 2, \cdots, n; j = 1, 2, \cdots, q$）。

其中，$\otimes$ 为矩阵的 Kronecker 积，$\operatorname{Vec}(C)$ 表示矩阵 $C = [C^{(1)}, C^{(2)}, \cdots, C^{(p)}]$ 的向量化，即 $\operatorname{Vec}(C) = [C^{(1)\mathrm{T}} \; C^{(2)\mathrm{T}} \; \cdots \; C^{(p)\mathrm{T}}]^{\mathrm{T}} \in \mathrm{R}^{np}$。

在控制系统研究中有两个著名的线性矩阵方程，即连续矩阵 Lyapunov 方程

$$A^{\mathrm{T}} X + XA = -W \tag{B-3}$$

和离散矩阵 Lyapunov 方程(也称矩阵 Stein 方程)

$$X - A^{\mathrm{T}} XA = -W \tag{B-4}$$

其中，$A, W \in \mathrm{R}^{n \times n}$ 为已知的常值矩阵且 W 是对称的，$X \in \mathrm{R}^{n \times n}$ 是未知的对称矩阵。

对这两个方程有如下重要结论。

定理 B.10　设 $A \in \mathrm{R}^{n \times n}$ 为 Hurwitz 稳定矩阵，$W \in \mathrm{R}^{n \times n}$ 是对称半正定(正定)矩阵，则方程(B-3)存在唯一解 X，$X = \int_0^{+\infty} e^{A^{\mathrm{T}} t} W e^{At} \mathrm{d}t$，并且 X 为对称半正定(正定)矩阵。反之，若对任意对称正定矩阵 W，方程(B-3)都存在唯一的对称正定解 X，则 $A \in \mathrm{R}^{n \times n}$ 为 Hurwitz 稳定矩阵。

定理 B.11　设 $A \in \mathrm{R}^{n \times n}$ 为 Schur 稳定矩阵，$W \in \mathrm{R}^{n \times n}$ 是对称半正定(正定)矩阵，则方程(B-4)有唯一解 X，$X = \sum_{j=0}^{\infty} (A^{\mathrm{T}})^j W A^j$，并且 X 为对称半正定(正定)矩阵。反之，若对任意对称正定矩阵 W，方程(B-4)都有唯一的对称正定解 X，则 $A \in \mathrm{R}^{n \times n}$ 为 Schur 稳定矩阵。

B.2.2　非线性矩阵方程

非线性矩阵方程是指含有未知矩阵变量的非线性项的矩阵方程。

考虑连续矩阵 Riccati 方程

$$A^T X + XA + XRX + Q = 0 \tag{B-5}$$

其中，$A \in \mathbf{R}^{n \times n}$ 是已知的常值矩阵，$R, Q \in \mathbf{R}^{n \times n}$ 是已知的对称矩阵，$X \in \mathbf{R}^{n \times n}$ 是未知的对称矩阵变量。

如果存在矩阵 $X \in \mathbf{R}^{n \times n}$ 使得谱 $\rho(A + RX) \subset \mathbf{C}^-$（复平面的开左半平面），则称 X 为连续矩阵 Riccati 方程(B-5)的一个稳定化解。

定理 B.12　设 $R = -BB^T \leqslant 0$，$Q = C^T C \geqslant 0$，则矩阵 Riccati 方程(B-5)存在稳定化解的充分必要条件是矩阵对 $(A、B)$ 能稳，且对所有 $\omega \in \mathbf{R}$，$\operatorname{rank} \begin{bmatrix} A - \mathrm{i}\omega I_n \\ C \end{bmatrix} = n$。

进而，若以上条件成立，则矩阵 Riccati 方程(B-5)存在稳定化解 $X^- \geqslant 0$，且 $X^- > 0$ 的充分必要条件是矩阵对 $(C、A)$ 没有稳定的不能观模态，即不存在非零向量 x，使得 $Ax = \lambda x$，$\operatorname{Re}(\lambda) < 0$，且 $Cx = 0$。

推论 B.3　假定矩阵对 $(A、B)$ 能稳、$(C、A)$ 能检，则矩阵 Riccati 方程

$$A^T X + XA - XBB^T X + C^T C = 0$$

有一个唯一的对称半正定解。进而，该解是一个稳定化解。

定义 B.2　称由矩阵 Riccati 方程(B-5)给出的不等式

$$A^T X + XA + XRX + Q < 0（或　A^T X + XA + XRX + Q \leqslant 0） \tag{B-6}$$

为严格(或非严格)矩阵 Riccati 不等式。

定理 B.13　假设 $R \geqslant 0$，且 (A, R) 能稳。如果对某个对称矩阵 P，严格矩阵 Riccati 不等式(B-6)成立，则矩阵 Riccati 方程(B-5)存在唯一稳定化解 X^-。

定理 B.14　假设 $R \geqslant 0$，X^- 是矩阵 Riccati 方程(B-5)的稳定化解，设 P 是满足非严格矩阵 Riccati 不等式(B-6)的任意矩阵，则 $X^- \leqslant P$。特别地，如果 P 是满足严格矩阵 Riccati 不等式(B-6)的任意矩阵，则 $X^- < P$。

定理 B.15　设 $R_1 = R_1^T$，$Q_1 > 0$，P 是矩阵 Riccati 方程

$$A^T P + PA + PR_1 P + Q_1 = 0$$

的正定对称解，则对满足 $R_2 \leqslant R_1$、$0 < Q_2 \leqslant Q_1$ 的任意对称矩阵 R_2 和 Q_2，矩阵 Riccati 方程

$$A^T S + SA + SR_2 S + Q_2 = 0$$

有一个稳定化的对称矩阵解 S ，且 $S>0$ 。

B.3　矩阵不等式

B.3.1　线性矩阵不等式

1) 线性矩阵不等式的定义

线性矩阵不等式(LMI)被广泛地用于解决控制系统中的相关问题,随着 Matlab 软件中 LMI 工具箱的使用，其应用更加方便。

定义 B.3　具有如下形式的不等式

$$F(x) = F_0 + x_1 F_1 + \cdots + x_m F_m < 0 \tag{B-7}$$

称为一个 LMI。其中， $x_1, x_2, \cdots x_m$ 是实数变量， $F_i = F_i^{\mathrm{T}} \in \mathrm{R}^{n \times n}$ $(i = 0,1,2,\cdots,m)$ 是给定的实对称矩阵。记 $x = (x_1, x_2, \cdots x_m)^{\mathrm{T}} \in \mathrm{R}^m$ ，常称 $x_1, x_2, \cdots x_m$ 或 x 为决策变量。 $F(x) < 0$ 表示矩阵 $F(x)$ 是负定的，即对任意非零向量 $v \in \mathrm{R}^n$ ，有 $v^{\mathrm{T}} F(x) v < 0$ 。

注 B.1　LMI 中的决策变量也可以是矩阵变量，如矩阵 Lyapunov 不等式

$$F(X) = A^{\mathrm{T}} X + XA + Q < 0 \tag{B-8}$$

可以转化成 LMI(B-7)的一般形式。其中， A 、$Q \in \mathrm{R}^{n \times n}$ 是给定的常值矩阵且 Q 是对称的， $X \in \mathrm{R}^{n \times n}$ 是未知的对称矩阵变量。

2) 将非线性矩阵不等式转化为 LMI

在控制理论研究中经常用到矩阵不等式,且很多为非线性的，其中大多都可以转化为 LMIs 的相关问题，Schur 补引理发挥着重要的作用。

引理 B.1　(Schur 补引理)　给定适当维数的实对称矩阵 S_1 、S_2 $(S_2 > 0)$ 和矩阵 S_3 ，则不等式 $S_1 + S_3^{\mathrm{T}} S_2^{-1} S_3 < 0$ 等价于如下两个不等式之一成立

$$\begin{bmatrix} S_1 & S_3^{\mathrm{T}} \\ S_3 & -S_2 \end{bmatrix} < 0 \qquad \begin{bmatrix} -S_2 & S_3 \\ S_3^{\mathrm{T}} & S_1 \end{bmatrix} < 0$$

下面列举一些将非线性的矩阵不等式等价地转换成 LMI 的问题。

(1) 非线性矩阵不等式组

$$F_{11}(x) < 0, \quad F_{22}(x) - F_{12}^{\mathrm{T}}(x) F_{11}^{-1}(x) F_{12}(x) < 0$$

或

$$F_{22}(x) < 0, \quad F_{11}(x) - F_{12}(x) F_{22}^{-1}(x) F_{12}^{\mathrm{T}}(x) < 0$$

等价于 LMI

$$F(x) = \begin{bmatrix} F_{11}(x) & F_{12}(x) \\ F_{12}^{\mathrm{T}}(x) & F_{22}(x) \end{bmatrix} < 0$$

其中，$F_{11}(x)$、$F_{12}(x)$、$F_{22}(x)$ 是决策变量 x 的仿射函数矩阵，且 $F_{11}(x)$、$F_{22}(x)$ 是对称方阵。

(2) 二次矩阵不等式

$$A^{\mathrm{T}}P + PA + PBR^{-1}B^{\mathrm{T}}P + Q < 0$$

等价于 LMI

$$\begin{bmatrix} A^{\mathrm{T}}P + PA + Q & PB \\ B^{\mathrm{T}}P & -R \end{bmatrix} < 0$$

其中，A，B，$Q > 0$，$R > 0$ 是已知的适当维数常数矩阵，P 是对称矩阵变量。

(3) 矩阵范数不等式

$$\|Z(x)\|_2 < 1$$

等价于 LMI

$$\begin{bmatrix} I_p & Z(x) \\ Z^{\mathrm{T}}(x) & I_q \end{bmatrix} > 0$$

其中，$Z(x) \in \mathrm{R}^{p \times q}$ 是变量 x 的仿射函数。

3) 利用 LMI 解决其他相关问题

有些矩阵不等式往往包含多个矩阵变量，若能将其等价地转化为包含较少矩阵变量的不等式(组)，则一定会使得矩阵不等式的求解变得更加容易和方便。

引理 B.2　设 Z 是一个对称矩阵，且被分解成分块形式

$$Z = \begin{bmatrix} Z_{11} & Z_{12} & Z_{13} \\ Z_{12}^{\mathrm{T}} & Z_{22} & Z_{23} \\ Z_{13}^{\mathrm{T}} & Z_{23}^{\mathrm{T}} & Z_{33} \end{bmatrix}$$

则存在矩阵 X，使得

$$\begin{bmatrix} Z_{11} & Z_{12} & Z_{13} \\ Z_{12}^{\mathrm{T}} & Z_{22} & Z_{23} + X^{\mathrm{T}} \\ Z_{13}^{\mathrm{T}} & Z_{23}^{\mathrm{T}} + X & Z_{33} \end{bmatrix} < 0 \tag{B-9}$$

成立，当且仅当

$$\begin{bmatrix} Z_{11} & Z_{12} \\ Z_{12}^{\mathrm{T}} & Z_{22} \end{bmatrix} < 0, \quad \begin{bmatrix} Z_{11} & Z_{13} \\ Z_{13}^{\mathrm{T}} & Z_{33} \end{bmatrix} < 0 \tag{B-10}$$

成立。如果式(B-10)成立，则使得不等式(B-9)成立的一个矩阵 X 表示为

$$X = Z_{13}^{\mathrm{T}} Z_{11}^{-1} Z_{12} - Z_{23}^{\mathrm{T}}$$

定理 B.16 **(投影定理)** 设 P、Q 和 H 是给定的适当维数的矩阵，且 H 是对称的，N_P 和 N_Q 分别是由核空间 $\mathrm{Ker}(P)$ 和 $\mathrm{Ker}(Q)$ 的任意一组基向量作为列向量构成的矩阵，则存在一个矩阵 X，使得

$$H + P^{\mathrm{T}} X^{\mathrm{T}} Q + Q^{\mathrm{T}} X P < 0 \tag{B-11}$$

成立，当且仅当

$$N_P^{\mathrm{T}} H N_P < 0, \quad N_Q^{\mathrm{T}} H N_Q < 0 \tag{B-12}$$

其中，矩阵 $W \in \mathrm{R}^{m \times n}$ 的核空间定义为 $\mathrm{Ker}(W) = \{x \in \mathrm{R}^n : Wx = 0\}$。

在控制系统的分析与综合中，常需要利用 **S-过程** 来将一些非凸约束问题转化成为 LMI 约束，具体如下。

对 $j = 0,1,2,\cdots,p$，设函数 $\sigma_j : \mathrm{R}^n \to \mathrm{R}$，考虑以下两个条件：

S₁：对使得 $\sigma_j(x) \geq 0, j = 1,2,\cdots,p$ 的所有 $x \in \mathrm{R}^n$，有 $\sigma_0(x) \geq 0$；

S₂：存在非负实数 $\varepsilon_j \geq 0, j = 1,2,\cdots,p$，使得对任意的 $x \in \mathrm{R}^n$，有

$$\sigma_0(x) - \sum_{j=1}^{p} \sigma_j(x) \geq 0$$

易见，由条件 S₂ 可以推得条件 S₁。**S-过程就是通过判断条件 S₂ 的真实性来验证条件 S₁ 成立与否**。一般来说，条件 S₂ 比 S₁ 更容易验证。

注 B.2 条件 S₁ 与 S₂ 一般是不等价的，当条件 S₁ 与 S₂ 等价时，我们称这个 S-过程是无损的，否则称为有损的。在控制系统中使用的 S-过程常常是有损的。在控制系统稳定性检验中，应用有损的 S-过程所导出的检验条件只是稳定性的一个充分条件。

下面给出 S-过程对于二次函数的一个简单应用结果。

引理 B.3 设 $\sigma_j(\cdot)$ 是变量 $x \in \mathrm{R}^n$ 的二次函数 $\sigma_j(x) \triangleq x^{\mathrm{T}} X_j x$（$j = 0,1,\cdots,p$），$X_j^{\mathrm{T}} = X_j$。如果存在非负实数 $\varepsilon_j \geq 0 (j = 1,2,\cdots,p)$，使得 $X_0 - \sum_{j=1}^{p} \varepsilon_j X_j \leq 0$ 成立，则当 $\sigma_j(x) \leq 0 (j = 1,2,\cdots,p)$ 时，必有 $\sigma_0(x) \leq 0$。

在增加一定的假设条件时，还可以得出等价性的结论。

定理 B.17　(1)对 $\sigma_1(y) = y^T Q_1 y + 2s_1^T y + r_1$，假定存在一个 $\tilde{y} \in \mathbb{R}^m$，使得 $\sigma_1(\tilde{y}) > 0$，则以下两个条件是等价的：

$S_1^{(1)}$：对使得 $\sigma_1(y) > 0$ 的所有非零 $y \in \mathbb{R}^m$，有 $\sigma_0(y) = y^T Q_0 y + 2s_0^T y + r_0 \geq 0$；

$S_2^{(1)}$：存在 $\tau \geq 0$，使得 LMI $\begin{bmatrix} Q_0 & s_0 \\ s_0^T & r_0 \end{bmatrix} - \tau \begin{bmatrix} Q_1 & s_1 \\ s_1^T & r_1 \end{bmatrix} \geq 0$ 是可行的。

(2) 对 $\sigma_1(y) = y^T Q_1 y \geq 0$，假定存在一个 $\tilde{y} \in \mathbb{R}^m$，使得 $\sigma_1(\tilde{y}) > 0$，则以下两个条件是等价的：

$S_1^{(2)}$：对使得 $\sigma_1(y) > 0$ 的所有非零 $y \in \mathbb{R}^m$，$y^T Q_0 y \geq 0$；

$S_2^{(2)}$：存在 $\tau \geq 0$，使得 $Q_0 - \tau Q_1 > 0$。

定理 B.18　存在对称矩阵 $P > 0$，使得对满足 $\pi^T \pi \leq \xi^T C^T C \xi$ 的所有 $\xi \neq 0$ 和 π 有

$$\begin{bmatrix} \xi \\ \pi \end{bmatrix}^T \begin{bmatrix} A^T P + PA & PB \\ B^T P & 0 \end{bmatrix} \begin{bmatrix} \xi \\ \pi \end{bmatrix} < 0$$

当且仅当存在标量 $\tau \geq 0$ 和对称矩阵 $P > 0$，使得

$$\begin{bmatrix} A^T P + PA + \tau C^T C & PB \\ B^T P & -\tau I \end{bmatrix} < 0$$

B.3.2　矩阵相关的其他不等式

引理 B.4　(基本不等式)　设 a、$b \in \mathbb{R}^n$ 是任意向量，$R \in \mathbb{R}^{n \times n}$ 是任意对称正定矩阵，则

$$\pm 2a^T b \leq a^T R a + b^T R^{-1} b$$

引理 B.5　(Park 不等式)　设 a、$b \in \mathbb{R}^n$ 是任意向量，R、$M \in \mathbb{R}^{n \times n}$ 是任意矩阵且 R 是对称正定的，则

$$-2a^T b \leq \begin{bmatrix} a \\ b \end{bmatrix}^T \begin{bmatrix} R & RM \\ * & (RM+I)^T R^{-1}(RM+I) \end{bmatrix} \begin{bmatrix} a \\ b \end{bmatrix}$$

引理 B.6　(Moon 不等式)　设 $a \in \mathbb{R}^n$、$b \in \mathbb{R}^m$ 是任意向量，$N \in \mathbb{R}^{n \times m}$、$X \in \mathbb{R}^{n \times n}$、$Y \in \mathbb{R}^{n \times m}$、$Z \in \mathbb{R}^{m \times m}$ 是任意矩阵。如果满足 $\begin{bmatrix} X & Y \\ * & Z \end{bmatrix} \geq 0$，则

$$-2a^T N b \leq \begin{bmatrix} a \\ b \end{bmatrix}^T \begin{bmatrix} X & Y-N \\ * & Z \end{bmatrix} \begin{bmatrix} a \\ b \end{bmatrix}$$

引理 B.7 设 D、E 是适当维数的已知矩阵，$F(t)$ 是未知矩阵且满足 $F^{\mathrm{T}}(t)F(t) \leqslant I$，则对于任意正数 $\varepsilon > 0$，有

$$DF(t)E + E^{\mathrm{T}}F^{\mathrm{T}}(t)D^{\mathrm{T}} \leqslant \varepsilon DD^{\mathrm{T}} + \varepsilon^{-1}E^{\mathrm{T}}F$$

引理 B.8 设 Y、D、E 是适当维数的已知矩阵且 Y 是对称的。对任意满足 $F^{\mathrm{T}}(t)F(t) \leqslant I$ 的相应维数的未知矩阵 $F(t)$，不等式

$$Y + DF(t)E + E^{\mathrm{T}}F^{\mathrm{T}}(t)D^{\mathrm{T}} < 0$$

成立的充分必要条件是：存在正数 $\varepsilon > 0$，使得

$$Y + \varepsilon DD^{\mathrm{T}} + \varepsilon^{-1}E^{\mathrm{T}}E < 0$$

引理 B.9 设 A、D、E 是适当维数的已知矩阵，$F(t)$ 是未知矩阵，满足 $F^{\mathrm{T}}(t)F(t) \leqslant I$。对于任意的对称正定矩阵 P 及正数 $\varepsilon > 0$，如果 $\varepsilon I - EPE^{\mathrm{T}} > 0$，则

$$(A + DF(t)E)P(A + DF(t)E)^{\mathrm{T}} \leqslant APA^{\mathrm{T}} + APE^{\mathrm{T}}(\varepsilon I - EPE^{\mathrm{T}})^{-1}EPA^{\mathrm{T}} + \varepsilon DD^{\mathrm{T}}$$

引理 B.10 设 A、D、E 是适当维数的已知矩阵，$F(t)$ 是未知矩阵，满足 $F^{\mathrm{T}}(t)F(t) \leqslant I$。对于任意的对称正定矩阵 P 及正数 $\varepsilon > 0$，如果 $P - \varepsilon DD^{\mathrm{T}} > 0$，则

$$(A + DF(t)E)^{\mathrm{T}}P^{-1}(A + DF(t)E) \leqslant A^{\mathrm{T}}(P - \varepsilon DD^{\mathrm{T}})^{-1}A + \varepsilon^{-1}E^{\mathrm{T}}E$$

引理 B.11 给定任意列向量 $x \in \mathrm{R}^p$、$y \in \mathrm{R}^q$，有

$$\max\{(x^{\mathrm{T}}Fy)^2 : F \in \mathrm{R}^{p \times q}, F^{\mathrm{T}}F \leqslant I\} = (x^{\mathrm{T}}x)(y^{\mathrm{T}}y)$$

引理 B.12 设 X、Y、$Z \in \mathrm{R}^{k \times k}$ 是给定的对称矩阵，满足 $X \geqslant 0$，且对所有满足 $x^{\mathrm{T}}Zx \geqslant 0$ 的非零向量 x，有

$$x^{\mathrm{T}}Yx < 0, \quad \delta(x) = (x^{\mathrm{T}}Yx)^2 - 4(x^{\mathrm{T}}Xx)(x^{\mathrm{T}}Zx) > 0$$

则存在正数 $\lambda > 0$，使得 $M(\lambda) = \lambda^2 X + \lambda Y + Z < 0$。

推论 B.4 给定对称正定矩阵 A、$C \in \mathrm{R}^{n \times n}$ 及对称负定矩阵 $B \in \mathrm{R}^{n \times n}$，如果对任意非零向量 x 有 $(x^{\mathrm{T}}Bx)^2 - 4 < (x^{\mathrm{T}}Ax)(x^{\mathrm{T}}Cx) > 0$，则存在正数 $\lambda > 0$，使得 $\lambda^2 A + \lambda B + C < 0$。

引理 B.13 设 $X \in \mathrm{R}^{k \times k}$ 是给定的对称矩阵，$B \in \mathrm{R}^{k \times m}$ 是一个使得对于所有满足 $B^{\mathrm{T}}\xi = 0$ 的非零向量 ξ 都有 $\xi^{\mathrm{T}}X\xi < 0$ 成立的矩阵，则存在一个正数 $\varepsilon > 0$，使得 $X - \varepsilon BB^{\mathrm{T}} < 0$。

附录 C 几类常用的非线性函数

在控制理论研究中，非线性问题是十分重要且不可回避的问题。在处理非线性时，通常会进行线性化处理或者利用二次函数进行放缩，本部分介绍几类常用的非线性函数及其相关处理方法[104-110]。

C.1 Lipschitz 非线性函数

对于连续函数 $f(x):\mathrm{R}^n \to \mathrm{R}^n$，如果存在常数 $L>0$，使得

$$\|f(x)-f(y)\| \leqslant L\|x-y\|, \quad x,y \in \mathrm{R}^n \tag{C-1}$$

则称 f 满足全局 Lipschitz 条件。如果该式仅对 $x,y \in \Omega$ 成立，且 $\Omega \subset \mathrm{R}^n$ 为一紧集，则称 f 满足局部 Lipschitz 条件。

由 Lipschitz 条件(C-1)可知，若函数 f 满足 Lipschitz 条件，且 $f(0)=0$，则

$$f^{\mathrm{T}}(x)f(x) \leqslant L^2 x^{\mathrm{T}} x$$

C.2 饱和非线性函数

C.2.1 幅值饱和非线性函数

1) 幅值饱和函数

对于连续函数 $\sigma(s):\mathrm{R} \to \mathrm{R}$，如果

$$\sigma(s) = \mathrm{sgn}(s)\min\{\delta,|s|\}, \quad \delta>0 \tag{C-2}$$

则称 $\sigma(s)$ 为幅值饱和函数，δ 为幅值，记为 $\sigma(s)=\mathrm{Sat}_\delta(s)$。幅值饱和函数的直观显示如图 C-1 所示。

由文献[104]，对满足式(C-2)的幅值饱和函数 $\sigma(s)=\mathrm{Sat}_\delta(s)$ 及实数 k，有

$$(\mathrm{Sat}(2ks)-ks)^2 \leqslant (ks)^2 \tag{C-3}$$

由文献[109]，若幅值饱和函数

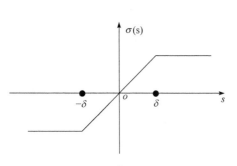

图 C-1 幅值饱和函数

$\sigma(s) = \text{Sat}_\delta(s)$ 满足式(C-2)，则存在实数 $\xi \in [0,1]$，使得

$$\text{Sat}_\delta(s_1) - \text{Sat}_\delta(s_2) = \xi(s_1 - s_2), \quad s_1, s_2 \in \text{R} \tag{C-4}$$

2) 幅值饱和向量函数

对于连续向量函数 $\sigma(x): \text{R}^n \to \text{R}^n$，$x = (x_1, x_2, \cdots, x_n)^{\text{T}} \in \text{R}^n$，如果满足

$$\sigma_j(x_j) = \text{sgn}(x_j)\min\left\{\delta_j, |x_j|\right\} \tag{C-5}$$

则称 $\sigma(x)$ 为幅值饱和非线性向量函数，记为 $\sigma(x) = \text{Sat}_\delta(x)$，$\delta = (\delta_1, \delta_2, \cdots, \delta_n)^{\text{T}}$。其中，$\sigma(x) = (\sigma_1(x_1), \sigma_2(x_2), \cdots, \sigma_n(x_n))^{\text{T}}$，$\delta_j > 0$，$j = 1, 2, \cdots, n$。

由文献[104]，对幅值饱和向量函数 $\text{Sat}_\delta(x)$ 及实矩阵 K，有

$$(\text{Sat}_\delta(2Kx) - Kx)^{\text{T}}(\text{Sat}_\delta(2Kx) - Kx) \leqslant (Kx)^{\text{T}}(Kx) \tag{C-6}$$

由文献 [109]，对幅值饱和向量函数 $\text{Sat}_\delta(x)$，存在对角矩阵 $\Xi = \text{diag}\{\xi_1, \xi_2, \cdots, \xi_n\}$，$\xi_i \in [0,1]$，使得

$$\text{Sat}_\delta(x) - \text{Sat}_\delta(y) = \Xi(x - y), \quad x, y \in \text{R}^n \tag{C-7}$$

C.2.2 扇形饱和非线性函数

1) 扇形饱和标量函数

对连续函数 $\varphi(s): \text{R} \to \text{R}$，$\varphi(0) = 0$，如果存在两个常数 k_1, k_2，满足 $k_1 < k_2$，使得

$$k_1 s^2 \leqslant s\varphi(s) \leqslant k_2 s^2 \tag{C-8}$$

则称 $\varphi(s)$ 为扇形饱和函数或函数 $\varphi(s)$ 在扇形域 $[k_1, k_2]$ 内，记为 $\varphi(s) \in [k_1, k_2]$。

扇形饱和函数的直观显示如图 C-2 所示。

扇形饱和函数 $\varphi(s) \in [k_1, k_2]$ 的等价条件为

$$k_1 s\varphi(s) \leqslant \varphi^2(s) \leqslant k_2 s\varphi(s) \tag{C-9}$$

另外，若 $\varphi(s) \in [k_1, k_2]$，则如下两式均成立

$$(\varphi(s) - k_1 s)(\varphi(s) - k_2 s) \leqslant 0 \tag{C-10}$$

$$\left|\varphi(s) - \frac{k_1 + k_2}{2} s\right| \leqslant \frac{k_2 - k_1}{2} |s| \tag{C-11}$$

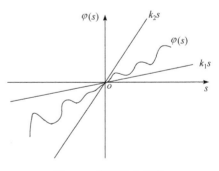

图 C-2 扇形饱和函数

注意到，图 C-2 中扇形的"顶点"在坐标原点，将其推广到一般情形，可以

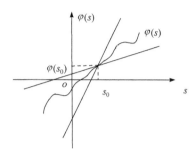

图 C-3　一般扇形饱和函数

给出"顶点"不在坐标原点的扇形饱和函数的定义：如果存在两个常数 k_1, k_2，满足 $k_1 < k_2$，使得

$$k_1(s-s_0)^2 \leqslant (s-s_0)(\varphi(s)-\varphi(s_0)) \leqslant k_2(s-s_0)^2 \tag{C-12}$$

则称 $\varphi(s)$ 为过点 $(s_0, \varphi(s_0))$ 的扇形饱和函数。此时，函数 $\varphi(s)$ 的直观显示如图 C-3 所示。

过点 $(s_0, \varphi(s_0))$ 的扇形饱和函数 $\varphi(s)$ 的等价条件为

$$k_1(s-s_0)(\varphi(s)-\varphi(s_0)) \leqslant (\varphi(s)-\varphi(s_0))^2 \leqslant k_2(s-s_0)(\varphi(s)-\varphi(s_0)) \tag{C-13}$$

另外，若 $\varphi(s)$ 为过点 $(s_0, \varphi(s_0))$ 的扇形饱和函数，则如下两式均成立

$$(\varphi(s)-\varphi(s_0)-k_1(s-s_0))(\varphi(s)-\varphi(s_0)-k_k(s-s_0)) \leqslant 0 \tag{C-14}$$

$$\left| \varphi(s)-\varphi(s_0)-\frac{k_1+k_2}{2}(s-s_0) \right| \leqslant \frac{k_2-k_1}{2}|s-s_0| \tag{C-15}$$

2) 扇形饱和向量函数

首先，对扇形饱和标量函数做直接推广。对于连续向量函数 $\varphi(x): \mathrm{R}^n \to \mathrm{R}^n$，且 $\varphi(x)=(\varphi_1(x_1), \varphi_2(x_2), \cdots, \varphi_n(x_n))^\mathrm{T}$，如果存在两组常数 $k_{1j}, k_{2j}(j=1,2,\cdots,n)$，满足

$$k_{1j}x_j^2 \leqslant x_j \varphi_j(x_j) \leqslant k_{2j}x_j^2 \tag{C-16}$$

则称 $\varphi(x)$ 为扇形饱和向量函数或函数 $\varphi(x)$ 在扇形域 $[K_1, K_2]$ 内。其中，$K_i = \mathrm{diag}\{k_{i1}, k_{i2}, \cdots, k_{in}\}$，$i=1,2$。

若 $\varphi(x)=(\varphi_1(x_1), \varphi_2(x_2), \cdots, \varphi_n(x_n))^\mathrm{T}$ 为扇形饱和向量函数，则如下四个式子均成立

$$x^\mathrm{T}K_1 x \leqslant x^\mathrm{T}\varphi(x) \leqslant x^\mathrm{T}K_2 x \tag{C-17}$$

$$x^\mathrm{T}K_1 \varphi(x) \leqslant \varphi^\mathrm{T}(x)\varphi(x) \leqslant x^\mathrm{T}K_2 \varphi(x) \tag{C-18}$$

$$(\varphi(x)-K_1 x)^\mathrm{T}(\varphi(x)-K_2 x) \leqslant 0 \tag{C-19}$$

$$\left\| \varphi(x)-\frac{1}{2}(K_1+K_2)x \right\|_2 \leqslant \frac{1}{2}\|(K_2-K_1)x\|_2 \tag{C-20}$$

其中，$K_i = \mathrm{diag}\{k_{i1}, k_{i2}, \cdots, k_{in}\}$，$i=1,2$。

其次，推广到更一般的情形，我们定义一般的扇形饱和向量函数。对于连续向量 $\varphi(x): \mathrm{R}^n \to \mathrm{R}^n$，如果存在两个常值矩阵 $K_1, K_2 \in \mathrm{R}^{n \times n}$，满足 $K_2 - K_1 > 0$，

使得

$$(\varphi(x) - K_1 x)^{\mathrm{T}}(\varphi(x) - K_2 x) \leqslant 0 \tag{C-21}$$

则称 $\varphi(x)$ 为扇形饱和向量函数或函数 $\varphi(x)$ 在扇形域 $[K_1, K_2]$ 内。

式(C-21)也是目前很多文献中通用的扇形饱和向量函数的定义形式。此外，还有如下两个常见形式的定义

$$x^{\mathrm{T}} K_1 x \leqslant x^{\mathrm{T}} \varphi(x) \leqslant x^{\mathrm{T}} K_2 x \tag{C-22}$$

$$x^{\mathrm{T}} K_1 \varphi(x) \leqslant \varphi^{\mathrm{T}}(x)\varphi(x) \leqslant x^{\mathrm{T}} K_2 \varphi(x) \tag{C-23}$$

另外，根据文献[110]，对满足(C-5)式的幅值饱和向量函数 $\mathrm{Sat}_\delta(x)$，存在对角矩阵 H_1, H_2 满足 $0 \leqslant H_1 < I \leqslant H_2$，使得

$$\mathrm{Sat}_\delta(x) = H_1 x + H\varphi(x) \tag{C-24}$$

其中，$\varphi(x)$ 在扇形域 $[0, H]$ 内，$H = H_2 - H_1$。即 $\varphi(x)$ 满足

$$\varphi^{\mathrm{T}}(x)(\varphi(x) - Hx) \leqslant 0 \tag{C-25}$$